# Buchhaltung und Jahresabschluss

mit Aufgaben und Lösungen

Von

**Dr. Ulrich Döring**
ord. Professor für Betriebswirtschaftslehre
an der Universität Lüneburg

und

**Dr. Rainer Buchholz, StB**
Professor für Betriebswirtschaftslehre
an der Fachhochschule Würzburg

9., vollständig neu bearbeitete und erweiterte Auflage

ERICH SCHMIDT VERLAG

**Bibliografische Information der Deutschen Bibliothek**
Die Deutsche Bibliothek verzeichnet diese Publikation in der Deutschen Nationalbibliografie; detaillierte bibliografische Daten sind im Internet über http://dnb.ddb.de abrufbar.

**Hinweis für Dozenten**

Bei Einsatz dieses Buches in Lehrveranstaltungen können bei Nachweis der Lehrtätigkeit vergrößerte Vorlagen der über 200 Abbildungen auf **CD-ROM im pdf-Format** bestellt werden. Sie können zur Anfertigung von Overhead-Folien verwendet werden. Bei Interesse wenden Sie sich bitte an den Erich Schmidt Verlag, Buchvertrieb, Genthiner Straße 30 G, 10785 Berlin. E-Mail: Buchvertrieb@ESVmedien.de

1. Auflage 1990
2. Auflage 1991
3. Auflage 1993
4. Auflage 1993
5. Auflage 1995
1.–5. Auflage S + W Steuer- und Wirtschaftsverlag, Hamburg

6. Auflage 1998
7. Auflage 2001
8. Auflage 2003
9. Auflage 2005

ISBN 3 503 08379 0



Druck: Danuvia Druckhaus Neuburg GmbH

# Vorwort zur 9. Auflage

Die vollständige Überarbeitung unseres Lehr- und Arbeitsbuches konnte sich auf die Aktualisierung und die didaktisch verbesserte Aufbereitung der Lehrinhalte beschränken. Da die internationale Rechnungslegung nach IFRS weiter im Vormarsch ist, haben wir wichtige Besonderheiten dieser Buchungstechnik in einem gesonderten Kapitel dargestellt. Zum besseren Verständnis der englischen Begriffe findet der Leser im Anhang ein kurzes Wörterbuch (Deutsch-Englisch/IFRS).

Zur Übermittlung von Anregungen und Kritik können Sie uns wie folgt per E-Mail erreichen: doering@uni-lueneburg.de und buchholz@mail.fh-wuerzburg.de

Lüneburg, Würzburg, im Oktober 2004

Ulrich Döring
Rainer Buchholz

# Vorwort zur 3. Auflage

Der dritten Auflage dieses Buches wurden zwei Überarbeitungsschwerpunkte zugrunde gelegt. Die Organisation der Buchhaltung wird nun in einem eigenen Kapitel behandelt. Der Leser wird mit verschiedenen Kontenrahmen und konventionellen Formen der Buchhaltung, insbesondere aber mit den Grundlagen EDV-gestützter Buchhaltung vertraut gemacht. Das neue Kapitel "Organisation der Buchhaltung", dem zahlreiche Aufgaben und Lösungen beigefügt sind, wurde bewußt an den Schluß gestellt. Während die Kapitel eins bis sieben dem Leser die Buchhaltungs- und Jahresabschlußtechnik vermitteln, will das achte Kapitel dem Anfänger den Einstieg in die Buchhaltungspraxis erleichtern.

Die Literatur zur "Bilanzierung" orientiert sich am Industriebetrieb, während die Lehrbücher zur "Buchhaltung" schwerpunktmäßig auf den Handelsbetrieb ausgerichtet sind. Wir haben deshalb das Kapitel "Verbuchung von Geschäftsvorfällen im Industriebetrieb" neu geschrieben, erweitert und mit zusätzlichen Übungsaufgaben versehen. Mit dieser Erweiterung und Vertiefung wollen wir den Leser auf die industrielle Ausrichtung des Lehrgebiets "Bilanzierung" vorbereiten.

In allen anderen Kapiteln beschränkte sich die Überarbeitung auf kleinere Ergänzungen zur Verbesserung der didaktischen Darstellung. Dem Einführungscharakter dieses Lehrbuchs entsprechend rangierte das Bemühen um Übersichtlichkeit und Verständlichkeit immer vor dem Wunsch nach Vollständigkeit. Bei der Herstellung einer druckreifen Vorlage hat uns

Frau cand. rer. pol. Ulrike Winterscheidt mit großer Umsicht unterstützt. Für ihre tatkräftige Mitarbeit bedanken wir uns an dieser Stelle ausdrücklich.

Lüneburg, im November 1992

Ulrich Döring
Rainer Buchholz

## Vorwort zur 1. Auflage

Das betriebliche Rechnungswesen gehört traditionell zu den Schwerpunktgebieten der Betriebswirtschaftslehre, denn die Optimierung unternehmerischer Entscheidungen ist ohne Informationen aus diesem Bereich nicht möglich. Da das Rechnungswesen seinerseits auf der systematischen Aufzeichnung der Geschäftsvorfälle, also auf der Buchhaltung basiert, sind solide Buchhaltungskenntnisse eine der Grundvoraussetzungen zur erfolgreichen Absolvierung eines betriebswirtschaftlichen Studiums.

Das vorliegende Buch, das keine betriebswirtschaftlichen Grundkenntnisse voraussetzt, möchte den Studenten der Wirtschaftswissenschaften mit dem System der doppelten Buchhaltung und mit der Technik zur Erstellung des Jahresabschlusses vertraut machen. Zu diesem Zweck wird in den ersten drei Kapiteln zunächst buchhalterisches Grundlagenwissen vermittelt. Das vierte Kapitel befaßt sich mit der Verbuchung laufender Geschäftsvorfälle im Handelsbetrieb; das fünfte Kapitel ist der Buchhaltung im Industriebetrieb gewidmet. Im sechsten Kapitel geht es um die Erstellung des Jahresabschlusses und im siebten Kapitel um die buchungstechnische Behandlung des Jahresergebnisses.

Da die Aneignung von Buchhaltungskenntnissen in erster Linie eine Frage der Übung ist, wird der Lehrstoff eines jeden Kapitels durch einen umfangreichen Aufgaben- und Lösungsteil ergänzt. Dieser Übungsteil soll dem Studenten die Möglichkeit geben, sich selbst den Lehrstoff schrittweise zu erarbeiten. Ergänzt wird der Übungsteil durch vier Buchhaltungsklausuren (mit Lösung), die für eine Selbstkontrolle verwendet werden können.

Stoffauswahl und Didaktik wurden in langjährigen Lehrveranstaltungen im Fach "Buchhaltung" erprobt. Wir danken deshalb allen Studenten, die uns durch ihre kritischen Fragen gezwungen haben, die eigenen Ansprüche an dieses Lehrbuch zu erhöhen. Unser ganz besonderer Dank gilt unseren Mitarbeitern, die uns bei der Fertigstellung dieses Buches eine unentbehrliche Hilfe waren.

Lüneburg, im Mai 1990

Ulrich Döring
Rainer Buchholz

# Inhaltsübersicht

# Inhaltsverzeichnis

# Abkürzungsverzeichnis

## - Abkürzungen im Textteil -

| | |
|---|---|
| Abs. | Absatz |
| Abschn. | Abschnitt |
| AG | Aktiengesellschaft |
| AktG | Aktiengesetz |
| AO | Abgabenordnung |
| EBK | Eröffnungsbilanzkonto |
| EStG | Einkommensteuergesetz |
| EStR | Einkommensteuer-Richtlinien |
| GewSt | Gewerbesteuer |
| GKR | Gemeinschaftskontenrahmen |
| GmbH | Gesellschaft mit beschränkter Haftung |
| GmbHG | GmbH-Gesetz |
| GoB | Grundsätze ordnungsmäßiger Buchführung |
| GuV-Konto | Gewinn- und Verlustkonto |
| HGB | Handelsgesetzbuch |
| IFRS | International Financial Reporting Standards |
| IKR | Industriekontenrahmen |
| KG | Kommanditgesellschaft |
| MES | Materialentnahmeschein |
| OHG | Offene Handelsgesellschaft |
| PWB | Pauschalwertberichtigung |
| RAP | Rechnungsabgrenzungsposten |
| SBK | Schlußbilanzkonto |
| TEUR | Tausend Euro |
| USt | Umsatzsteuer |
| UStG | Umsatzsteuergesetz |
| UStR | Umsatzsteuer-Richtlinien |

## - Abkürzungen in Konten und Buchungssätzen -

| | |
|---|---|
| A | Aktiva |
| AB | Anfangsbestand |
| Abschr. | Abschreibung |
| Abschr. auf Anlagen | Abschreibung auf Anlagen |
| Abschr. auf Ford. | Abschreibung auf Forderungen |
| AGA | Arbeitgeberanteil |
| Allg. Gesch.aufwand | Allgemeiner Geschäftsaufwand |
| ANA | Arbeitnehmeranteil |

| | |
|---|---|
| außerplanm. Abschr. | außerplanmäßige Abschreibung |
| AV | Anlagevermögen |
| Berechnete USt | Berechnete Umsatzsteuer |
| Betr.- u. Gesch.ausst. | Betriebs- und Geschäftsausstattung |
| Darlehensverb. | Darlehensverbindlichkeiten |
| Div. Aufwendungen | Diverse Aufwendungen |
| Div. Erträge | Diverse Erträge |
| EB | Endbestand |
| EBK | Eröffnungsbilanzkonto |
| EK | Eigenkapital |
| Erhalt. Anzahl. | Erhaltene Anzahlungen |
| fE | fertige Erzeugnisse |
| FK | Fremdkapital |
| Ford. | Forderungen |
| Gel. Anzahl. | Geleistete Anzahlungen |
| Gesch.ausst. | Geschäftsausstattung |
| Gez. Kapital | Gezeichnetes Kapital |
| Grundst. u. Gebäude | Grundstücke und Gebäude |
| H | Haben |
| Lieferantenverb. | Lieferantenverbindlichkeiten |
| L.u.G. Aufwand | Lohn- und Gehaltsaufwand |
| Masch. Anlagen | Maschinelle Anlagen |
| Nebenk. d. Geldverk. | Nebenkosten des Geldverkehrs |
| Noch abz. Abgaben | Noch abzuführende Abgaben |
| P | Passiva |
| PWB | Pauschalwertberichtigung |
| RBW | Restbuchwert |
| S | Soll |
| SBK | Schlußbilanzkonto |
| Sonst. betr. Aufwand | sonstiger betrieblicher Aufwand |
| Sonst. betr. Ertrag | sonstiger betrieblicher Ertrag |
| Sonstige Ford. | Sonstige Forderungen |
| Sonstige Verb. | Sonstige Verbindlichkeiten |
| uE | unfertige Erzeugnisse |
| USt | Umsatzsteuer |
| USt-Ver. | Umsatzsteuerverrechnung |
| UV | Umlaufvermögen |
| $VKP_n$ | Verkaufspreis netto |
| VSt | Vorsteuer |
| Wertber. auf Anlagen | Wertberichtigung auf Anlagen |
| Wertber. auf Ford. | Wertberichtigung auf Forderungen |
| $x_a$ | abgesetzte Menge |
| $x_p$ | produzierte Menge |
| ZG | Zugang |
| Zweifelh. Ford. | Zweifelhafte Forderungen |

# 1. Kapitel: Finanzbuchhaltung als Teil des Rechnungswesens

## 1. Begriff und Teilbereiche des Rechnungswesens

Unternehmer investieren viel Zeit und Geld, damit ein Betrieb am Markt bestehen kann. Deshalb interessieren sie sich für seine wirtschaftliche Entwicklung. Sie können nur erfolgreich sein, wenn sie über alle betrieblichen Sachverhalte wie z.B. Umsätze und Kosten informiert sind. Im betrieblichen Rechnungswesen wird das Unternehmensgeschehen zahlenmäßig erfaßt und zweckgerecht aufbereitet.

Das betriebliche Rechnungswesen soll einerseits den Unternehmer, andererseits unternehmensfremde Personen informieren. Im ersten Fall spricht man vom internen, im zweiten Fall vom externen Rechnungswesen. Das **interne Rechnungswesen** umfaßt die Kostenrechnung, Statistik und Vergleichsrechnung (z.B. Umsatzstatistik) und Planungsrechnung (z.B. Investitionsplanung). Das interne Rechnungswesen ist frei gestaltbar.

Das **externe Rechnungswesen** bezeichnet man auch als Finanzbuchhaltung. Sie erfaßt einen Abrechnungszeitraum, der regelmäßig mit dem Kalenderjahr identisch ist und als Geschäftsjahr bezeichnet wird. Informationen über die Höhe und Zusammensetzung des Vermögens und der Schulden werden in der Bilanz zusammengefaßt. Die Gewinn- und Verlustrechnung informiert über den Erfolg der abgelaufenen Periode. Umfangreiche **gesetzliche Vorschriften** regeln die Ausgestaltung des externen Rechnungswesens.

Das vorliegende Lehrbuch behandelt nur einen Teil des Rechnungswesens, nämlich die Finanzbuchhaltung. Das Ziel des Buches ist, den Leser mit der **Technik der Buchhaltung und Jahresabschlußerstellung** vertraut zu machen. Diese Fertigkeiten sollen durch die Bearbeitung von Aufgaben gefestigt werden, so daß das Buch **Lehr- und Arbeitsbuch** ist.

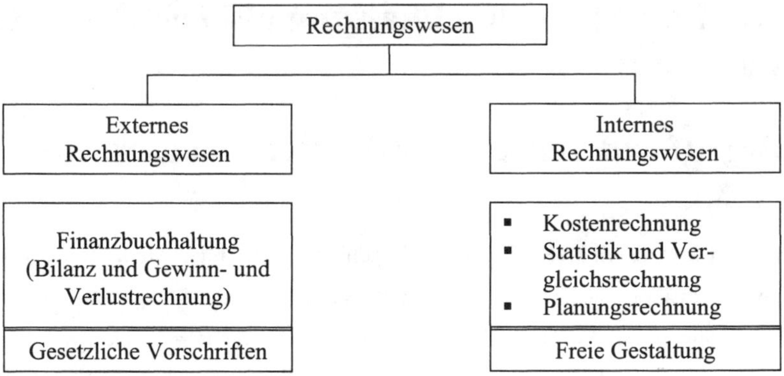


***Abb. 1: Teilbereiche des Rechnungswesens***

# 2. Aufgaben und Inhalt der Finanzbuchhaltung

Die Finanzbuchhaltung hat zunächst die Aufgabe, alle wirtschaftlich relevanten Ereignisse (**Geschäftsvorfälle**) chronologisch, systematisch und lückenlos aufzuzeichnen (**Dokumentationsfunktion**). Hierzu werden das Grund- und Hauptbuch verwendet. Im **Grundbuch** werden die Geschäftsvorfälle in zeitlicher Folge – meist täglich – aufgezeichnet, so daß hierfür auch der Begriff Journal verwendet wird. Dagegen wird im **Hauptbuch** eine Dokumentation nach sachlichen Gesichtspunkten vorgenommen. Die zeitliche Abrechnungsperiode der Finanzbuchhaltung ist das **Geschäftsjahr**. Es darf höchstens zwölf Monate umfassen und beginnt meist am 01.01. eines Jahres. Bei unterjähriger Betriebseröffnung oder Betriebseinstellung ist das Geschäftsjahr regelmäßig kürzer als zwölf Monate. In diesem Fall entsteht ein **Rumpf-Geschäftsjahr**.

Die Dokumentationsfunktion ist Voraussetzung für die Informationsfunktion der Finanzbuchhaltung. Hierbei soll einerseits der Unternehmer selbst über die wirtschaftliche Entwicklung unterrichtet werden (**Selbstinformation**). Andererseits sollen außenstehende Personen, z.B. kreditgewährende Banken, Lieferanten und Arbeitnehmer Informationen über die wirtschaftliche Lage des Unternehmens erhalten (**Fremdinformation**). Die

Informationsfunktion umfaßt somit die Selbst- und Fremdinformation. Der Gesetzgeber betont die Fremdinformation der Finanzbuchhaltung, da diese Personen oft keine weiteren Informationen über das Unternehmen erhalten können. Gläubiger, die einem Unternehmen Kredite gewähren, sollen vor Vermögensverlusten bewahrt werden (**Gläubigerschutz**), indem sie über die wirtschaftliche Lage des Kreditnehmers informiert werden.

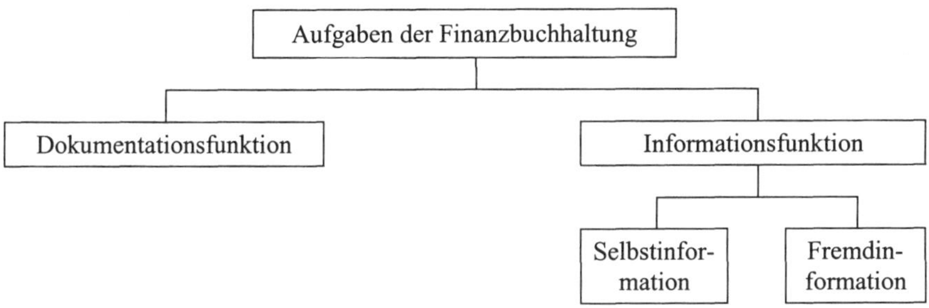


***Abb. 2: Aufgaben der Finanzbuchhaltung***

Für die Kreditvergabe gilt der folgende Zusammenhang. Verfügt ein Unternehmen über ein geringes Vermögen bei einem bereits hohen Schuldenstand, ist seine Kreditwürdigkeit gering und das Kreditausfallrisiko hoch. Auskunft über die Höhe und Zusammensetzung des Vermögens einerseits und der Schulden andererseits gibt die **Bilanz**. Sie wird zum Ende des Geschäftsjahres, dem **Bilanzstichtag**, aufgestellt. Somit gilt:

| Die Bilanz ist eine Zeitpunktrechnung |
| --- |

Die Bilanz gibt Auskunft über die einzelnen **Vermögensgegenstände** (z.B. Grundstücke, Maschinen, Warenvorräte) und **Schulden** (z.B. Darlehensverbindlichkeiten, Lieferantenverbindlichkeiten) des Unternehmens. Die Differenz aus Vermögensgegenständen und Schulden wird als **Reinvermögen** oder Eigenkapital bezeichnet.

Die Veränderung des Reinvermögens wird in der **Gewinn- und Verlustrechnung** dargestellt. Die Zunahme des Reinvermögens (Eigenkapitals) ist ein Gewinn, die Abnahme ein Verlust. Die Gewinn- und Verlustrechnung gibt somit an, ob das **Jahresergebnis** (der Erfolg) positiv oder negativ ausgefallen ist. Da sie das gesamte Geschäftsjahr (Zeitraum) abbildet, gilt unter zeitlichem Aspekt:

| Die Gewinn- und Verlustrechnung ist eine Zeitraumrechnung |
|---|

Auch die Gewinn- und Verlustrechnung gibt Auskunft über die Kreditwürdigkeit des Schuldnerunternehmens. Ein Unternehmen, das in der Vergangenheit Gewinne erzielt hat, verfügt bei den Gläubigern über eine höhere Kreditwürdigkeit als ein Unternehmen, das dauerhaft Verluste erwirtschaftet hat.

Bilanz und Gewinn- und Verlustrechnung bilden den Jahresabschluß. Die Bilanz informiert über die Vermögens- und Schuldenlage (kurz: **Vermögenslage**), die Gewinn- und Verlustrechnung über die Ertrags- und Aufwandslage (kurz: **Ertragslage**) des Unternehmens. Beide bilden zusammen die wirtschaftliche Lage des Unternehmens.

| Jahresabschluß | |
|---|---|
| Bilanz | GuV-Rechnung |
| Abbildung der Vermögenslage | Abbildung der Ertragslage |

***Abb. 3: Komponenten des Jahresabschlusses***

Der Jahresabschluß ist bei **Kapitalgesellschaften** (z.B. GmbH und AG) um einen **Anhang** zu erweitern. Er hat im wesentlichen die Aufgabe, die Bilanz und Gewinn- und Verlustrechnung zu erläutern, damit die Informationen für Gläubiger noch klarer werden.

| Jahresabschluß der Kapitalgesellschaft: Bilanz, Gewinn- und Verlustrechnung, Anhang |
|---|

Die Unternehmen können die Finanzbuchhaltung nicht nach ihren Wünschen gestalten. Sie müssen vielmehr gesetzliche Vorschriften einhalten. Die wesentlichen Regelungen werden nachfolgend erläutert.

# 2. Kapitel: Grundlagen der Buchhaltung

## 1. Gesetzliche Vorschriften

Grundsätzlich wird jeder Kaufmann durch gesetzliche Vorschriften verpflichtet, Bücher zu führen. Die Vorschriften finden sich im Handels- und Steuerrecht. Handelsrechtlich sind insbesondere folgende Paragraphen des Handelsgesetzbuches (HGB) zu befolgen:

| |
|---|
| §§ 238 - 263 HGB: Allgemeine Vorschriften für alle Kaufleute<br>§§ 264 - 289 HGB: Ergänzende Vorschriften, insbesondere für Kapitalgesellschaften |

Für Kapitalgesellschaften, z.B. eine Aktiengesellschaft, gelten mehr Vorschriften als für alle Kaufleute (z.B. einen Einzelunternehmer). Die ergänzenden Vorschriften sind genauer als die allgemeinen Regelungen. Die Steuergesetze wie z.B. Einkommen- und Umsatzsteuergesetz (EStG, UStG) enthalten weitere Vorschriften. § 140 AO (Abgabenordnung) verbindet die handels- und steuerrechtlichen Buchführungspflichten miteinander.

Die grundlegenden handelsrechtlichen Buchhaltungsvorschriften sind in den §§ 238 und 239 HGB verankert. Die folgende Abbildung gibt die wesentlichen Inhalte dieser beiden wichtigen Vorschriften wieder.

| **§ 238 HGB** | **§ 239 HGB** |
|---|---|
| ▪ Pflicht, Bücher zu führen;<br>▪ Ersichtlichmachung der Handelsgeschäfte und der Lage des Vermögens nach den Grundsätzen ordnungsmäßiger Buchführung (GoB);<br>▪ Buchführung muß Überblick über Geschäftsvorfälle und Lage des Unternehmens innerhalb angemessener Zeit vermitteln. | ▪ Führung der Bücher in lebender Sprache;<br>▪ Eindeutigkeit von Abkürzungen oder Symbolen;<br>▪ Eintragungen müssen vollständig, richtig, zeitgerecht und geordnet sein;<br>▪ Keine Unkenntlichmachung ursprünglicher Eintragungen. |

***Abb. 4: Inhalt handelsrechtlicher Buchführungsvorschriften***

Bereits in § 238 HGB werden die Grundsätze ordnungsmäßiger Buchführung (GoB) erwähnt. Viele Grundsätze, die oft auch für den Jahresabschluß gelten, sind im Gesetz enthalten. Darüber hinaus existieren gesetzlich nicht geregelte Grundsätze. Sie werden z.B. von der Wissenschaft und Rechtsprechung entwickelt. Auch viele steuerrechtliche Vorschriften, wie z.B. die Einkommensteuer-Richtlinien haben für das Handelsrecht einen GoB-Charakter.

Ein wichtiger GoB, der im Handelsgesetzbuch geregelt wird, ist der **Grundsatz der Vorsicht** (§ 252 Abs. 1 Nr. 4 HGB). Er besagt allgemein, daß der Kaufmann bei der Darstellung der Vermögens- und Ertragslage eher pessimistisch als optimistisch sein sollte. Der Grundsatz dient dem Gläubigerschutz, da riskante Geschäfte eher vermieden werden. Ein wichtiger Aspekt des Vorsichtsprinzips ist das **Realisationsprinzip**. Ein Gewinn darf erst ausgewiesen werden, wenn er durch den Umsatz verwirklicht wurde. Werden z.B. im Geschäftsjahr 01 Waren eingekauft, die im Folgejahr veräußert werden, ist der Gewinn erst in 02 auszuweisen.

Ein weiterer wichtiger Grundsatz ist das **Stetigkeitsgebot** (§ 252 Abs. 1 Nr. 6 HGB). Hier fordert der Gesetzgeber, die Vermögensgegenstände und die Verbindlichkeiten nach denselben Methoden zu bewerten wie im Vorjahr. Das Stetigkeitsgebot dient der Vergleichbarkeit der Jahresabschlüsse mehrerer, aufeinanderfolgender Perioden. Es stärkt die Informationsfunktion des Jahresabschlusses. Weitere wichtige gesetzliche GoB sind:

| Wichtige gesetzliche GoB | |
|---|---|
| **Belegprinzip:** | Alle Buchungen müssen sich auf Belege zurückführen lassen. |
| **Vollständigkeit:** | Alle relevanten Geschäftsvorfälle sind zu verbuchen; es dürfen keine fiktiven Geschäftsvorfälle verbucht werden. |
| **Richtigkeit:** | Alle Geschäftsvorfälle sind auf dem jeweils richtigen Konto in der jeweils richtigen Höhe zu verbuchen. |
| **Identität:** | Die Anfangsbestände der Konten zum Jahresbeginn müssen mit den Schlußbeständen des Vorjahres identisch sein. |
| **Klarheit:** | Unmißverständliche Kennzeichnung der relevanten Konten. |

***Abb. 5: Wichtige gesetzliche GoB***

# 2. Inventur und Inventar

Nach § 240 Abs. 1 HGB ist der Kaufmann verpflichtet, für den Schluß eines jeden Geschäftsjahres ein Inventar zu erstellen. Das **Inventar** ist ein Verzeichnis der Vermögensgegenstände und Schulden nach Art, Menge und Wert. Damit ein derartiges Inventar erstellt werden kann, müssen vorab die einzelnen Vermögensgegenstände und Schulden durch eine Inventur ermittelt werden. Bei der **Inventur** handelt es sich um eine körperliche Bestandsaufnahme der einzelnen Vermögensgegenstände und Schulden, die durch Zählen, Messen oder Wiegen an einem bestimmten Stichtag festgestellt werden. Da dieses Vorgehen nicht immer möglich ist (z.B. bei Schulden), erfolgt statt dessen eine Überprüfung der entsprechenden Vertragsunterlagen (z.B. Darlehensvertrag). Eine derartige Inventur wird als **Beleg- oder Buchinventur** bezeichnet.

Es lassen sich die folgenden **Inventurverfahren** unterscheiden:

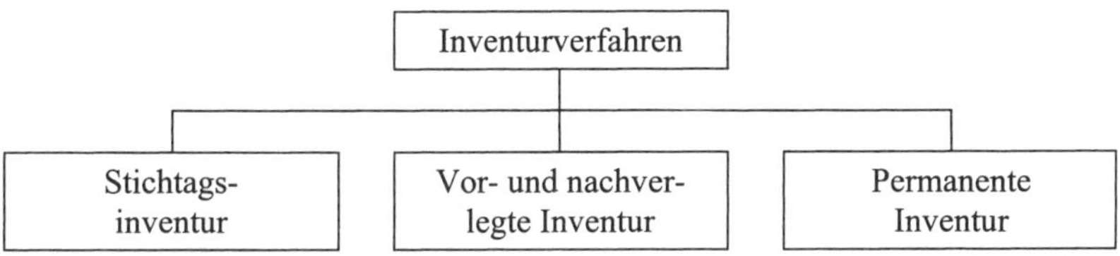


***Abb. 6: Inventurverfahren***

Bei der **Stichtagsinventur** im strengen Sinne erfolgt die körperliche Bestandsaufnahme an einem ganz bestimmten Stichtag. Durch das Zusammendrängen der Inventurarbeiten auf einen Tag ist diese Methode praktisch kaum anwendbar. Deshalb wird die Inventur meist innerhalb weniger Tage vor bzw. nach dem Bilanzstichtag durchgeführt; bei dieser erweiterten Stichtagsinventur dürfen sich die Bestände zwischenzeitlich nicht verändern.

Bei der **vor- und nachverlegten Inventur** wird der Erfassungszeitraum auf bis zu drei Monate vor bzw. zwei Monate nach dem Bilanzstichtag ausgedehnt. Die ermittelten Werte werden in einem **besonderen Inventar** verzeichnet. Anschließend erfolgt eine Vorrechnung (bei Erfassung vor dem Stichtag) bzw. Rückrechnung (bei Erfassung nach dem Stichtag) auf das Ende des Geschäftsjahres.

**Beispiel:** Ein Gastwirt führt infolge von Silvesterfeiern seine Inventur für das Geschäftsjahr 01 erst am 31.01.02 durch. Er ermittelt einen Bestand von 30 Flaschen "Moselblick". Am 10.01.02 hat er zwei Kartons zu je sechs Flaschen erhalten. Der Verbrauch im Januar beziffert sich auf vier Flaschen. Der zum **31.12.01** benötigte Bestand ergibt sich durch **Rückrechnung**: Bestand Ende Januar (30 Flaschen), vermindert um Zugänge (12 Flaschen) und erhöht um Abgänge (4 Flaschen) ergibt 22 Flaschen zum 31.12.01.

Auch bei der **permanenten Inventur** müssen Vor- bzw. Rückrechnungen erfolgen. Hierbei wird die körperliche Bestandsaufnahme der einzelnen Vermögensgegenstände und Schulden quasi auf das ganze Jahr verteilt. Dadurch wird eine hohe Flexibilität erreicht, da die Erfassung jeweils bei freien Personalkapazitäten oder niedrigen Lagerbeständen erfolgen kann. Auch hier muß sichergestellt sein, daß die zum Jahresende fortgeschriebenen Werte auch tatsächlich vorhanden sind. Das setzt ein ordnungsgemäßes **Belegwesen** voraus, da ansonsten die Gefahr besteht, daß falsche Bestände ausgewiesen werden. In diesem Fall kann die Finanzbuchhaltung ihre Dokumentationsfunktion nicht mehr erfüllen und die in der Bilanz dargestellte Vermögenslage ist falsch.

Die Inventurergebnisse werden im Inventar zusammengefaßt. Es besteht aus drei Teilen. Der **erste Teil** umfaßt die Vermögensgegenstände, die in Anlage- und Umlaufvermögen unterteilt werden. Zum **Anlagevermögen** gehören alle Vermögensgegenstände, die dauernd im Unternehmen eingesetzt werden sollen (z.B. Grundstücke, Betriebs- und Geschäftsausstattung, Maschinen). Im Unternehmen nur vorübergehend eingesetzte Vermögensgegenstände werden zum **Umlaufvermögen** gezählt (z.B. Rohstoffe, Waren).

| |
|---|
| Anlagevermögen: Dauernd genutzte Vermögensgegenstände<br>Umlaufvermögen: Vorübergehend genutzte Vermögensgegenstände |

Im **zweiten Teil** des Inventars werden die Schulden des Unternehmens (**Fremdkapital**) aufgelistet. Zu unterscheiden sind lang- und kurzfristiges Fremdkapital. Als Differenz aus Vermögensgegenständen und Schulden wird im **dritten Teil** des Inventars das Reinvermögen (Eigenkapital) ermittelt. Die folgende Abbildung zeigt beispielhaft das Inventar einer Gastwirtschaft. Die Auflistung der einzelnen Vermögensgegenstände und Schulden erfolgt untereinander, d.h. in **Staffelform**. Die Bewertung der aktiven und passiven Posten ist in **Euro** vorzunehmen.

| Inventar zum 31.12. ..01 | | | |
|---|---|---|---|
| I. Vermögensgegenstände | | | |
| 1 Grundstück mit Gebäude | | | 200.000 € |
| 1 Zapfanlage mit Kühlaggregat | | | 20.000 € |
| 10 Tische | à | 300,- € | 3.000 € |
| 60 Stühle | à | 50,- € | 3.000 € |
| 200 Biergläser | à | -,50 € | 100 € |
| 50 Weingläser | à | 2,- € | 100 € |
| 5 hl Bier | à | 200,- € | 1.000 € |
| 200 Flaschen Wein | à | 5,- € | 1.000 € |
| Forderungen A | | | 50 € |
| Forderungen B | | | 60 € |
| Forderungen C | | | 90 € |
| Bankguthaben | | | 1.000 € |
| Kasse | | | 600 € |
| **Vermögen** | | | **230.000 €** |
| II. Schulden | | | |
| Kreissparkasse | | | 120.000 € |
| Brauerei X | | | 4.000 € |
| Weinhandlung Y | | | 6.000 € |
| **Schulden** | | | **130.000 €** |
| III. Reinvermögen (Eigenkapital): | | | |
| **Reinvermögen** (Vermögen - Schulden = 230.000 € - 130.000 €) | | | **100.000 €** |

***Abb. 7: Inventar einer Gastwirtschaft***

# 3. Bilanz

Da das Inventar eine detaillierte Aufgliederung der **einzelnen** Vermögensgegenstände und Schulden enthält, werden in der Bilanz aus Gründen der Übersichtlichkeit Zusammenfassungen vorgenommen. Hierbei werden aus zusammengehörigen Vermögensgegenständen und Schulden **Posten** gebildet, wobei auf Mengenangaben verzichtet wird. Zur Bilanzerstellung werden die Zapfanlage mit Kühlaggregat, Tische, Stühle, Biergläser, Weingläser aus der vorigen Abbildung zum Bilanzposten Betriebs- und Geschäftsausstattung zusammengefaßt. Außerdem werden die Vermögensgegenstände und Schulden in der Bilanz nicht untereinander, sondern nebeneinander aufgeführt (**Kontoform**).

Da eine Bilanz immer ausgeglichen ist, erscheint als Saldo die Größe Eigenkapital auf der jeweils "kleineren" Seite der Bilanz. Durch das Einfügen des Postens Eigenkapital wird sichergestellt, daß beide Bilanzseiten jeweils genau gleich groß sind. Die folgende Abbildung zeigt die Bilanz für die obige Gastwirtschaft. Der Unternehmer muß durch seine Unterschrift die Richtigkeit der Bilanz bestätigen (**Unterzeichnungspflicht**).

| Aktiva | Bilanz zum 31.12. ..01 | | Passiva |
|---|---|---|---|
| Grundstücke | 200.000 | Eigenkapital | 100.000 |
| Betriebs- und Geschäftsausstattung | 26.200 | Darlehensverbindlichkeiten | 120.000 |
| Vorräte | 2.000 | Lieferantenverbindlichkeiten | 10.000 |
| Forderungen | 200 | | |
| Bankguthaben | 1.000 | | |
| Kasse | 600 | | |
| | 230.000 | | 230.000 |

***Abb. 8: Bilanz einer Gastwirtschaft***

Die Summe aller Aktiva entspricht der Summe aller Passiva: Die **Bilanzsumme** beträgt im obigen Beispiel 230.000 €. Das Eigenkapital (Reinvermögen) ergibt sich als Differenz aus der Summe aller Aktivposten und der gesamten Schulden. Es beträgt für die Gastwirtschaft 100.000 € im obigen Beispiel.

Auf der linken Seite der Bilanz (Aktivseite) erscheint die Zusammensetzung des Vermögens. Auf der rechten Seite (Passivseite) ist zu sehen, welche Kapitalgeber die Mittel zur Finanzierung der unternehmerischen Tätigkeit bereitgestellt haben. Die Aktivseite zeigt die **Mittelverwendung**, die Passivseite die **Mittelherkunft**.

| | | |
|---|---|---|
| Aktiva | = | Passiva |
| Mittelverwendung | = | Mittelherkunft |
| Vermögen | = | Kapital |
| Vermögen | = | Anlagevermögen + Umlaufvermögen |
| Kapital | = | Eigenkapital + Fremdkapital |

***Abb. 9: Grundgleichungen der Bilanz***

Das Eigenkapital muß nicht immer positiv sein. Ein **negatives Eigenkapital** wird ausgewiesen, wenn das Vermögen kleiner als die Schulden. Dann erscheint das Eigenkapital auf der Aktivseite der Bilanz. Bei der obigen Gastwirtschaft würde dieser Fall bei einem Vermögen unter 130.000 € eintreten. Diese Situation kennzeichnet eine wirtschaftlich ungünstige Vermögenslage, die den Unternehmensbestand gefährden kann.

Die bilanzielle Anordnung der Vermögensgegenstände und Schulden ist gesetzlich vorgeschrieben. Die folgende Bilanzgliederung ist zu beachten.

| Aktiva | Bilanz Passiva |
|---|---|
| A. ANLAGEVERMÖGEN | A. EIGENKAPITAL |
| I. Immaterielle Vermögensgegenstände<br>II. Sachanlagen<br>III. Finanzanlagen | |
| | B. FREMDKAPITAL |
| B. UMLAUFVERMÖGEN | I. Langfristige Schulden<br>II. Kurzfristige Schulden |
| I. Vorräte<br>II. Forderungen und sonstige Vermögensgegenstände<br>III. Wertpapiere<br>IV. Liquide Mittel | |

***Abb. 10: Gliederungsschema der Bilanz***

Das Anlagevermögen läßt sich in die Posten "Immaterielle Vermögensgegenstände", "Sachanlagen" und "Finanzanlagen" unterteilen. Die immateriellen Vermögensgegenstände umfassen z.B. die entgeltlich erworbenen Patente eines Unternehmens. Für selbsterstellte Patente besteht dagegen nach § 248 Abs. 2 HGB ein **Aktivierungsverbot**. Die Maschinen, die Betriebs- und Geschäftsausstattung und der Fuhrpark des Unternehmens werden unter dem Posten "Sachanlagen" bilanziert. Zu den Finanzanlagen zählen Wertpapiere (z.B. Aktien) und Beteiligungen, die langfristige Anlagen des Unternehmens darstellen. Eine Veräußerung dieser Posten ist zunächst nicht beabsichtigt.

Das Umlaufvermögen umfaßt die Posten "Vorräte", "Forderungen und sonstige Vermögensgegenstände", "Wertpapiere" und "Liquide Mittel". Zu den Vorräten zählen im Handelsbetrieb die Waren (vgl. 4. Kapitel) und im Industriebetrieb die Roh-, Hilfs- und Betriebsstoffe sowie die fertigen bzw. unfertigen Erzeugnisse (vgl. 5. Kapitel). Forderungen entstehen durch den Verkauf von Waren auf Ziel, wenn die Bezahlung nicht sofort erfolgt. Soweit Wertpapiere nur der kurzfristigen Anlage (spekulativen Zwecken) dienen, sind sie im Umlaufvermögen auszuweisen. Zu den liquiden Mitteln gehören Bankguthaben und Kassenbestände eines Unternehmens.

Die Gliederung der **Aktivseite** erfolgt grundsätzlich nach der **Liquidierbarkeit**, d.h. der Geldnähe. So wird eine Forderung meist in einer wesentlich kürzeren Zeit wieder zu Bargeld als z.B. ein Grundstück, welches zu den Sachanlagen zählt. Es gilt der Grundsatz: Je "höher" die Position eines Vermögensgegenstandes auf der Aktivseite, desto "länger" dauert es meistens, bis er wieder im Geschäftsverkehr umgesetzt und damit zu Geld wird.

Die **Passivseite** der Bilanz ist grundsätzlich nach der **Fristigkeit** des Kapitals gegliedert. Je "höher" die Position auf der Passivseite, um so "länger" steht sie dem Unternehmen im Regelfall zur Verfügung. Das Eigenkapital steht dem Unternehmen am längsten zur Verfügung und erscheint an oberster Stelle. Es wird erst bei der Auflösung des Unternehmens zurückgezahlt. Beim Fremdkapital rangieren die langfristigen Darlehensverbindlichkeiten (Laufzeit z.B. acht Jahre) vor den kurzfristigen Lieferantenverbindlichkeiten mit einer Fälligkeit von z.B. 30 Tagen.

# 4. Distanzrechnung

Die Bilanz stellt das Reinvermögen (Eigenkapital) zu einem bestimmten Zeitpunkt, dem Bilanzstichtag, dar. Vergleicht man diese Größe mit dem Vorjahreswert, ergibt sich die Reinvermögensänderung. Zur **Erfolgsbestimmung** benötigt man somit nur die Eigenkapitalbestände der aufeinanderfolgenden Zeitpunkte $t_0$ und $t_1$ (Periodenbeginn und Periodenende). Ohne Kenntnis der einzelnen Geschäftsvorfälle kann der Bilanzleser durch Vergleich der Eigenkapitalbestände zweier aufeinanderfolgender Bilanzen den Erfolg feststellen. Die Eigenkapitalbestände sind (nach vorheriger Inventur) dem Inventar zu entnehmen. Eine derartige Erfolgsermittlung bezeichnet man als einfache **Distanzrechnung**. Weist sie eine Eigenkapitalmehrung aus, hat das Unternehmen einen **Gewinn** erzielt. Im Fall einer Eigenkapitalminderung ist ein **Verlust** entstanden.

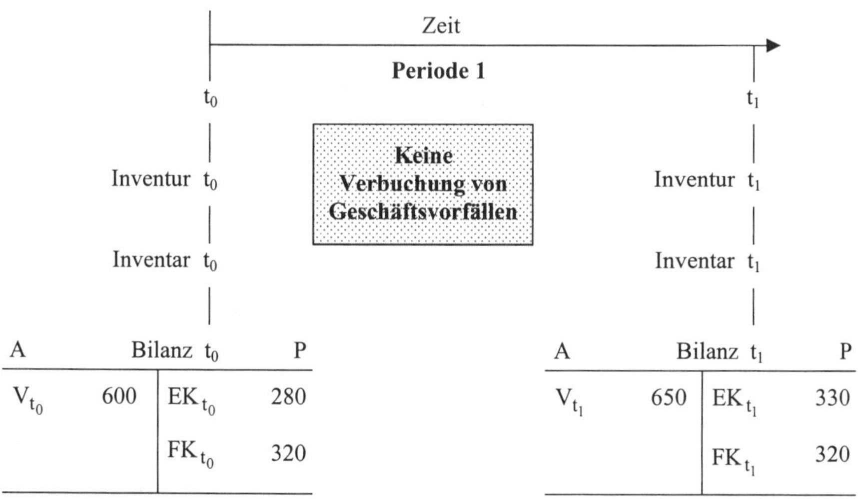


***Abb. 11: Aufbau der einfachen Distanzrechnung***

Das **Eigenkapital** zum Zeitpunkt $t_0$ beträgt 280 TEUR (ermittelt durch Inventur/Inventar). Zum Zeitpunkt $t_1$ ist das Eigenkapital auf 330 TEUR angewachsen (ermittelt durch Inventur/Inventar). Der Gewinn beträgt somit 50 TEUR (330 TEUR - 280 TEUR). Allgemein kann der Erfolg einer Periode nach der folgenden Gleichung bestimmt werden:

| | | | | | | | | |
|---|---|---|---|---|---|---|---|---|
| $EK_1$ | - | $EK_0$ | = | $\Delta$ EK | = | Erfolg |
| | | $\Delta$ EK | > | 0 | = | Gewinn |
| | | $\Delta$ EK | < | 0 | = | Verlust |

***Abb. 12: Erfolgsermittlung durch einfache Distanzrechnung***

Das Eigenkapital der Bilanz ($EK_0$ bzw. $EK_1$) wird zu einem Zeit**punkt** ermittelt. Es stellt eine **Bestandsgröße** dar. Der Erfolg bezieht sich immer auf einen bestimmten Zeit**raum**. Man bezeichnet ihn als **Strömungsgröße**. Aus der Veränderung zweier Bestandsgrößen im Zeitverlauf läßt sich die Strömungsgröße (Eigenkapitalveränderung - $\Delta$ EK) ableiten.

Ein Nachteil der Distanzrechnung ist darin zu sehen, daß die **Quellen des Erfolges** nicht sichtbar werden. Es haben sich die einzelnen Posten der Bilanz in ihrer Höhe verändert, ohne daß die Möglichkeit besteht, die Ursachen für diese Entwicklung zu verfolgen. Dagegen macht die Verbuchung der einzelnen Geschäftsvorfälle deutlich, welche Vorgänge zum Erfolg bzw. Mißerfolg des Unternehmens beigetragen haben. Die Verbuchung führt allerdings zu einer erhöhten Arbeitsbelastung des Unternehmens.

Beide Methoden führen zu demselben Ergebnis. Im Vergleich zur Distanzrechnung läßt sich die Erfolgsermittlung durch Verbuchung der Geschäftsvorfälle in Schlagworten wie folgt beurteilen:

- **Nachteil:** Hoher Arbeitsaufwand,
- **Vorteil:** Transparenz der Erfolgsquellen (Erträge bzw. Aufwendungen).

Da die Vorteile überwiegen, hat der Gesetzgeber die Verbuchung der einzelnen Geschäftsvorfälle vorgeschrieben. Hierbei kann auf verschiedene Weisen vorgegangen werden. Nach jedem Geschäftsvorfall könnte eine neue Bilanz erstellt werden, die den aktuellen und vollständigen Bestand des Vermögens und der Schulden ausweist. Angesichts des hohen Arbeitsaufwands ist dieses Vorgehen jedoch unpraktisch. Deshalb wird die Bilanz zu Jahresbeginn in einzelne Rechnungsstellen (**Konten**) unterteilt, auf denen die Verbuchung erfolgt. Dieses Vorgehen wird im nächsten Kapitel behandelt.

# 3. Kapitel: Technik der Buchhaltung

## 1. Erfolgsneutrale Buchungsvorgänge

### 1.1 Kontenarten

Die Verbuchung der einzelnen Geschäftsvorfälle kann untereinander (= Staffelform) oder nebeneinander (= Kontoform) erfolgen. Bei der **Staffelrechnung** wird, ausgehend von einem Anfangsbestand, nach jedem Zu- oder Abgang ein neuer Endbestand ermittelt. Am Beispiel des Kassenkontos wird diese Kontenart dargestellt:

| Datum | Vorgang | Betrag |
|---|---|---|
| 01.01. | Anfangsbestand | 2.000 € |
| 02.01. | Einzahlung des Kunden A | 1.500 € |
| | | 3.500 € |
| 03.01. | Auszahlung Miete | 800 € |
| | | 2.700 € |
| 04.01. | Steuerrückzahlung | 2.000 € |
| | | 4.700 € |
| 05.01. | Auszahlung an Lieferanten | 4.000 € |
| | | 700 € |

***Abb. 13: Staffelrechnung***

Der Anfangsbestand beträgt 2.000 € am 01.01. des Jahres. Durch die Einzahlung des Kunden A erhöht sich der Bestand um 1.500 € auf 3.500 € (02.01.). Durch die Mietauszahlung am 03.01. in Höhe von 800 € verringert sich der Kontostand auf 2.700 €. Am 05.01. beträgt der Endbestand (nach weiteren Ein- und Auszahlungen) 700 €.

Die kontinuierliche Ermittlung eines Endbestandes ist dann von **Vorteil**, wenn eine ständige Kontrolle dieser Größe notwendig ist. Der **Nachteil** der Staffelrechnung besteht darin, daß viel Schreibarbeit anfällt und Ein- und Auszahlungen nicht getrennt dargestellt werden. Daher werden beim Konto in **Reihenform** die Zu- bzw. Abgänge der verschiedenen Geschäftsvorfälle jeweils nebeneinander in einer eigenen Spalte verbucht. Das folgende Kassenkonto stellt die beschriebenen Geschäftsvorfälle exemplarisch dar.

| Datum | Vorgang (Text) | Betrag | |
|---|---|---|---|
| | | Einzahlung | Auszahlung |
| 01.01. | Anfangsbestand | 2.000 € | |
| 02.01. | Einzahlung des Kunden A | 1.500 € | |
| 03.01. | Auszahlung Miete | | 800 € |
| ... | ... | ... | ... |

***Abb. 14: Konto in Reihenform***

Auch beim Konto in **"T-Form"** erfolgt eine Trennung der Ein- und Auszahlungen. Es ist dadurch gekennzeichnet, daß der Anfangsbestand und die Zugänge jeweils auf einer Seite, die Abgänge und der Endbestand jeweils auf der anderen Kontenseite erfaßt werden. Nach buchhalterischer Konvention werden beim Kassenkonto der Anfangsbestand und die Zugänge auf der linken, die Abgänge dagegen auf der rechten Kontenseite erfaßt:

| Soll | | Kassenkonto | | | Haben |
|---|---|---|---|---|---|
| 01.01. | Anfangsbestand | 2.000 | 03.01. | Auszahlung Miete | 800 |
| 02.01. | Einzahlung des Kunden A | 1.500 | 05.01. | Auszahlung an Lieferanten | 4.000 |
| 04.01. | Steuerrückzahlung | 2.000 | | | |

***Abb. 15: Konto in T-Form***

Die linke Seite des T-Kontos wird traditionell mit **"Soll"** überschrieben - die rechte Seite des T-Kontos heißt **"Haben"**. Wie die Bilanz, muß auch jedes einzelne Konto beim Abschluß ausgeglichen sein. Ein Konto ist ausgeglichen, wenn die Summen auf Soll- und Habenseite gleich groß sind. Meist stellt sich dieses Gleichgewicht nicht automatisch ein, so daß das Konto erst durch Eintragung eines Saldos ausgeglichen wird. Der **Saldo** wird als Unterschiedsbetrag auf die "kürzere" Seite des Kontos gesetzt. Im obigen Beispiel betragen im Kassenkonto die Sollbuchungen 5.500 €, die Habenbuchungen 4.800 €. Als Saldo sind folglich 700 € auf der **Habenseite** zu verbuchen. Der Saldo entspricht somit dem rechnerischen Kassenendbestand, der am Jahresende durch eine Inventur überprüft werden muss.

| Soll | | Kassenkonto | | | Haben |
|---|---|---|---|---|---|
| 01.01. | Anfangsbestand | 2.000 | 03.01. | Auszahlung | 800 |
| 02.01. | Einzahlung | 1.500 | 05.01. | Auszahlung | 4.000 |
| 04.01. | Einzahlung | 2.000 | | | |
| | | | **Saldo (Endbestand)** | | **700** |
| | | 5.500 | | | 5.500 |

***Abb. 16: Kontenabschluß***

Zwar ist heute die Verwendung von T-Konten in der Buchhaltungspraxis weitgehend unüblich geworden. Aber als didaktisches Hilfsmittel zum Erkennen der Zusammenhänge zwischen Beständen und Bestandsänderungen sind sie auch heute noch unverzichtbar.

Die Buchhaltung und der Jahresabschluß sollen nach dem Willen des Gesetzgebers insbesondere die **Gläubiger** eines Unternehmens über dessen Vermögens- und Ertragslage informieren (Fremdinformation). Hierdurch werden die Gläubiger vor Vermögensverlusten geschützt, da sie ihre Kredite im Zweifelsfall kündigen können. Zur Erreichung der Informationsfunktion muß der Gesetzgeber sicherstellen, daß die Buchhaltung und der Jahresabschluß nicht von den Unternehmen verfälscht werden, indem z.B. fiktive Vermögensgegenstände bilanziert oder Schulden nachträglich gestrichen werden.

Das Verbot, Eintragungen unleserlich zu machen, ist Bestandteil der Grundsätze ordnungsmäßiger Buchführung. Es dient der Verhinderung buchhalterischer Manipulationen.

Daher sind nach § 239 Abs. 3 HGB nachträgliche Änderungen der Buchhaltungsdaten verboten. Die nachfolgende Abbildung verdeutlicht exemplarisch, wie derartige Fälschungen verhindert werden.

| S | Kasse | | H |
|---|---|---|---|
| AB | 3.000 | 06.01. | 1.500 |
| 05.01. | 2.000 | EB | 12.500 |
| 03.02. | 3.000 | | |
| 04.03. | 6.000 | | |
| | 14.000 | | 14.000 |

| S | Kasse | | H |
|---|---|---|---|
| AB | 20.000 | 05.01. | 3.000 |
| | | 06.02. | 5.000 |
| | | 08.03. | 1.000 |
| | | 04.04. | 2.000 |
| | | EB | 9.000 |
| | 20.000 | | 20.000 |

***Abb. 17: Kontensicherung gegen nachträgliche Änderungen***

Durch Eintragung von sogenannten "**Buchhalternasen**" in Leerräumen werden Konten vor nachträglichen Veränderungen geschützt. Diese formalen Vorschriften gelten auch für den Abschluß der Bilanz und der Gewinn- und Verlustrechnung. Im folgenden wird aus technischen Gründen auf die Eintragung von Buchhalternasen verzichtet; alle übrigen formalen Kontenmerkmale werden berücksichtigt.

## 1.2 Auflösung der Bilanz in Bestandskonten

Zur Verbuchung von Geschäftsvorfällen wird dic Bilanz in einzelne Konten aufgelöst. Jeder Bilanzposten erhält ein eigenes **Bestandskonto**. Konten auf der Aktivseite der Bilanz sind aktive Bestandskonten (Aktivkonten), Konten auf der Passivseite der Bilanz sind passive Bestandskonten (Passivkonten). Es gilt somit:

Aktivkonten entsprechen aktiven Bilanzposten
Passivkonten entsprechen passiven Bilanzposten

Bei einem **aktiven** Bestandskonto werden der Anfangsbestand und die Zugänge im Soll erfaßt. Die Abgänge und der Endbestand (als Saldo) sind folglich im Haben zu verbuchen. Das **passive** Bestandskonto erfaßt den Anfangsbestand und die Zugänge im Haben, die Abgänge und den Endbestand (als Saldo) im Soll. Den Einstieg in die Doppelte Buchführung sichern folgende Merksätze: Bestände, die in der Bilanz links stehen, erscheinen als Anfangsbestände der jeweiligen Aktivkonten ebenfalls links. Bestände, die in der Bilanz rechts stehen, erscheinen als Anfangsbestände der jeweiligen Passivkonten ebenfalls rechts. Somit gilt schlagwortartig:

| Anfangsbestände von Aktivkonten im Soll – von Passivkonten im Haben |
|---|

| Soll | Aktivkonto Haben |
|---|---|
| Anfangsbestand (AB) | Abgänge . . . . . |
| Zugänge . . . . . | Saldo (Endbestand) |

| Soll Passivkonto | Haben |
|---|---|
| Abgänge . . . . . | Anfangsbestand (AB) |
| Saldo (Endbestand) | Zugänge . . . . . |

***Abb. 18: Aufbau aktiver und passiver Bestandskonten***

Dabei gilt die folgende grundlegende **Kontengleichung** sowohl für aktive als auch für passive Bestandskonten. Sie gewährleistet den Ausgleich jedes einzelnen Kontos.

| Anfangsbestand + Zugänge = Abgänge + Endbestand |
|---|

Zu Beginn eines Geschäftsjahres wird die Bilanz (Anfangsbilanz) in einzelne Konten aufgelöst. Die Verbuchung der einzelnen Geschäftsvorfälle verändert die Kontenbestände. Am Ende eines Jahres wird aus den Endbeständen der aktiven und passiven Bestandskonten (nach vorheriger Inventur) die neue Bilanz (Schlußbilanz) erstellt. Die Konten stellen somit ein Bindeglied zwischen Anfangsbilanz und Schlußbilanz dar. Die Bilanz am Ende des Geschäftsjahres ist mit der Anfangsbilanz des nächsten Geschäftsjahres vollkommen identisch. Dieser **Grundsatz der Bilanzidentität** zählt zu den kodifizierten Grundsätzen ordnungsmäßiger Buchführung.

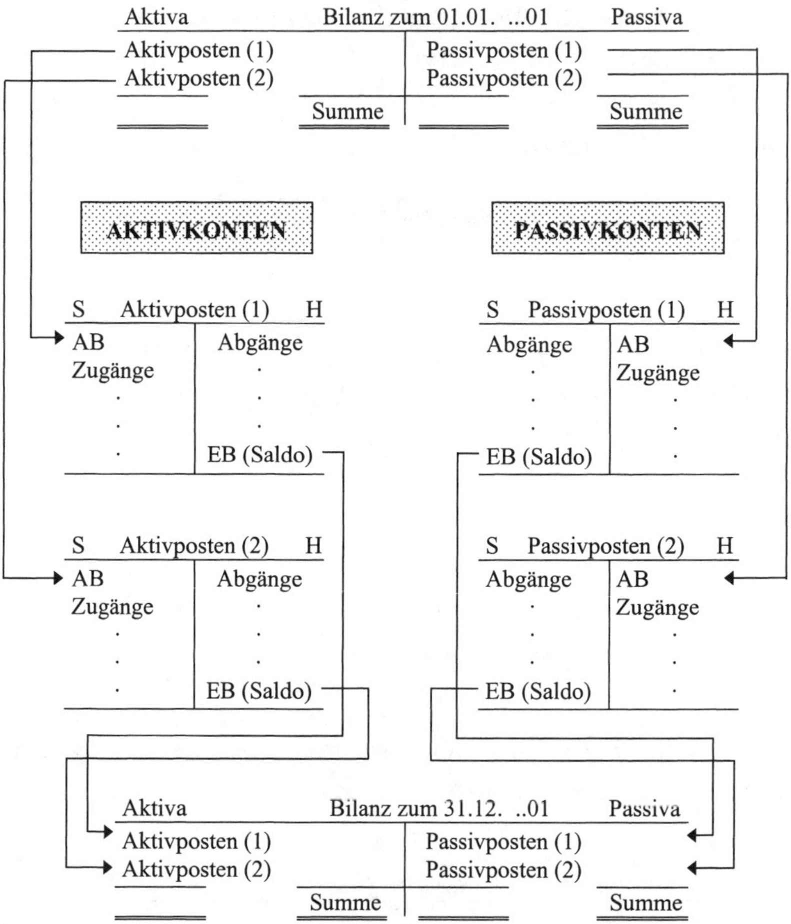


***Abb. 19: Anfangsbilanz - Verbuchung auf Bestandskonten - Schlußbilanz***

Ist bei einem Aktivkonto die Summe aus Anfangsbestand und Zugängen größer als die Abgänge, entsteht ein positiver Endbestand. Er erscheint als Saldo auf der Habenseite. Ein Saldo, der die Sollseite eines Kontos ausgleicht, heißt **Sollsaldo**. In entsprechender Weise bringt der **Habensaldo** die Habenseite zum Ausgleich. Es gilt somit:

| Sollsalden stehen auf der Habenseite – Habensalden stehen auf der Sollseite |
|---|

| S Aktivkonto | H |
|---|---|
| AB | Abgänge |
| Zugänge | . |
| . | . |
| . | |
| . | |
| | **SOLLSALDO** |

| S Passivkonto | H |
|---|---|
| Abgänge | AB |
| . | Zugänge |
| . | . |
| | . |
| | . |
| **HABENSALDO** | |

***Abb. 20: Soll- und Habensaldo***

Wird ein Konto im Laufe eines Geschäftsjahres ausgeglichen (Endbestand gleich null), wird es nicht mehr in die Schlußbilanz aufgenommen. Werden dagegen im Laufe eines Jahres Bestände gebildet, die in der Anfangsbilanz nicht enthalten waren, wird ein neues Bestandskonto eingerichtet. Dessen Saldo wird in die Schlußbilanz übernommen.

Bestandskonten können im Laufe eines Jahres neu entstehen oder untergehen; sie können aber auch die Bilanzseite wechseln. Aus einem Aktivkonto kann ein Passivkonto werden und umgekehrt. Ein typisches Beispiel ist hierfür das Konto "Bank":

| S | Bank | | H |
|---|---|---|---|
| Anfangsbestand | 1.000 | Abgänge | 1.800 |
| Zugänge | 200 | | |
| **Endbestand** | **600** | | |
| | 1.800 | | 1.800 |

***Abb. 21: Veränderung des Kontencharakters***

Wäre am Jahresende noch ein Bankguthaben vorhanden, müßte der Endbestand auf der Habenseite ausgewiesen werden. Im obigen Beispiel bestehen aber am Jahresende Bankverbindlichkeiten, die durch eine Überziehung des Bankkontos zustande kommen. Das Aktivkonto wird zu einem Passivkonto. Der bilanzielle Ausweis erfolgt ebenfalls passiv - als Verbindlichkeit gegenüber Kreditinstituten.

## 1.3 Grundtypen erfolgsneutraler Geschäftsvorfälle

Bei der Distanzrechnung wurde festgestellt, daß unter einem positiven (negativen) Unternehmenserfolg eine Erhöhung (Verminderung) des Eigenkapitals zu verstehen ist. **Erfolgswirksame** Geschäftsvorfälle sind Vorgänge, die zu einer Veränderung des Reinvermögens führen. Beispiel: Verkauf von Ware für 120 €, die für 80 € eingekauft wurde: Eigenkapitalerhöhung (Gewinn): 40 €. Dagegen verändert sich das Eigenkapital bei **erfolgsneutralen** Geschäftsvorfällen nicht. Sie lassen sich in vier Klassen einteilen:

1. Aktivtausch
2. Passivtausch
3. Bilanzverlängerung (Aktiv-/Passivmehrung)
4. Bilanzverkürzung (Aktiv-/Passivminderung)

***Abb. 22: Grundtypen erfolgsneutraler Geschäftsvorfälle***

Ausgehend von der folgenden Bilanz werden die erfolgsneutralen Geschäftsvorfälle erläutert. Die Ausgangsbilanz wird als "Alte Bilanz" bezeichnet.

A Alte Bilanz P

| | | | |
|---|---|---|---|
| Waren | 100 | EK | 30 |
| | | Kredit A | 70 |
| Kasse | 20 | Kredit B | 20 |

Die bilanziellen Auswirkungen der folgenden vier Geschäftsvorfälle sind zu überprüfen. Jeder Geschäftsvorfall gehört in eine bestimmte Klasse erfolgsneutraler Vorgänge.

a) Warenverkauf zu 100 € gegen Barzahlung
b) Kredittilgung bei der B-Bank durch zusätzliche Kreditaufnahme bei der A-Bank (20 €)
c) Wareneinkauf auf Ziel in Höhe von 40 €
d) Kredittilgung bei der B-Bank durch Barzahlung von 20 €

***Abb. 23: Bilanzveränderungen***

a): **Aktivtausch** - Warenverkauf gegen Barzahlung (100 €)

| A | Alte Bilanz | | P |
|---|---|---|---|
| Waren | 100 | EK | 30 |
| | | Kredit A | 70 |
| Kasse | 20 | Kredit B | 20 |

Kasse steigt - Waren sinkt

| A | Neue Bilanz | | P |
|---|---|---|---|
| Kasse | 120 | EK | 30 |
| | | Kredit A | 70 |
| | | Kredit B | 20 |

b): **Passivtausch** - Kredittilgung durch Umschuldung (20 €)

| A | Alte Bilanz | | P |
|---|---|---|---|
| Waren | 100 | EK | 30 |
| | | Kredit A | 70 |
| Kasse | 20 | Kredit B | 20 |

Kredit A steigt - Kredit B sinkt

| A | Neue Bilanz | | P |
|---|---|---|---|
| Waren | 100 | EK | 30 |
| Kasse | 20 | Kredit A | 90 |

***Abb. 24: Aktivtausch und Passivtausch***

c): **Bilanzverlängerung** - Wareneinkauf auf Ziel (40 €)

| A | Alte Bilanz | | P |
|---|---|---|---|
| Waren | 100 | EK | 30 |
| | | Kredit A | 70 |
| Kasse | 20 | Kredit B | 20 |

Waren steigt - Lieferantenverbindlichkeit steigt

| A | Neue Bilanz | | P |
|---|---|---|---|
| Waren | 140 | EK | 30 |
| | | Kredit A | 70 |
| | | Kredit B | 20 |
| Kasse | 20 | Lieferantenverb. | 40 |

d): **Bilanzverkürzung** - Kredittilgung durch Barzahlung (100 €)

| A | Alte Bilanz | | P |
|---|---|---|---|
| Waren | 100 | EK | 30 |
| | | Kredit A | 70 |
| Kasse | 20 | Kredit B | 20 |

Kasse sinkt - Kredit B sinkt

| A | Neue Bilanz | | P |
|---|---|---|---|
| Waren | 100 | EK | 30 |
| | | Kredit A | 70 |

***Abb. 25: Bilanzverlängerung und Bilanzverkürzung***

Alle erfolgsneutralen Geschäftsvorfälle lassen sich einem dieser vier Grundtypen zuordnen. Bleibt die Bilanzsumme unverändert, muß es sich um einen Aktivtausch bzw. Passivtausch handeln. Nur die Struktur der Aktiv- bzw. Passivposten wird jeweils verändert. Dagegen hat eine Bilanzverlängerung bzw. Bilanzverkürzung immer eine Veränderung der Bilanzsummen (Mehrung bzw. Minderung) zur Folge.

## 1.4 Verbuchung von Geschäftsvorfällen

Ein Aktivtausch ist dadurch gekennzeichnet, daß sich ein Aktivposten in der Bilanz erhöht und sich mindestens ein anderer Aktivposten entsprechend vermindert. Ein Aktivtausch berührt also immer zwei Bestandsgrößen auf jeweils einer Bilanzseite. Gleiches gilt auf der Passivseite für den Passivtausch.

Bei einer Bilanzverlängerung kommt es zu einer Vermehrung mindestens eines aktiven und eines passiven Bilanzpostens. Die Bilanzverkürzung ist dagegen durch die Verminderung der Aktiv- bzw. Passivseite gekennzeichnet. Daraus folgt: Jeder erfolgsneutrale Geschäftsvorfall berührt (mindestens) zwei Bilanzposten. Da für jeden Bilanzposten ein gesondertes Konto geführt wird, werden also durch jeden Geschäftsvorfall (mindestens) **zwei Konten** angesprochen.

Das System der **Doppelten Buchführung** (Doppik) verlangt, jeden Geschäftsvorfall auf (mindestens) zwei Konten zu verbuchen. Um ein geschlossenes Buchungssystem zu entwickeln, erfolgt die Verbuchung jedes Geschäftsvorfalls in einer bestimmten Form, die als **Buchungssatz** bezeichnet wird. Dieser spricht in seiner **einfachen Form** zwei Konten an: ein Konto wird auf der Sollseite, ein anderes auf der Habenseite verändert. Nach buchhalterischer Konvention wird zuerst die Sollbuchung und dann die Habenbuchung genannt. Die allgemeine Schreibweise des einfachen Buchungssatzes lautet also:

| | | |
|---|---|---|
| Soll | an | Haben |

Für die vier folgenden Geschäftsvorfälle sind die Buchungssätze und Konten anzugeben:

a) Warenverkauf zu 100 € gegen Barzahlung,

b) Kredittilgung von 20 € bei Bank B durch neue Kreditaufnahme bei Bank A,

c) Wareneinkauf auf Ziel in Höhe von 40 €,

d) Kredittilgung bei Bank B durch Barzahlung von 20 €.

Hierbei ergeben sich folgende Buchungssätze mit den zugehörigen Kontenveränderungen. Es zeigt sich, daß die Soll- und Habenbuchungen die gleichen Beträge aufweisen.

| | | | | |
|---|---|---|---|---|
| **a)** | **Kasse** | **an** | **Waren** | **100,-** |

| S | Kasse | | H |
|---|---|---|---|
| AB | 20 | | |
| a) | 100 | | |

| S | Waren | | H |
|---|---|---|---|
| AB | 100 | a) | 100 |

| | | | | |
|---|---|---|---|---|
| **b)** | **Verb. B-Bank** | **an** | **Verb. A-Bank** | **20,-** |

| S | Verb. B-Bank | | H |
|---|---|---|---|
| b) | 20 | AB | 20 |

| S | Verb. A-Bank | | H |
|---|---|---|---|
| | | AB | 70 |
| | | b) | 20 |

| | | | | |
|---|---|---|---|---|
| **c)** | **Waren** | **an** | **Lieferantenverb.** | **40,-** |

| S | Waren | | H |
|---|---|---|---|
| AB | 100 | | |
| c) | 40 | | |

| S | Lieferantenverb. | | H |
|---|---|---|---|
| | | c) | 40 |

| | | | | |
|---|---|---|---|---|
| **d)** | **Verb. B-Bank** | **an** | **Kasse** | **20,-** |

| S | Verb. B-Bank | | H |
|---|---|---|---|
| d) | 20 | AB | 20 |

| S | Kasse | | H |
|---|---|---|---|
| AB | 20 | d) | 20 |

***Abb. 26: Einfache Buchungssätze***

Bei einfachen Buchungssätzen steht einer Sollbuchung genau eine betragsgleiche Habenbuchung gegenüber. Ein **zusammengesetzter Buchungssatz** ergibt sich aus den folgenden Beispielen:

(1) Wir kaufen Waren für 5.000 € und zahlen 2.000 € bar und den Rest durch Banküberweisung.

(2) Ein Möbelgeschäft kauft sechs Schreibtische zu je 1.000 €, von denen einer für den eigenen Bedarf (Anlagevermögen) und fünf zum Weiterverkauf (Umlaufvermögen) bestimmt sind. Der Kauf erfolgt zur Hälfte auf Ziel und zur Hälfte durch Barzahlung.

**Buchungssätze:**

| | | | | | |
|---|---|---|---|---|---|
| (1) | Waren | 5.000,- | an | Kasse | 2.000,- |
| | | | | Bank | 3.000,- |
| (2) | Geschäftsausstattung | 1.000,- | an | Kasse | 3.000,- |
| | Waren | 5.000,- | | Lieferantenverb. | 3.000,- |

***Abb. 27: Zusammengesetzte Buchungssätze***

Abschließend soll kurz auf die Frage eingegangen werden, wann die Verbuchung von Geschäftsvorfällen vorgenommen werden muß. Der **Zeitpunkt der Buchung** wird an Hand des folgenden Beispiels erläutert.

**Beispiel:** Ein Kaufmann bestellt am 1.10. Ware im Wert von 1.000 €. Die Rechnung trifft bereits am 10.10. ein. Am 12.10. wird die Ware geliefert und am 18.10. bezahlt. Die Bestellung der Ware am 1.10. löst noch keine Buchung aus, da der Kaufmann noch nicht über die Ware verfügen kann.

Mit der Lieferung am 12.10. sind der Warenzugang und die Lieferantenverbindlichkeit zu buchen: Aktiva und Passiva haben sich verändert (Bilanzverlängerung). Es liegt ein Geschäftsvorfall vor. Am 18.10. muß ein weiterer Geschäftsvorfall gebucht werden, weil die Aktiva (Bankguthaben) bzw. Passiva (Lieferantenverbindlichkeiten) abnehmen (Bilanzverkürzung). Der Rechnungseingang ist kein Geschäftsvorfall, da keine Bilanzposten verändert werden.

## 1.5 Konteneröffnung und Kontenabschluß

Das Wesen der Doppelten Buchhaltung besteht darin, daß jeder Geschäftsvorfall im Soll eines Kontos und im Haben eines anderen Kontos erfaßt wird, wobei die **Summe** der im Soll bzw. Haben gebuchten Beträge **gleich** ist. Außerdem muß jede Eintragung in einem Konto auf einen Buchungssatz zurückzuführen sein. Bislang wurden die Posten der Aktiv- und Passivseite der Bilanz - ohne Buchungssätze - auf die entsprechenden Konten übertragen. Das galt für die Anfangs- und Endbestände zum Jahresbeginn und zum Jahresende.

Um das System der Doppelten Buchhaltung (Doppik) durchgängig beizubehalten, werden zwei neue Konten eingeführt, nämlich das Eröffnungsbilanzkonto und das Schlußbilanzkonto. Das **Eröffnungsbilanzkonto** (EBK) ist die **seitenverkehrte** Darstellung der Bilanz zu Jahresbeginn. Die Anfangsbestände der Aktiv- und Passivkonten werden durch spezielle Buchungssätze eingebucht. Für die Übernahme der Endbestände in die Schlußbilanz am Jahresende wird das **Schlußbilanzkonto** (SBK) verwendet, welches denselben Aufbau wie die Bilanz aufweist. Die Konteneröffnungs- und Kontenabschlußbuchungen lauten allgemein:

**Konteneröffnung:**

| | | |
|---|---|---|
| Eröffnungsbilanzkonto | an | Passivkonten |
| Aktivkonten | an | Eröffnungsbilanzkonto |

**Kontenabschluß:**

| | | |
|---|---|---|
| Schlußbilanzkonto | an | Aktivkonten |
| Passivkonten | an | Schlußbilanzkonto |

***Abb. 28: Buchungen für Konteneröffnung und Kontenabschluß***

Dieses Vorgehen soll an einem Beispiel verdeutlicht werden. Aus der Anfangsbilanz eines Unternehmens wird das Eröffnungsbilanzkonto gebildet, indem Aktiv- und Passivseite **vertauscht** werden:

| Aktiva | Bilanz zum 1.1. ..01 | | Passiva |
|---|---|---|---|
| Fuhrpark | 15.000 | Eigenkapital | 15.000 |
| Waren | 4.000 | Darlehensverb. | 12.000 |
| Bank | 10.000 | Lieferantenverb. | 2.000 |
| | 29.000 | | 29.000 |

| Soll | Eröffnungsbilanzkonto | | Haben |
|---|---|---|---|
| Eigenkapital | 15.000 | Fuhrpark | 15.000 |
| Darlehensverb. | 12.000 | Waren | 4.000 |
| Lieferantenverb. | 2.000 | Bank | 10.000 |
| | 29.000 | | 29.000 |

***Abb. 29: Erstellung des Eröffnungsbilanzkontos***

Die Verbuchung der Anfangsbestände wird wie folgt vorgenommen:

**Buchungssätze:**

| | | | | |
|---|---|---|---|---|
| (1) | Fuhrpark | an | Eröffnungsbilanzkonto | 15.000,- |
| (2) | Waren | an | Eröffnungsbilanzkonto | 4.000,- |
| (3) | Bank | an | Eröffnungsbilanzkonto | 10.000,- |
| (4) | Eröffnungsbilanzkonto | an | Eigenkapital | 15.000,- |
| (5) | Eröffnungsbilanzkonto | an | Darlehensverb. | 12.000,- |
| (6) | Eröffnungsbilanzkonto | an | Lieferantenverb. | 2.000,- |

***Abb. 30: Verbuchung der Anfangsbestände***

Am Bilanzstichtag werden die Endbestände der Aktiv- und Passivkonten über das Schlußbilanzkonto verbucht. Wenn der Bestand des Aktivkontos "Bank" am Ende des Geschäftsjahres z.B. mit 6.000 € auf der Habenseite steht, wird gebucht: "Schlußbilanzkonto an Bank 6.000,-". Für Passivkonten lautet die Buchung allgemein "Passivkonto an Schlußbilanzkonto".

Die nachfolgende Abbildung mit beispielhaften Endbeständen macht deutlich, daß kein inhaltlicher Unterschied zwischen Schlußbilanzkonto und Schlußbilanz besteht. Im Unterschied zum Eröffnungsbilanzkonto ist das Schlußbilanzkonto **keine** seitenverkehrte Abbildung der Schlußbilanz.

| Soll | Schlußbilanzkonto | | Haben |
|---|---|---|---|
| Fuhrpark | 25.000 | Eigenkapital | 15.000 |
| Waren | 6.000 | Darlehnsverb. | 8.000 |
| Bank | 6.000 | Lieferantenverb. | 14.000 |
| | 37.000 | | 37.000 |

| Aktiva | Bilanz zum 31.12. ..01 | | Passiva |
|---|---|---|---|
| Fuhrpark | 25.000 | Eigenkapital | 15.000 |
| Waren | 6.000 | Darlehnsverb. | 8.000 |
| Bank | 6.000 | Lieferantenverb. | 14.000 |
| | 37.000 | | 37.000 |

***Abb. 31: Erstellung des Schlußbilanzkontos***

# 2. Erfolgswirksame Buchungsvorgänge

## 2.1 Aufwand und Ertrag als Erfolgskomponenten

Im vorigen Abschnitt wurden nur Geschäftsvorfälle verbucht, die das Eigenkapital des Unternehmens unberührt ließen (erfolgsneutrale Geschäftsvorfälle). Viele betriebliche Vorgänge führen jedoch zu einer Veränderung des Eigenkapitals. Dabei kann es sich um Minderungen oder Mehrungen handeln.

**Beispiele:**

(1) Die Bank schreibt uns Zinsen gut.

(2) Wir zahlen Miete für Büroräume bar.

Im Fall (1) nimmt der Bestand des Bankkontos zu, ohne daß der Bestand eines anderen bisher verwendeten Kontos beeinflußt wird. Das Vermögen wächst, die Schulden bleiben konstant. Das Reinvermögen steigt an. Der Bestand des **Eigenkapitals erhöht** sich. Im Fall (2) nimmt der Bestand des Kassenkontos ab, ohne daß sich der Bestand eines anderen bisher verwendeten Kontos verändert. Das Vermögen schrumpft, die Schulden bleiben konstant. Das Reinvermögen vermindert sich. Der Bestand des **Eigenkapitals nimmt ab**.

Die Minderung des Eigenkapitals (Reinvermögens) innerhalb einer bestimmten Periode wird als Aufwand, die Mehrung als Ertrag bezeichnet. Der **Aufwand** stellt somit die **Wertabnahme** innerhalb einer Periode dar, der **Ertrag** repräsentiert den **Wertzuwachs**. Der Erfolg einer Periode ergibt sich aus der folgenden Gleichung:

| | | | | |
|---|---|---|---|---|
| Erfolg | = | Ertrag<br>(Positivkomponente) | - | Aufwand<br>(Negativkomponente) |

Wir kennen jetzt also zwei Möglichkeiten der Erfolgsermittlung:

| Verfahren der Erfolgsermittlung | |
|---|---|
| **Bestandsgrößenvergleich** | **Strömungsgrößenvergleich** |
| Eigenkapital $t_1$<br>- Eigenkapital $t_0$<br>= Erfolg | Ertrag<br>- Aufwand<br>= Erfolg |
| Positiver Erfolg: Gewinn<br>Negativer Erfolg: Verlust | Positiver Erfolg: Gewinn<br>Negativer Erfolg: Verlust |
| **Distanzrechnung** | **Gewinn- und Verlustrechnung** |
| Doppelte Buchführung gewährleistet die Erfolgsgleichheit | |

***Abb. 32: Verfahren der Erfolgsermittlung***

Die Erfolgsermittlung durch **Distanzrechnung** wurde bereits im zweiten Kapitel erläutert. Es handelt sich um den Vergleich der Eigenkapitalbestände (Bestandsgrößen) am Schluß zweier aufeinanderfolgender Geschäftsjahre. Wird der Erfolg dagegen durch die Differenz der Erträge und Aufwendungen ermittelt, werden zwei Strömungsgrößen miteinander verglichen. Diese Form der Erfolgsermittlung wird als Gewinn- und Verlustrechnung bezeichnet. Sie bildet die Ereignisse des gesamten Geschäftsjahres (eines Zeitraums) ab und wird noch genauer dargestellt. Wichtig ist zunächst die Erkenntnis, daß beide Methoden der Erfolgsermittlung zum gleichen Ergebnis führen!

## 2.2 Verbuchung auf Aufwands- und Ertragskonten

Die Verbuchung von Erträgen (als Eigenkapitalerhöhungen) und Aufwendungen (als Eigenkapitalminderungen) kann direkt über das Eigenkapitalkonto erfolgen. Das Eigenkapitalkonto ist ein passives Bestandskonto, da es in der Bilanz auf der Passivseite steht. Somit werden Erträge im Haben und Aufwendungen im Soll dieses Kontos erfaßt.

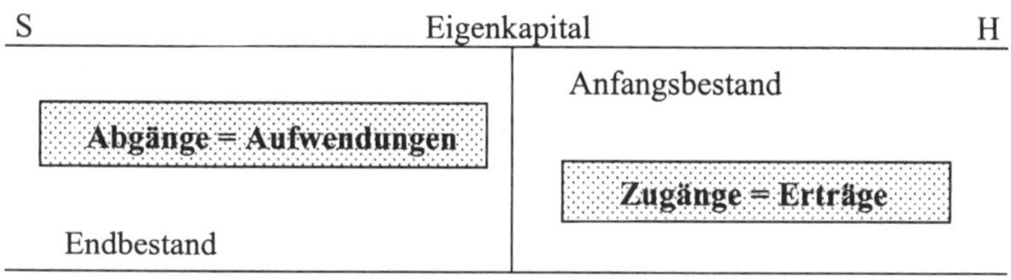


***Abb. 33: Eigenkapitalkonto als Passivkonto***

Die Verbuchung einer Zinsgutschrift (= Ertrag) bzw. einer Mietzahlung (= Aufwand) stellt sich kontenmäßig wie folgt dar:

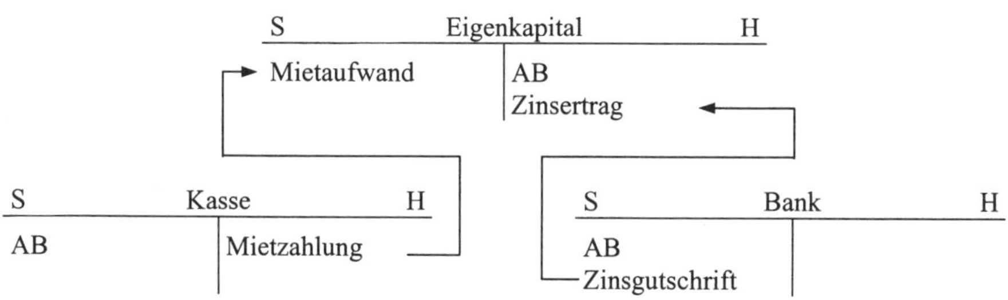


***Abb. 34: Direktverbuchung über Eigenkapitalkonto***

Der Mietaufwand vermindert den Vermögensbestand (Kasse) und das Eigenkapital. Es kommt zu einer **Bilanzverkürzung**, so daß die Bilanzsumme sinkt. Der Zinsertrag erhöht den Vermögensbestand (Bank) und das Eigenkapital. Es kommt zu einer **Bilanzverlängerung**, so daß die Bilanzsumme steigt. Diese bilanztechnischen Zusammenhänge wurden bereits erläutert.

Die direkte Verbuchung von Aufwendungen und Erträgen auf dem Eigenkapitalkonto hat zwei schwerwiegende **Nachteile**. Erstens: Die jährliche Zahl der Aufwands- und Ertragsbuchungen geht schon bei Kleinstbetrieben in die Hunderte. Das Eigenkapitalkonto wird unübersichtlich (**Unübersichtlichkeit**). Zweitens: Der Jahreserfolg als Saldo zwischen Ertrag und Aufwand wird nicht sichtbar (**Intransparenz**).

Zur Beseitigung dieser Mängel werden **Erfolgskonten** eingerichtet. Zu unterscheiden sind Aufwandskonten und Ertragskonten. Aufwandskonten erfassen Eigenkapitalminderungen und Ertragskonten Eigenkapitalmehrungen. Aufwandskonten werden grundsätzlich im Soll und Ertragskonten grundsätzlich im Haben gebucht.

| Aufwands- und Ertragskonten sind Erfolgskonten |
|---|

Die im Laufe eines Geschäftsjahres geleisteten Mietzahlungen werden auf dem **Aufwandskonto** "Mietaufwand" gebucht. Entsprechend werden die dem Bankkonto gutgeschriebenen Zinsen auf dem **Ertragskonto** "Zinsertrag" gebucht.

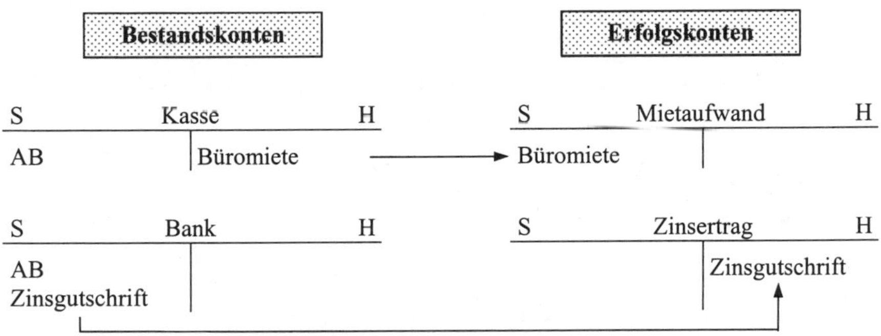


***Abb. 35: Verbuchung über Erfolgskonten***

Für jede Aufwandsart (Personalaufwand, Mietaufwand, Zinsaufwand, usw.) wird ein gesondertes Aufwandskonto eingerichtet. Entsprechendes gilt für jede Ertragsart (Umsatzerlöse, Mietertrag, Zinsertrag, usw.). Im allgemeinen ist der Aufwand mit einem **Geldabfluß** und der Ertrag mit einem **Geldzufluß** verbunden. Die Aufwandsverbuchung erfolgt somit auf dem Bestandskonto im Haben und auf dem **Aufwandskonto** im **Soll**. Entsprechend werden Erträge auf dem Bestandskonto im Soll und auf dem **Ertragskonto** im **Haben** verbucht. Der Kontenabschluß wird im nächsten Abschnitt behandelt.

## 2.3 Gewinn- und Verlustkonto

Am Ende eines Geschäftsjahres stehen im Soll eines Aufwandskontos bzw. im Haben eines Ertragskontos viele Einzelbuchungen. In Ausnahmefällen kann es auf einem Aufwandskonto (Ertragskonto) aber auch Habenbuchungen (Sollbuchungen) geben.

**Beispiel:** Wir zahlen monatlich 1.000 € Büromiete durch Banküberweisung. Da das Mietverhältnis Ende November abgelaufen ist, leistet der Vermieter eine Rückzahlung in Höhe von 1.000 € für die zuviel gezahlte Dezembermiete (Banküberweisung).

**Buchungssätze:**

| | | | |
|---|---|---|---|
| (1) - (12) | Mietaufwand | an Bank | 1.000,- |
| (13) | Bank | an Mietaufwand | 1.000,- |

**Kontendarstellung:**

| S | Mietaufwand | | H |
|---|---|---|---|
| (1) | 1.000 | (13) | 1.000 |
| . | . | **Saldo** | **11.000** |
| . | . | | |
| (12) | 1.000 | | |
| | 12.000 | | 12.000 |

***Abb. 36: Saldierung von Erfolgskonten***

Jedes der Erfolgskonten gibt seinen **Saldo** an ein Sammelkonto ab, welches **Gewinn- und Verlustkonto** (GuV-Konto) genannt wird. Auf den Aufwandskonten erscheinen die Salden im Haben; sie werden auf der **Sollseite** des GuV-Kontos gegengebucht. Entsprechend erscheinen die Salden der **Ertragskonten** im GuV-Konto auf der **Habenseite**. Das GuV-Konto erfaßt somit alle Aufwands- und Ertragsarten der Periode.

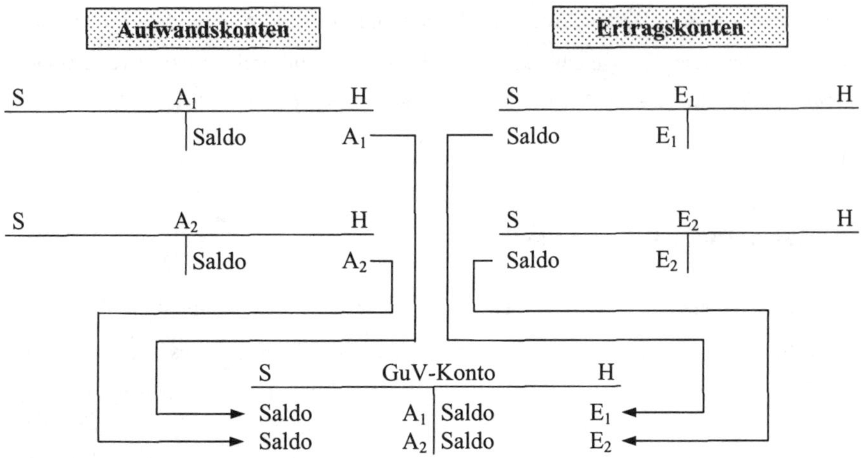


***Abb. 37: Abschluß der Erfolgskonten***

Nachdem die einzelnen Aufwendungen und Erträge auf dem **GuV-Konto** verbucht sind, kann der Erfolg ermittelt werden. Übersteigen die Erträge die Aufwendungen, ist ein **Gewinn** erwirtschaftet worden, der als Saldo auf der Sollseite des GuV-Kontos erscheint. Im umgekehrten Fall ist ein **Verlust** entstanden, der auf der Habenseite ausgewiesen wird:

S GuV-Konto H

| S | | H | |
|---|---|---|---|
| Aufwand | 350 | Ertrag | 400 |
| **Gewinn** | **50** | | |

S GuV-Konto H

| S | | H | |
|---|---|---|---|
| Aufwand | 500 | Ertrag | 400 |
| | | **Verlust** | **100** |

***Abb. 38: Gewinn- und Verlustfall***

Durch die Verwendung des GuV-Kontos kann der Erfolg gesondert ermittelt und analysiert werden. Die Quellen des Erfolges werden sichtbar. Das wäre nicht möglich, wenn die Erfolgskonten ihre Salden direkt an das Eigenkapitalkonto abgeben würden. Das GuV-Konto dient der **Erfolgsermittlung und Erfolgsanalyse.**

Darüber hinaus ist zu beachten, daß der Gesetzgeber nicht nur die Erstellung einer Bilanz, sondern auch einer GuV-Rechnung verlangt. Bilanz und GuV-Rechnung bilden zusammen den **Jahresabschluß** für alle Kaufleute. Die GuV-Rechnung kann direkt aus dem GuV-Konto abgeleitet werden. Hierdurch erhalten unternehmensfremde Personen (Fremdkapitalgeber, Gläubiger) Informationen über die Quellen des Periodenerfolgs.

Zu beachten ist, daß ein Saldierungsverbot zwischen (sachlich gleichen) Aufwands- und Ertragsposten besteht. So dürfen z.B. die Posten "Zinsaufwand" und "Zinsertrag" nicht miteinander saldiert werden, da sonst wertvolle Informationen verlorengehen (**Bruttoprinzip**). Dieser Grundsatz ist insbesondere deshalb von Bedeutung, weil die aus dem GuV-Konto abgeleitete GuV-Rechnung einen Einblick in die Ertragslage des Unternehmens gewährleisten soll.

Das GuV-Konto muß am Jahresende ebenfalls abgeschlossen werden. Sein Saldo wird auf das Eigenkapitalkonto gebucht. Ein Gewinn erscheint als Reinvermögensmehrung im Haben des Eigenkapitalkontos; ein Verlust ist im Soll (als Reinvermögensminderung) zu verbuchen. Die zugehörigen Buchungssätze lauten:

Gewinnfall: GuV-Konto an Eigenkapital - Verlustfall: Eigenkapital an GuV-Konto

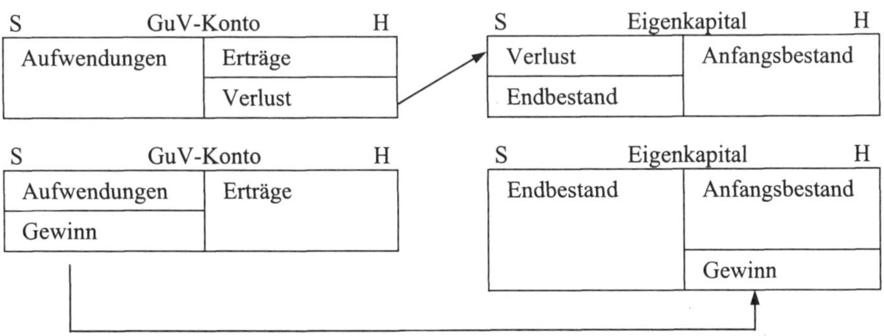


***Abb. 39: Abschluß des GuV-Kontos***

**Beispiel:** Im Geschäftsjahr 01 wurden Erträge in Höhe von 200.000 € und Aufwendungen von 80.000 € erzielt. Der Erfolg beläuft sich auf 120.000 € (Gewinn). Der Buchungssatz lautet: "GuV-Konto an Eigenkapital 120.000,-". Das Eigenkapitalkonto verzeichnet einen Zugang, da der Gewinn das Reinvermögen vermehrt.

Abschließend läßt sich der Buchungsablauf bei erfolgswirksamen Geschäftsvorfällen schematisch durch die folgende Abbildung darstellen. Hierbei ist zu berücksichtigen, daß der Saldo des GuV-Kontos entweder einen Gewinn oder Verlust darstellt, je nachdem, ob die wirtschaftliche Tätigkeit erfolgreich oder erfolglos verlaufen ist. Ein Gewinn führt zur Mehrung und ein Verlust zu einer Minderung des Eigenkapitalbestandes.

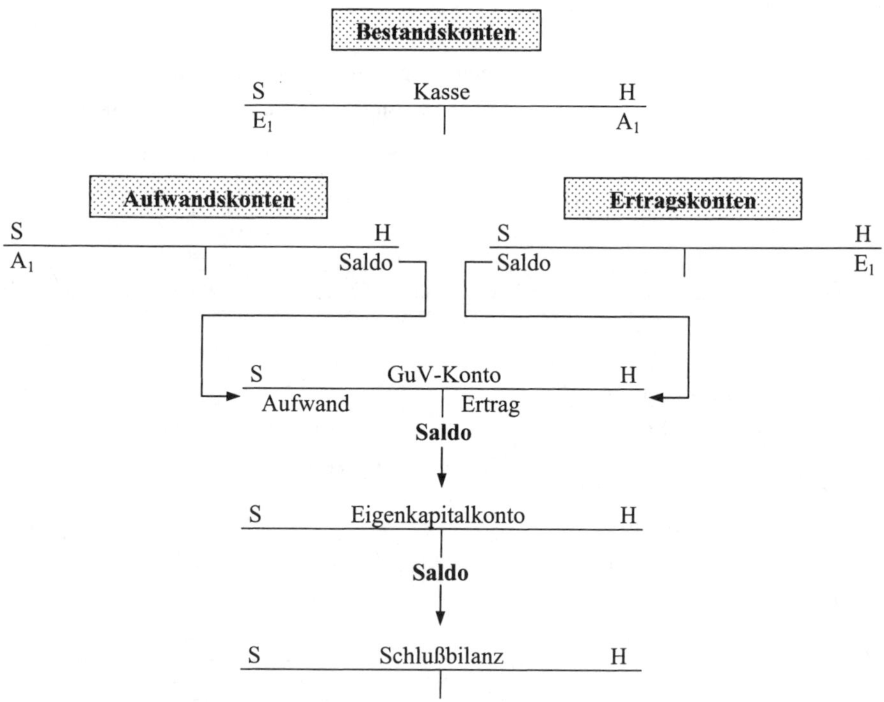


***Abb. 40: Buchungsablauf erfolgswirksamer Geschäftsvorfälle***

## 2.4 Ordentliches und neutrales Ergebnis

Die Bilanz und Gewinn- und Verlustrechnung bilden den Jahresabschluß für alle Kaufleute. Die Gewinn- und Verlustrechnung hat die Aufgabe, den Empfänger des Jahresabschlusses (z.B. eine Bank) über die Ertragslage zu informieren. Zur **Beurteilung der Ertragslage** sind die folgenden beiden wichtigen Fragen zu beantworten:

1) Wie ist der Jahreserfolg zustande gekommen? Aus welchen **Quellen** resultiert der Gewinn bzw. Verlust?
2) Ist der ausgewiesene Jahreserfolg repräsentativ für künftige Jahre? Haben **außergewöhnliche Ereignisse** des abgelaufenen Geschäftsjahres den Erfolg verzerrt?

Auf beide Fragen kann eine systematisch gegliederte Gewinn- und Verlustrechnung Antworten geben. Bei der ersten Frage genügt es, die einzelnen Aufwands- und Ertragsarten in der Gewinn- und Verlustrechnung gegenüberzustellen. Bei der zweiten Frage ist der Jahreserfolg in das ordentliche Ergebnis und das neutrale Ergebnis aufzuspalten.

| | | | | |
|---|---|---|---|---|
| Betriebsbedingter Ertrag | + | Neutraler Ertrag | = | Gesamter Ertrag |
| ./. | | ./. | | ./. |
| Betriebsbedingter Aufwand | + | Neutraler Aufwand | = | Gesamter Aufwand |
| Ordentliches Ergebnis (Betriebserfolg) | + | Neutrales Ergebnis | = | Gesamtergebnis (Gesamterfolg) |

***Abb. 41: Zusammensetzung des Gesamtergebnisses (Gesamterfolgs)***

Das **ordentliche Ergebnis** (Betriebserfolg, Betriebsergebnis) ist die Differenz aus betriebsbedingten Erträgen (**Zweckertrag**) und betriebsbedingten Aufwendungen (**Zweckaufwand**). Betriebsbedingt sind alle Erfolgskomponenten, die mit der betrieblichen Leistungserstellung in einem unmittelbaren Zusammenhang stehen. Das ordentliche Er*gebnis (Betriebsergebnis) gibt einen Einblick in die nachhaltige Ertragskraft des Unter*nehmens. Dieses Ergebnis hat repräsentativen Charakter für zukünftige Periodenerfolge, die aus Gläubigersicht zur Kredittilgung verwendet werden können.

Das **neutrale Ergebnis** ist die Differenz zwischen neutralen Erträgen und Aufwendungen, die nicht vom Unternehmen selbst erwirtschaftet werden. Durch neutrale Erträge bzw. Aufwendungen wird das ordentliche Ergebnis überhöht bzw. zu niedrig ausgewiesen.

Auch in der gesetzlich vorgeschriebenen GuV-Rechnung wird Gesamtergebnis in regelmäßig und unregelmäßig anfallende Erfolgskomponenten zerleg. In der folgenden Abbildung wird das Erfolgsspaltungskonzept schematisch dargestellt. Aus didaktischen Gründen wird die Kontoform gewählt, während das HGB die Staffelform vorschreibt.

Aufwand GuV-Rechnung Ertrag

| Aufwand | Ertrag |
|---|---|
| Betriebsbedingter Aufwand | Betriebsbedingter Ertrag |
| **Ordentliches Ergebnis** | |
| **Neutrales Ergebnis** | Neutraler Ertrag |
| Neutraler Aufwand | |

***Abb. 42: Differenzierter Ergebnisausweis in der GuV-Rechnung***

Die unterlegte Fläche symbolisiert den (positiven) Gesamterfolg. Das ordentliche Ergebnis steht für nachhaltige Erzielbarkeit im betriebsbedingten Kerngeschäft. Das neutrale Ergebnis steht für periodische Zufälligkeit bzw. für Erfolgskomponenten, die außerhalb der typischen Unternehmenstätigkeit anfallen.

Bei der Feststellung des nachhaltig erzielbaren Erfolgs aus dem (betriebsbedingten) Kerngeschäft müssen neutrale Erträge und Aufwendungen abgesondert werden. Sie beeinträchtigen als **betriebsfremde, periodenfremde oder außerordentliche** Erfolgskomponenten die Vergleichbarkeit der Periodenergebnisse. Die folgende Übersicht gibt Beispiele für Erfolgskomponenten mit "verzerrendem" Charakter. Für die Zuordnung ist auch die Branche des Unternehmens zu berücksichtigen. Die Zinsen für betrieblich veranlasste Kredite stellen zwar einen betrieblichen Aufwand dar. Im handelsgesetzlichen Schema werden sie aber dem neutralen Ergebnis (Finanzergebnis) zugeordnet.

| Ordentliches Ergebnis | |
|---|---|
| **Betriebsbedingte Aufwendungen** | **Betriebsbedingte Erträge** |
| ▪ Personalaufwand<br>▪ Wareneinsatz<br>▪ Zinsaufwand<br>▪ Mietaufwand | ▪ Umsatzerlöse<br>▪ Warenverkäufe<br>▪ Zinserträge |
| **Neutrales Ergebnis** | |
| **Neutrale Aufwendungen** | **Neutrale Erträge** |
| **betriebsfremd:**<br>▪ Spekulationsverlust<br>▪ Verlust aus dem Verkauf einer Beteiligung | **betriebsfremd:**<br>▪ Spekulationsgewinn<br>▪ Gewinne aus dem Verkauf einer Beteiligung |
| **periodenfremd:**<br>▪ Gewerbesteuernachzahlung<br>▪ Verkauf einer Maschine unter dem Buchwert | **periodenfremd:**<br>▪ Gewerbesteuerrückzahlung<br>▪ Verkauf einer Maschine über dem Buchwert |
| **außerordentlich:**<br>▪ Brandschaden<br>▪ Unterschlagung<br>▪ Enteignung ohne Entschädigung | **außerordentlich:**<br>▪ Schadenersatz durch Versicherung<br>▪ Entschädigung nach Prozeßgewinn |

***Abb. 43: Komponenten des ordentlichen und neutralen Ergebnisses***

# 3. Eigenkapitalkonto und Privatkonto

Bislang wurden in diesem Kapitel folgende Vorgänge behandelt: **Erfolgsneutrale** Geschäftsvorfälle, die auf Bestandskonten und **erfolgswirksame** Geschäftsvorfälle, die auf Erfolgskonten verbucht werden. Das Eigenkapitalkonto nimmt hierbei eine Sonderstellung ein. Auf diesem Konto finden hauptsächlich erfolgswirksame Geschäftsvorfälle ihren Niederschlag. Durch Übernahme des Saldos des **GuV-Kontos** auf das Eigenkapitalkonto findet im Fall eines Gewinns eine Eigenkapitalmehrung und im Fall eines Verlustes eine Eigenkapitalminderung statt. Der Gewinn erscheint im Haben des

Eigenkapitalkontos und der Verlust im Soll. Das Eigenkapitalkonto ist ein Passivkonto, bei dem Zugänge im Haben und Abgänge im Soll erfaßt werden. Auch das Eigenkapitalkonto folgt dem allgemeinen Kontoformalismus passiver Bestandskonten.

Neben **wirtschaftlich** bedingten Eigenkapitaländerungen können sich bei Einzelunternehmen und Personengesellschaften weitere Einflüsse auf den Eigenkapitalbestand ergeben. Es handelt sich um Privateinlagen und Privatentnahmen. Von **Privateinlagen** spricht man, wenn der Unternehmer Geld (oder Güter) aus seinem Privatvermögen in das Unternehmen überträgt. Beispielsweise verwendet ein Einzelhändler eine bisher privat genutzte Stereoanlage ab 1.7.01 zur Unterhaltung seiner Kunden im Geschäft. Zu diesem Zeitpunkt liegt eine Privateinlage vor. Entsprechend sind **Privatentnahmen** gegeben, wenn der Unternehmer Geld (oder Güter) aus dem Unternehmen in den Privatbereich überführt. Die Auswirkungen auf das Eigenkapital ergeben sich wie folgt:

| Privateinlagen: Eigenkapitalmehrungen – Privatentnahmen: Eigenkapitalminderungen |
|---|

Eine besondere Bedeutung kommt den privaten Steuern zu. Gemeint sind die Einkommensteuer und Kirchensteuer des Unternehmers. Die Kfz-Steuer und die Grundsteuer gehören, soweit sie auf betrieblich genutzte Fahrzeuge bzw. Grundstücke entfallen, zu den sogenannten **Aufwandssteuern**. Sie werden durch die **betriebliche Leistungserstellung** verursacht. Deshalb mindern sie als Aufwand den Periodenerfolg. Das gilt auch für die Gewerbesteuer, die über das Konto "Gewerbesteueraufwand" zu verbuchen ist. Dagegen gehören die **Einkommensteuer** und **Kirchensteuer** steuersystematisch zu den **Personensteuern**. Werden solche Steuerzahlungen vom betrieblichen Bankkonto geleistet, sind sie als Privatentnahmen bzw. Privateinlagen (bei Steuererstattungen) zu verbuchen.

Privateinlagen und Privatentnahmen lassen erkennen, daß nicht jede Eigenkapitaländerung als Erfolg gedeutet werden kann. Zum Jahreserfolg gehören nur solche Eigenkapitaländerungen, die sich auf die Geschäftstätigkeit (wirtschaftliche Aktivitäten) zurückführen lassen. Wenn das Eigenkapital im Laufe des Geschäftsjahres um 100.000 € gestiegen ist und der Unternehmer eine Privateinlage von 70.000 € geleistet hat, beziffert sich der Jahreserfolg nur auf 30.000 €. Nur dieser Betrag ist erwirtschaftet worden.

Daher müssen bei der Ermittlung des Jahreserfolges durch Eigenkapitalvergleich (**Distanzrechnung**) Korrekturen vorgenommen werden, wenn private Vorgänge zu berücksichtigen sind. Es gilt: Privateinlagen werden in Abzug gebracht und Privatentnahmen werden hinzugerechnet. Ist das Eigenkapital im Laufe des Jahres um 100.000 € angestiegen, obwohl der Unternehmer monatliche Privatentnahmen in Höhe von 5.000 € getätigt hat, beträgt sein Gewinn nicht 100.000 €, sondern 160.000 €. Der entnommene Betrag von insgesamt 60.000 € (12 x 5.000 €) ist bei der Erfolgsermittlung durch Eigenkapitalvergleich wieder hinzuzurechnen, da dieser auch erwirtschaftet wurde.

Unter Berücksichtigung von Privateinlagen und Privatentnahmen muß die Erfolgsermittlung durch Distanzrechnung folgendermaßen erweitert werden:

| | |
|---|---|
| | Eigenkapital $t_1$ |
| - | Eigenkapital $t_0$ |
| + | Privatentnahmen |
| - | Privateinlagen |
| = | Erfolg |

***Abb. 44: Erweiterte Distanzrechnung***

Durch die Erweiterung der Distanzrechnung wird sichergestellt, daß der Erfolg einer Periode nur durch die betriebliche Tätigkeit zustande kommt, nicht jedoch durch private Transaktionen. Auch unternehmensfremde Personen wie z.B. Banken interessieren sich vorrangig für den Erfolg, der durch die wirtschaftliche Tätigkeit erzielt wurde.

Die Auswirkungen privater Vorgänge auf das Eigenkapital und den Erfolg werden oft verwechselt. Durch die Neutralisierung privater Vorgänge bei der erweiterten Distanzrechnung besteht **keine Erfolgswirkung** durch private Transaktionen. Es gilt:

| Privatvorgänge: Eigenkapitaländerungen: ja – Erfolgswirkungen: nein |
|---|

Werden die einzelnen Privateinlagen und Privatentnahmen (nachfolgend Nr. 1 bis 3) direkt über das Eigenkapitalkonto gebucht, ergibt sich folgender Aufbau des Eigenkapitalkontos. Im Fall A wird eine Gewinnsituation, im Fall B eine Verlustsituation unterstellt.

**Fall A: Gewinnsituation**

| S Eigenkapitalkonto | H |
|---|---|
| Privatentnahme 1<br>Privatentnahme 2<br>Privatentnahme 3 | AB |
| EB | Privateinlage 1<br>Privateinlage 2<br>Privateinlage 3 |
| | **Gewinn** |

**Fall B: Verlustsituation**

| S Eigenkapitalkonto | H |
|---|---|
| Privatentnahme 1<br>Privatentnahme 2<br>Privatentnahme 3 | AB |
| **Verlust** | Privateinlage 1<br>Privateinlage 2<br>Privateinlage 3 |
| EB | |

***Abb. 45: Eigenkapitalkonto mit Privatentnahmen und -einlagen***

Die **direkte Verbuchung** der Privateinlagen und Privatentnahmen über das Eigenkapitalkonto ist **unzweckmäßig**, da das Volumen dieses Kontos stark zunimmt. Im Interesse der Übersichtlichkeit des Eigenkapitalkontos werden Privateinlagen und Privatentnahmen daher auf einem besonderen Konto verbucht: dem Privatkonto.

Das **Privatkonto** ist ein Unterkonto des Kontos "Eigenkapital". Ein **Unterkonto** wird eingerichtet, wenn die direkte Verbuchung vieler Geschäftsvorfälle auf dem Hauptkonto zu Unübersichtlichkeiten führen würde. Das Unterkonto wird immer über das zugehörige Hauptkonto abgeschlossen, indem der Saldo des Unterkontos auf das Hauptkonto gebucht wird. Durch dieses Vorgehen wird das Eigenkapitalkonto zu einem **"ruhenden" Konto**, da auf ihm nur noch einmal am Ende des Geschäftsjahres Buchungen (z.B. Buchung des Saldos des Privatkontos auf das Eigenkapitalkonto) vorgenommen werden. Das Unterkonto folgt dem Kontenformalismus des Hauptkontos: Beim Privatkonto werden Zugänge

(Einlagen) im Haben und Abgänge (Entnahmen) im Soll gebucht. Auf dem Privatkonto werden nur Strömungsgrößen erfaßt. Es enthält weder Anfangsbestand noch Endbestand. Es wird beim Einzelunternehmen nur zur Verbuchung privater Vorgänge im Laufe des Jahres eingerichtet. Bilanziell wird es nicht ausgewiesen.

| Das Privatkonto erscheint nicht in der Bilanz des Einzelunternehmers |
|---|

Der buchungstechnische Zusammenhang zwischen Privatkonto und Eigenkapitalkonto läßt sich folgendermaßen darstellen. Nachfolgend findet eine Eigenkapitalminderung statt.

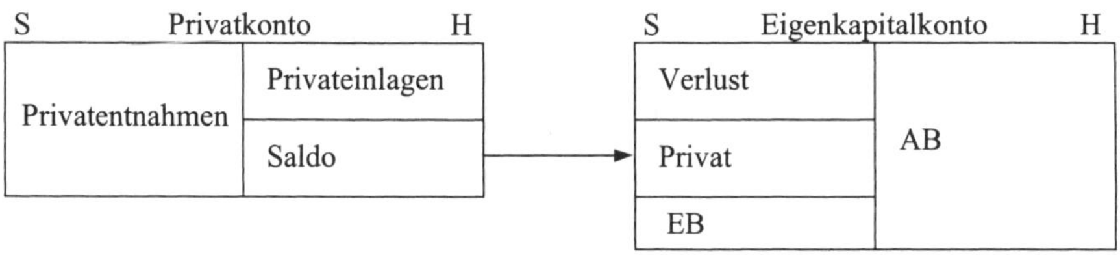


***Abb. 46: Abschluß des Privatkontos***

**Beispiel:** Der Anfangsbestand des Eigenkapitalkontos betrage 80.000 €. Vom betrieblichen Bankkonto, dessen Anfangsbestand 50.000 € betragen soll, werden monatlich - Buchungen (1) bis (12) - jeweils 2.000 € auf das private Bankkonto des Unternehmers abgebucht (Privatentnahme). Gegen Jahresende - Buchung (13) - leistet der Unternehmer eine Einzahlung in Höhe von 10.000 € auf das Bankkonto des Betriebes (Privateinlage). Am Jahresende hat per Saldo eine Eigenkapitalminderung von 14.000 € stattgefunden.

**Buchungssätze:**

| | | | | |
|---|---|---|---|---|
| (1)-(12) | Privatkonto | an | Bank | 2.000,- |
| (13) | Bank | an | Privatkonto | 10.000,- |

**Abschlußbuchung:**

| | | | | |
|---|---|---|---|---|
| (14) | Eigenkapital | an | Privatkonto | 14.000,- |

**Verbuchung auf Konten:**

| S | Bank | | H |
|---|---|---|---|
| **AB** | 50.000 | (1) | 2.000 |
| (13) | 10.000 | (2) | 2.000 |
| | | . | . |
| | | . | . |
| | | . | . |
| | | (12) | 2.000 |
| | | **EB** | 36.000 |
| | 60.000 | | 60.000 |

| S | Privatkonto | | H |
|---|---|---|---|
| (1) | 2.000 | (13) | 10.000 |
| (2) | 2.000 | (14) | 14.000 |
| . | . | | |
| . | . | | |
| . | . | | |
| (12) | 2.000 | | |
| | 24.000 | | 24.000 |

| S | Eigenkapital | | H |
|---|---|---|---|
| (14) | 14.000 | **AB** | 80.000 |
| **EB** | 66.000 | | |
| | 80.000 | | 80.000 |

***Abb. 47: Buchungsbeispiel privater Zahlungsverkehr***

Weist ein Unternehmen nur einen einzigen Eigentümer auf (Einzelunternehmen), genügt die Einrichtung eines Privatkontos zur laufenden Erfassung der Privatvorgänge. Sind an einem Unternehmen dagegen mehrere Personen beteiligt (**Personengesellschaft**), wird aus Gründen der Klarheit und Übersichtlichkeit für jeden einzelnen Gesellschafter ein spezielles Eigenkapitalkonto und Privatkonto geführt. Hierdurch können die personenbezogenen Eigenkapitaländerungen dargestellt werden. Zu Einzelheiten hinsichtlich der Verbuchung bei Personengesellschaften wird auf Gliederungspunkt 2 des 7. Kapitels verwiesen.

# 4. Kapitel: Verbuchung laufender Geschäftsvorfälle im Handelsbetrieb

## 1. Verbuchung des Warenverkehrs

### 1.1 Warenverbuchung ohne Umsatzsteuer

#### 1.1.1 Gemischtes Warenkonto

Das Merkmal von Handelsbetrieben besteht darin, Waren einzukaufen und anschließend weiterzuveräußern, ohne daß eine Bearbeitung im Betrieb erfolgt. Der Verkauf erfolgt meist zu einem Preis, der über den Anschaffungskosten liegt. Die **Anschaffungskosten** umfassen nach § 255 Abs. 1 HGB den Anschaffungspreis (Einkaufspreis der Waren) und die eventuell noch anfallenden Anschaffungsnebenkosten. Preisminderungen verringern die Anschaffungskosten. Die Anschaffungskosten werden auch als **Einstandspreis** bezeichnet. Die Differenz aus Verkaufs- und Einstandspreis heißt **Warenrohgewinn**.

| Anschaffungskosten = Anschaffungspreis + Nebenkosten - Preisminderungen |
|---|

Die Verbuchung des Warenverkehrs kann auf einem gemischten Warenkonto vorgenommen werden, auf dem sowohl Wareneinkäufe als auch Warenverkäufe gebucht werden. Das gemischte Warenkonto ist die älteste Form der Warenverbuchung, die aus didaktischen Gründen zunächst behandelt wird. Das Warenkonto eines Unternehmens zeige **mengenmäßig** folgende Bewegungen auf:

| S | Waren | | H |
|---|---|---|---|
| AB | 200 St. | Abgang | 250 St. |
| Zugang | 100 St. | EB | 50 St. |
| | 300 St. | | 300 St. |

***Abb. 48: Warenkonto (mengenmäßig)***

| | |
|---|---|
| Einkaufspreis der Zugänge (100 Stück): | 1,- €/Stck. |
| Verkaufspreis der Abgänge (250 Stück): | 2,- €/Stck. |
| Bewertung des Endbestandes (50 Stück): | 1,- €/Stck. |

| S | Gemischtes Warenkonto | | H |
|---|---|---|---|
| AB | 200 | Abgang | 500 |
| Zugang | 100 | EB | 50 |
| **Warenrohgewinn (Saldo)** | **250** | | |
| | 550 | | 550 |

***Abb. 49: Gemischtes Warenkonto***

Ein **Nachteil** des gemischten Warenkontos liegt in der **unterschiedlichen Bewertung** der Waren und der damit verbundenen **Unübersichtlichkeit**: Anfangsbestand, Zugänge und Endbestand müssen nach handelsrechtlichen Vorschriften zu Anschaffungskosten (hier: 1 €/Stück), die Abgänge zu Verkaufspreisen (hier: 2 €/Stück) bewertet werden. Das Warenkonto ist deshalb zunächst unausgeglichen. Der Ausgleich erfolgt durch den Warenrohgewinn oder Warenrohverlust:

| | |
|---|---|
| Warenrohgewinn: | Verkaufspreis > Einstandspreis |
| Warenrohverlust: | Verkaufspreis < Einstandspreis |

Der Warenrohgewinn (Warenrohverlust) kann erst ermittelt werden, wenn der Endbestand nach Durchführung der **Inventur** feststeht. Der Warenrohgewinn (Warenrohverlust) ist Ertragsbestandteil (Aufwandsbestandteil); seine Gegenbuchung erfolgt im GuV-Konto. Dieser komplizierte Ablauf führt zu einem weiteren **Nachteil**, nämlich zur **Unhandlichkeit** des gemischten Warenkontos.

Zusammenfassend ist festzuhalten: Das gemischte Warenkonto ist zugleich Bestands- und Erfolgskonto. Als **Bestandskonto** gibt es seinen Endbestand an das **Schlußbilanzkonto** ab. Als **Erfolgskonto** leitet es den Warenrohgewinn (Warenrohverlust) auf die Habenseite (Sollseite) des **GuV-Kontos** weiter. Die zugehörige Buchung zeigt Abbildung 50.

| S | GuV-Konto | | H |
|---|---|---|---|
| | | ROHGEWINN | 250 |

| S | Waren | | H |
|---|---|---|---|
| AB | 200 | Abgang | 500 |
| Zugang | 100 | EB | 50 |
| GuV | 250 | | |
| | 550 | | 550 |

| Buchungssatz: | | | |
|---|---|---|---|
| Waren | an | GuV-Konto | 250,- |

***Abb. 50: Abschluß des gemischten Warenkontos***

Die Nachteile des gemischten Warenkontos lassen sich durch eine Aufteilung des Warenkontos in ein Bestandskonto und ein Erfolgskonto vermeiden. Damit erfolgt der Übergang zum getrennten Warenkonto, welches nachfolgend erläutert wird.

## 1.1.2 Getrenntes Warenkonto

Beim getrennten Warenkonto werden die mit **Einstandspreisen** zu bewertenden Waren (Anfangsbestand, Zugänge, Endbestand) auf dem **Wareneinkaufskonto** (Warenbestandskonto) gebucht. Dieses Konto ist ein aktives Bestandskonto, das seinen Endbestand an das Schlußbilanzkonto abgibt. Der Verkauf der Waren wird zu **Verkaufspreisen** auf dem **Warenverkaufskonto** gebucht. Es handelt sich hierbei um ein Erfolgskonto, das über das GuV-Konto abgeschlossen wird.

**Beispiel:**

| | |
|---|---|
| Anfangsbestand: | 100 St. à 1 €/Stck (= 100 €). |
| Einkauf (Zugang): | 200 St. à 1 €/Stck (= 200 € - auf Ziel). |
| Verkauf (Abgang): | 250 St. à 2 €/Stck (= 500 € - auf Ziel). |
| Endbestand lt. Inventur: | 50 St. à 1 €/Stck (= 50 €). |

| Buchungssätze: | | | |
|---|---|---|---|
| Wareneinkauf | an | Verbindlichkeiten | 200,- (Zieleinkauf) |
| Forderungen | an | Warenverkauf | 500,- (Zielverkauf) |

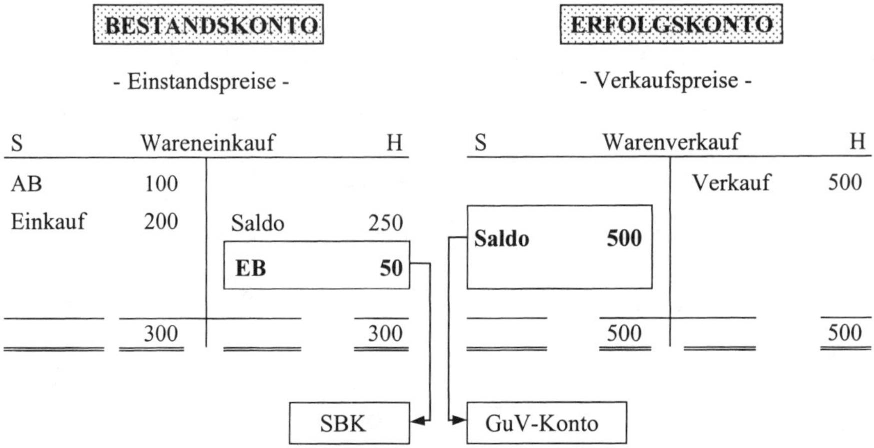


***Abb. 51: Trennung der Warenkonten***

Zunächst wird das **Wareneinkaufskonto** abgeschlossen. Man ermittelt den Endbestand im Rahmen der Inventur und bucht - wie beim aktiven Bestandskonto üblich - "SBK an Bestandskonto". Nach Verbuchung des Endbestands erscheint im Haben des Kontos "Wareneinkauf" ein Saldo. Hierbei handelt es sich um den Warenabgang, bewertet zu Einstandspreisen. Man bezeichnet ihn als **Wareneinsatz**.

Der Wareneinsatz stellt **Aufwand** dar; es ist der Geldbetrag, den der Unternehmer für die Beschaffung der verkauften Waren aufbringen mußte. An dieser Stelle erkennt man, daß das Konto "Wareneinkauf" kein reines Bestandskonto, sondern ein **gemischtes Konto** ist. Gemischte Konten zeichnen sich dadurch aus, daß sie nicht nur Bestandsgrößen (Anfangs- und Endbestand), sondern auch Erfolgskomponenten (Wareneinsatz - Aufwand) enthalten.

Der **Warenverkauf** (hier: 500 €) ist als **Ertrag** zu interpretieren. Verbucht man den Wareneinsatz als Aufwand und den Warenverkauf als Ertrag über das GuV-Konto, bezeichnet man diesen Abschluß der beiden Warenkonten als **Bruttomethode**. Die aus dem GuV-Konto abgeleitete GuV-Rechnung weist dann ebenfalls den Warenverkauf (Warenumsatz) als Ertrag und den Wareneinsatz als Aufwand aus.

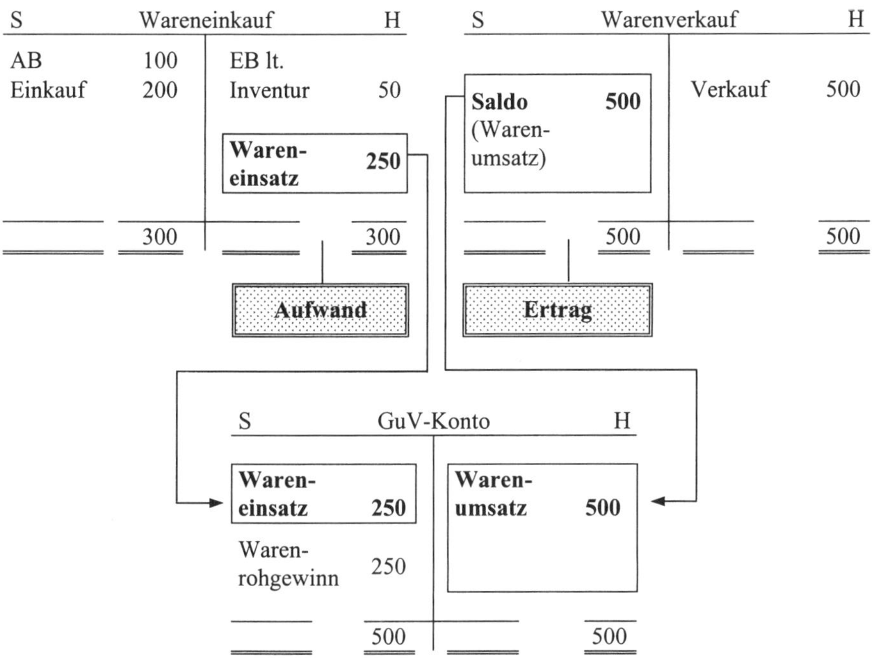


***Abb. 52: Abschluß der Warenkonten nach der Bruttomethode***

Bei der **Nettomethode** wird der Endbestand des Wareneinkaufskontos ebenfalls im Schlußbilanzkonto gegengebucht. Der **Wareneinsatz** wird aber nicht auf das GuV-Konto, sondern auf das **Warenverkaufskonto** übertragen ("Warenverkauf an Wareneinkauf"). Anschließend wird dessen Saldo ins GuV-Konto gebucht. Der Saldo stellt den Warenroherfolg dar (siehe Abbildung 53).

Da das GuV-Konto die Grundlage für die Gewinn- und Verlustrechnung darstellt, gehen für den Bilanzleser bei der Nettomethode wertvolle Informationen verloren: Er erfährt nur die Höhe des Warenerfolges, nicht jedoch dessen Zusammensetzung. Der **Bruttomethode** ist daher der **Vorzug** zu geben. Das hat auch der Gesetzgeber erkannt und deshalb die Bruttomethode im HGB verankert (§ 246 Abs. 2 HGB). Die Nettomethode kann aber von den meisten Unternehmen ebenfalls angewendet werden.

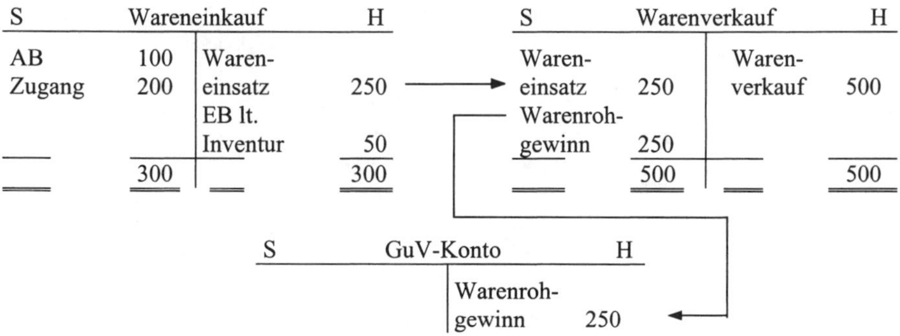


***Abb. 53: Abschluß der Warenkonten nach der Nettomethode***

Größere Handelsbetriebe müssen aus Gründen der **Lagerdisposition** laufend über die Höhe des Warenbestandes und aus Gründen der (monatlichen) **Erfolgskontrolle** ständig über die Höhe des bislang erwirtschafteten Warenerfolgs informiert sein. Das bisher dargestellte Buchungsverfahren macht diese **Information unmöglich**, weil der Warenendbestand laut Inventur und damit der Wareneinsatz erst am **Jahresende** ermittelt werden kann. Durch Einschaltung eines weiteren Kontos kann hier Abhilfe geschaffen werden. Es handelt sich um das Konto **"Wareneinsatz"**, das als Aufwandskonto über das GuV-Konto abgeschlossen wird. Auf dem Warenverkaufskonto wird wie bisher jeder Warenverkauf zu Verkaufspreisen im Haben verbucht. Gleichzeitig wird auf dem Konto "Wareneinsatz" jeder einzelne Verkaufsvorgang zum Einstandspreis im Soll (Gegenbuchung auf Konto "Wareneinkauf") verbucht.

<u>**Beispiel:**</u>

| | |
|---|---|
| Warenanfangsbestand | 100 Stück à 1 €/Stck. |
| 1. Warenverkauf (bar) | 20 Stück à 2 €/Stck. |
| 2. Warenverkauf (bar) | 10 Stück à 2,50 €/Stck. |

**Buchungssätze:**

| | | | | |
|---|---|---|---|---|
| (1a) | Kasse | an | Warenverkauf | 40,- |
| (1b) | Wareneinsatz | an | Wareneinkauf | 20,- |
| (2a) | Kasse | an | Warenverkauf | 25,- |
| (2b) | Wareneinsatz | an | Wareneinkauf | 10,- |

| S | Wareneinkauf | | H |
|---|---|---|---|
| AB | 100 | (1b) | 20 |
| | | (2b) | 10 |

| S | Wareneinsatz | | H |
|---|---|---|---|
| (1b) | 20 | | |
| (2b) | 10 | Saldo | 30 |

| S | Warenverkauf | | H |
|---|---|---|---|
| | | (1a) | 40 |
| Saldo | 65 | (2a) | 25 |

| S | GuV-Konto | | H |
|---|---|---|---|
| Waren-einsatz | 30 | Waren-umsatz | 65 |
| Waren-rohgewinn | 35 | | |
| | 65 | | 65 |

***Abb. 54: Warenverbuchung zwecks Bestands- und Erfolgskontrolle***

Das Beispiel verdeutlicht, daß der buchmäßige Warenendbestand (ohne Inventur) und der erwirtschaftete Warenerfolg monatlich, täglich, im Extremfall nach jedem Verkauf, festgestellt werden können. Nach Abschluß des ersten (zweiten) Verkaufsvorgangs läßt sich auf dem Konto "Wareneinkauf" der **aktuelle Endbestand** mit 80 Stück (70 Stück) **buchmäßig errechnen**. Aber auch bei dieser Buchungstechnik muß am Jahresende durch Inventur geprüft werden, ob buchmäßiger und tatsächlicher Endbestand übereinstimmen.

Schließt man die beiden Erfolgskonten "Wareneinsatz" und "Warenverkauf" nach dem ersten (zweiten) Verkaufsvorgang über das GuV-Konto ab, zeigt sich dort ein **aktueller Warenroherfolg** (Saldo aus Warenverkauf und Wareneinsatz) in Höhe von 20 € (35 €). Die Einschaltung des Aufwandskontos "Wareneinsatz" weist den Nachteil erhöhter Arbeitsbelastung, aber den Vorteil verbesserter Informationsgewinnung auf. Durch computergestützte Kassensysteme hält sich der Nachteil in Grenzen. Werden für spezielle Warengruppen (z.B. Oberhemden gehobener, mittlerer, unterer Preisklasse) gesonderte Warenkonten eingerichtet, können produktbezogene Erfolge ermittelt und anschließend **optimale Sortimente** zusammengestellt werden.

## 1.2 Warenverbuchung mit Umsatzsteuer

### 1.2.1 System der Umsatzsteuer

Viele Produkte, die ein Verbraucher erwerben kann, werden nicht von einem Unternehmen allein hergestellt und veräußert. Die Produkte durchlaufen vielmehr verschiedene Fertigungsstufen, bis sie den Endverbraucher erreichen (z.B. von der Urerzeugung über die weiterverarbeitende Industrie, den Groß- und Einzelhandel an den Endverbraucher). Dabei steigt der Wert eines Produktes im Regelfall kontinuierlich an. Dieser Wertzuwachs wird vom Staat mit der **Umsatzsteuer** belastet, die umgangssprachlich als "Mehrwertwertsteuer" bezeichnet wird. Der Mehrwert einer Stufe ergibt sich dabei aus der Differenz aus Verkaufs- und Einkaufspreis. Die Höhe der "Mehrwertsteuerschuld" ergibt sich aus der Multiplikation von Mehrwert und Mehrwertsteuersatz. Der Steuersatz beträgt derzeit grundsätzlich 16%.

| Stufe | Verkaufspreis | - | Einkaufspreis | = | Mehrwert | Mehrwertsteuer |
|---|---|---|---|---|---|---|
| Urerzeugung | 3.000 | - | 0 | = | 3.000 | 480 |
| Weiterverarbeitende Industrie | 5.000 | - | 3.000 | = | 2.000 | 320 |
| Großhandel | 8.500 | - | 5.000 | – | 3.500 | 560 |
| Einzelhandel | 10.000 | - | 8.500 | = | 1.500 | 240 |
| Der gesamte Mehrwert und die USt betragen: | | | | | 10.000 | 1.600 |

***Abb. 55: Besteuerung des „Mehrwertes"***

Die gesamte Steuer beträgt in obigem Beispiel 1.600 €, die nach dem Willen des Gesetzgebers vom Endverbraucher zu tragen ist. Damit hat die "Mehrwertsteuer" für die Unternehmen den Charakter eines durchlaufenden Postens, der nicht die Unternehmen selbst, sondern den Endverbraucher treffen soll. Die "**Mehrwertsteuer**" stellt für die Unternehmen - von wenigen Ausnahmen abgesehen - **keinen Aufwand** dar. Im folgenden wird nur noch der steuerrechtliche Begriff "Umsatzsteuer" verwendet.

Nach geltendem Umsatzsteuerrecht stellt ein Lieferant seinem Kunden die Umsatzsteuer (Abb. 56: 3.200 €) in Rechnung. Der Kunde zahlt den Bruttopreis. Wenn der Kunde seinerseits Unternehmer ist und die Ware für netto 30.000 € weiterveräußern möchte, stellt er seinem Kunden den Bruttopreis von 34.800 € in Rechnung. Als Unternehmer hat er die Möglichkeit, die bezahlte Umsatzsteuer (3.200 €), die **Vorsteuer**, bei der Berechnung seiner Umsatzsteuerschuld abzuziehen. Per Saldo führt er die **Umsatzsteuerzahllast** (Abb. 56: 1.600 €) an das Finanzamt ab.

| | | | |
|---|---|---|---|
| Wareneinkauf | 20.000,- | Warenverkauf | 30.000,- |
| + 16 % USt | 3.200,- | + 16 % USt | 4.800,- |
| Lieferantenverb. | 23.200,- | Kundenforderung | 34.800,- |
| | | berechnete USt | 4.800,- |
| | | - (bezahlte) Vorsteuer | 3.200,- |
| | | geschuldete USt (Zahllast) | 1.600,- |

***Abb. 56: Berechnung der geschuldeten USt (Zahllast)***

Vereinfachend gilt, daß der Umsatzsteuer alle inländischen Lieferungen und sonstige Leistungen unterliegen. Auch die Warenentnahme eines Kaufmanns, z.B. für private Zwecke, zählt nach dem Umsatzsteuergesetz (UStG) zu den Lieferungen. Zu beachten ist, daß nicht alle Umsätze dem vollen Steuersatz von 16% unterliegen. Es existieren:

1. **Steuerbefreite Umsätze** wie z.B. die Vermietung von Gebäuden, Zinsen für Kredite, Versicherungsleistungen. Bei einzelnen Umsätzen kann auf die Steuerbefreiung verzichtet werden. Diese speziellen Fälle werden nicht weiter behandelt.
2. **Umsätze mit ermäßigtem Steuersatz** (derzeit 7%), der z.B. auf Umsätze für Lebensmittel und Bücher angewendet wird.

Im folgenden wird aus rechnerischen Vereinfachungsgründen nicht der geltende Steuersatz von 16%, sondern ein fiktiver Steuersatz in Höhe von **10%** verwendet.

Die Umsatzsteuer muß am Ende des jeweiligen Umsatzsteuer-Voranmeldungszeitraums (meist: Kalendermonat) abgeführt werden. Dieser Zeitraum ist von der Umsatzhöhe abhängig. Im Normalfall gilt, daß die Umsatzsteuer bis zum 10. Tag des jeweiligen Folgemonats an das Finanzamt abgeführt werden muß. Am Ende des Umsatzsteuer-Voranmeldungszeitraums ist die berechnete USt normalerweise größer als die Vorsteuer, so daß eine **Verbindlichkeit** gegenüber dem Finanzamt entsteht.

In Ausnahmefällen kann jedoch auch einmal die Situation eintreten, daß der Vorsteuerbetrag größer ist als die berechnete Umsatzsteuer. Dann hat das Unternehmen eine **Forderung** gegenüber dem Finanzamt, die zu einer entsprechenden Rücküberweisung vom Finanzamt an das Unternehmen führt.

### 1.2.2 Verbuchung der Umsatzsteuer

Für die Verbuchung der Umsatzsteuer werden die Konten "Vorsteuer" und "Berechnete Umsatzsteuer" eingeführt. Das Konto **"Vorsteuer"** wird angesprochen, wenn ein Unternehmer Waren vom Beschaffungsmarkt erwirbt, die der Umsatzsteuer unterliegen. Da das Unternehmen die gezahlte Vorsteuer bei der Berechnung der eigenen Umsatzsteuerschuld geltend machen kann, weist das Vorsteuerkonto einen **Forderungscharakter** auf. Die Forderung besteht gegenüber dem Finanzamt.

Auf dem Konto **"Berechnete Umsatzsteuer"** wird die Umsatzsteuer verbucht, die bei der Veräußerung der Waren dem Kunden in Rechnung gestellt wird. Dieses Konto besitzt somit einen **Verbindlichkeitscharakter**. Die Verbindlichkeit besteht gegenüber dem Finanzamt. Das Aktivkonto "Vorsteuer" und das Passivkonto "Berechnete USt" werden in der Buchhaltungspraxis über ein drittes Umsatzsteuerkonto mit dem Namen **"Umsatzsteuerverrechnung"** abgeschlossen (**Drei-Konten-Methode**). Per Saldo erscheint auf diesem Konto die **"USt-Zahllast"**, d.h. der Betrag, der als USt-Schuld an das Finanzamt abzuführen ist. Das folgende Beispiel verdeutlicht die Buchungstechnik.

**Beispiel:**

1. Wareneinkauf per Bank 20.000,- (+ 10% USt).
2. Warenverkauf per Bank 30.000,- (+ 10% USt).
3. Überweisung der USt an das Finanzamt.

**Buchungssätze:**

| | | | | | |
|---|---|---|---|---|---|
| (1) | Wareneinkauf | 20.000,- | an | Bank | 22.000,- |
| | Vorsteuer | 2.000,- | | | |
| (2) | Bank | 33.000,- | an | Warenverkauf | 30.000,- |
| | | | | Berechnete USt | 3.000,- |
| (3) | USt-Verrechnung | | an | Vorsteuer | 2.000,- |
| (4) | Berechnete USt | | an | USt-Verrechnung | 3.000,- |
| (5) | USt-Verrechnung | | an | Bank | 1.000,- |

***Abb. 57: Verbuchung der Umsatzsteuer (Drei-Konten-Methode)***

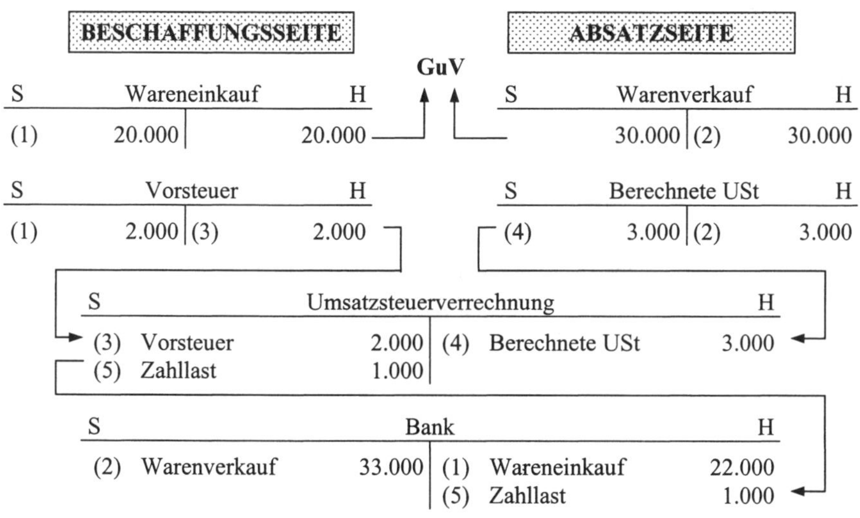


***Abb. 58: Kontenmäßige Verbuchung der USt (Drei-Konten-Methode)***

Am Jahresende wird der Saldo des Kontos "USt-Verrechnung" regelmäßig auf das Konto "Sonstige Verbindlichkeiten" gebucht, da die Umsatzsteuer des Monats Dezember erst bis zum 10. Januar des Folgejahres gezahlt werden muß. Es entsteht eine Verbindlichkeit gegenüber dem Finanzamt. Der zugehörige Buchungssatz lautet: "Umsatzsteuerverrechnung an Sonstige Verbindlichkeiten". Anschließend wird der Betrag auf das Schlußbilanzkonto gebucht ("Sonstige Verbindlichkeiten an SBK") und erscheint somit auf der Passivseite der Bilanz am Ende des Geschäftsjahres.

Entsteht am Jahresende ausnahmsweise ein Sollsaldo auf dem Konto "Umsatzsteuerverrechnung", so wird die Verbuchung über das Konto "Sonstige Forderungen" auf das SBK vorgenommen. Die Buchungssätze lauten: "Sonstige Forderungen an Umsatzsteuerverrechnung" und "SBK an Sonstige Forderungen". In der Bilanz wird ein Aktivposten ausgewiesen.

Bei der **Zwei-Konten-Methode** wird das Konto "Vorsteuer" über das Konto "Berechnete Umsatzsteuer" abgeschlossen (Buchungssatz: "Berechnete USt an Vorsteuer"). Der Saldo des Kontos "Berechnete USt" gibt die Zahllast an das Finanzamt wieder. Die buchungstechnische Behandlung der USt am Jahresende erfolgt analog zur Drei-Konten-Methode.

### 1.2.3 Verbuchung von Rücksendungen

Besondere Probleme ergeben sich, wenn die erhaltene bzw. veräußerte Ware fehlerhaft ist und eine Rücksendung (von dem Kunden bzw. an den Lieferanten) erfolgt. Dann muß neben der Korrektur der Warenkonten auch noch eine Korrektur der USt-Konten "Berechnete USt" bzw. "Vorsteuer" erfolgen. Aus didaktischen Gründen wird zuerst die grundsätzliche buchhalterische Erfassung von Rücksendungen **ohne Umsatzsteuer** dargestellt. Anschließend wird die Umsatzsteuerkorrektur berücksichtigt.

Erhalten wir eine **Rücksendung** von einem **Kunden**, so handelt es sich um einen Warenzugang. Da die Lieferung der Ware an den Kunden auf dem **Warenverkaufskonto** (zu Verkaufspreisen) erfolgte, muß die Korrektur ebenfalls auf diesem Konto vorgenommen werden. Die Gegenbuchung erfolgt auf dem Konto "Forderungen" (bei Verkauf auf Ziel).

Bei einer **Rücksendung** an unseren **Lieferanten** handelt es sich um einen Warenabgang. Dieser ist auf dem **Wareneinkaufskonto** zu verbuchen, da der Zugang auch auf diesem Konto (zu Einkaufspreisen) festgehalten wurde. Die Gegenbuchung erfolgt beim Zieleinkauf auf dem Konto "Lieferantenverbindlichkeiten".

Zusammenfassend gilt: Rücksendungen von Kunden erfolgen zum Verkaufspreis auf dem Warenverkaufskonto - Rücksendungen an Lieferanten erfolgen zum Einkaufspreis auf dem Wareneinkaufskonto. Die Verbuchung der Rücksendung erfolgt jeweils auf dem Konto, auf dem die Ursprungssendung verbucht wurde.

| | Lieferantenrücksendung | Kundenrücksendung |
|---|---|---|
| Warenkonto | Wareneinkaufskonto | Warenverkaufskonto |
| Bewertung | Einkaufspreise | Verkaufspreise |
| Buchungssatz<br>(Zielkäufe) | Lieferantenverbindlichkeiten<br>an Wareneinkauf | Warenverkauf<br>an Forderungen |

***Abb. 59: Behandlung von Rücksendungen (ohne USt)***

Das folgende Beispiel verdeutlicht die Buchungstechnik anhand der Kontendarstellung. Die Umsatzsteuer wird zunächst vernachlässigt. Der Abschluß der Warenkonten erfolgt nach der Bruttomethode (am Jahresende).

**Beispiel:**

| | | | | |
|---|---|---|---|---|
| Anfangsbestand | 100 St. | à | 1,- | (100,-) |
| Einkauf (Zugang) | 200 St. | à | 1,- | (200,-) |
| Verkauf (Abgang) | 250 St. | à | 2,- | (500,-) |
| Kundenrücksendung | 60 St. | à | 2,- | (120,-) |
| Lieferantenrücksendung | 30 St. | à | 1,- | (30,-) |
| Endbestand lt. Inventur | 80 St. | à | 1,- | (80,-) |

***Abb. 60: Kunden- und Lieferantenrücksendung***

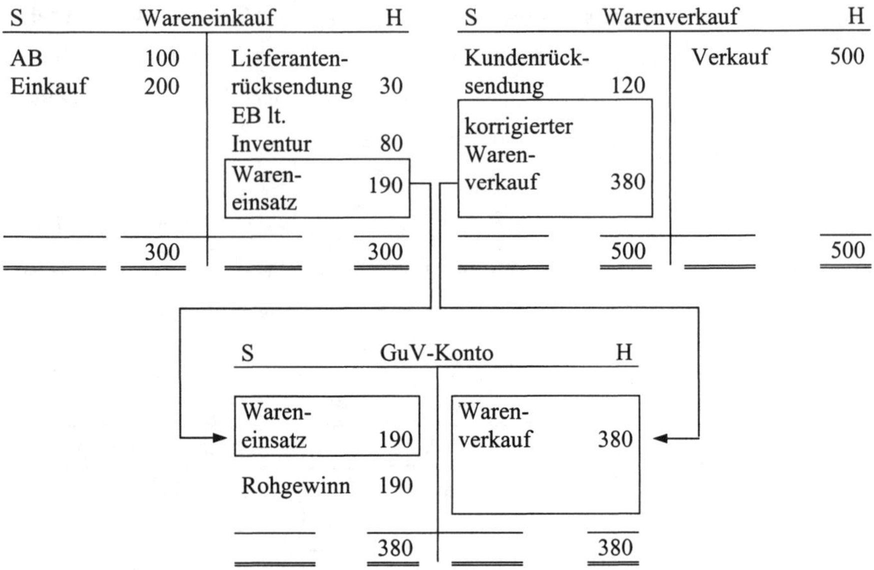


***Abb. 61: Abschluß der Warenkonten bei Rücksendungen***

Mit unserer Rücksendung an den Lieferanten (Habenbuchung auf "Wareneinkauf") wird der früher getätigte Wareneinkauf teilweise rückgängig gemacht. Analog wird durch die Rücksendung unseres Kunden (Sollbuchung auf "Warenverkauf") unser vorheriger Verkauf teilweise rückgängig gemacht. Die Rücksendungen führen also zu einer Korrektur früher gebuchter Geschäftsvorfälle, die als **Stornobuchungen** bezeichnet werden.

Wird die Umsatzsteuer berücksichtigt, sind Rücksendungen wie folgt zu buchen:

| **Kundenrücksendungen:** | | | **Lieferantenrücksendungen:** | | |
|---|---|---|---|---|---|
| Warenverkauf | an | Forderungen | Lieferantenverb. | an | Wareneinkauf |
| Berechnete USt | | | | | Vorsteuer |

Bei den **Kundenrücksendungen** ist nicht nur das Warenverkaufskonto, sondern auch das Konto "Berechnete USt" zu korrigieren, da sich der Umsatz nachträglich vermindert hat. Die **USt-Schuld** gegenüber dem Finanzamt **nimmt ab**. Wird Ware an den **Lieferanten** zurückgesendet, ist das Vorsteuerkonto zu korrigieren, da der Umsatz mit dem Lieferanten abgenommen hat. Der Vorsteueranspruch gegenüber dem Finanzamt hat sich **verringert**. Rücksendungen verändern somit die Vorsteuer und die Umsatzsteuer.

Die Geschäftsvorfälle aus dem vorhergehenden Beispiel sind unter Berücksichtigung der Umsatzsteuer wie folgt zu verbuchen (Drei-Konten-Methode):

**Buchungssätze:**

| | | | | | |
|---|---|---|---|---|---|
| (1) | Wareneinkauf | 200,- | an | Lieferantenverb. | 220,- |
| | Vorsteuer | 20,- | | | |
| (2) | Forderungen | 550,- | an | Warenverkauf | 500,- |
| | | | | Berechnete USt | 50,- |
| (3) | Warenverkauf | 120,- | an | Forderungen | 132,- |
| | Berechnete USt | 12,- | | | |
| (4) | Lieferantenverb. | 33,- | an | Wareneinkauf | 30,- |
| | | | | Vorsteuer | 3,- |
| (5) | USt-Verrechnung | | an | Vorsteuer | 17,- |
| (6) | Berechnete USt | | an | USt-Verrechnung | 38,- |

***Abb. 62: Warenrücksendung (mit USt) - Buchungssätze –***

**BESCHAFFUNGSSEITE**

| S | Wareneinkauf | | H |
|---|---|---|---|
| AB | 100 | (4) | 30 |
| (1) | 200 | | |

| S | Lieferantenverb. | | H |
|---|---|---|---|
| (4) | 33 | (1) | 220 |

| S | Vorsteuer | | H |
|---|---|---|---|
| (1) | 20 | (4) | 3 |
| | | (5) | 17 |

**ABSATZSEITE**

| S | Warenverkauf | | H |
|---|---|---|---|
| (3) | 120 | (2) | 500 |

| S | Forderungen | | H |
|---|---|---|---|
| (2) | 550 | (3) | 132 |

| S | Berechnete USt | | H |
|---|---|---|---|
| (3) | 12 | (2) | 50 |
| (6) | 38 | | |

| S | USt-Verrechnung | | H |
|---|---|---|---|
| (5) | 17 | (6) | 38 |

***Abb. 63: Warenrücksendung (mit USt) - Kontenverbuchung -***

### 1.2.4 Verbuchung des Bezugsaufwands

Beim Einkauf von Waren fallen für das bestellende Unternehmen neben dem Wareneinkaufspreis in der Regel noch weitere Kosten an, die man zusammenfassend als **Bezugsaufwand** oder Nebenkosten bezeichnet. Beispiele für den vom Bezieher zu tragenden Bezugsaufwand sind Transportkosten, Transportversicherung und Provisionen.

Bei der Verbuchung des Bezugsaufwands ist das **Prinzip periodengerechter Gewinnermittlung** zu beachten. Danach ist ein Aufwand bzw. Ertrag der Periode zuzurechnen, in welcher der Wertverzehr bzw. Wertzuwachs verursacht wurde. Die zugehörigen Zahlungen sind insoweit ohne Bedeutung.

**Beispiel:**

1. Wareneinkauf (bar) in **Periode I** für 10.000 € zuzüglich 10% USt.
2. Bezugsaufwand (bar) in **Periode I** für 2.000 € zuzüglich 10% USt.
3. Vollständiger Warenverkauf (bar) in **Periode II** für 15.000 € zuzüglich 10% USt.

| Periode | I | II |
|---|---|---|
| Ertrag<br>- Aufwand | -<br>2.000 | 15.000<br>10.000 |
| Erfolg | - 2.000 | + 5.000 |

***Abb. 64: Erfolgsausweis bei sofortiger Bezugsaufwandsverrechnung***

Wenn der Bezugsaufwand sofort in voller Höhe erfolgswirksam verbucht wird, kommt es zu einer **Verzerrung** der Periodenergebnisse: In Periode I wird ein Verlust und in Periode II ein zu hoher Gewinn ausgewiesen. Der Bezugsaufwand sollte nicht der Beschaffungs-, sondern der Veräußerungsperiode zugerechnet werden. Dann wird in Periode I kein Verlust und in Periode II nur noch ein Gewinn von 3.000 € ausgewiesen (vgl. Abb. 65)

Würde die Ware zu einem Viertel in Periode I veräußert werden, sollte auch ein Viertel des Bezugsaufwands als Aufwand verrechnet werden. Dem Ertrag von 3.750 € steht in diesem Fall ein Aufwand (inklusive des Bezugsaufwands) von 3.000 € gegenüber, so daß sich der Gewinn auf 750 € beziffert. Die Gewinnermittlung erfolgt periodengerecht.

Eine veräußerungsproportionale Verrechnung des Bezugsaufwands wird durch seine **Aktivierung** erreicht. Der in Periode I bezahlte Bezugsaufwand wird nicht über ein Aufwandskonto, sondern über das Bestandskonto "Wareneinkauf" verbucht. Der Warenbestand erscheint dann am Ende der Periode I nicht mit 10.000 €, sondern mit 12.000 € in der Schlußbilanz. Der Wareneinsatz (Aufwand) der Veräußerungsperiode II beträgt 12.000 €.

| Periode | I | II |
|---|---|---|
| Ertrag<br>- Aufwand | -<br>- | 15.000<br>12.000 |
| Erfolg | - | + 3.000 |

***Abb. 65: Erfolgsausweis bei Aktivierung des Bezugsaufwands***

Die Aktivierung des Bezugsaufwands führt nicht nur zu einem periodengerechten **Erfolgsausweis**, also zu einer richtigen Abbildung der **Ertragslage**. Darüber hinaus wird auch die **Vermögenslage** richtig ermittelt: Ware, die sich in unserem Lager befindet, hat für unser Unternehmen einen höheren Wert als Ware, die sich im Lager des Lieferanten befindet. Sie ist deshalb nicht mit dem Einkaufspreis (10.000 €), sondern mit dem Einstandspreis, den **Anschaffungskosten** (12.000 €) zu bewerten. Der Einstandspreis ergibt sich als Summe aus Einkaufspreis und Bezugsaufwand.

**<u>Periode I</u>**

| S | Wareneinkauf | | H |
|---|---|---|---|
| (1) | 10.000 | | |
| (2) | 2.000 | Saldo | 12.000 |

| S | Vorsteuer | H |
|---|---|---|
| (1) | 1.000 | |
| (2) | 200 | |

| S | SBK | H |
|---|---|---|
| Waren | 12.000 | |

**Periode II**

| S | Wareneinkauf | | H |
|---|---|---|---|
| AB | 12.000 | Saldo | 12.000 |

| S | Berechnete USt | | H |
|---|---|---|---|
| | | (3) | 1.500 |

| S | Warenverkauf | | H |
|---|---|---|---|
| Saldo | 15.000 | (3) | 15.000 |

| S | GuV-Konto | | H |
|---|---|---|---|
| Waren-einsatz | 12.000 | Waren-verkauf | 15.000 |

***Abb. 66: Verbuchung des Bezugsaufwands***

Wäre die Ware noch in Periode I zu einem Viertel verkauft worden, wären auf der Habenseite des Kontos "Wareneinkauf" 9.000 € als Endbestand und 3.000 € als Wareneinsatz verbucht worden. Diesem Wareneinsatz würde im GuV-Konto ein Warenverkauf von 3.750 € gegenüberstehen, so daß der Gewinn per Saldo 750 € betragen würde.

In der Praxis wird sehr häufig ein spezielles Konto "Bezugsaufwand" eingerichtet. Dabei handelt es sich um ein **Unterkonto** des Kontos "Wareneinkauf". Der Abschluß des Kontos "Bezugsaufwand" erfolgt am Periodenende über das Wareneinkaufskonto (Buchung: "Wareneinkauf an Bezugsaufwand"). Hierdurch wird eine genaue Überwachung der Aufwendungen für Transport, Provisionen, etc. möglich.

## 1.2.5 Verbuchung der Rabatte und Boni

Oft müssen Betriebe beim Warenbezug nicht den vollen, sondern nur einen prozentual verminderten Preis bezahlen. Sie erhalten einen Preisnachlaß. Nach dem **Zeitpunkt** der Gewährung lassen sich Rabatte und Boni unterscheiden. Ein **Rabatt** wird sofort beim Erwerb wirksam; ein **Bonus** wird dagegen erst nachträglich gewährt, z.B. als Umsatzbonus, wenn am Jahresende ein bestimmter Umsatz erreicht wurde.

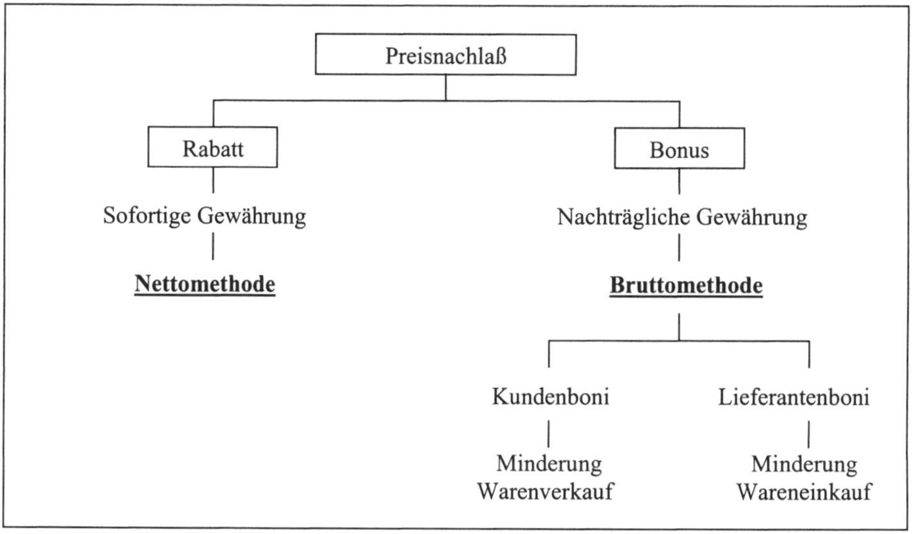


***Abb. 67: Systematisierung der Preisnachlässe***

Als sofortiger Preisnachlaß wird der **Rabatt** schon bei der Rechnungserteilung in Abzug gebracht. Infolge der Rabattgewährung verringern sich von Anfang an

- der Wareneinkaufswert beim Lieferantenrabatt,
- der Warenverkaufswert beim Kundenrabatt.

Die einfache Nettoverbuchung wird in der Abbildung 68 dargestellt.

Als nachträglicher Preisnachlaß ist ein möglicher Bonus bei einer Warenlieferung noch nicht bekannt. Deshalb wird zum Zeitpunkt der Warenlieferung zunächst der volle Warenwert zu Anschaffungskosten bzw. Verkaufspreisen auf die Konten "Wareneinkauf" bzw. "Warenverkauf" gebucht. Erhalten wir von unseren Lieferanten im Laufe des Jahres Boni, sammeln wir diese auf der Habenseite des Kontos "**Lieferantenboni**" an. Am Jahresende wird dieses Konto über das Konto "Wareneinkauf" abgeschlossen, da es sich beim Lieferantenbonus um eine nachträgliche **Minderung der Anschaffungskosten** handelt. Umgekehrt verhält es sich beim Kundenbonus.

Räumen wir unseren Kunden nachträgliche Preisnachlässe ein, werden diese zunächst auf der Sollseite des Kontos "Kundenboni" gesammelt. Am Jahresende übertragen wir den Saldo auf die Sollseite des Kontos "Warenverkauf", da es sich beim Kundenbonus um eine Minderung des Warenverkaufswertes handelt, die als **Erlösschmälerung** bezeichnet wird.

Die Verbuchung der Rabatte wird an nachfolgendem Beispiel verdeutlicht. Im Fall A erhält der Handelsbetrieb selbst einen Rabatt, im Fall B räumt er seinem Kunden einen Rabatt ein.

| Fall A: Lieferantenrabatt | | Fall B: Kundenrabatt | |
|---|---|---|---|
| **Beschaffungsmarkt:** | | **Absatzmarkt:** | |
| Waren | 10.000,- | Waren | 15.000,- |
| - 15% Rabatt | 1.500,- | - 12% Rabatt | 1.800,- |
| Waren netto | 8.500,- | Waren netto | 13.200,- |
| + 10% USt | 850,- | + 10% USt | 1.320,- |
| Waren brutto | 9.350,- | Waren brutto | 14.520,- |
| **Buchungssatz:** | | **Buchungssatz:** | |
| Wareneinkauf | 8.500,- | Forderungen | 14.520,- |
| Vorsteuer | 850,- | | |
| an | | an | |
| Lieferantenverbindlichkeiten | 9.350,- | Warenverkauf | 13.200,- |
| | | Berechnete USt | 1.320,- |

***Abb. 68: Nettoverbuchung von Rabatten***

Bei der Verbuchung der Boni ist darauf zu achten, daß die Bemessungsgrundlage für die Umsatzsteuer (Wareneinkaufs- bzw. Warenverkaufspreis) nachträglich verändert wird. Deshalb müssen im Fall des Lieferantenbonus die Beträge auf dem Konto "Vorsteuer" und im Fall des Kundenbonus die Beträge auf dem Konto "Berechnete USt" gekürzt werden.

**Beispiel (Lieferantenbonus):**

1. Wareneinkauf auf Ziel 50.000 € (+ 10% USt).
2. Am Quartalsende gewährt uns unser Lieferant einen Bonus in Höhe von 6%.

**Buchungssätzc:**

| | | | | |
|---|---|---|---|---|
| (1) Wareneinkauf | 50.000,- | an | Lieferantenverb. | 55.000,- |
| Vorsteuer | 5.000,- | | | |
| (2) Lieferantenverb. | 3.300,- | an | Lieferantenboni | 3.000,- |
| | | | Vorsteuer | 300,- |
| (3) Lieferantenboni | | an | Wareneinkauf | 3.000,- |

| S | Wareneinkauf | | H |
|---|---|---|---|
| (1) | 50.000 | (3) | 3.000 |

| S | Lieferantenverb. | | H |
|---|---|---|---|
| (2) | 3.300 | (1) | 55.000 |

| S | Vorsteuer | | H |
|---|---|---|---|
| (1) | 5.000 | (2) | 300 |
| | | Saldo | 4.700 |

| S | Lieferantenboni | | H |
|---|---|---|---|
| (3) | 3.000 | (2) | 3.000 |

***Abb. 69: Verbuchung von Lieferantenboni (Anschaffungskostenminderung)***

**<u>Beispiel (Kundenbonus):</u>**

1. Warenverkauf auf Ziel 80.000 € (+ 10% USt).
2. Am Quartalsende gewähren wir unserem Kunden einen Bonus in Höhe von 5%.

**Buchungssätze:**

| | | | | |
|---|---|---|---|---|
| (1) Forderungen | 88.000,- | an | Warenverkauf | 80.000,- |
| | | | Berechnete USt | 8.000,- |
| (2) Kundenboni | 4.000,- | an | Forderungen | 4.400,- |
| Berechnete USt | 400,- | | | |
| (3) Warenverkauf | | an | Kundenboni | 4.000,- |

| S | Forderungen | | H |
|---|---|---|---|
| (1) | 88.000 | (2) | 4.400 |

| S | Warenverkauf | | H |
|---|---|---|---|
| (3) | 4.000 | (1) | 80.000 |

| S | Kundenboni | | H |
|---|---|---|---|
| (2) | 4.000 | (3) | 4.000 |

| S | Berechnete USt | | H |
|---|---|---|---|
| (2) | 400 | (1) | 8.000 |
| Saldo | 7.600 | | |

***Abb. 70: Verbuchung von Kundenboni (Erlösschmälerung)***

### 1.2.6 Verbuchung der Skonti

Erhält ein Handelsbetrieb Waren von seinem Lieferanten, muß im allgemeinen nicht sofort die Bezahlung erfolgen. In vielen Fällen räumt der Lieferant eine Zahlungsfrist (Zahlungsziel) ein. Auf einer Rechnung findet sich z.B. folgender Hinweis:

| |
|---|
| Zahlung innerhalb 8 Tage unter Abzug von 3% Skonto,<br>innerhalb 30 Tage netto Kasse. |

Wird die zusätzliche Frist von 22 Tagen vom Kunden nicht genutzt, darf er bei Bezahlung drei Prozent vom Rechnungsbetrag abziehen. Dieser Betrag wird **Skonto** genannt. Zahlt ein Kunde unter Ausnutzung des vollständigen Zahlungsziels, dann "kostet" dies den Verzicht auf den Skontoabzug. Damit kann der Skonto zum einen als ein Zinssatz für die Kreditgewährung innerhalb des Zahlungsziels angesehen werden. Zum anderen läßt sich der Skonto auch als ein Preisnachlaß interpretieren, den ein Unternehmen bei vorzeitiger Zahlung einräumt bzw. erhält. Von der letzten Interpretation wird zunächst ausgegangen; sie führt zur **Bruttomethode**.

Zu unterscheiden ist der Skonto, den ein Betrieb von seinem Lieferanten selbst erhält (Lieferantenskonto) und der Skonto, den ein Betrieb seinen Kunden einräumt (Kundenskonto). Mit dem Abzug des **Lieferantenskontos** verringert sich unsere Zahlungsverpflichtung. Mit dem Abzug des **Kundenskontos** verringert unser Kunde seine Zahlungsverpflichtung.

**Beispiel (Lieferantenskonto):** Wareneinkauf auf Ziel: 10.000 € zuzüglich 10% USt. Bei Zahlung innerhalb von 8 Tagen dürfen 3% Skonto abgezogen werden.

Am Tag des Wareneingangs ist die volle Lieferantenverbindlichkeit zu verbuchen. Lassen wir die Skontofrist verstreichen, ist der volle Bruttorechnungsbetrag zu bezahlen. Bei Zahlung innerhalb der Skontofrist stellen wir folgende Rechnung auf.

| Rechnungsbetrag | | - | 3% Skontoabzug | = | Zahlungsbetrag |
|---|---|---|---|---|---|
| Netto | 10.000 | - | 300 | = | 9.700 |
| Vorsteuer | 1.000 | - | 30 | = | 970 |
| Brutto | 11.000 | - | 330 | = | 10.670 |

***Abb. 71: Abzug des Lieferantenskontos***

Wie der Lieferantenbonus bewirkt auch der Abzug des Lieferantenskontos:

1. Eine nachträgliche Minderung unserer Zahlungsverpflichtung (330 €).
2. Eine nachträgliche Minderung der Vorsteuer (30 €).
3. Eine nachträgliche Minderung des Einkaufswertes (der Anschaffungskosten von 300 €).

| | | | | | |
|---|---|---|---|---|---|
| | **Buchung bei Wareneingang** | | | | |
| (1) | Wareneinkauf | 10.000,- | an | Lieferantenverb. | 11.000,- |
| | Vorsteuer | 1.000,- | | | |
| **a)** | **Buchung bei Zahlung nach Ablauf der Skontofrist** | | | | |
| (2a) | Lieferantenverb. | | an | Bank | 11.000,- |
| **b)** | **Buchung bei Zahlung innerhalb der Skontofrist** | | | | |
| (2b) | Lieferantenverb. | 11.000,- | an | Bank | 10.670,- |
| | | | | Lieferantenskonto | 300,- |
| | | | | Vorsteuer | 30,- |
| | **Abschlußbuchung am Jahresende** | | | | |
| (3b) | Lieferantenskonto | | an | Wareneinkauf | 300,- |

***Abb. 72: Skonto beim Wareneinkauf (Lieferantenskonto)***

**<u>Beispiel (Kundenskonto):</u>** Warenverkauf auf Ziel: 10.000 € zuzüglich 10% USt. Bei Zahlung innerhalb von 8 Tagen dürfen 3% Skonto abgezogen werden.

Da unbekannt ist, ob der Kunde vor oder nach Ablauf von 8 Tagen zahlt, wird zunächst der Rechnungsbetrag (inklusive der USt) in voller Höhe als Forderung gebucht (Bruttobetrag). Zahlt der Kunde nach Ablauf der Skontofrist, schuldet er den vollen Rechnungsbetrag (11.000 €). Bei Zahlung innerhalb der Skontofrist ergibt sich folgendes:

1. Eine nachträgliche Minderung seiner Zahlungsverpflichtung (330 €).
2. Eine nachträgliche Minderung der berechneten Umsatzsteuer (30 €).
3. Eine nachträgliche Minderung des Verkaufswertes (Erlösschmälerung von 300 €).

| | | | | | |
|---|---|---|---|---|---|
| | **Buchung bei Warenverkauf** | | | | |
| (1) | Forderungen | 11.000,- | an | Warenverkauf<br>Berechnete USt | 10.000,-<br>1.000,- |
| **a)** | **Buchung bei Zahlung nach Ablauf der Skontofrist** | | | | |
| (2a) | Bank | | an | Forderungen | 11.000,- |
| **b)** | **Buchung bei Zahlung innerhalb der Skontofrist** | | | | |
| (2b) | Bank<br>Kundenskonto<br>Berechnete USt | 10.670,-<br>300,-<br>30,- | an | Forderungen | 11.000,- |
| | **Abschlußbuchung am Jahresende** | | | | |
| (3b) | Warenverkauf | | an | Kundenskonto | 300,- |

***Abb. 73: Skonto beim Warenverkauf (Kundenskonto)***

Am Jahresende werden die Skontokonten durch die Buchungen "Lieferantenskonto an Wareneinkauf" bzw. "Warenverkauf an Kundenskonto" abgeschlossen. Es besteht eine Anschaffungskostenminderung bzw. Erlösschmälerung.

| **Lieferantenskonto**<br>Skontoabzug bei Wareneingang | **Kundenskonto**<br>Skontoabzug bei Warenverkauf |
|---|---|
| Laufende Buchung:<br>Konto "Lieferantenskonto"<br>Kontenabschluß:<br>Konto "Wareneinkauf" | Laufende Buchung:<br>Konto "Kundenskonto"<br>Kontenabschluß:<br>Konto "Warenverkauf" |

***Abb. 74: Konten bei Skontoverbuchung***

Die **Beschaffungspraxis** folgt dem dargestellten Verfahren der Skontoverbuchung **(Bruttomethode)**. Wird der Skonto nicht als Preisnachlaß, sondern als Zinsbetrag angesehen, kommt die nachfolgende Nettomethode zur Anwendung.

**Exkurs: Nettomethode**

Betriebswirtschaftlich spricht manches dafür, den Nettorechnungsbetrag (hier: 10.000 €) in zwei Bestandteile zu zerlegen: den **Warenwert** (9.700 €) und den **Zinsanteil** (300 €). Die Leistung des Lieferanten läßt sich gedanklich in eine Warenlieferung (Kosten: 9.700 €) und eine Kreditgewährung (Kosten: 300 €) unterteilen.

**Lieferantenskonto**: Bezahlen wir innerhalb der Skontofrist, ist der "reine" Warenwert (9.700 €) zuzüglich Vorsteuer (970 €) zu begleichen. Der Skontoaufwand als Preis für die Kreditgewährung ist zu stornieren, da der Kredit nicht genutzt wird; die Vorsteuer ist ebenfalls zu korrigieren. - Andernfalls bezahlen wir den Warenwert (9.700 €), den Skontoaufwand als Preis für die Kreditgewährung (300 €) und die Vorsteuer auf beide Leistungen (1.000 €). Da der Skontobetrag jetzt als Zinsaufwand interpretiert wird, ist der Skontoaufwand über das GuV-Konto abzuschließen. Der Wareneinkaufspreis bleibt unverändert, da der Wert **netto** gebucht wurde.

| | | | | | |
|---|---|---|---|---|---|
| **Buchung bei Wareneingang** | | | | | |
| (1) | Wareneinkauf | 9.700,- | an | Lieferantenverb. | 11.000,- |
| | Skontoaufwand | 300,- | | | |
| | Vorsteuer | 1.000,- | | | |
| **a)** | **Buchung bei Zahlung nach Ablauf der Skontofrist** | | | | |
| (2a) | Lieferantenverb. | | an | Bank | 11.000,- |
| **b)** | **Buchung bei Zahlung innerhalb der Skontofrist** | | | | |
| (2b) | Lieferantenverb. | 11.000,- | an | Bank | 10.670,- |
| | | | | Skontoaufwand | 300,- |
| | | | | Vorsteuer | 30,- |

***Abb. 75: Lieferantenskonto beim Wareneinkauf (Nettomethode)***

**Kundenskonto**: Der Rechnungsbetrag (netto) wird in den Warenverkaufswert (9.700 €) und den Zinsanteil (300 €) zerlegt. Zahlt der Kunde vor Ablauf der Skontofrist, stornieren wir den bereits gebuchten Skontoertrag und korrigieren die berechnete USt. Hierdurch wird auch dem Handelsrecht Genüge getan, da der Verkaufswert netto erfaßt wird.

| | | | | | |
|---|---|---|---|---|---|
| **Buchung bei Warenverkauf** | | | | | |
| (1) | Forderungen | 11.000,- | an | Warenverkauf | 9.700,- |
| | | | | Skontoertrag | 300,- |
| | | | | Berechnete USt | 1.000,- |

| | | | | | |
|---|---|---|---|---|---|
| **a)** | **Buchung bei Zahlung nach Ablauf der Skontofrist** | | | | |
| (2a) | Bank | | an | Forderungen | 11.000,- |
| **b)** | **Buchung bei Zahlung innerhalb der Skontofrist** | | | | |
| (2b) | Bank | 10.670,- | an | Forderungen | 11.000,- |
| | Skontoertrag | 300,- | | | |
| | Berechnete USt | 30,- | | | |

***Abb. 76: Kundenskonto beim Warenverkauf (Nettomethode)***

## 1.2.7 Verbuchung privater Warenentnahmen

Auch die Warenentnahmen des Unternehmers für private Zwecke (z.B. Lebensmittel eines Händlers zum eigenen Verzehr) zählen zu den umsatzsteuerpflichtigen Lieferungen. Dadurch wird sichergestellt, daß der Unternehmer nicht begünstigt wird. Er könnte sonst Waren erhalten, für die er die Vorsteuer abgezogen, aber keine Umsatzsteuer entrichtet hat. Die Warenentnahme läßt sich als eine Art "Lieferung des Unternehmens an den Unternehmer selbst" interpretieren. Das Konto "**Warenverkauf**" wird angesprochen.

Die Warenbewertung erfolgt grundsätzlich mit den **Anschaffungskosten**. Haben sich jedoch zwischenzeitlich die Wiederbeschaffungskosten der Ware verändert, sind diese zugrunde zu legen. Die Buchung erfolgt regelmäßig über das Privatkonto, da der Unternehmer meist keine Zahlung leistet. Es liegt eine Privatentnahme vor.

**Beispiel:** Warenentnahme eines Unternehmers für private Zwecke unmittelbar nach der Lieferung: Einkaufspreis 600 €, Nebenkosten 50 €, Verkaufspreis 1.000 €.

| | | | | |
|---|---|---|---|---|
| **Buchungssatz:** | | | | |
| Privatkonto | 715,- | an | Warenverkauf | 650,- |
| | | | Berechnete USt | 65,- |

***Abb. 77: Buchung privater Warenentnahmen***

Die Bewertung der Entnahme erfolgt mit den Anschaffungskosten (650 €). Die USt-Schuld erhöht sich um den abgezogenen Vorsteuerbetrag (65 €). Ein Vorteil entsteht nicht.

# 2. Verbuchung des Zahlungsverkehrs

## 2.1 Verbuchung von Anzahlungen

Erhält ein Handelsbetrieb **vor** der Auslieferung eines größeren Warenpostens eine Anzahlung, so entsteht eine Verbindlichkeit besonderer Art gegenüber dem Kunden. Diese Verbindlichkeit wird mit der Lieferung der Ware getilgt. Es wird ein besonderes **Passivkonto** eingerichtet, welches die Höhe der erhaltenen Anzahlungen angibt. Das Konto heißt **"Erhaltene Anzahlungen"**.

Der zahlende Kunde besitzt eine Forderung gegenüber dem Handelsbetrieb in Höhe der geleisteten Anzahlung. Die Anzahlung auf eine Warenlieferung wird auf dem Aktivkonto **"Geleistete Anzahlungen"** im Umlaufvermögen ausgewiesen. Das Konto hat Forderungscharakter. Es wird bei Erhalt der Ware aufgelöst. Entsprechend wird beim Lieferanten das Konto "Erhaltene Anzahlungen" mit der Lieferung ausgeglichen.

Bei der **Umsatzsteuer** besteht eine Besonderheit: Erhält der Unternehmer eine Anzahlung, so entsteht die Umsatzsteuerschuld bereits bei Erhalt des Zahlungsbetrages. Bei einer Anzahlung von 10.000 € ist folgende Aufteilung vorzunehmen: Entgelt 9.090 € und USt 910 € (Berechnung: 0,1/1,1 x 10.000 beim Steuersatz von 10%). Der Unternehmer, der die Anzahlung leistet, kann die in diesem Betrag enthaltene USt als Vorsteuer abziehen, wenn eine entsprechende Rechnung über die Anzahlung vorliegt.

**Beispiel:**

1. Der Kunde leistet 11.000 € Anzahlung durch Banküberweisung (Aufteilung: Anzahlung netto: 10.000 € und USt: 1.000 €).
2. Ausführung einer Warenlieferung zu 40.000 € (+ 10% USt) auf Ziel.
3. Der Kunde überweist die Restschuld in Höhe von 33.000 €.

**Der Lieferant bucht:**

| | | | | | |
|---|---|---|---|---|---|
| (1) | Bank | 11.000,- | an | Erhaltene Anzahlung | 10.000,- |
| | | | | Berechnete USt | 1.000,- |
| (2) | Forderungen | 33.000,- | an | Warenverkauf | 40.000,- |
| | Erhaltene Anzahlung | 10.000,- | | Berechnete USt | 3.000,- |
| (3) | Bank | | an | Forderungen | 33.000,- |

**Der Kunde bucht:**

| | | | | | |
|---|---|---|---|---|---|
| (1) | Geleistete Anzahlung | 10.000,- | an | Bank | 11.000,- |
| | Vorsteuer | 1.000,- | | | |
| (2) | Wareneinkauf | 40.000,- | an | Lieferantenverb. | 33.000,- |
| | Vorsteuer | 3.000,- | | Geleistete Anzahlung | 10.000,- |
| (3) | Lieferantenverb. | | an | Bank | 33.000,- |

***Abb. 78: Verbuchung von Anzahlungen***

Die nachfolgende Übersicht faßt die wesentlichen Aspekte der Anzahlungen zusammen:

| Anzahlungen | |
|---|---|
| Geleistete Anzahlungen | Erhaltene Anzahlungen |
| Forderungscharakter<br>Aktivkonto:<br>Geleistete Anzahlungen | Verbindlichkeitscharakter<br>Passivkonto:<br>Erhaltene Anzahlungen |
| Vorsteuerabzug | USt-Schuld |

***Abb. 79: Systematisierung von Anzahlungen***

## 2.2 Bedeutung und Funktion des Wechsels

Ein nicht unerheblicher Teil des Warengeschäfts wird über Wechsel finanziert. Der Wechsel ist ein Wertpapier, in dem sich der Schuldner verpflichtet, einen bestimmten Geldbetrag zu einem bestimmten Zeitpunkt zu zahlen. Die **Aufgaben** des Wechsels sind:

1. Der Wechsel ist ein **Kreditmittel**, da die Schuld des Käufers nicht sofort, sondern erst zu einem späteren Zeitpunkt fällig wird.
2. Der Wechsel ist ein **Zahlungsversprechen** des Käufers an den Verkäufer.

3. Der Wechsel ist außerdem ein **Kreditsicherungsmittel**, da für den Wechsel die strengen Rechtsvorschriften des Wechselgesetzes gelten.

<u>**Beispiel:**</u> Ein Fabrikant A liefert Ware an den Großhändler B, der sie an den Einzelhändler C weiterveräußert. C akzeptiert einen Wechsel, B gibt diesen Wechsel zahlungshalber an A weiter; der Wechselschuldner C zahlt auf Vorlage des Wechsels an Fabrikant A.

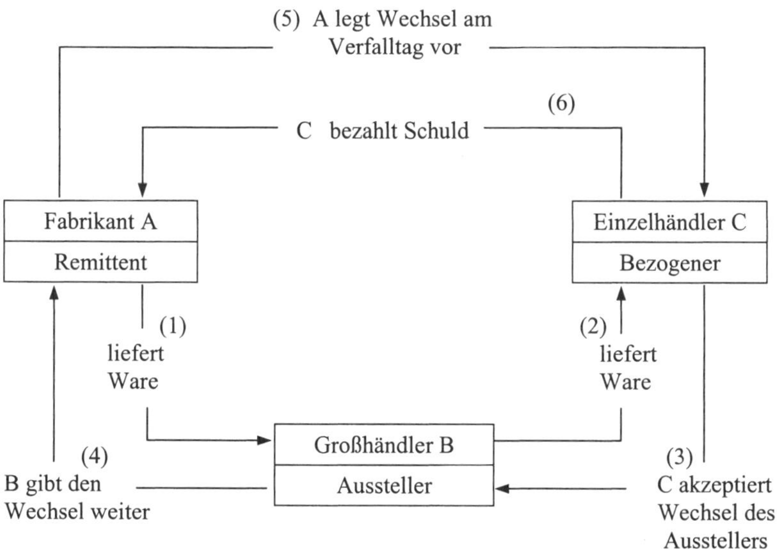


***Abb. 80: Lieferungen und Zahlungen mit Wechsel***

Weder der Großhändler noch der Einzelhändler können ihre Verbindlichkeiten sofort bezahlen. Zur Finanzierung des Warengeschäfts wird ein Wechsel verwendet. Der Großhändler B stellt einen Wechsel aus, den der Einzelhändler C durch seine Unterschrift akzeptiert. Großhändler B heißt **Aussteller**, Einzelhändler C **Bezogener** des Wechsels. Da B selbst Verbindlichkeiten gegenüber dem Fabrikanten A hat, gibt er den Wechsel an A weiter. A wird zum Wechselnehmer (**Remittent**). Im Normalfall legt der Fabrikant A am Verfalltag (Fälligkeitstag des Wechsels) den Wechsel beim Einzelhändler C vor, der die Schuld begleicht. Die Laufzeit des Wechsels beträgt im allgemeinen drei Monate.

Der Wechsel muß nach Artikel 1 des Wechselgesetzes verschiedene **Bestandteile** enthalten, damit er gültig ist. Im einzelnen müssen vorhanden sein:

1. Das Wort Wechsel;
2. Die Anweisung zur Zahlung einer Geldsumme;
3. Den Namen des Bezogenen;
4. Den Verfalltermin;
5. Den Zahlungsort;
6. Den Namen des Remittenten;
7. Den Ausstellungstag und -ort;
8. Die Unterschrift des Ausstellers.

Im folgenden Wechselformular sind diese Bestandteile fett gedruckt:

| | |
|---|---|
| Unterschrift des Bezogenen | **Lüneburg, den 20.06. ..01**<br><br>Gegen diesen **Wechsel zahlen** Sie **am 20.09. ..01**<br>an die Order von **Fabrikant A € 11.000,- (elftausend €)**<br>in **Lüneburg, Müllerstr. 12.**<br><br>**Bezogener**<br><br>Einzelhändler C<br>- Anschrift –<br><br>**Unterschrift**<br>**des Ausstellers B** |

***Abb. 81: Merkmale des Wechsels***

Links auf der Vorderseite des Wechsels unterschreibt der Bezogene quer. Der Fabrikant A ist der Remittent, an den C zahlen soll. Gibt A den Wechsel an einen neuen Wechselgläubiger (z.B. an D) weiter, wird dies auf dem Wechsel vermerkt. Mit seiner Unterschrift auf der Wechselrückseite, dem **Indossament**, garantiert A dem neuen Wechselinhaber D die Einlösung des Wechsels. Kann C am Verfalltag nicht zahlen, haften Aussteller B und Indossant A gesamtschuldnerisch für die Zahlung der Wechselsumme. Der aktuelle Wechselinhaber kann sich an jeden einzelnen Indossanten wenden, der auf dem Wechsel unterschrieben hat. Dadurch steht dem aktuellen Wechselinhaber eine breite Haftungsbasis zur Verfügung. Er hat die **beste rechtliche Position** inne. Der Inhaber kann den Wechsel auf folgende Weisen verwenden:

1. Er **präsentiert** ihn am Verfalltag dem Wechselschuldner.
2. Er gibt den Wechsel zwecks **Tilgung** eigener Verbindlichkeiten durch Indossament weiter.
3. Er **veräußert** ihn an seine Hausbank. Diese zahlt nicht die volle Wechselsumme, sondern nur den Barwert aus (Wechselsumme abzüglich Zinsen).

***Abb. 82: Verwendungsmöglichkeiten des Wechsels***

Ein **Warenwechsel** dient der Absicherung einer Forderung aus einer Warenlieferung. Im obigen Beispiel erhält der Großhändler einen Wechsel vom Einzelhändler. Hierdurch ist er z.B. in der Lage, seine eigenen Verbindlichkeiten beim Fabrikanten zu tilgen. Durch das strenge Wechselrecht ist für den Großhändler - aus rechtlicher Sicht - ein Wechsel vorteilhafter als die reine Forderung.

Die **Bilanzierung** des Wechsels wird wie folgt vorgenommen. Der Einzelhändler C als Wechselschuldner bilanziert den Wechsel auf der Passivseite unter dem Posten **"Schuldwechsel"**. Der Schuldwechsel stellt eine **kurzfristige Verbindlichkeit** dar, da die Laufzeit im allgemeinen höchstens 3 Monate beträgt.

Großhändler B bilanziert den Wechsel unter dem Posten **"Besitzwechsel"**. Es handelt sich um eine **kurzfristige Forderung**, die im Umlaufvermögen bilanziert wird. Wird der Wechsel vom Großhändler B weitergegeben, erscheint er nicht mehr in seiner Bilanz. B muß aber trotzdem damit rechnen, eventuell den Wechsel einlösen zu müssen (insbesondere bei Zahlungsunfähigkeit des C). Deshalb muß nach § 251 HGB **unter der Bilanz** des B ein Vermerk über die Höhe der weitergegebenen Wechsel (Indossamentverbindlichkeit) erfolgen. Fabrikant A wird durch die Weitergabe zum Wechselgläubiger und bucht den Wechsel bei Erhalt auf das aktive Bestandskonto "Besitzwechsel".

Kann der Einzelhändler am Verfalltag nicht zahlen, kann sich der Fabrikant A (Remittent) mit der Verlängerung der Zahlungsfrist einverstanden erklären. Es wird ein neuer Wechsel ausgestellt. Dieser heißt **Prolongationswechsel**. Ist A nicht zur Prolongation bereit, geht der Wechsel zu Protest (**Protestwechsel**).

## 2.3 Buchungstechnische Behandlung des Wechselverkehrs

Der Wechselverkehr verursacht bestimmte Kosten, die dem Wechselschuldner vom Aussteller grundsätzlich gesondert berechnet werden. Neben den Wechselspesen sind die Zinsen für die Kreditgewährung von Bedeutung, die als **Wechseldiskont** bezeichnet werden. Von der Bundesbank wurden früher Diskontsätze festgelegt, die von den Kreditinstituten bei der Zinsberechnung verwendet wurden. Die Europäische Zentralbank legt keinen Diskontsatz mehr fest. Die Kreditinstitute diskontieren Wechsel mit dem **Basiszins** als Diskontersatz. Ansonsten wird der (kurzfristige) Geldmarktzinssatz verwendet.

| | | |
|---|---|---|
| **Wechseldiskont** | - | Zinsen für die Kreditgewährung zuzüglich USt |
| **Wechselspesen** | - | Verwaltungskosten wie Porto- und Telefonkosten zuzüglich USt |

***Abb. 83: Kosten des Wechselverkehrs***

Akzeptiert der Wechselschuldner einen Wechsel seines Lieferanten (Wechselgläubiger), werden die folgenden Buchungen bei den Parteien ausgelöst:

**Wechsel-Gläubiger** verbucht:

| | | |
|---|---|---|
| ▪ Wechsel | auf | Aktivkonto „Besitzwechsel“ |
| ▪ Vereinnahmte Zinsen | auf | Ertragskonto „Diskontertrag“ |
| ▪ Ausgelegte Spesen | auf | Aufwandskonto „Nebenkosten des Geldverkehrs“ |
| ▪ Berechnete Spesen | auf | Aufwandskonto „Nebenkosten des Geldverkehrs“ |
| ▪ Umsatzsteuer | auf | Konto „Berechnete USt“ |

**Wechsel-Schuldner** verbucht:

| | | |
|---|---|---|
| ▪ Wechsel | auf | Passivkonto „Schuldwechsel“ |
| ▪ Bezahlte Zinsen | auf | Aufwandskonto „Diskontaufwand“ |
| ▪ Bezahlte Spesen | auf | Aufwandskonto „Nebenkosten des Geldverkehrs“ |
| ▪ Umsatzsteuer | auf | Konto „Vorsteuer“ |

***Abb. 84: Konten beim Warenwechsel***

<u>**Beispiel:**</u> Der Einzelhändler C erhält vom Großhändler B eine Warenlieferung. C akzeptiert einen von B ausgestellten Wechsel. Geschäftsvorfälle:

| | |
|---|---|
| 1. | Warenverkauf auf Ziel 10.000 € zuzüglich 10% USt. |
| 2. | Der Schuldner C akzeptiert einen Wechsel des Gläubigers B über 11.000 €. |
| 3. | Der Gläubiger B hat Barauslagen (umsatzsteuerfreie Spesen) von 25 €. |
| 4. | Der Gläubiger B stellt dem Schuldner C die Wechselumlaufkosten (25 €) und den Wechseldiskont (165 €) zuzüglich USt in Rechnung. |

***Abb. 85: Geschäftsvorfälle beim Warenwechsel***

| | | | | | |
|---|---|---|---|---|---|
| (1) | Forderungen | 11.000,- | an | Warenverkauf | 10.000,- |
| | | | | Berechnete USt | 1.000,- |
| (2) | Besitzwechsel | | an | Forderungen | 11.000,- |
| (3) | Nebenk. d. Geldverk. | | an | Kasse | 25,- |
| (4) | Sonstige Ford. | 209,- | an | Diskontertrag | 165,- |
| | | | | Nebenk. d. Geldverk. | 25,- |
| | | | | Berechnete USt | 19,- |

***Abb. 86: Buchungssätze beim Wechselgläubiger (B)***

Durch den Warenverkauf entsteht eine Forderung von B gegenüber dem Einzelhändler C (11.000 €). Wenn C den Wechsel akzeptiert, erfolgt die Umbuchung auf das Konto "Besitzwechsel" (Aktivtausch). Die Nebenkosten des Geldverkehrs werden zuerst vom Großhändler B ausgelegt und anschließend zusammen mit den Zinsen (Wechseldiskont) dem Bezogenen mit Umsatzsteuer in Rechnung gestellt. Es erfolgt eine entsprechende Stornobuchung auf dem Konto "Nebenkosten des Geldverkehrs". Das Konto "Diskontertrag" stellt ein spezielles Konto zur Verbuchung der Wechselzinsen dar.

Analoge Buchungssätze ergeben sich beim Wechselschuldner C. Allerdings entfällt ein vergleichbarer Buchungssatz (3), da der Wechselschuldner keine Auslagen hat:

| | | | | | |
|---|---|---|---|---|---|
| (1) | Wareneinkauf | 10.000,- | an | Lieferantenverb. | 11.000,- |
| | Vorsteuer | 1.000,- | | | |
| (2) | Lieferantenverb. | | an | Schuldwechsel | 11.000,- |
| (3) | Diskontaufwand | 165,- | | | |
| | Nebenk. d. Geldverk. | 25,- | | | |
| | Vorsteuer | 19,- | an | Sonstige Verb. | 209,- |

***Abb. 87: Buchungssätze beim Wechselschuldner (C)***

Der Wechselgläubiger kann den Wechsel auf verschiedene Weisen verwenden:

a) Er kann den Wechsel bis zum Verfalltag behalten und ihn dem C **präsentieren**. Wenn C durch Banküberweisung zahlt, lauten die Buchungssätze:

| | | | |
|---|---|---|---|
| **Wechselgläubiger** bucht: | | | |
| Bank | an | Besitzwechsel | 11.000,- |
| **Wechselschuldner** bucht: | | | |
| Schuldwechsel | an | Bank | 11.000,- |

***Abb. 88: Buchungssätze bei Einlösung des Wechsels***

b) Der Wechselgläubiger B kann den Wechsel sofort nach Erhalt an seinen Fabrikanten A **weitergeben**. A stellt ihm Wechselspesen in Höhe von 8,50 € und 165 € Diskont zuzüglich – vereinfachend – 10% USt in Rechnung.

| | | | | | |
|---|---|---|---|---|---|
| **Neuer Wechselgläubiger A** bucht: | | | | | |
| (1) | Besitzwechsel | | an | Forderungen | 11.000,- |
| (2) | Sonstige Ford. | 190,85 | an | Diskontertrag | 165,- |
| | | | an | Nebenk. d. Geldverk. | 8,50 |
| | | | an | Berechnete USt | 17,35 |
| **Alter Wechselgläubiger B** bucht: | | | | | |
| (1) | Lieferantenverb. | | an | Besitzwechsel | 11.000,- |
| (2) | Diskontaufwand | 165,- | an | Sonstige Verb. | 190,85 |
| | Nebenk. d. Geldverk. | 8,50 | | | |
| | Vorsteuer | 17,35 | | | |

***Abb. 89: Buchungssätze bei Weitergabe des Wechsels***

c) Der Wechselgläubiger B kann den Wechsel bei seiner Hausbank **diskontieren**. Er erhält eine um Zinsen (110 €) und Spesen (25 €) verringerte Bankgutschrift. Umsatzsteuerrechtlich ist nach Auffassung der Finanzverwaltung die **Umsatzsteuer auf den Diskontbetrag** zu berichtigten, da sich insoweit das Entgelt für die Lieferung von B an C vermindert. Diese Regelung gilt immer, wenn Warenlieferung und Kredit **einheitlich** behandelt werden (Abschn. 29a Abs. 2 UStR). In diesem Fall ist der obige Diskontbetrag (110 €) in 100 € Diskontaufwand und 10 € USt aufzuteilen, wenn von einem Umsatzsteuersatz von 10% ausgegangen wird. In dem Maße, in dem sich die Umsatzsteuer von Großhändler B vermindert, reduziert sich der Vorsteueranspruch des Einzelhändlers C. Großhändler B muß den Einzelhändler C hierüber informieren.

| **Alter Wechselgläubiger** B bucht: | | | | |
|---|---|---|---|---|
| Bank | 10.865,- | an | Besitzwechsel | 11.000,- |
| Diskontaufwand | 100,- | | | |
| Berechnete USt | 10,- | | | |
| Nebenk. d. Geldverk. | 25,- | | | |

***Abb. 90: Buchungssatz bei Wechseldiskontierung (Bank)***

d) Der Wechselgläubiger B hat den Wechsel bis zur Fälligkeit behalten. Am Verfalltag kann C nicht zahlen. C akzeptiert daraufhin einen von B ausgestellten **Prolongationswechsel** (Laufzeit 3 Monate) über 11.000 €. Die von B in Rechnung gestellten Beträge (165 € Wechseldiskont zzgl. 25 € Wechselspesen zzgl. 10% USt) hat der Schuldner durch Überweisung beglichen.

| **Wechselgläubiger** bucht: | | | | | |
|---|---|---|---|---|---|
| (1) | Prolongationswechsel | | an | Besitzwechsel | 11.000,- |
| (2) | Bank | 209,- | an | Diskontertrag | 165,- |
| | | | | Nebenk. d. Geldverk. | 25,- |
| | | | | Berechnete USt | 19,- |
| **Wechselschuldner** bucht: | | | | | |
| | Diskontaufwand | 165,- | an | Bank | 209,- |
| | Nebenk. d. Geldverk. | 25,- | | | |
| | Vorsteuer | 19,- | | | |

***Abb. 91: Buchungssätze bei Prolongation des Wechsels***

e) Der Wechselgläubiger B hat den Wechsel bis zur Fälligkeit behalten. Da C zahlungsunfähig und B nicht zur Prolongation bereit ist, geht der Wechsel zu **Protest**. Beim Wechselprotest kann der Wechselinhaber den Wechselbetrag vom Schuldner oder von jedem Indossanten verlangen. Da Protestwechsel ein besonders großes Risiko beinhalten, werden sie im Interesse der Klarheit auf ein gesondertes Konto gebucht, das den Namen "Protestwechsel" trägt. Mit Erstellung der Regreßrechnung (80 €) durch den Regreßnehmer erfolgt die Umbuchung des Protestwechsels auf das Konto "Sonstige Forderungen", da der Wechsel nicht mehr besteht. Gleichzeitig bucht der Regreßpflichtige den Betrag bei Rechnungserhalt auf das Konto "Sonstige Verbindlichkeiten". Die Kosten des Protestwechsels unterliegen beim Wechselgläubiger nach Auffassung der Finanzverwaltung nicht der Umsatzsteuer (Abschn. 3 Abs. 3 UStR). Der Wechselgläubiger kann keine Vorsteuer abziehen.

| | | | | | |
|---|---|---|---|---|---|
| **Wechselgläubiger** bucht: | | | | | |
| (1) | Protestwechsel | | an | Besitzwechsel | 11.000,- |
| (2) | Sonstige Ford. | 11.080,- | an | Protestwechsel | 11.000,- |
| | | | | Nebenk. d. Geldverk. | 80,- |
| **Wechselschuldner** bucht: | | | | | |
| (1) | Schuldwechsel | | an | Protestwechsel | 11.000,- |
| (2) | Protestwechsel | 11.000,- | an | Sonstige Verb. | 11.080,- |
| | Nebenk. des Geldverkehrs | 80,- | | | |

***Abb. 92: Buchungssätze bei Wechselprotest***

# 3. Verbuchung des Personalaufwands

## 3.1 Komponenten des Personalaufwands

Die Arbeitnehmer erhalten für ihre Tätigkeit im Unternehmen ein Entgelt, den Bruttolohn bzw. das Bruttogehalt. Dieser Betrag wird nicht in voller Höhe ausgezahlt. Folgende Komponenten werden abgezogen: Der Sozialversicherungsbeitrag (Arbeitnehmeranteil) und die Lohn- und Kirchensteuer. Der auf die Lohnsteuer erhobene Solidaritätszuschlag wird nachfolgend vernachlässigt.

Der Beitrag zur **Sozialversicherung** umfasst Zahlungen an die Renten-, Kranken-, Pflege- und Arbeitslosenversicherung. Die Höhe der Zahlungen richtet sich nach dem jeweiligen Bruttolohn bzw. Bruttogehalt, auf die prozentuale Beitragssätze erhoben werden. Allerdings bezahlt der Arbeitnehmer nur 50% des gesamten Beitrags. Die andere Hälfte wird vom Arbeitgeber übernommen.

Die **Lohnsteuer** ist eine besondere Erhebungsform der Einkommensteuer. Die Lohnsteuer wird zwar direkt vom Arbeitgeber an das Finanzamt abgeführt, der Arbeitnehmer bleibt jedoch Schuldner der Steuer. Die Höhe der monatlichen Lohnsteuer kann speziellen Steuertabellen entnommen werden. Der Arbeitnehmer ist grundsätzlich verpflichtet, nach Ablauf eines Jahres eine Steuererklärung beim Finanzamt einzureichen, die alle erzielten Einkünfte enthält.

Die **Kirchensteuer** ist zu entrichten, wenn der Arbeitnehmer Mitglied einer anerkannten religiösen Gemeinschaft ist. Die Höhe der Kirchensteuer hängt grundsätzlich von der Einkommensteuer ab, auf die ein fester Prozentsatz von meist 9% erhoben wird; Einzelheiten werden in speziellen Kirchensteuergesetzen geregelt. Auch die Kirchensteuer wird vom Arbeitgeber für den Arbeitnehmer direkt an das Finanzamt abgeführt.

Für das Unternehmen stellt das Bruttogehalt Aufwand dar ("Lohn- und Gehaltsaufwand"). Dieser Aufwand wird noch um den Betrag erhöht, den der Arbeitgeber an die Sozialversicherung zu entrichten hat (Arbeitgeberanteil zur Sozialversicherung). Somit ergeben sich aus Sicht des Arbeitnehmers bzw. Arbeitgebers die folgenden Zusammenhänge zur Berechnung des Nettogehalts bzw. Personalaufwands, wenn vom Bruttogehalt ausgegangen wird.

**Bruttogehalt** + Sozialversicherung - AGA - = **Personalaufwand**

- Sozialversicherung - ANA
- Lohnsteuer
- Kirchensteuer

**Nettogehalt**

AGA = Arbeitgeberanteil
ANA = Arbeitnehmeranteil

***Abb. 93: Komponenten des Personalaufwands***

## 3.2 Buchungstechnische Behandlung des Personalaufwands

Die Verbuchung des Personalaufwands wird dadurch erschwert, daß die einzelnen Komponenten an verschiedene Empfänger überwiesen werden müssen. Außerdem sind diese Buchungen meist zu unterschiedlichen Zeitpunkten durchzuführen, wie die folgende Abbildung zeigt.

| | | |
|---|---|---|
| 30.09. | Nettogehalt | An den Arbeitnehmer |
| 10.10. | Lohnsteuer | An das Finanzamt |
| 10.10. | Kirchensteuer | An das Finanzamt |
| 15.10. | Sozialversicherung | |
| | ▪ Krankenversicherung | ▪ An die Krankenkassen |
| | ▪ Pflegeversicherung | ▪ An die Pflegekassen |
| | ▪ Rentenversicherung | ▪ An die Bundesversicherungsanstalt |
| | ▪ Arbeitslosenversicherung | ▪ An die Bundesanstalt für Arbeit |

***Abb. 94: Zahlungsempfänger beim Personalaufwand***

Das Nettogehalt wird dem Arbeitnehmer am Monatsende überwiesen. Dies geschieht im Regelfall über das betriebliche Bankkonto. Alle anderen Komponenten (einschließlich des Arbeitgeberanteils zur Sozialversicherung) werden dagegen am Monatsende auf das Konto "Sonstige Verbindlichkeiten" gebucht. Oft wird ein besonderes Passivkonto "Noch abzuführende Abgaben" eingerichtet, um den Charakter dieser Aufwendungen deutlich hervorzuheben.

| | | | |
|---|---|---|---|
| (1) | Lohn- und Gehaltsaufwand | an | Bank<br>Sonstige Verbindlichkeiten<br>(Noch abzuführende Abgaben) |
| (2) | Sozialaufwand (AGA) | an | Sonstige Verbindlichkeiten<br>(Noch abzuführende Abgaben) |

***Abb. 95: Struktur der Personalaufwandsverbuchung***

Die nachfolgende Abbildung zeigt die Ermittlung des Nettogehalts bzw. des gesamten Personalaufwands auf. Hierbei wird von beispielhaften Beträgen für die Steuern und Sozialversicherungsbeiträge ausgegangen:

| Fritz Müller | Gehaltsabrechnung | September ..01 |
|---|---|---|
| Bruttogehalt | | 3.000,- |
| ▪ Lohnsteuer | 370,- | |
| ▪ Kirchensteuer | 30,- | |
| ▪ Sozialversicherung ANA | 525,- | 925,- |
| Nettogehalt | | 2.075,- |
| Sozialversicherung AGA | 525,- | |

***Abb. 96: Beispiel für Personalaufwandskomponenten***

1. Gemäß obiger Gehaltsabrechnung überweisen wir an Fritz Müller am 30.09. das Nettogehalt in Höhe von 2.075 €.
2. Gemäß obiger Abrechnung ermitteln wir am 30.09. einen Arbeitgeberanteil zur Sozialversicherung in Höhe von 525 €.
3. Am 10.10. überweisen wir an das Finanzamt 400 € Lohn- und Kirchensteuer.
4. Am 15.10. überweisen wir an die Sozialversicherungsträger 1.050 € (AGA + ANA).

| **Buchungssätze:** | | | | | |
|---|---|---|---|---|---|
| 30.09. | Lohn- und Gehalts-aufwand | 3.000,- | an | Bank | 2.075,- |
| | | | | Noch abz. Abgaben | 925,- |
| 30.09. | Sozialaufwand (AGA) | | an | Noch abz. Abgaben | 525,- |
| 10.10. | Noch abz. Abgaben | | an | Bank | 400,- |
| 15.10. | Noch abz. Abgaben | | an | Bank | 1.050,- |

***Abb. 97: Buchungsbeispiel für Personalaufwand***

Das Bruttogehalt wird buchungstechnisch in die Komponenten "Nettogehalt" und "Noch abzuführende Abgaben" zerlegt. Das Nettogehalt wird dem Arbeitnehmer am Monatsende ausgezahlt. Der Bestand des betrieblichen Bankkontos nimmt ab. Gleichzeitig werden die Sozialabgaben und Steuern auf das Konto "Noch abzuführende Abgaben" gebucht. Auf dieses Konto wird auch der Arbeitgeberanteil zur Sozialversicherung gebucht. Die Auflösung des Postens "Noch abzuführende Abgaben" erfolgt schrittweise durch Überweisung der Steuern und der gesamten Sozialversicherungsbeiträge an die jeweiligen Empfänger.

Sind am Jahresende noch Beträge an die Sozialversicherungsträger bzw. das Finanzamt zu überweisen, werden sie unter dem Posten "Sonstige Verbindlichkeiten" in der Bilanz passiviert. Im folgenden Geschäftsjahr wird dieser Posten über ein Zahlungskonto des Unternehmens (im Regelfall "Bank") aufgelöst.

Erhält der Arbeitnehmer einen **Vorschuß**, weist der Betrieb zunächst eine Forderung aus ("Sonstige Forderungen an Bank"). Der Vorschuß wird mit dem auszuzahlenden Nettogehalt des nächsten Monats verrechnet: Das Konto "Sonstige Forderungen" wird ausgeglichen und das Bankkonto vermindert sich um den Betrag des Nettogehalts abzüglich des Vorschusses.

**Beispiel:** Es gelten die Daten des obigen Beispiels mit folgenden Änderungen:

1. Herr Müller erhält am 15.09. einen Vorschuß in Höhe von 1.000 € durch Banküberweisung.
2. Die Gchaltsabrechnung erfolgt unter Abzug von 1.000 € Vorschuß in Anlehnung an das obige Beispiel.

| **Buchungssätze:** | | | | | |
|---|---|---|---|---|---|
| 15.09. | Sonstige Ford. | | an | Bank | 1.000,- |
| 30.09. | Lohn- und Gchalts aufwand | 3.000,- | an | Bank | 1.075,- |
| | | | | Sonstige Ford. | 1.000,- |
| | | | | Noch abz. Abgaben | 925,- |
| 30.09. | Sozialaufwand | | an | Noch abz. Abgaben | 525,- |

***Abb. 98: Verbuchung von Gehaltsvorschüssen***

Stehen am Bilanzstichtag Gehaltsvorschüsse aus, erfolgt ein bilanzieller Ausweis unter dem Aktivposten "Sonstige Forderungen" im Umlaufvermögen. Im Folgejahr wird dieser Posten aufgelöst, indem eine Verrechnung mit den nächsten Gehaltszahlungen der betreffenden Arbeitnehmer erfolgt.

# 5. Kapitel: Verbuchung laufender Geschäftsvorfälle im Industriebetrieb

## 1. Grundlagen

Viele Buchungen des Handelsbetriebs sind auch im Industriebetrieb vorzunehmen (z.B. Verbuchung des Zahlungsverkehrs und des Personalaufwands). Daneben weisen Handels- und Industriebetrieb aber auch Unterschiede auf. Im Handelsbetrieb werden Waren eingekauft und ohne weitere Bearbeitung weiterveräußert. Im Mittelpunkt des Industriebetriebs steht dagegen der **Produktionsprozeß**, d.h. die Verarbeitung von Produktionsfaktoren zu Produkten, die am Absatzmarkt zur Erzielung von Umsatzerlösen angeboten werden.

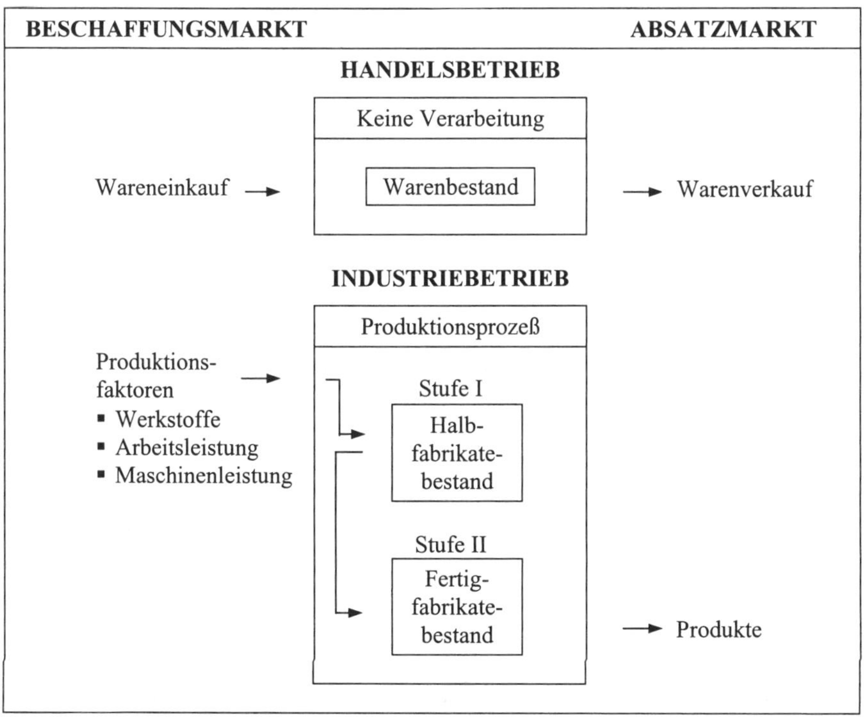


*Abb. 99: Leistungserstellung im Handels- und Industriebetrieb*

Ein Produktionsprozeß kann ein- oder mehrstufig sein. Bei der Produktion von Wärme in einem Heizwerk handelt es sich um einen **einstufigen** Produktionsprozeß: Eine Feuerungsanlage verwandelt Brennstoffe in einem einzigen Arbeitsgang in das Produkt "Wärme". Bei einem **mehrstufigen** Produktionsprozeß vollzieht sich die industrielle Leistungserstellung auf mindestens zwei Fertigungsstufen: In der ersten Stufe werden die Produktionsfaktoren zunächst zu Halbfabrikaten (unfertigen Erzeugnissen = uE) und anschließend in der zweiten Stufe zu Fertigfabrikaten (fertigen Erzeugnissen = fE) weiterverarbeitet. Bei der Stuhlherstellung in einer Möbelfabrik könnte die Fertigungsstufe 1 die Fertigung von Stuhlgestellen umfassen, die in der Fertigungsstufe 2 (Polsterei) zu fertigen Stühlen weiterverarbeitet werden.

Sind in einem Handelsbetrieb am Jahresende noch Warenbestände vorhanden, werden sie in der Bilanz mit den **Anschaffungskosten** bewertet. Die Bewertung der im Industriebetrieb am Jahresende vorhandenen Halb- und Fertigfabrikate kann jedoch **nicht** zu Anschaffungskosten erfolgen, da dieser Wert bei selbsterstellten Erzeugnissen nicht existiert. Zur Bewertung der Endbestände unfertiger und fertiger Erzeugnisse zieht man deshalb eine Hilfsgröße heran: die sogenannten **Herstellungskosten**. Sie können wie folgt definiert werden:

| |
|---|
| Herstellungskosten: Alle Aufwendungen, die durch die Fertigung der Erzeugnisse bedingt sind |

Werden in einer Abrechnungsperiode 100 Stück Fertigerzeugnisse bei einem Periodenaufwand von insgesamt 30.000 € hergestellt, liegen die Herstellungskosten pro Stück bei 300 €. Abweichend von dieser einfachen Bewertungsmethode gibt es im Handelsrecht (§ 255 Abs. 2 HGB) spezielle Vorschriften zur Ermittlung der Herstellungskosten.

Bezeichnet man die in einer Periode produzierte Menge als $x_p$ und die abgesetzte Menge als $x_a$, dann lassen sich im Rahmen der industriellen Leistungserstellung hinsichtlich der Lagerbestandsveränderungen prinzipiell drei Fälle unterscheiden, die nachfolgend drei verschiedenen Perioden zugeordnet werden:

| Periode | Verhältnis von Produktion und Absatz | Bestand uE, fE |
|---|---|---|
| 01 | $x_p = x_a$ – Synchron | Keine Änderung |
| 02 | $x_p > x_a$ – Produktion auf Lager | Zunahme |
| 03 | $x_p < x_a$ – Verkauf vom Lager | Abnahme |

***Abb. 100: Produktion und Absatz im Industriebetrieb***

In **Periode 1** laufen Produktion und Absatz synchron. Waren die Bestände an Halb- und Fertigfabrikaten am Periodenanfang gleich Null, dann sind auch am Periodenende keine Lagerbestände vorhanden. Beim **Vermögensausweis** in der Schlußbilanz gibt es kein Bewertungsproblem. Die **Vermögenslage** wird richtig abgebildet. Der **Erfolgsausweis** im GuV-Konto folgt dem gleichen Aufbau wie im Handelsbetrieb, so daß auch die **Ertragslage** richtig dargestellt wird:

**Handelsbetrieb**

S GuV-Konto 01 H

| S | | | H |
|---|---|---|---|
| Wareneinsatz | 13.000 | Warenverkäufe | |
| Weitere Aufwandsarten | 17.000 | | |
| Gewinn | 10.000 | | 40.000 |

**Industriebetrieb**

S GuV-Konto 01 H

| S | | | H |
|---|---|---|---|
| Werkstoffeinsatz | 13.000 | Umsatzerlöse | |
| Weitere Aufwandsarten | 17.000 | | |
| Gewinn | 10.000 | | 40.000 |

***Abb. 101: Erfolgsermittlung im Handels- und Industriebetrieb ($x_p = x_a$)***

Im Soll des GuV-Kontos des Industriebetriebs erscheint der mit der Herstellung von $x_p$ verbundene Gesamtaufwand. Er setzt sich aus dem Werkstoffeinsatz und weiteren Aufwandsarten (Personalaufwand, Mietaufwand, usw.) zusammen. Der Gesamtaufwand zur Herstellung von 100 Stück betrage 30.000 €. Die Umsatzerlöse im Industriebetrieb, die mit den Warenverkäufen des Handelsbetriebs vergleichbar sind, mögen sich für 100 Stück auf 40.000 € belaufen (100 Stck. à 400 €/Stck.). Der Periodengewinn ist somit 10.000 €. Da keine Lagerbestandsveränderungen auftreten, können Aufwand und Ertrag direkt zugeordnet werden.

In **Periode 2** werden ebenfalls 100 Stück für 30.000 € produziert. Die Herstellungskosten pro Stück betragen somit 300 €. Es werden aber nur 60 Stück für 24.000 € zzgl. USt veräußert. Die restlichen 40 Stück werden als Fertigerzeugnisse auf Lager genommen. Beim **Vermögensausweis** in der Bilanz muß dieser Endbestand angesetzt und mit den Herstellungskosten bewertet werden. Im Beispiel ergibt sich ein Lagerwert von 12.000 € (40 Stck. x 300 €/Stck.).

Die Aktivierung der Lagermenge mit Herstellungskosten führt im GuV-Konto zum richtigen **Erfolgsausweis**. Dem mit der Herstellung der Produktionsmenge $x_p$ verbundenen Gesamtaufwand (30.000 €) stehen zwei Ertragskomponenten gegenüber:

- Abgesetzte Produkte: Umsatzerlöse in Höhe von 24.000 €;
- Gelagerte Produkte: Bestandserhöhung der Fertigerzeugnisse in Höhe von 12.000 €.

Würde die Lagermenge dagegen vernachlässigt, stimmten Aufwendungen und Erträge inhaltlich nicht überein: Dem Aufwand für 100 Stück stünden nur die Erträge für die abgesetzten 60 Stück gegenüber. Durch die Aktivierung werden die Mengenkomponenten abgestimmt; der richtige Erfolg beträgt in der zweiten Periode 6.000 €.

S GuV-Konto 02 H

| S | | H | |
|---|---|---|---|
| Werkstoffeinsatz | 13.000 | Umsatzerlöse | 24.000 |
| Weitere Aufwandsarten | 17.000 | | |
| Gewinn | 6.000 | Bestandserhöhung fE | 12.000 |

***Abb. 102: Erfolgsermittlung im Industriebetrieb bei Bestandserhöhung "fertiger Erzeugnisse"***

In **Periode 3** gehen wir davon aus, daß $x_p = 0$ ist; es findet also keine Produktion mehr statt. Der vorhandene Fertigerzeugnisbestand, der mit Herstellungskosten von 12.000 € in der Anfangsbilanz der Periode 3 steht, wird für 16.000 € zzgl. USt verkauft. Der Bestand der Fertigerzeugnisse geht somit auf null Stück zurück. Daraus folgt für den bilanziellen **Vermögensausweis** eine Abnahme des Postens "fertige Erzeugnisse" von 12.000 € auf null €. Dem steht die Zunahme eines Zahlungs- oder Forderungskontos in Höhe von 16.000 € zzgl. USt gegenüber.

Dem Ertrag in Form des Umsatzerlöses der Periode 3 (16.000 €) steht ein Aufwand in Höhe der wertmäßigen Bestandsabnahme bei den fertigen Erzeugnissen (12.000 €) gegenüber. Dieser erscheint im GuV-Konto auf der Sollseite und führt somit zum richtigen **Erfolgsausweis** der Gewinn- und Verlustrechnung. Der Gewinn beträgt 4.000 €.

| S | GuV-Konto 03 | | H |
|---|---|---|---|
| Bestandsminderung fE | 12.000 | Umsatzerlöse | 16.000 |
| Gewinn | 4.000 | | |

***Abb. 103: Erfolgsermittlung im Industriebetrieb bei Bestandsminderung "fertiger Erzeugnisse"***

Die Parallele zum Erfolgsausweis des Handelsbetriebs wird deutlich: Im Handelsbetrieb wird der Wareneinsatz, d.h. der Abgang des Warenbestands als Aufwand verbucht. Im Industriebetrieb wird die "Bestandsminderung fE", d.h. der Abgang des Fertigerzeugnisbestands als Aufwand verbucht.

Bei genauerem Hinsehen zeigt sich, daß die Perioden 2 und 3 zusammengenommen dasselbe Produktions-, Absatz- und Gewinnvolumen aufweisen wie Periode 1 allein. Unterschiede bestehen nur in der Verteilung auf die einzelnen Perioden, wie die nachfolgende Abbildung zeigt. Der Grundsatz der **periodengerechten Erfolgsermittlung** fordert, daß jeder Periode die entsprechenden Erfolge zugerechnet werden. Hinsichtlich des Ertragsausweises ist das Realisationsprinzip zu beachten.

| | | Periode 01 | Periode 02 | Periode 03 |
|---|---|---|---|---|
| Produzierte Menge $x_p$ | (Stück) | 100 | 100 | 0 |
| Abgesetzte Menge $x_a$ | (Stück) | 100 | 60 | 40 |
| Gewinn | (€) | 10.000 | 6.000 | 4.000 |

***Abb. 104: Abgrenzung des Periodenerfolgs bei Bestandsänderung "Fertigerzeugnisse"***

Mit der Aktivierung der Bestandserhöhung der Fertigerzeugnisse am Ende der Periode 2 werden zwei Ziele verfolgt: Zum einen soll das Vermögen vollständig in der Bilanz ausgewiesen werden. Zum anderen soll der Ertrag richtig (= periodengerecht) in der GuV-Rechnung abgebildet werden. Hierdurch werden die Vermögens- und Ertragslage im Jahresabschluß richtig dargestellt.

# 2. Verbuchung des Werkstoffverbrauchs

Im Industriebetrieb werden Werkstoffe unter Einsatz menschlicher und maschineller Arbeit auf einer oder mehreren Fertigungsstufen in Produkte umgewandelt. In diesem Gliederungspunkt wird zunächst unterstellt, daß in jeder Periode die gesamte Produktionsmenge verkauft wird, daß also **keine Bestände an unfertigen und fertigen Erzeugnissen** entstehen.

Analog zum Handelsbetrieb, der den Warenzugang auf dem Aktivkonto "Warenbestand" verbucht, aktiviert der Industriebetrieb den Werkstoffzugang auf einem **aktiven Bestandskonto**. Dabei unterscheidet man drei Arten von Werkstoffen, nämlich die Roh-, Hilfs- und Betriebsstoffe. Rohstoffe gehen als Hauptbestandteil und Hilfsstoffe als Nebenbestandteil in die Produkte ein. Betriebsstoffe dienen der Herstellung der Produkte nur mittelbar, ohne selbst zum Bestandteil der Produkte zu werden. Am Beispiel der Buchherstellung lassen sich die Begriffe näher erläutern:

| | | |
|---|---|---|
| Rohstoffe | : | Papier, Einbanddeckel |
| Hilfsstoffe | : | Druckerschwärze, Leim |
| Betriebsstoffe | : | Dieselkraftstoff für Maschinenantrieb |

***Abb. 105: Werkstoffarten (Bücherherstellung)***

In der Buchhaltungspraxis wird jeder Werkstoffeinkauf (auf Ziel) auf einem separaten Bestandskonto zum Nettowert mit den folgenden Buchungssätzen verbucht:

| | | |
|---|---|---|
| Rohstoffe<br>Vorsteuer | an | Lieferantenverbindlichkeiten |
| Hilfsstoffe<br>Vorsteuer | an | Lieferantenverbindlichkeiten |
| Betriebsstoffe<br>Vorsteuer | an | Lieferantenverbindlichkeiten |

***Abb. 106: Verbuchung des Werkstoffzugangs auf diversen Aktivkonten***

Nach jedem einzelnen Beschaffungsvorgang wird ein Zugang auf dem entsprechenden Werkstoffkonto verbucht. Die Abgänge an Werkstoffen werden durch den Bedarf der einzelnen Produktionseinheiten ausgelöst. Bei der buchhalterischen Erfassung der Werkstoffabgänge unterscheidet man zwei Verfahren:

| Verfahren | Charakterisierung | Anwendungsbereich |
|---|---|---|
| Inventurmethode | Keine Erfassung der Einzelabgänge. Verbrauchsermittlung am Periodenende.<br><br>**Verbrauch** = AB + Zugänge - EB | Kleinbetriebe |
| Skontrationsmethode | Erfassung der Einzelabgänge durch Materialentnahmescheine (MES).<br><br>**Verbrauch** = $MES_1 + MES_2 + ...$ | Mittel- und Großbetriebe mit Lagerbuchhaltung |

***Abb. 107: Erfassungsmöglichkeiten des Werkstoffverbrauchs***

Die buchhalterische Erfassung des Werkstoffverbrauches mit der Inventurmethode zeichnet sich durch **Einfachheit** aus. Es ist keine umfassende Lagerbuchhaltung notwendig; auf den Einsatz von Materialentnahmescheinen kann verzichtet werden. Allerdings ist die Inventurmethode nicht geeignet, um Verbrauchs- und Bestandskontrollen fortlaufend durchführen zu können.

Der **Werkstoffverbrauch** stellt einen Wertverzehr, also **Aufwand** dar. Der Abgang im Haben des Bestandskontos findet seine Gegenbuchung im Soll der folgenden Aufwandskonten: "Aufwand Rohstoffe", "Aufwand Hilfsstoffe" und "Aufwand Betriebsstoffe".

**Beispiel:**

| | |
|---|---|
| Anfangsbestand Rohstoffe | 30.000,- € |
| Einkauf von Rohstoffen | 24.000,- € |
| Endbestand lt. Inventur | 18.000,- € |

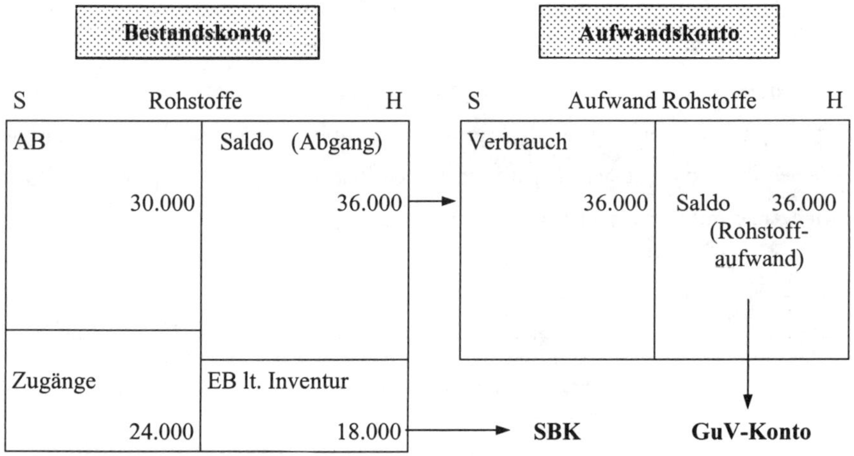


***Abb. 108: Abschluß der Rohstoffkonten nach Inventurmethode***

Bei der Inventurmethode wird der Rohstoffabgang am **Periodenende** insgesamt erfaßt und auf dem Aufwandskonto gegengebucht, das seinerseits über das GuV-Konto abgeschlossen wird. Der zu verbuchende Aufwand ergibt sich nach Inventur als Saldo von Anfangsbestand und Zugängen abzüglich Endbestand.

Im Rahmen der **Skontrationsmethode** wird im Laufe des Jahres jede einzelne Rohstoffentnahme mit dem Buchungssatz "Aufwand Rohstoffe an Rohstoffe" erfaßt. Buchungsbeleg ist der jeweilige Materialentnahmeschein für den betreffenden Rohstoff.

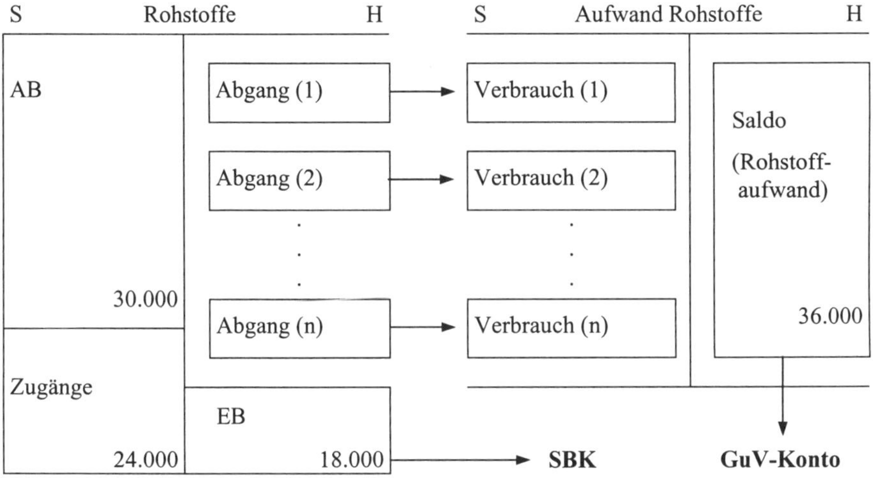


***Abb. 109: Abschluß der Rohstoffkonten nach Skontrationsmethode***

Dem zusätzlichen Arbeitsaufwand der Skontrationsmethode stehen erhebliche Vorteile gegenüber:

- **Optimierung der Bestellungen:** Zu jedem beliebigen Zeitpunkt können der buchmäßige Rohstoffbestand ermittelt und eventuell notwendige Nachbestellungen rechtzeitig vorgenommen werden.
- **Verbrauchskontrolle:** Der Rohstoffverbrauch kann auch für kürzere Abrechnungszeiträume (z.B. Monat, Woche) für unternehmensinterne Kontrollzwecke dem Aufwandskonto entnommen werden.
- **Bestandskontrolle:** Der tatsächliche Endbestand lt. Inventur kann mit einem Sollwert, dem rechnerischen Endbestand des Bestandskontos verglichen werden, so daß die Ordnungsmäßigkeit der Lagerverwaltung überprüft werden kann.

Die Verbrauchserfassung durch Inventur- bzw. Skontrationsmethode führt allerdings nur dann zu **demselben Ergebnis**, wenn keine Inventurdifferenzen bestehen.

# 3. Verbuchung der Bestandsänderungen an Halb- und Fertigfabrikaten

## 3.1 Bestandserhöhung an Fertigfabrikaten

Werden in einer Periode die produzierten Fertigerzeugnisse nicht verkauft, sondern vollständig auf Lager genommen, findet nur ein **Aktivtausch** statt. Durch den Verbrauch von Rohstoffen und die Zahlung von Löhnen tritt zunächst eine Bestandsminderung ein: Die Bestandskonten "Rohstoffe" und "Bank" weisen einen Abgang aus. Diesem Wertverzehr steht aber eine entsprechende Bestandserhöhung auf dem aktiven Bestandskonto "fertige Erzeugnisse (fE)" gegenüber. Diese werden in der Bilanz im Umlaufvermögen unter dem Posten "Vorräte" ausgewiesen. Das Vermögen bleibt in der Summe unverändert.

Entsprechend steht im GuV-Konto dem Aufwand an Rohstoffen und dem Lohnaufwand die Bestandserhöhung an fertigen Erzeugnissen, also eine Ertragsgröße, gegenüber. Diese wird im Haben des Ertragskontos "Bestandsänderung fertiger Erzeugnisse" gebucht. Zur weiteren Erklärung wird auf die Daten des obigen Beispiels (1. Gliederungspunkt dieses Kapitels) zurückgegriffen. Danach gilt für die Periode 02:

| | | | |
|---|---|---|---|
| Anfangsbestand fE | | 0 Stück | --- |
| Produktionsaufwand | $x_p =$ | 100 Stück | 30.000 € |
| Umsatzerlöse | $x_a =$ | 60 Stück | 24.000 € |
| Endbestand fE | | 40 Stück | 12.000 € |
| Bestandsmehrung fE | $(x_p - x_a)$ | 40 Stück | 12.000 € |

***Abb. 110: Bestandserhöhung Fertigfabrikate***

Am Ende der Periode 02 beziffert sich der zu Herstellungskosten bewertete Endbestand fertiger Erzeugnisse auf 12.000 €. Die Bestandsmehrung in Höhe von 12.000 € stellt einen Wertzuwachs (Ertrag) dar. Dieser wird auf dem Erfolgskonto "Bestandsänderung fE" im Haben verbucht. Der Saldo dieses Kontos wird auf das GuV-Konto übertragen. Der Abschluß des Kontos "fertige Erzeugnisse" erfolgt über das Schlußbilanzkonto.

Durch diese Buchungstechnik wird sichergestellt, daß die richtigen Mengenkomponenten gegenübergestellt werden. Dem Produktionsaufwand, der für die Fertigung von 100 Stück anfällt, werden die Umsatzerlöse der abgesetzten 60 Stück und die Bestandserhöhung von 40 Stück gegenübergestellt. Die nachfolgenden Buchungssätze (a) bis (c) geben den Buchungsablauf im Kontendiagramm wieder.

| | | | | |
|---|---|---|---|---|
| (a) | SBK | an | fertige Erzeugnisse | 12.000,- |
| (b) | fertige Erzeugnisse | an | Bestandsänderung fE | 12.000,- |
| (c) | Bestandsänderung fE | an | GuV-Konto | 12.000,- |

***Abb. 111: Buchungssätze bei Bestandserhöhung Fertigfabrikate***

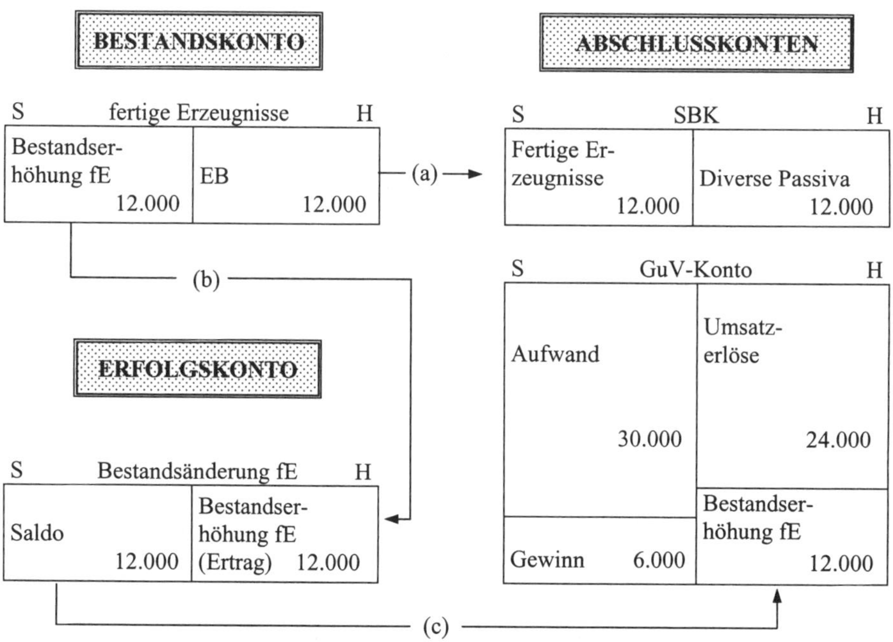


***Abb. 112: Kontendarstellung Bestandserhöhung Fertigfabrikate***

## 3.2 Bestandsminderung an Fertigfabrikaten

Anknüpfend an das obige Beispiel für die Verbuchung der Bestandserhöhung fertiger Erzeugnisse wird von folgenden Daten ausgegangen. Der Anfangsbestand fE beträgt Anfang 03 40 Stück (Wert 12.000 €). Dieser Anfangsbestand ist mit den Endbestand am Schluß des Vorjahres nach dem Grundsatz der Bilanzidentität (§ 252 Abs. 1 Nr. 1 HGB) völlig identisch. Er wird in 03 vollständig abgesetzt. Vereinfachungsbedingt wird unterstellt, daß keine Produktion mehr stattfindet und somit kein zusätzlicher Aufwand mehr anfällt. Somit gelten die folgenden Angaben:

| | | | | |
|---|---|---|---|---|
| Anfangsbestand fE | | | 40 Stück | 12.000 € |
| Produktionsaufwand | $x_p$ | = | 0 Stück | --- |
| Umsatzerlöse | $x_a$ | = | 40 Stück | 16.000 € |
| Endbestand fE | | | 0 Stück | 0 |
| Bestandsminderung fE | | | 40 Stück | 12.000 € |

***Abb. 113: Bestandsminderung Fertigfabrikate***

Der Endbestand an Fertigerzeugnissen ist am Ende der Periode 03 gleich Null. Ein Abschluß des Bestandskontos "fertige Erzeugnisse" über das Schlußbilanzkonto erübrigt sich; der Posten "fertige Erzeugnisse" erscheint nicht mehr in der Bilanz. Die Veräußerung der Fertigerzeugnisse (40 Stück) führt zu einem Abgang auf dem Konto "fertige Erzeugnisse" (Habenbuchung). Die Gegenbuchung erfolgt als Aufwand im Soll des Erfolgskontos "Bestandsänderung fE". Es gibt seinen Saldo an das GuV-Konto ab, wodurch der Erfolg entsprechend abnimmt. Die Buchungssätze für diese Geschäftsvorfälle lauten:

| | | | | |
|---|---|---|---|---|
| (a) | Bestandsänderung fE | an | fertige Erzeugnisse | 12.000,- |
| (b) | GuV-Konto | an | Bestandsänderung fE | 12.000,- |

***Abb. 114: Buchungssätze bei Bestandsminderung Fertigfabrikate***

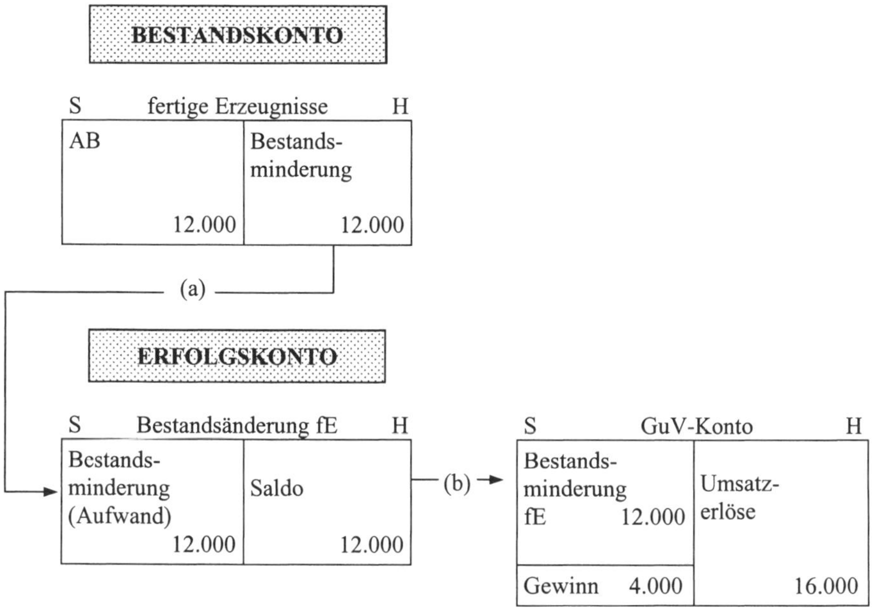


***Abb. 115: Kontendarstellung Bestandsminderung Fertigfabrikate***

## 3.3 Bestandsänderungen bei Halb- und Fertigfabrikaten

Oben wurde gezeigt, wie Bestandsmehrungen bzw. Bestandsminderungen von Fertigerzeugnissen verbucht werden. Die Verbuchung von Beständen und Bestandsänderungen bei unfertigen Erzeugnissen (uE) folgt denselben Grundsätzen. Die folgende Abbildung zeigt den Ablauf schematisch auf.

(1) Für unfertige Erzeugnisse wird ein separates Bestandskonto eingerichtet.
(2) Das Bestandskonto „unfertige Erzeugnisse" gibt seinen Endbestand an SBK ab.
(3) Bestandserhöhungen werden als Ertrag im Haben des Erfolgskontos „Bestandsänderung uE" verbucht.
(4) Bestandsminderungen werden als Aufwand im Soll des Erfolgskontos „Bestandsänderung uE" verbucht.
(5) Das Erfolgskonto „Bestandsänderung uE" gibt seinen Saldo an das GuV-Konto ab.

***Abb. 116: Verbuchung der Bestände und Bestandsänderungen unfertiger Erzeugnisse***

Im GuV-Konto erscheinen die Bestandserhöhungen (Bestandsminderungen) als Ertrag (Aufwand). Sie werden im Haben (Soll) des GuV-Kontos ausgewiesen. Das nachfolgende GuV-Konto spiegelt den Fall wider, daß der Bestand unfertiger Erzeugnisse zugenommen hat (Ertrag), während der Bestand fertiger Erzeugnisse gesunken ist (Aufwand). Der Aufwand $x_p$ umfaßt sowohl die Aufwendungen zur Produktion der unfertigen Erzeugnisse als auch die Aufwendungen für ihre Weiterverarbeitung zu fertigen Erzeugnissen.

| S | GuV-Konto H |
|---|---|
| Aufwand $x_p$ | Umsatzerlöse $x_a$ |
| Bestandsminderung fE | Bestandserhöhung uE |
| Gewinn | |

***Abb. 117: Bestandsänderungen fertiger und unfertiger Erzeugnisse im GuV-Konto***

Die Bestandserhöhung unfertiger Erzeugnisse (uE) stellt einen Wertzuwachs, also einen Ertrag dar. Die Bestandsminderung fertiger Erzeugnisse (fE) ist mit einem Wertverzehr, also mit Aufwand verbunden. Allgemein gelten die folgenden Gleichungen:

| Bestandserhöhung = Ertrag – Bestandsminderung = Aufwand |
|---|

Der buchungstechnische Zusammenhang zwischen den Bestandskonten "fertige Erzeugnisse" und "unfertige Erzeugnisse" einerseits und den zugehörigen Erfolgskonten "Bestandsänderung fertiger Erzeugnisse" und "Bestandsänderung unfertiger Erzeugnisse" andererseits läßt sich der folgenden Abbildung entnehmen. Der Bestand unfertiger Erzeugnisse hat zugenommen, während der Bestand fertiger Erzeugnisse gesunken ist. Die Endbestände werden im Schlußbilanzkonto ausgewiesen. Im GuV-Konto finden die zugehörigen Erfolgskonten ihren Kontenabschluß am Jahresende.

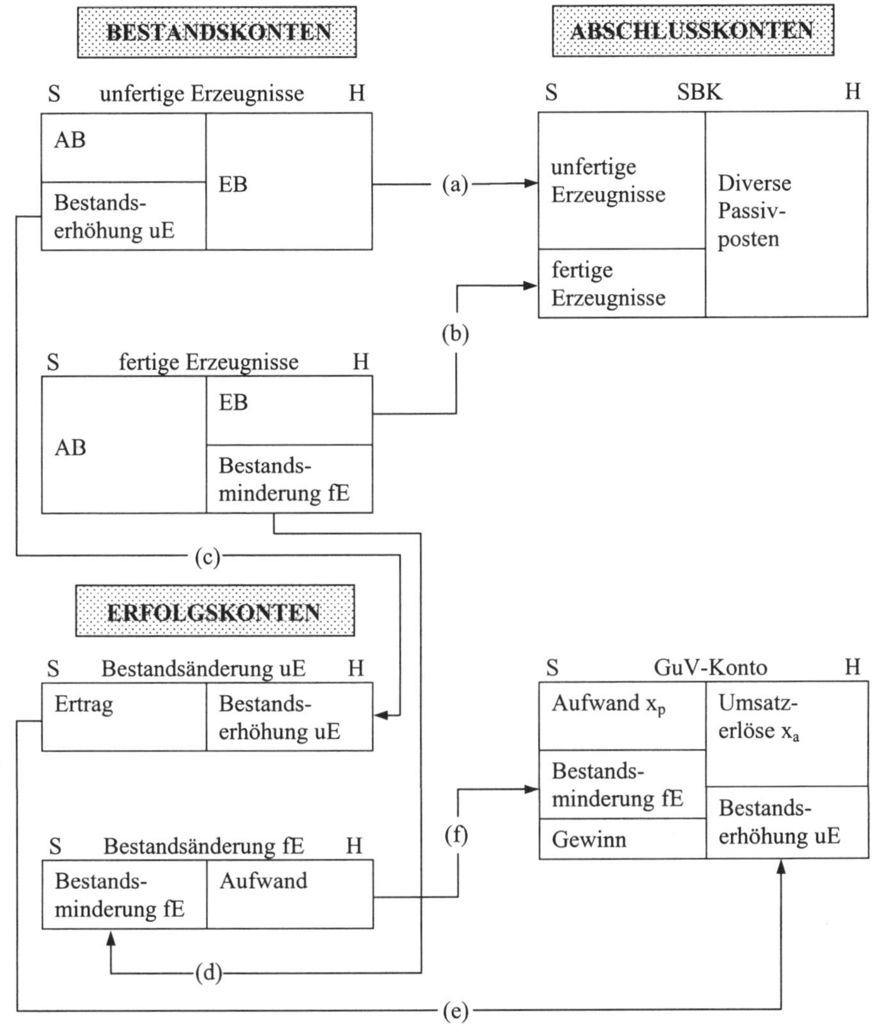


***Abb. 118: Kontenabschlußdiagramm bei Bestandsänderungen fertiger und unfertiger Erzeugnisse***

Am Periodenende werden die Endbestände der unfertigen (a) und fertigen Erzeugnisse (b) auf das Schlußbilanzkonto gebucht. Auf beiden Bestandskonten erscheint die Bestandsänderung als Saldo. Die Bestandserhöhung auf dem Konto "unfertige Erzeugnisse" wird auf dem Erfolgskonto "Bestandsänderung unfertiger Erzeugnisse" als Ertrag (c) gegengebucht. Auf dem Konto "fertige Erzeugnisse" zeigt sich eine Bestandsminderung. Sie wird als Aufwand auf dem Erfolgskonto "Bestandsänderung fertiger Erzeugnisse" gegengebucht (d). Die beiden Erfolgskonten "Bestandsänderung" werden jeweils über das GuV-Konto abgeschlossen. Eine Bestandserhöhung erscheint im GuV-Konto als Ertrag (e), eine Bestandsminderung als Aufwand (f).

# 4. Gesamt- und Umsatzkostenverfahren

Im Industriebetrieb existieren zwei Methoden zur Ermittlung des Jahreserfolgs: das Gesamtkostenverfahren und das Umsatzkostenverfahren. Die GuV-Rechnung, die nach dem HGB in Staffelform aufzustellen ist, hat beim **Gesamtkostenverfahren** folgenden grundsätzlichen Aufbau (§ 275 Abs. 2 HGB):

| | |
|---|---|
| | Umsatzerlöse |
| ± | Erhöhung oder Verminderung des Bestands an fertigen und unfertigen Erzeugnissen |
| = | Gesamtleistung |
| - | Produktionsaufwand |
| = | Ordentliches Ergebnis |
| + | Neutraler Ertrag |
| - | Neutraler Aufwand |
| = | **Gesamterfolg (Gewinn/Verlust)** |

***Abb. 119: Schema der GuV-Rechnung nach dem Gesamtkostenverfahren***

Würde man die GuV-Rechnung in ein GuV-Konto (als "T-Konto") transformieren, müßte man die Posten mit positivem (negativem) Vorzeichen auf die Habenseite (Sollseite) schreiben. Damit wird deutlich: die oben dargestellte Verbuchung der Bestandsänderungen an Halb- und Fertigfabrikaten folgte dem Gesamtkostenverfahren. Wegen seiner buchhalterischen Einfachheit orientiert sich die Praxis zum überwiegenden Teil am Gesamtkostenverfahren.

Nach dem **Umsatzkostenverfahren** ist die GuV-Rechnung grundsätzlich wie folgt aufgebaut (§ 275 Abs. 3 HGB):

| | |
|---|---|
| | Umsatzerlöse |
| - | Umsatzaufwand |
| = | Ordentliches Ergebnis |
| + | Neutraler Ertrag |
| - | Neutraler Aufwand |
| = | **Gesamterfolg (Gewinn/Verlust)** |

***Abb. 120: Schema der GuV-Rechnung nach dem Umsatzkostenverfahren***

Geht man einfachheitshalber davon aus, daß der neutrale Ertrag und der neutrale Aufwand gleich Null sind, entspricht das ordentliche Ergebnis dem Jahreserfolg. In der nachfolgenden Abbildung wird davon ausgegangen, daß die produzierte Menge $x_p$ größer ist als die abgesetzte Menge $x_a$.

| GESAMTKOSTENVERFAHREN | | UMSATZKOSTENVERFAHREN | |
|---|---|---|---|
| | Umsatzerlöse $x_a$ | | Umsatzerlöse $x_a$ |
| + | Bestandsmehrung $(x_p - x_a)$ | - | Herstellungsaufwand $x_a$ |
| = | Gesamtleistung $x_p$ | = | **Jahreserfolg** |
| - | Gesamtaufwand $x_p$ | | |
| = | **Jahreserfolg** | | |

***Abb. 121: Gegenüberstellung Gesamt- und Umsatzkostenverfahren***

Das Gesamtkostenverfahren ermittelt den Jahreserfolg, indem es dem gesamten Produktionsertrag (Gesamtleistung $x_p$) den gesamten **Produktionsaufwand** (Gesamtaufwand $x_p$) gegenüberstellt. Das Umsatzkostenverfahren ermittelt einen Jahreserfolg in derselben Höhe, indem es den Umsätzen (Umsatzerlöse $x_a$) den **Umsatzaufwand**, also den Teilaufwand zur Erstellung der abgesetzten Menge (Herstellungsaufwand $x_a$), gegenüberstellt.

Abschließend soll der Kontenabschluß nach dem Gesamt- und Umsatzkostenverfahren am Beispiel eines **einstufigen Produktionsprozesses** erläutert werden:

| | | |
|---|---|---|
| Produzierte Menge $x_p$ | 100 Stück | |
| Abgesetzte Menge $x_a$ | 60 Stück | |
| Diverse Aufwendungen $x_p$ | 1.000 € | |
| Herstellungskosten/Stück | 10 € | (1.000 €/100 Stück) |
| Umsatzerlöse $x_a$ (60 Stück à 20 €) | 1.200 € | |
| Anfangsbestand fE (50 Stück à 10 €) | 500 € | |
| Endbestand fE (90 Stück à 10 €) | 900 € | → SBK - Bestand |
| Bestandsmehrung (40 Stück. à 10 €) | 400 € | → GuV - Ertrag |

***Abb. 122: Ausgangsbeispiel zum Gesamt- und Umsatzkostenverfahren***

Die Abbildung 123 zeigt für das **Gesamtkostenverfahren**, daß im Soll des GuV-Kontos die gesamten Aufwendungen in Höhe von 1.000 € erscheinen. Sie werden durch Buchung (d) übertragen. Im Haben werden die Umsatzerlöse (1.200 €) durch Buchung (c) sowie die Bestandserhöhung durch Buchung (e) erfaßt. Die Bestandserhöhung beträgt 400 €; sie wird **explizit** ausgewiesen. Der Gewinn beträgt als Saldo 600 € und die Kontensumme des GuV-Kontos beläuft sich beim Gesamtkostenverfahren auf insgesamt 1.600 €.

Der Bestand des Kontos "fertige Erzeugnisse" steigt durch die nicht abgesetzte Menge von 500 € auf 900 €, bewertet zu Herstellungskosten. Dieser Endbestand wird in das Schlußbilanzkonto übertragen - Buchung (a) - und erscheint somit am Bilanzstichtag in der Bilanz. Der Ausweis erfolgt im Umlaufvermögen unter den Vorräten. Die Bestandserhöhung wird durch Buchung (b) berücksichtigt. Diese Buchung verknüpft Bestands- und Ertragskonto hinsichtlich der fertigen Erzeugnisse miteinander.

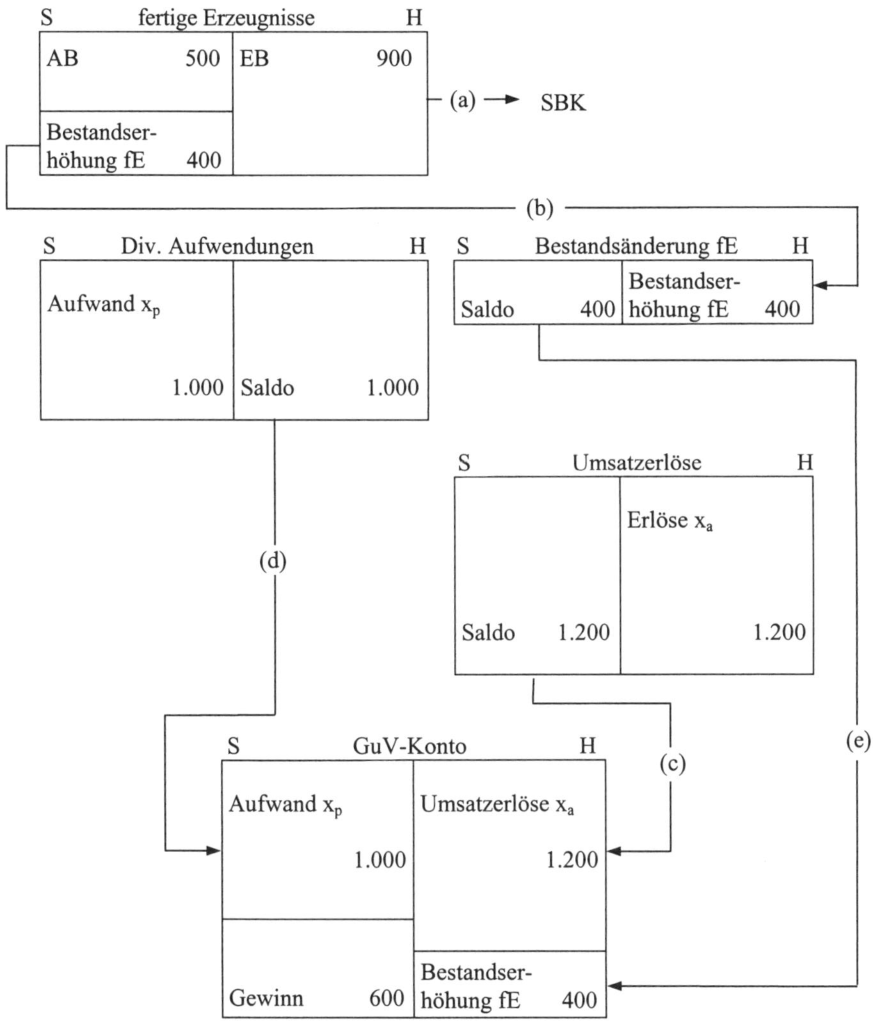


***Abb. 123: Kontenabschluß nach dem Gesamtkostenverfahren***

Beim **Umsatzkostenverfahren** werden die zur Herstellung der Fertigerzeugnisse getätigten Aufwendungen nicht im GuV-Konto gegengebucht. Sie werden vielmehr auf dem Bestandskonto "fertige Erzeugnisse" als Zugang im Soll erfaßt (a). Das Ertragskonto "Umsatzerlöse" gibt seinen Saldo an die Habenseite des GuV-Kontos ab (b). Hat man den

Endbestand auf dem Bestandskonto "fertige Erzeugnisse" verbucht ("SBK an fertige Erzeugnisse"), erhält man im Haben dieses Kontos einen Saldo in Höhe des Abgangs. Bei diesem Abgang handelt es sich um die abgesetzte Menge $x_a$, bewertet zu Herstellungskosten. Dieser Saldo, der mit dem Wareneinsatz im Handelsbetrieb vergleichbar ist, wird als Aufwand ins GuV-Konto gebucht (c). Es handelt sich um den **Herstellungsaufwand**, der zur Erzielung der Umsatzerlöse angefallen ist; im Beispiel beträgt er 600 €.

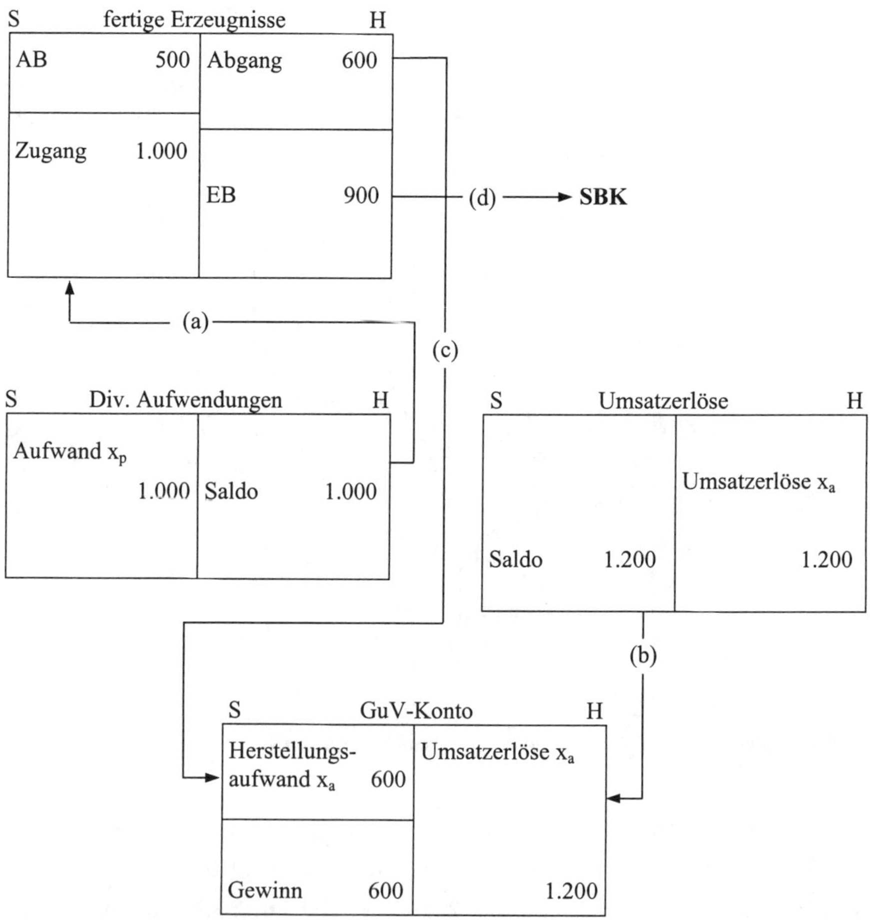


***Abb. 124: Kontenabschluß nach dem Umsatzkostenverfahren***

Vergleicht man die beiden vorigen Abbildungen jeweils hinsichtlich der Kontensummen des GuV-Kontos, ist folgendes festzustellen: Die Kontensumme beim Umsatzkostenverfahren ist mit 1.200 € niedriger als beim Gesamtkostenverfahren (1.600 €). Die Ursache ist darin zu sehen, daß beim Umsatzkostenverfahren nur der Herstellungsaufwand für die abgesetzte Menge berücksichtigt wird. Die Lagerbestandsveränderung wird **implizit** berücksichtigt, indem die Aufwendungen auf das Niveau der Absatzmenge heruntergerechnet werden.

Da die Kontensumme des GuV-Kontos beim Umsatzkostenverfahren niedriger ist als beim Gesamtkostenverfahren, wird das Umsatzkostenverfahren auch als **Nettoverfahren** und das Gesamtkostenverfahren als **Bruttoverfahren** bezeichnet. Da es jedoch letztlich gleichgültig ist, ob die Erträge oder die Aufwendungen an das Mengengerüst $x_a$ angepaßt werden, muß bei gleicher Bewertung der Lagermenge immer gelten:

Gesamt- und Umsatzkostenverfahren führen zum gleichen Jahreserfolg

Die nachfolgende Abbildung stellt die beiden Verfahren der Erfolgsermittlung abschließend gegenüber:

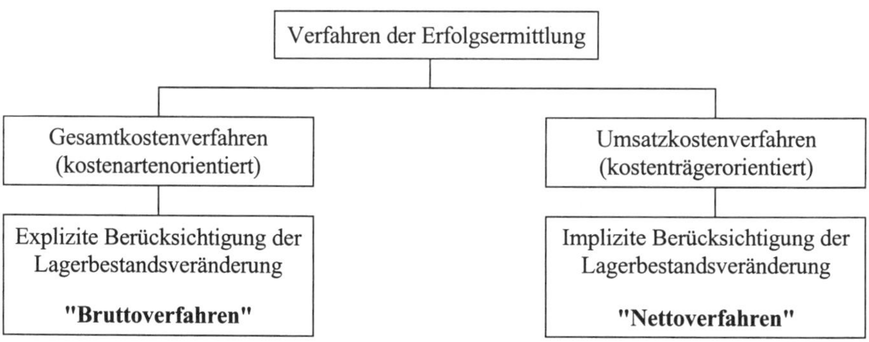


***Abb. 125: Vergleich Gesamt- und Umsatzkostenverfahren***

Aus der Sicht der Finanzbuchhaltung hat das in der Praxis viel stärker eingesetzte Gesamtkostenverfahren den Vorteil arbeitstechnischer Einfachheit. Zusätzlich zu den einzelnen Aufwandsarten werden die Bestandserhöhungen (als Ertrag) bzw. Bestandsminderungen (als Aufwand) berücksichtigt. Da die Aufwandsarten bzw. aus Sicht der Kostenrechnung die Kostenarten im Vordergrund stehen, gilt:

| Gesamtkostenverfahren ist kostenartenorientiert |
|---|

Das Umsatzkostenverfahren baut eine Brücke von der Finanzbuchhaltung zur Kostenrechnung. Der Kostenrechner will im Rahmen der **Kurzfristigen Erfolgsrechnung** erfahren, welche Produkte mit Gewinn oder Verlust produziert und abgesetzt werden. Diese Information erhält er, indem er die Umsatzerlöse jedes einzelnen Produktes ($x_1$, $x_2$ ... $x_n$) ihren jeweiligen Herstellungskosten gegenüberstellt.

Übersteigen die Erlöse die zugehörigen Herstellungskosten, entsteht ein produktbezogener Gewinn. Die Produktion gewinnbringender Produkte soll gefördert, die Herstellung verlustbringender Produkte eingeschränkt werden. Aus Sicht der Kostenrechnung werden die Produkte auch als Kostenträger bezeichnet. Da das Umsatzkostenverfahren die Kostenträger (Produkte) in den Vordergrund rückt, läßt sich feststellen:

| Umsatzkostenverfahren ist kostenträgerorientiert |
|---|

Das **Umsatzkostenverfahren** der Finanzbuchhaltung leistet eine gute Vorarbeit für die Erfolgskontrolle in der Kostenrechnung, wenn die Abgänge vom Konto "fertige Erzeugnisse" nach einzelnen Produktarten erfaßt werden und ihnen die Umsatzerlöse produktspezifisch gegenübergestellt werden. Das Gesamtkostenverfahren ist zur kostenträgerorientierten **Erfolgskontrolle** nicht geeignet, weil es den Aufwand nach den jeweiligen Aufwandsarten (Personalaufwand, Rohstoffaufwand, usw.) systematisiert. Dem Vorteil arbeitstechnischer Einfachheit steht beim Gesamtkostenverfahren der Nachteil fehlender Erfolgskontrolle gegenüber. Schlagwortartig gilt:

| Erfolgskontrollen: Umsatzkostenverfahren: ja – Gesamtkostenverfahren: nein |
|---|

# 6. Kapitel: Jahresabschluß in der Buchhaltung

## 1. Kontenabschluß

Im Laufe eines Geschäftsjahres werden alle Geschäftsvorfälle auf Konten verbucht. Nach Vornahme der **laufenden Buchungen**, die in den vorigen Kapiteln behandelt wurden, können die Konten abgeschlossen werden. Die Salden der Aufwands- und Ertragskonten werden zunächst auf das GuV-Konto gebucht, dessen Saldo (Gewinn oder Verlust) anschließend auf das Eigenkapitalkonto gebucht wird. Die Endbestände der Aktiv- und Passivkonten werden auf das Schlußbilanzkonto gebucht.

Neben diesen **formalen Abschlußbuchungen** sind weiterhin materielle Abschlußbuchungen vorzunehmen. Werden z.B. im industriellen Fertigungsprozeß Maschinen eingesetzt, so nimmt deren Wert durch Verschleiß ab. Man berücksichtigt die Wertminderung der Maschine im Rahmen einer **materiellen Abschlußbuchung**. In Höhe der Wertminderung wird Aufwand verrechnet, der als Abschreibung bezeichnet wird. Die materiellen Abschlußbuchungen haben somit die folgenden Aufgaben:

- Richtige Abbildung der **Vermögenslage**. Die Vermögensgegenstände und Schulden sind in der Bilanz mit den richtigen handelsrechtlichen Werten auszuweisen.
- Richtige Abbildung der **Ertragslage**. Der Erfolg eines Geschäftsjahres ist in der GuV-Rechnung nach den Vorschriften des HGB darzustellen.

Buchungstechnisch beziehen sich alle formalen und materiellen Abschlußbuchungen auf den Bilanzstichtag, das Ende des Geschäftsjahres (meist 31.12.). Aus arbeitstechnischen Gründen werden die Abschlußbuchungen aber nicht am Bilanzstichtag selbst, sondern erst zu Beginn des Folgejahres vorgenommen. Das HGB schreibt für alle Kaufleute keine genaue **Aufstellungsfrist** für den Jahresabschluss vor. In der Literatur wird meist ein Zeitraum von ***sechs bis neun Monaten*** für die Aufstellung angegeben. Für viele Kapitalgesellschaften gilt eine kürzere Aufstellungsfrist von drei Monaten.

Die Erläuterung der handelsrechtlichen Vorschriften zur Vermögens- und Schuldenbewertung sowie zur Erfolgsermittlung ist Gegenstand der weiterführenden Literatur. Entsprechende Literaturempfehlungen enthält Teil B des Literaturverzeichnisses. Der Studienanfänger, an den sich dieses Lehrbuch wendet, muß zunächst mit der **Technik der Erstellung des Jahresabschlusses** vertraut gemacht werden. Deshalb sind weitergehende Bewertungsfragen speziellen Veranstaltungen zum Bereich "Bilanzen" und spezieller Literatur vorbehalten, die im Literaturverzeichnis angegeben ist.

Materielle Abschlußbuchungen dienen hauptsächlich dem Ziel einer periodengerechten Erfolgsermittlung. Hierbei sollen die Erträge, vor allem aber die Aufwendungen, der Periode zugeordnet werden, in welcher sie verursacht wurden. Die Verbuchung von

- **Abschreibungen** und **Zuschreibungen**,
- **Rechnungsabgrenzungsposten** und
- **Rückstellungen**

verfolgt das Ziel, die Verrechnung von Aufwendungen und Erträgen vom Zeitpunkt der zugehörigen Geldzahlungen unabhängig zu machen. Nicht die Geldbewegungen (Ein-und Auszahlungen), sondern die Höhe der positiven bzw. negativen Reinvermögensänderung (Ertrag bzw. Aufwand) ist maßgebend für den jeweiligen Periodenerfolg. Hierdurch wird eine zutreffendere Verteilung der Erfolgskomponenten (periodengerechte Gewinnermittlung) erreicht.

| | Laufende Buchungen | Abschlußbuchungen | |
|---|---|---|---|
| | | Materielle | Formale |
| Gegenstand der Buchung | Laufende Geschäftsvorfälle | ▪ Abschreibungen und Zuschreibungen<br>▪ Rechnungsabgrenzungsposten<br>▪ Rückstellungen | Saldenübertragung auf:<br>▪ GuV-Konto<br>▪ Eigenkapitalkonto<br>▪ Schlußbilanzkonto |

***Abb. 126: Laufende Buchungen und Abschlußbuchungen***

# 2. Periodengerechte Gewinnermittlung

Die Ermittlung des Totalerfolges eines Unternehmens von der Gründung bis zur Beendigung ist relativ leicht durchzuführen. Zu diesem Zweck muß, wenn von privaten Vorgängen abgesehen wird, nur die Differenz der Eigenkapitalbestände zum Zeitpunkt der Einstellung und Gründung gebildet werden. Die Information über den Totalerfolg kommt aber für Kreditvergabeentscheidungen von Gläubigern (Banken) zu spät. Der Gesetzgeber schreibt deshalb eine periodische Erfolgsermittlung in Jahresabständen vor. Um den richtigen Periodengewinn zu ermitteln, müssen die Aufwendungen und Erträge jeder Periode richtig zugeordnet werden.

**Beispiel:** Das Eigenkapital (EK) eines Unternehmens beträgt bei der Gründung am 1.1.01 300 €. Bei Unternehmenseinstellung am 31.12.03 ist das Eigenkapital auf 550 € gestiegen. Der Totalerfolg beträgt 250 €. Fraglich ist jedoch, wie hoch die Periodenerfolge sind. Es müssen Regeln zur Abgrenzung von Erträgen und Aufwendungen bestimmt werden.

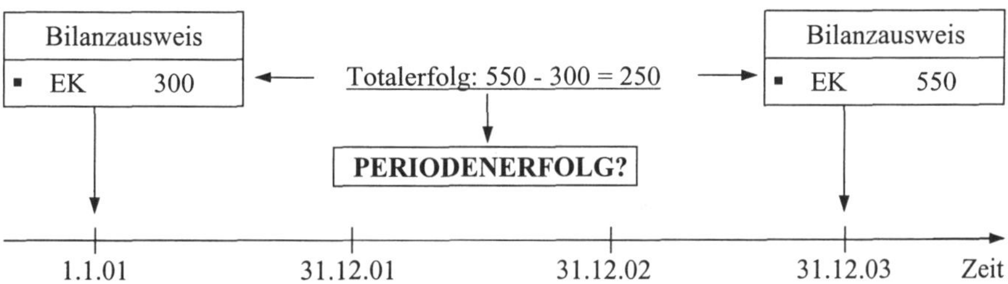


***Abb. 127: Abgrenzung von Periodenerfolgen***

Erfolg ist die Differenz von Erträgen und Aufwendungen. Fraglich ist dabei, welcher Abrechnungsperiode der Ertrag und Aufwand zugerechnet werden. Beim Warenverkehr ist das einfach. Erträge aus Warenverkäufen und Aufwand aus Wareneinsatz werden der Periode zugeordnet, in der die Warenlieferung stattfand. Schwieriger ist die Frage zu beantworten, ob die Wertminderung eines Geschäftsfahrzeuges dem ersten, dem zweiten oder späteren Nutzungsjahren zugerechnet wird. Diese und ähnliche Fragen werden in den folgenden Gliederungspunkten behandelt.

# 3. Verbuchung von Abschreibungen und Zuschreibungen

## 3.1 Wertverzehr und Abschreibung

Die im Unternehmen eingesetzten Vermögensgegenstände des Anlagevermögens lassen sich in zwei Gruppen einteilen: Zum **nicht abnutzbaren Anlagevermögen** zählen solche Vermögensgegenstände, deren Nutzungsvorrat auf Dauer zur Verfügung steht und keiner Abnutzung unterliegt (z.B. unbebaute Grundstücke, Finanzanlagen). Zum **abnutzbaren Anlagevermögen** gehören dagegen alle Vermögensgegenstände des Anlagevermögens, die nur eine begrenzte Zeit genutzt werden können (z.B. Maschinen, Fuhrpark, Gebäude).

Der Wert abnutzbarer Vermögensgegenstände nimmt im Laufe der Zeit ab. Wird eine Maschine in $t_0$ für 100.000 € erworben, kann sich die Wertentwicklung wie folgt ergeben:

| Zeitpunkt | $t_0$ | | $t_1$ | | $t_2$ | | $t_3$ |
|---|---|---|---|---|---|---|---|
| Wert | 100.000 | | 60.000 | | 25.000 | | 0 |
| Wertminderung | | 01: 40.000 | | 02: 35.000 | | 03: 25.000 | |
| | Gesamte Wertminderung: 100.000 € | | | | | | |

***Abb. 128: Wertminderung bei abnutzbarem Anlagevermögen***

Die zwischen den einzelnen Zeitpunkten eingetretene **Wertminderung** muß der betreffenden Periode als Aufwand angelastet werden. Die Verrechnung dieser Wertminderung wird als **Abschreibung** bezeichnet. Der Erfolg wird periodengerecht ermittelt, da nicht sofort die vollen Anschaffungskosten der Maschine als Aufwand verrechnet werden, sondern nur die im Laufe der Zeit entstandene Wertminderung.

Zu unterscheiden sind die planmäßige und die außerplanmäßige Abschreibung. Die **planmäßige Abschreibung** erfaßt die "normale", vorhersehbare Wertminderung, die im Rahmen der betriebsüblichen Abnutzung eintritt. Sie wird nach einem festgelegten

Abschreibungsplan verrechnet. Dagegen wird eine zufällige, unerwartete Wertminderung (z.B. durch Unfallschaden) durch eine **außerplanmäßige Abschreibung** verrechnet. Ein Abschreibungsplan kann durch die Zufälligkeit nicht zugrunde gelegt werden.

Planmäßige und außerplanmäßige Abschreibungen unterscheiden sich nur hinsichtlich der Wertminderungsursache. Gemeinsam ist beiden Abschreibungsvarianten, daß der Wert des Anlagegegenstandes (z.B. Maschine) am Periodenende niedriger ist als am Periodenanfang und daß diese Wertminderung als Aufwand (Abschreibung) verrechnet wird.

Die Wertminderung kann verschiedene Ursachen aufweisen. Die **verbrauchsbedingte** Abschreibung ist durch eine mengenmäßige Abnahme des Nutzungsvorrats gekennzeichnet (z.B. Wertminderung durch Verschleiß). Die **wirtschaftlich bedingte** Abschreibung beinhaltet eine Wertminderung des Nutzungsvorrats (z.B. Wertminderung durch sinkende Wiederbeschaffungskosten). Bei der **zeitlich bedingten** Abschreibung kann der Nutzungsvorrat nur zeitlich befristet (z.B. Patentnutzung) in Anspruch genommen werden.

| Abschreibungsursachen | | |
|---|---|---|
| Verbrauchsbedingt | Wirtschaftlich bedingt | Zeitlich bedingt |
| Abnahme der Nutzungsmenge | Abnahme des Nutzungswertes | Ablauf der Nutzungszeit |

***Abb. 129: Abschreibungsursachen***

Die Grundlage für die Verrechnung der Abschreibungen auf Anlagen ist die Anlagenkartei. In ihr wird für jeden Anlagegegenstand eine Karteikarte (Stammkarte) angelegt, auf der alle für die Abschreibung wichtigen Daten (z.B. Nutzungsdauer, Anschaffungskosten, Abschreibungsverfahren) festgelegt sind. Bei einer EDV-orientierten Buchhaltung werden diese Daten im Computer fest gespeichert.

In der Stammkarte für eine Druckmaschine werden ihre technischen und wirtschaftlichen Daten erfaßt. Im folgenden Beispiel betragen die Anschaffungskosten einer Druckmaschine 100.000 €, die sich aus dem Anschaffungspreis und den Nebenkosten (insbesondere dem Bezugsaufwand) zusammensetzen. Die Abschreibungsdauer beträgt zehn Jahre. Die Abschreibungen werden linear, d.h. in gleichen Jahresbeträgen verrechnet.

| Bezeichnung: Druckmaschine | | Inventar Nr. 4711 |
|---|---|---|
| **Technische Daten** | | |
| Typ: Heidelberger Offset GTO | | |
| Baujahr: ..01 | | |
| Weitere technische Daten: ... | | |
| **Wirtschaftliche Daten** | | |
| Anschaffungspreis (ohne USt) | | 80.000,- |
| ▪ Zusatzgeräte (ohne USt) | 9.000,- | |
| ▪ Fundamente (ohne USt) | 5.000,- | |
| ▪ Montagekosten (ohne USt) | 6.000,- | |
| Anschaffungsnebenkosten | 20.000,- | 20.000,- |
| Anschaffungskosten | | 100.000,- |
| Datum der Inbetriebnahme: | 05.02. ..01 | |
| Planmäßige Nutzungsdauer: | 10 Jahre | |
| Abschreibungsverfahren: | linear | |

***Abb. 130: Stammkarte für maschinelle Anlage***

## 3.2 Abschreibungen auf Anlagen

### 3.2.1 Planmäßige Abschreibungen

Das HGB schreibt vor, daß bei Vermögensgegenständen, deren Nutzung zeitlich begrenzt ist, die Anschaffungs- oder Herstellungskosten um planmäßige Abschreibungen zu vermindern sind (§ 253 Abs. 2 HGB). Die planmäßige Abschreibung ist eine **Verteilungsabschreibung**, der ein bestimmter **Abschreibungsplan** zugrunde liegt. Bereits im Zeitpunkt der Inbetriebnahme kann die Höhe jedes einzelnen Abschreibungsbetrages bestimmt werden. Der Abschreibungsplan umfaßt drei Komponenten, nämlich die Anschaffungskosten, die planmäßige Nutzungsdauer und das Abschreibungsverfahren.

### 1. Abschreibungsbasis

Abschreibungsbasis sind die Anschaffungs- oder Herstellungskosten einer Anlage. Die Anschaffungskosten setzen sich aus dem Anschaffungspreis und den einzeln zurechenbaren Anschaffungsnebenkosten (z.B. Transport, Montage) zusammen. Bei selbsterstellten Anlagen bilden die Herstellungskosten die Abschreibungsbasis.

### 2. Planmäßige Nutzungsdauer

Die planmäßige Nutzungsdauer umfaßt den Zeitraum, innerhalb dessen ein zeitlich begrenzt nutzbarer Vermögensgegenstand im Unternehmen genutzt werden kann. Die Nutzungsdauer muß vom Unternehmer geschätzt werden. Anhaltspunkte sind hierbei: Herstellerangaben, Nutzungsdauer vergleichbarer Anlagen oder steuerrechtliche Abschreibungstabellen. Wird eine Maschine im Laufe eines Jahres erworben, muss im Steuerrecht monatsgenau abgeschrieben werden: Bei Lieferung am 15.4.01 werden neun Monate erfasst. Im Handelsrecht kann die folgende Vereinfachungsregel angewendet werden:

- Zugang in erster Jahreshälfte (bis 30.06): Voller Abschreibungsbetrag des Jahres.
- Zugang in zweiter Jahreshälfte (ab 1.07): Halber Abschreibungsbetrag des Jahres.

### 3. Abschreibungsverfahren

#### a) Lineare Abschreibung

Bei der linearen Abschreibung werden die Anschaffungskosten in jährlich gleichbleibenden Beträgen auf die einzelnen Perioden verteilt. Ist ausnahmsweise ein Restwert am Ende der Nutzungsdauer zu berücksichtigen, wird nur die Differenz aus Anschaffungskosten und Restwert auf die Nutzungsjahre verteilt.

**Beispiel:** Anschaffungskosten: 100.000 €; Nutzungsdauer: 4 Jahre; Restwert: 0 €. Die Abschreibungsbeträge betragen konstant 25.000 € (100.000 € : 4 Jahre) pro Jahr.

#### b) Degressive Abschreibung

Bei der degressiven Abschreibung nimmt die Höhe der Abschreibungsbeträge von Jahr zu Jahr ab. Die degressive Abschreibung existiert in zwei Varianten: Es werden die arithmetisch-degressive und die geometrisch-degressive Abschreibungsmethode unterschieden.

Bei der **arithmetisch-degressiven** Abschreibung werden die Abschreibungsbeträge wie folgt ermittelt (Daten des obigen Beispiels): Die Anschaffungskosten werden durch die Summe der Jahresziffern der Nutzungsdauer geteilt. Die Summe der Jahresziffern beträgt 10 (4 + 3 + 2 + 1 = 10). Der sich dabei ergebende Wert (100.000:10 = 10.000) wird als **Degressionsbetrag** bezeichnet. Die Abschreibung in den einzelnen Jahren erhält man, indem der Degressionsbetrag mit den Jahresziffern in fallender Folge multipliziert wird:

| | | | | | |
|---|---|---|---|---|---|
| Abschreibung im Jahr 1: | 4 | x | 10.000 € | = | 40.000 €. |
| Abschreibung im Jahr 2: | 3 | x | 10.000 € | = | 30.000 €. |
| Abschreibung im Jahr 3: | 2 | x | 10.000 € | = | 20.000 €. |
| Abschreibung im Jahr 4: | 1 | x | 10.000 € | = | 10.000 €. |

Bei der **geometrisch-degressiven** Abschreibung wird jeweils ein bestimmter Prozentsatz des Restbuchwertes abgeschrieben. Da diese Methode nicht zum Restwert null führt, wird in der Praxis (meist gegen Ende der Nutzungsdauer) ein Wechsel auf die lineare Abschreibungsmethode durchgeführt. Unterbleibt der Wechsel, muß am Ende der Nutzungsdauer der gesamte Restbetrag abgeschrieben werden.

**Beispiel:** (Zahlen wie oben) Abschreibungsprozentsatz: 20 %

Jahr 1: 20% von 100.000 € = 20.000 € - Restwert: 80.000 €,

Jahr 2: 20% von 80.000 € = 16.000 € - Restwert: 64.000 € usw.

c) **Progressive Abschreibung**

Sie bildet das Gegenstück zur degressiven Abschreibung und verteilt die Anschaffungskosten in steigenden Jahresbeträgen auf die Nutzungsdauer. Dies entspricht nur selten dem Wertverlauf, so daß die progressive Abschreibungsmethode kaum eingesetzt wird.

d) **Leistungsabschreibung**

Bei den Abschreibungsverfahren (a bis c) handelt es sich um eine Zeitabschreibung, da die Anschaffungskosten nach Maßgabe der Nutzungsjahre verteilt werden. Bei der

**Leistungsabschreibung** wird die jährliche Abschreibungsquote dagegen als Quotient aus der Leistungsabgabe des betreffenden Jahres (z.B. 2.400 Betriebsstunden) und dem gesamten Leistungsvorrat (z.B. 20.000 Betriebsstunden) ermittelt. Bei diesen Angaben müßten im betreffenden Jahr 12% ((2.400:20.000) x 100) der Anschaffungskosten abgeschrieben werden.

Am **Ende der planmäßigen Nutzungsdauer** ist die Anlage vollständig abgeschrieben. Wird sie trotzdem weiterhin genutzt, dürfen in den Folgejahren keine weiteren Abschreibungsbeträge mehr verrechnet werden. Das Handelsrecht begrenzt die Summe der Periodenabschreibungen maximal auf die Anschaffungs- bzw. Herstellungskosten.

Solange eine Anlage im Betrieb ist, wird sie nicht restlos, sondern auf einen **Erinnerungswert** von 1 € abgeschrieben. Die Bedeutung dieses Vorgehens zeigt sich im Fall des Anlagenverkaufs, der weiter unten behandelt wird.

Die buchungstechnische Behandlung der Abschreibung zeigt folgendes Beispiel:

| | |
|---|---|
| Anschaffungskosten der Anlage (netto) | 100.000 € |
| Nutzungsdauer | 4 Jahre |
| Abschreibungsverfahren | linear |
| Planmäßige Abschreibung/Jahr | 25.000 € |

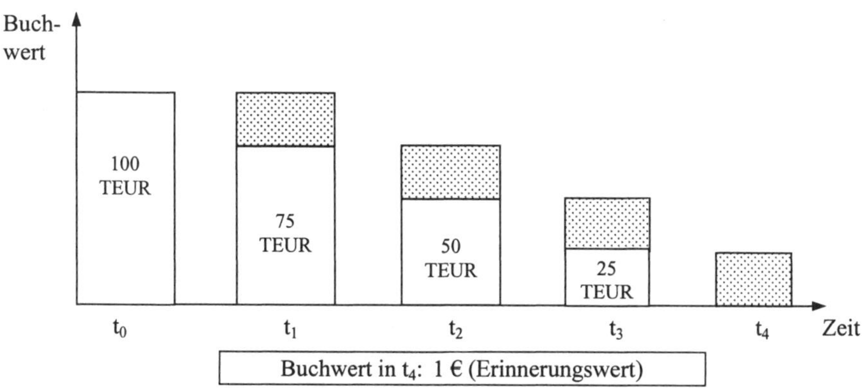


***Abb. 131: Restbuchwerte bei linearer Abschreibung***

Der jährliche Abschreibungsbetrag ist in der vorigen Abbildung markiert worden. Die Abschreibungsverbuchung fügt sich folgendermaßen in das Kontenschema ein:

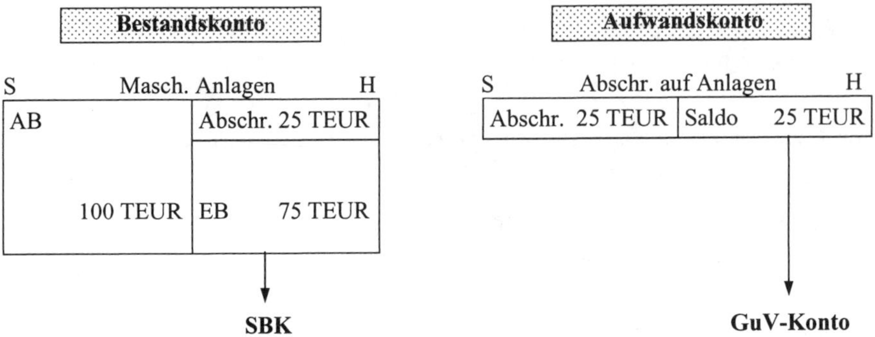


***Abb. 132: Abschreibung im Kontenschema***

Die Bilanzierung und Abschreibung einer maschinellen Anlage läßt sich in die folgenden Schritte einteilen:

(1) Erwerb einer maschinellen Anlage für 100.000 € zuzüglich USt (Banküberweisung).

(2) Am Periodenende werden 25.000 € als Abschreibung (Aufwand) verrechnet.

(3) Abschluß des Kontos "Maschinelle Anlagen".

(4) Abschluß des Kontos "Abschreibung auf Anlagen".

**Buchungssätze:**

| | | | | | |
|---|---|---|---|---|---|
| (1) | Masch. Anlagen | 100.000,- | an | Bank | 110.000,- |
| | Vorsteuer | 10.000,- | | | |
| (2) | Abschreibung auf Anlagen | | an | Masch. Anlagen | 25.000,- |
| (3) | Schlußbilanzkonto | | an | Masch. Anlagen | 75.000,- |
| (4) | GuV-Konto | | an | Abschr. auf Anlagen | 25.000,- |

***Abb. 133: Verbuchung von Abschreibungen***

Das Beispiel macht deutlich, daß die Abschreibung sowohl den Vermögensausweis als auch den Erfolgsausweis beeinflußt: In Höhe der verrechneten Abschreibung reduziert sich der **Vermögensausweis** (Maschinelle Anlagen) von 100.000 € auf 75.000 €. Ebenso verringert sich der **Erfolgsausweis** durch die Verrechnung des Abschreibungsaufwands in der GuV-Rechnung um 25.000 €. Die Verrechnung von Abschreibungsaufwand beinhaltet eine Bilanzverkürzung: Auf der Aktivseite verringert sich der Posten "Maschinelle Anlagen" und auf der Passivseite der Posten "Eigenkapital" um den Abschreibungsbetrag.

### 3.2.2 Außerplanmäßige Abschreibungen

Da nur abnutzbare Gegenstände des Anlagevermögens einer verbrauchsabhängigen Wertminderung unterliegen, können nur diese Gegenstände planmäßig abgeschrieben werden. Dagegen können außerplanmäßige Abschreibungen beim abnutzbaren und nicht abnutzbaren Anlagevermögen sowie bcim Umlaufvermögen vorgenommen werden. Hier bei erfolgt eine Anpassung der Buchwerte an **gesunkene Marktwerte**.

Die Gründe für eine außerplanmäßige Abschreibung können beim abnutzbaren Anlagevermögen verbrauchsbedingter und wirtschaftlich bedingter Art sein. Hierdurch ändert sich der ursprünglich zugrunde gelegte **Abschreibungsplan**. Beim nicht abnutzbaren Anlagevermögen (unbebaute Grundstücke, Finanzanlagen) und Umlaufvermögen (Waren, Rohstoffe, Fertigfabrikate, Forderungen) kann es sich dagegen nur um wirtschaftlich bedingte Wertminderungsursachen handeln. Wenn der Kurs von Aktien sinkt, die zu den Finanzanlagen gehören, liegt eine wirtschaftliche Wertminderung vor. Bei abnutzbaren Vermögensgegenständen wie z.B. Fahrzeugen können die Wiederbeschaffungskosten durch einen Modellwechsel sinken. Trotz unveränderter Nutzungsmöglichkeiten findet eine wirtschaftliche Entwertung statt.

| | Planmäßige Abschreibung | Außerplanmäßige Abschreibung |
|---|---|---|
| Anwendungsbereich | Nur abnutzbares Anlagevermögen | Anlage- und Umlaufvermögen |
| Wertminderungsursache | Primär verbrauchsbedingte | Primär wirtschaftlich bedingte |
| Ziel | Verteilung der Anschaffungskosten | Anpassung der Buchwerte an gesunkene Marktwerte |

***Abb. 134: Planmäßige und außerplanmäßige Abschreibungen***

Bezüglich der Buchungstechnik besteht kein Unterschied zwischen planmäßiger und außerplanmäßiger Abschreibung. Die außerplanmäßige Abschreibung wird aber nicht anstelle der planmäßigen Abschreibung verrechnet, sondern ist zusätzlich zu berücksichtigen. Hinsichtlich der Verrechnungsfolge gilt:

| |
|---|
| Erst planmäßige, dann außerplanmäßige Abschreibungsverrechnung |

**Beispiel:** Eine maschinelle Anlage mit Anschaffungskosten von 100.000 € (netto) soll planmäßig auf 8 Jahre linear abgeschrieben werden. Am Ende der vierten Periode ($t_4$) beträgt der Restbuchwert nach planmäßiger Abschreibung 50.000 €. Ihr Marktwert beläuft sich dagegen nur noch auf 40.000 €. In $t_4$ wird neben der planmäßigen Abschreibung von 12.500 € zusätzlich noch eine außerplanmäßige Abschreibung (10.000 €) verrechnet:

| | | | | |
|---|---|---|---|---|
| Abschr. auf Anlagen | 12.500,- | an | Maschinelle Anlagen | 22.500,- |
| Außerplanmäßige Abschr. | 10.000,- | | | |

Die planmäßige Abschreibung reduziert sich ab $t_4$ auf 10.000 € jährlich (40.000 €/4 Jahre).

**Alter Abschreibungsplan**

| Zeitpunkt | Buchwert |
|---|---|
| $t_0$ | 100.000 |
| $t_1$ | 87.500 |
| $t_2$ | 75.000 |
| $t_3$ | 62.500 |
| $t_4$ | 50.000 |
| $t_5$ | 37.500 |
| $t_6$ | 25.000 |
| $t_7$ | 12.500 |
| $t_8$ | 0 |

**Neuer Abschreibungsplan**

| **In $t_4$: außerplanmäßig 10.000 €** | |
|---|---|
| Zeitpunkt | Buchwert |
| $t_4$ | 40.000 |
| $t_5$ | 30.000 |
| $t_6$ | 20.000 |
| $t_7$ | 10.000 |
| $t_8$ | 0 |

***Abb. 135: Änderung des Abschreibungsplans nach außerplanmäßiger Abschreibung***

### 3.2.3 Direkte und indirekte Abschreibung

Die oben beschriebene Art der Abschreibungsverbuchung bezeichnet man als **direkte Abschreibung**: Der Abschreibungsbetrag wird direkt vom Anlagenkonto abgebucht, so daß die Maschine mit ihrem Restbuchwert bilanziert wird. Bei Anschaffungskosten von 100.000 € und einer Abschreibung von 25.000 €, erscheint ein Endbestand von 75.000 € im Anlagenkonto bzw. der Schlußbilanz. Bei indirekter Abschreibung erscheinen auf der Aktivseite der Schlußbilanz immer die vollen Anschaffungskosten und auf der Passivseite der Posten **"Wertberichtigung auf Anlagen"**. Die Wertberichtigung auf Anlagen umfaßt die Summe aller bisherigen Periodenabschreibungen.

**Direkte Abschreibung**

A — Schlußbilanz — P

| A | P |
|---|---|
| Maschinelle Anlagen 75.000 | EK 75.000 |

**Indirekte Abschreibung**

A — Schlußbilanz — P

| A | P |
|---|---|
| Maschinelle Anlagen 100.000 | EK 75.000 |
| | Wertber. auf Anlagen 25.000 |

***Abb. 136: Vermögensausweis bei direkter und indirekter Abschreibung***

Es wird deutlich, daß sich die direkte und indirekte Abschreibung nur in buchungstechnischer Hinsicht, nicht jedoch im materiellen Ergebnis unterscheiden. In beiden Fällen werden 25.000 € Abschreibungsaufwand über das GuV-Konto verbucht und die maschinelle Anlage erscheint per Saldo mit demselben Wert von 75.000 € in der Schlußbilanz. Der bilanzielle Bruttoausweis (Bruttoprinzip) bei indirekter Abschreibung hat für den Bilanzleser einen höheren Informationsgehalt. Aus der Relation zwischen dem Bruttoausweis auf der Aktivseite und der Wertberichtigung auf der Passivseite kann er Rückschlüsse auf die altersmäßige Zusammensetzung des Anlagebestandes ziehen.

Wird in der Schlußbilanz ein Endbestand von 75.000 € ausgewiesen, kann der Bilanzleser nicht erkennen, um wieviele Anlagen es sich dabei handelt. Es kann sich z.B. um eine Anlage (Fall a) oder um drei Anlagen (Fall b) handeln, die am Ende des dritten Nutzungsjahres mit jeweils 25.000 € zu Buche stehen (Annahmen: Anschaffungskosten 100.000 € und Nutzungsdauer 4 Jahre bei linearer Abschreibung). Da bei der direkten Abschreibung der Restbuchwert der Anlage netto ausgewiesen wird (d.h. nach Abzug des Abschreibungsbetrags), hat die Schlußbilanz in beiden Fällen das gleiche Aussehen:

A Schlußbilanz (Fall a) P

| | |
|---|---|
| Maschinelle Anlagen **(1 x 75.000)** | Eigenkapital |
| 75.000 | 75.000 |

A Schlußbilanz (Fall b) P

| | |
|---|---|
| Maschinelle Anlagen **(3 x 25.000)** | Eigenkapital |
| 75.000 | 75.000 |

***Abb. 137: Vermögensausweis bei direkter Abschreibung***

Die Methode der indirekten Abschreibung gibt dem Bilanzleser die Möglichkeit, in der Schlußbilanz zu erkennen, ob Fall a) oder Fall b) vorliegt. Die auf der Passivseite ausgewiesene Wertberichtigung auf Anlagen ist ein Korrekturposten des betreffenden Vermögensgegenstandes. Die Wertberichtigung ist weder Eigen- noch Fremdkapital.

| Wertberichtigung auf Anlagen: Nur Korrekturposten |
|---|

Der Restbuchwert des Anlagenbestandes (unterlegte Fläche in Abbildung 138) läßt sich als Differenz aus Aktivposten (Maschinelle Anlagen) und Passivposten (Wertberichtigung) ermitteln. Die auf der Passivseite auszuweisende Wertberichtigung auf Anlagen ist in ihrer Höhe vom Betrag aller Anlagenabschreibungen abhängig, die seit dem Zeitpunkt der Anlagenaktivierung getätigt wurden. Die Wertberichtigung auf Anlagen kann im Extremfall genauso hoch werden wie der Aktivposten. Die Maschinelle Anlage ist dann restlos abgeschrieben; sie befindet sich aber noch im Betrieb. Die folgende Abbildung zeigt die Unterschiede im Vermögensausweis bei indirekter Abschreibung auf.

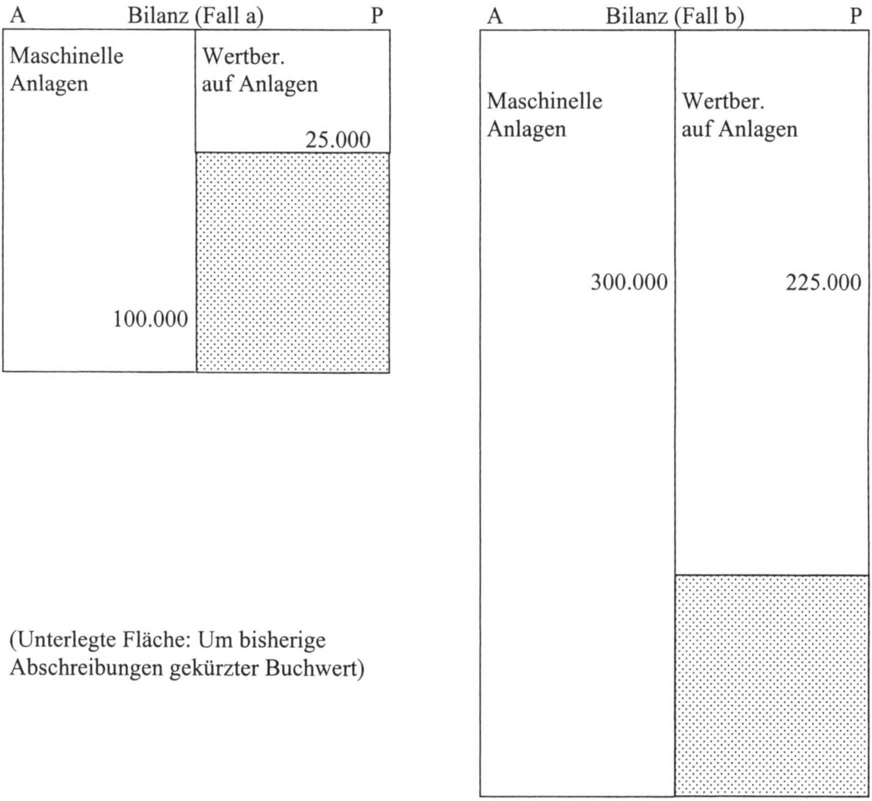


***Abb. 138: Vermögensausweis bei indirekter Abschreibung***

Bei indirekter Abschreibung ist das Gegenkonto zur "Abschreibung auf Anlagen" nicht das Aktivkonto "Maschinelle Anlagen", sondern das Passivkonto "Wertberichtigung auf Anlagen". Die Maschine wird weiterhin mit vollen Anschaffungskosten bilanziert. Die folgende Abbildung zeigt den Buchungsablauf im Kontenschema.

Relevante Buchungssätze (Anschaffungskosten 100.000 €, Abschreibung 25.000 €):

| | | | | |
|---|---|---|---|---|
| (1) | Abschr. auf Anlagen | an | Wertber. auf Anlagen | 25.000,- |
| (2) | SBK | an | Masch. Anlagen | 100.000,- |
| (3) | Wertber. auf Anlagen | an | SBK | 25.000,- |
| (4) | GuV-Konto | an | Abschr. auf Anlagen | 25.000,- |

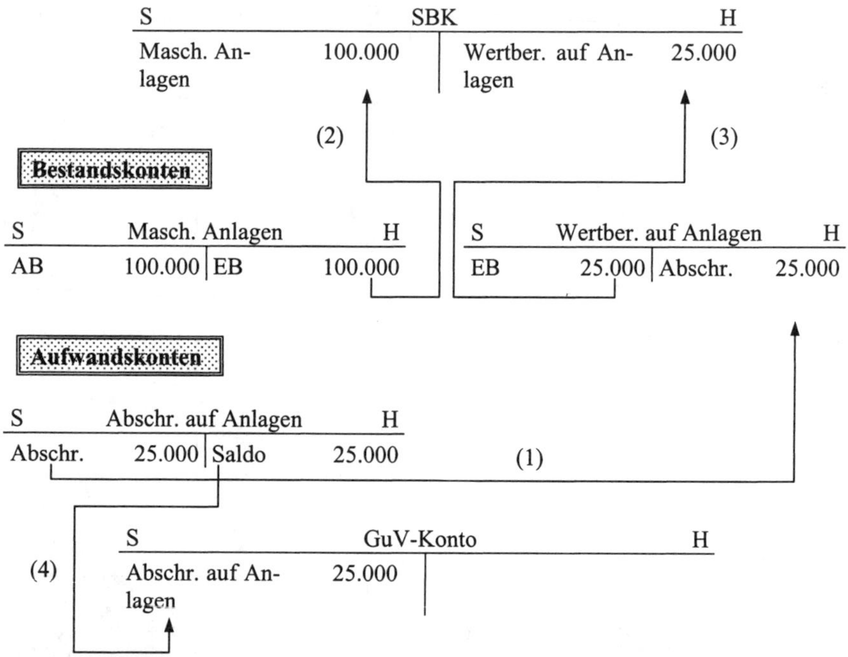


***Abb. 139: Kontenabschluß bei indirekter Abschreibung***

Nach geltendem Handelsrecht ist eine indirekte Abschreibung von maschinellen Anlagen für Kapitalgesellschaften nicht mehr zulässig. Trotzdem wurde diese Abschreibungsmethode an dieser Stelle behandelt, weil sie zum einen für Nichtkapitalgesellschaften (z.B. Einzelunternehmen, OHG) nach wie vor erlaubt ist. Zum anderen lassen sich mit der indirekten Abschreibung die Vorzüge des Bruttoprinzips verdeutlichen.

Der aus dem Bruttoprinzip folgende Bruttoausweis ist dem Nettoausweis vorzuziehen, der nur den Saldo zweier Größen aufzeigt. Nach dem Handelsrecht ist für Kapitalgesellschaften nur die direkte Abschreibungsmethode zulässig. Der dadurch bedingte Informationsverlust wird aber vollständig durch die Vorschriften zum **Anlagegitter** bei Kapitalgesellschaften ausgeglichen. In der Bilanz wird zwar nur der jeweilige Restbuchwert ausgewiesen, doch im Anlagegitter sind unter anderem die historischen Anschaffungs- bzw. Herstellungskosten und die Summe der bisherigen Abschreibungen vollständig anzugeben. Dieses Vorgehen entspricht inhaltlich der indirekten Abschreibungsmethode. Durch die Vorschriften zum Anlagengitter erhält die Bilanz der Kapitalgesellschaft einen vergleichbaren Informationsgehalt.

### 3.2.4 Abgang von Anlagegütern

Wird eine vollständig abgeschriebene maschinelle Anlage unbrauchbar, scheidet sie aus dem Anlagevermögen aus. Die Stammkarte wird gelöscht, die Maschine wird ausgebucht. Man spricht von **Ausmusterung**. Bei einer direkt abgeschriebenen Maschine wird der Erinnerungswert von 1 € als Abschreibungsaufwand ausgebucht. Im Fall indirekter Abschreibung steht die Maschine mit ihren ursprünglichen Anschaffungskosten (z.B. 100.000 €) zu Buche, denen eine gleich hohe Wertberichtigung auf Anlagen (Passivkonto) gegenübersteht. Die Buchungssätze für die Ausbuchungen bei direkter bzw. indirekter Abschreibung lauten:

Ausbuchung bei **direkter Abschreibung**

| | | | |
|---|---|---|---|
| (1) Abschr. auf Anlagen | an | Maschinelle Anlagen | 1,- |

| S | Masch. Anlagen | | H |
|---|---|---|---|
| AB | 1 | (1) | 1 |

| S | Abschr. auf Anlagen | | H |
|---|---|---|---|
| (1) | 1 | GuV | 1 |

Ausbuchung bei **indirekter Abschreibung**

| | | | |
|---|---|---|---|
| (1) Wertber. auf Anlagen | an | Maschinelle Anlagen | 100.000,- |

| S | Masch. Anlagen | | H |
|---|---|---|---|
| AB | 100.000 | (1) | 100.000 |

| S | Wertber. auf Anlagen | | H |
|---|---|---|---|
| (1) | 100.000 | AB | 100.000 |

***Abb. 140: Ausmusterung einer Maschine bei direkter bzw. indirekter Abschreibung***

Hat eine **wertlos** gewordene Maschine bei ihrem Ausscheiden noch einen Restbuchwert von beispielsweise 12.500 €, so tritt ein buchmäßiger Wertverzehr (Aufwand) in Höhe dieses Betrages ein. Dieser Wertverzehr stammt aus einer früheren Periode - um diesen

Betrag waren die früheren Abschreibungen zu niedrig. Es liegt ein **periodenfremder Aufwand** vor, der in der GuV-Rechnung als "sonstiger betrieblicher Aufwand" ausgewiesen wird, da das gesetzliche Gliederungsschema für die GuV-Rechnung (§ 275 HGB) den Posten "periodenfremder Aufwand" nicht vorsieht. Der periodenfremde Aufwand ist Teil des neutralen Aufwands, der zu einer Verzerrung des Periodenergebnisses führt. Er verhindert die direkte Vergleichbarkeit der Ergebnisse verschiedener Geschäftsjahre.

Ausbuchung bei **direkter Abschreibung**

| | | | |
|---|---|---|---|
| (1) Sonst. betriebl. Aufwand | an | Maschinelle Anlagen | 12.500,- |

| S | Masch. Anlagen | | H |
|---|---|---|---|
| AB | 12.500 | (1) | 12.500 |

| S | sonst. betriebl. Aufwand | | H |
|---|---|---|---|
| (1) | 12.500 | GuV | 12.500 |

Ausbuchung bei **indirekter Abschreibung**

| | | | |
|---|---|---|---|
| (1) Wertber. auf Anlagen | an | Maschinelle Anlagen | 87.500,- |
| (2) Sonst. betriebl. Aufwand | an | Maschinelle Anlagen | 12.500,- |

| S | Masch. Anlagen | | H |
|---|---|---|---|
| AB | 100.000 | (1) | 87.500 |
| | | (2) | 12.500 |

| S | Wertber. auf Anlagen | | H |
|---|---|---|---|
| (1) | 87.500 | AB | 87.500 |

| S | sonst. betriebl. Aufwand | | H |
|---|---|---|---|
| (2) | 12.500 | GuV | 12.500 |

***Abb. 141: Ausmusterung einer nicht vollständig abgeschriebenen Maschine***

Das Konto "Wertberichtigung auf Anlagen" wird durch die Vornahme von indirekten Abschreibungen aufgefüllt (Habenbuchungen). Beim Abgang einer Anlage wird die ihr zuzurechnende Wertberichtigung aufgelöst (Sollbuchung). Der Buchungssatz lautet "Wertberichtigung auf Anlagen an Maschinelle Anlagen". Das Passivkonto "Wertberichtigung auf Anlagen" kann schematisch wie folgt dargestellt werden:

S Wertberichtigung auf Anlagen H

| S | H |
|---|---|
| Abgang durch Ausbuchung von Anlagen | AB |
| EB | Zugang durch Abschreibungen der Periode |

***Abb. 142: Struktur des Kontos "Wertberichtigung auf Anlagen"***

Zum Abgang von Anlagen kommt es nicht nur durch Ausmusterung, sondern auch durch **Verkauf**. Die Veräußerung ist ein umsatzsteuerpflichtiger Vorgang. Folglich muß zwischen dem Brutto- und dem Nettoverkaufspreis unterschieden werden. Die Veräußerung bringt einen **Wertzugang** in Höhe des Nettoverkaufspreises und einen **Wertabgang** in Höhe des Restbuchwertes mit sich. Bei indirekter Abschreibung ergibt sich der Restbuchwert als Differenz zwischen dem Buchwert auf dem Anlagekonto (Anschaffungskosten) und der zugehörigen Wertberichtigung. Beim Verkauf des Anlagegegenstandes können grundsätzlich drei Fälle unterschieden werden:

| Fall | (a) | (b) | (c) |
|---|---|---|---|
| Verkaufspreis netto ($VKP_n$) | $VKP_n$ = RBW (Restbuchwert) | $VKP_n$ < RBW | $VKP_n$ > RBW |
| Erfolgswirkung | keine | periodenfremder Aufwand | periodenfremder Ertrag |
| Verbuchung bei direkter Abschreibung | Soll: $VKP_n$ / Haben: RBW | Soll: sonst. betr. Aufwand, $VKP_n$ / Haben: RBW | Soll: $VKP_n$ / Haben: sonst. betr. Ertrag, RBW |

***Abb. 143: Erfolgswirkungen beim Verkauf von Anlagegütern***

Ist der Nettoverkaufspreis gleich dem Restbuchwert, ergibt sich keine Erfolgswirkung. Weichen dagegen der Nettoverkaufspreis und der Restbuchwert voneinander ab, ist eine erfolgsmäßige Auswirkung vorhanden. Es tritt entweder eine negative (periodenfremder Aufwand) oder eine positive (periodenfremder Ertrag) Erfolgswirkung ein. Es entsteht ein **Veräußerungsverlust (Veräußerungsgewinn)**. Der periodenfremde Aufwand (Ertrag) wird auf dem Konto "sonstiger betrieblicher Aufwand (Ertrag)" verbucht.

**Beispiel:** Eine Anlage wird für 11.000 € inkl. 10% USt bar verkauft. Die Restbuchwerte bei direkter Abschreibung betragen alternativ: (a) 10.000,- (b) 12.000,- und (c) 7.000,-.

**Buchungssätze:**

| | | | | | |
|---|---|---|---|---|---|
| (a) | Kasse | 11.000,- | an | Maschinelle Anlagen | 10.000,- |
| | | | | Berechnete USt | 1.000,- |
| (b) | Kasse | 11.000,- | an | Maschinelle Anlagen | 12.000,- |
| | sonst. betr. Aufwand | 2.000,- | | Berechnete USt | 1.000,- |
| (c) | Kasse | 11.000,- | an | Maschinelle Anlagen | 7.000,- |
| | | | | sonst. betr. Ertrag | 3.000,- |
| | | | | Berechnete USt | 1.000,- |

***Abb. 144: Verbuchung des Anlagenverkaufs bei direkter Abschreibung***

Beim Anlagenverkauf muß vom Konto "Maschinelle Anlagen" immer der Restbuchwert in voller Höhe ausgebucht werden. Die Differenz zwischen Restbuchwert und Nettoverkaufspreis stellt einen periodenfremden Aufwand bzw. Ertrag dar.

Wurde indirekt (Ausgangswert: 15.000 €) abgeschrieben, müssen zuerst die Restbuchwerte bestimmt werden, indem die jeweiligen Wertberichtigungen aufgelöst werden. Anschließend wird der eigentliche Verkauf gebucht. Man erhält zunächst:

| Fall | Maschinelle Anlagen | Wertberichtigung auf Anlagen | Restbuchwerte |
|---|---|---|---|
| (a) | 15.000 | 5.000 | 10.000 |
| (b) | 15.000 | 3.000 | 12.000 |
| (c) | 15.000 | 8.000 | 7.000 |

**Buchungssätze:**

| | | | | | |
|---|---|---|---|---|---|
| (a1) | Wertber. auf Anlagen | | an | Maschinelle Anlagen | 5.000,- |
| (a2) | Kasse | 11.000,- | an | Maschinelle Anlagen | 10.000,- |
| | | | | Berechnete USt | 1.000,- |
| (b1) | Wertber. auf Anlagen | | an | Maschinelle Anlagen | 3.000,- |
| (b2) | Kasse | 11.000,- | an | Maschinelle Anlagen | 12.000,- |
| | sonst. betr. Aufwand | 2.000,- | | Berechnete USt | 1.000,- |
| (c1) | Wertber. auf Anlagen | | an | Maschinelle Anlagen | 8.000,- |
| (c2) | Kasse | 11.000,- | an | Maschinelle Anlagen | 7.000,- |
| | | | | sonst. betr. Ertrag | 3.000,- |
| | | | | Berechnete USt | 1.000,- |

***Abb. 145: Verbuchung des Anlagenverkaufs bei indirekter Abschreibung***

Bei indirekter Abschreibung haben die Konten im Fall b) folgendes Aussehen. Es entsteht ein Veräußerungsverlust von 2.000 €, der periodenfremden Charakter hat. Die Buchung dieses Betrages erfolgt über das Konto "sonstiger betrieblicher Aufwand":

| S | Maschinelle Anlagen | | H |
|---|---|---|---|
| AB | 15.000 | (b1) | 3.000 |
| | | (b2) | 12.000 |
| | 15.000 | | 15.000 |

| S | Wertber. auf Anlagen | | H |
|---|---|---|---|
| (b1) | 3.000 | AB | 3.000 |
| | 3.000 | | 3.000 |

| S | Kasse | | H |
|---|---|---|---|
| (b2) | 11.000 | | |

| S | Berechnete USt | | H |
|---|---|---|---|
| | | (b2) | 1.000 |

| S | sonst. betr. Aufwand | | H |
|---|---|---|---|
| (b2) | 2.000 | | |

***Abb. 146: Kontenstruktur bei Anlagenverkauf und indirekter Abschreibung (Veräußerungsverlust)***

Im Fall c) haben die Konten folgendes Aussehen:

| S | Maschinelle Anlagen | | H |
|---|---|---|---|
| AB | 15.000 | (c1) | 8.000 |
| | | (c2) | 7.000 |
| | 15.000 | | 15.000 |

| S | Wertber. auf Anlagen | | H |
|---|---|---|---|
| (c1) | 8.000 | AB | 8.000 |
| | 8.000 | | 8.000 |

| S | Kasse | | H |
|---|---|---|---|
| (c2) | 11.000 | | |

| S | Berechnete USt | | H |
|---|---|---|---|
| | | (c2) | 1.000 |

| S | sonst. betr. Ertrag | | H |
|---|---|---|---|
| | | (c2) | 3.000 |

***Abb. 147: Kontenstruktur bei Anlagenverkauf und indirekter Abschreibung (Veräußerungsgewinn)***

Der periodenfremde Ertrag füllt die Lücke zwischen einem Nettoverkaufspreis von 10.000 € und einem Restbuchwert von 7.000 €. Es entsteht ein Veräußerungsgewinn von 3.000 €, der periodenfremden Charakter aufweist.

## 3.3 Abschreibungen auf Forderungen

### 3.3.1 Gegenstand und Verfahren der Abschreibung

Forderungen lassen sich unterscheiden in Kapitalforderungen und Forderungen aus Lieferungen und Leistungen. Kapitalforderungen entstehen z.B. durch die Vergabe eines Kredites oder durch den Kauf von (festverzinslichen) Wertpapieren. Da derartige Vorgänge meist langfristigen Charakter haben, erfolgt die Bilanzierung im Anlagevermögen unter dem Posten "Finanzanlagen".

Forderungen aus Lieferungen und Leistungen weisen dagegen einen kurzfristigen Charakter auf. Sie gehören zum Umlaufvermögen. Es handelt sich dabei im wesentlichen um Forderungen, die dadurch entstehen, daß ein Kunde Waren oder Fertigerzeugnisse bei

Lieferung nicht sofort bezahlt. Der Kaufpreis wird für eine bestimmte Zeit gestundet. Der Kunde bezahlt zu einem späteren Termin und tilgt erst dann seine Kaufpreisschuld. Im folgenden werden nur diese Forderungen behandelt.

Die Bewertung der Forderung erfolgt im Regelfall zum **Nennwert**, der bei einer Warenlieferung regelmäßig mit dem Kaufpreis übereinstimmt. Wird die Bonität des Schuldners zweifelhaft, hat also der Gläubiger einen teilweisen oder sogar vollständigen Zahlungsausfall zu befürchten, muß er nach dem **Vorsichtsprinzip** den erwarteten Forderungsausfall durch einen Abschlag vom Nennwert berücksichtigen. Die Forderung ist mit dem Betrag des erwarteten Zahlungseingangs zu bewerten.

Die nach dem Vorsichtsprinzip gebotene Abwertung von Forderungen vollzieht sich buchungstechnisch über die Verrechnung von Abschreibungen auf Forderungen. Wie bei den Abschreibungen auf Anlagen handelt es sich auch hier um einen Wertverzehr, also um die Verrechnung von Aufwand. Allerdings besteht folgender Unterschied: Die planmäßige Abschreibung ist eine **Verteilungsabschreibung**, da die Anschaffungskosten auf die einzelnen Nutzungsjahre verteilt werden. Die Forderungsabschreibung verfolgt dagegen das Ziel, die Forderung am Bilanzstichtag richtig zu bewerten, d.h. den Nennwert an gesunkene Zeitwerte anzupassen (**Anpassungsabschreibung**). Hinsichtlich der Wertminderungsursache gilt:

| Forderungsabschreibung erfaßt die wirtschaftliche Wertminderung |
|---|

Die unterschiedlichen Abschreibungsmotive ändern nichts an der buchungstechnischen Gemeinsamkeit beider Fälle. In Höhe der Abschreibung wird der Aufwand verrechnet, der den Gewinn der GuV-Rechnung vermindert. Folgende Gleichung gilt auch bei der Forderungsabschreibung:

| Forderungsabschreibung = Aufwand = Erfolgsminderung |
|---|

Diese Gleichung gilt unabhängig von den buchungstechnischen Modalitäten der Forderungsabschreibung. Je nach Art der Erfassung der Wertminderung unterscheidet man zwischen der Einzelabschreibung und der Pauschalabschreibung.

Nach dem HGB sind Vermögensgegenstände zum Abschlußstichtag einzeln zu bewerten. Dieses Prinzip gilt auch für Forderungen, so daß jede Forderung grundsätzlich einzeln zu bewerten und auf ihren Abschreibungsbedarf zu überprüfen ist. Die strenge Einhaltung dieses Prinzips ist aus folgenden Gründen unzweckmäßig:

- **Unbekanntes Ausfallrisiko**: Nicht für jede einzelne Forderung ist das Ausfallrisiko bekannt bzw. zu ermitteln.
- **Hoher Arbeitsaufwand**: Die Beurteilung jeder Forderung ist sehr arbeitsintensiv.

Deshalb beschreitet die Praxis folgenden Weg: Eine **Einzelabschreibung** wird vorgenommen, um die speziellen Kreditrisiken einer bestimmten Forderung zu berücksichtigen. Dabei gilt, daß Forderungen mit hohen Beträgen genauer untersucht werden als solche mit niedrigen Beträgen. Eine **Pauschalabschreibung** (Pauschalbewertung) wird dagegen vorgenommen, um das allgemeine Kreditrisiko zu berücksichtigen, das in einer statistisch gesicherten Forderungsausfallquote seinen Niederschlag findet. Diesem Risiko unterliegen letztlich auch vermeintlich sichere Forderungen.

Das **spezielle** Kreditrisiko umfaßt die Risiken, die nur für eine bestimmte Forderung Gültigkeit haben (z.B. Liquiditätsengpässe eines Kunden). Diese Risiken lassen sich grundsätzlich ermitteln, wobei im Regelfall entsprechende Informationen z.B. von Auskunfteien eingeholt werden müssen.

Das **allgemeine** Kreditrisiko wird aus Erfahrungswerten der Vergangenheit abgeleitet. Setzt sich der Forderungsbestand eines Unternehmens (z.B. eines Versandhauses) aus vielen Einzelforderungen zusammen, deren spezielles Ausfallrisiko unbekannt ist, wird das Versandhaus regelmäßig die Pauschalabschreibung anwenden. Sie dient der Abdeckung des allgemeinen Kreditrisikos. Betrug der durchschnittliche Forderungsausfall in den vergangenen Jahren beispielsweise 5% des jeweiligen Forderungsbestandes, kann auch vom Forderungsbestand zum Ende des laufenden Jahres ein pauschaler Wertabschlag in Höhe von 5% vorgenommen werden.

Forderungen können direkt oder indirekt abgeschrieben werden. Bei **direkter** Abschreibung wird der Forderungsbestand (auf der Aktivseite) um den Abschreibungsbetrag gekürzt. Bei **indirekter** Abschreibung bleibt der Forderungsbestand auf der Aktivseite in seiner ursprünglichen Höhe bestehen. Auf der Passivseite der Bilanz wird in Höhe der Abschreibung ein Posten "Wertberichtigung auf Forderungen" gebildet. Dieser wird auch als "**Delcredere**" bezeichnet.

Theoretisch gibt es also vier Varianten der Forderungsabschreibung:

| | Einzelabschreibung | Pauschalabschreibung |
|---|---|---|
| Direkt | Üblich<br>(Zulässig für alle Rechtsformen) | Unüblich<br>(Zulässig für alle Rechtsformen) |
| Indirekt | Unüblich<br>(Verbot für Kapitalgesellschaften) | Üblich<br>(Verbot für Kapitalgesellschaften) |

***Abb. 148: Verfahren der Forderungsabschreibung***

Die indirekte Abschreibung, sei es als Einzel- oder Pauschalabschreibung, ist Kapitalgesellschaften nicht mehr gestattet. Ein Wertberichtigungsposten ist nach dem HGB auf der Passivseite der Bilanz (§ 266 Abs. 3 HGB) nicht mehr vorgesehen.

## 3.3.2 Einzelabschreibung auf Forderungen

Bei der Einzelabschreibung wird jede einzelne Forderung auf ihre Bonität überprüft und gegebenenfalls (ganz oder teilweise) abgeschrieben. Zur Einzelabschreibung verwenden Unternehmen aller Rechtsformen üblicherweise die **direkte** Abschreibungsmethode.

Hinsichtlich des Ausfallrisikos lassen sich Forderungen in drei Klassen einteilen:

| Forderungsausfall (teilweise oder vollständig) | Ganz unwahrscheinlich | Wahrscheinlich | Sicher |
|---|---|---|---|
| Klassifikation | Vollwertige Forderungen | Zweifelhafte Forderungen | Uneinbringliche Forderungen |
| Bilanzausweis | Forderungen | Zweifelhafte Forderungen (Dubiose) | Zweifelhafte Forderungen (Dubiose) |
| Wertansatz | Nennwert | Nennwert abzgl. erwarteter Ausfall | Nennwert abzgl. sicherer Ausfall |
| Abschreibungsbetrag | Keiner | Erwarteter Ausfall (vom Nettobetrag) | Sicherer Ausfall (vom Nettobetrag) |
| USt-Korrektur | Keine | Keine | Kürzung berechnete USt |

***Abb. 149: Klassifizierung von Forderungen im Rahmen der Einzelbewertung***

Erscheint bei einer Forderung der Zahlungseingang als nicht mehr sicher, handelt es sich entweder um eine zweifelhafte Forderung, deren Ausfall wahrscheinlich, oder um eine uneinbringliche Forderung, deren Ausfall sicher ist. Beim sicheren Ausfall wird z.B. im Rahmen eines Insolvenzverfahrens die Ausfallquote gerichtlich festgelegt. **Vollwertige** Forderungen erscheinen in der Bilanz unter dem Posten "Forderungen aus Lieferungen und Leistungen". Sie werden zum Nennwert bewertet; es besteht kein spezieller Abschreibungsbedarf.

**Zweifelhafte** Forderungen und **uneinbringliche** Forderungen werden aus Gründen der Klarheit im Konto "Forderungen aus Lieferungen und Leistungen" ausgebucht und auf das Konto "Zweifelhafte Forderungen" ("Dubiose") übertragen. Es handelt sich um einen Aktivtausch. Erst im zweiten Buchungsgang werden die zweifelhaften oder uneinbringlichen Forderungen abgewertet. Der Wertabschlag (Abschreibungsbetrag) orientiert sich an der Höhe des erwarteten bzw. sicheren Forderungsausfalls. Nur die zweite Buchung ist erfolgswirksam ("Abschreibung auf Forderungen an Zweifelhafte Forderungen").

Forderungen aus Lieferungen und Leistungen werden zum Bruttowert, d.h. einschließlich der Umsatzsteuer ausgewiesen. Das gilt auch für zweifelhafte Forderungen. Die Abschreibung erfolgt grundsätzlich vom **Nettowert** der Forderungen. Erst wenn der Zahlungsausfall **endgültig** feststeht, also nur bei uneinbringlichen Forderungen, erlaubt das Finanzamt eine **Kürzung** der Umsatzsteuer.

**Beispiel:**

Bruttowert der Forderung 55.000 € (inkl. 10% USt).

(a) Wahrscheinlicher Forderungsausfall 60%.

(b) Sicherer Forderungsausfall 60%.

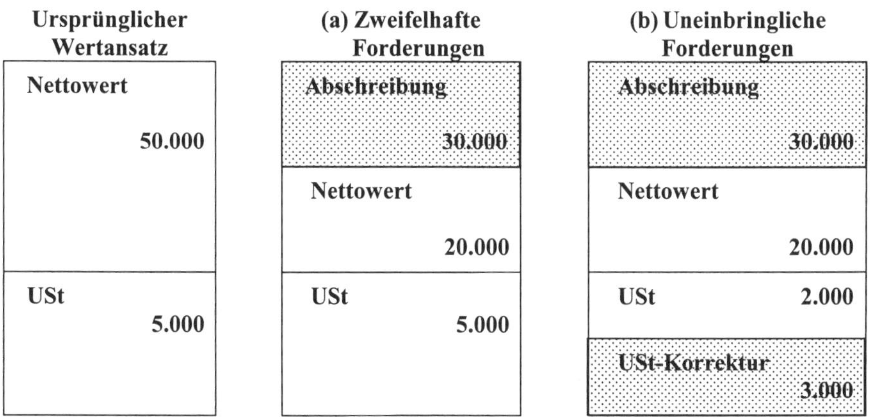


***Abb. 150: USt-Korrektur zweifelhafter und uneinbringlicher Forderungen***

Bei erwartetem Zahlungsausfall (Fall a) in Höhe von 60% erscheint die Forderung in der Schlußbilanz im Posten "Zweifelhafte Forderungen" mit einem Wertansatz von 25.000 €. Ist der Zahlungsausfall sicher (Fall b), erfolgt die Bilanzierung zum Wert von 22.000 €. Nur bei endgültig feststehendem Forderungsausfall darf die berechnete USt gekürzt werden, wodurch sich die USt-Zahlungsverpflichtung gegenüber dem Finanzamt verringert. Daher ist der Forderungsansatz im Fall b) niedriger als im Fall a).

Bei der Behandlung der Abschreibung auf Forderungen sind zwei Phasen zu unterscheiden: In der laufenden Periode (**Abschreibungsperiode**) ist das Ausfallrisiko durch Abschreibung zu berücksichtigen. In der Folgeperiode (**Zahlungsperiode**) ist der Zahlungseingang auf die abgewerteten Forderungen zu verbuchen. Zunächst werden die Buchungsvorgänge in der **Abschreibungsperiode** betrachtet.

**Beispiel:** Anfangsbestand von Forderungen aus Lieferungen und Leistungen 220.000 € inkl. 10% USt.

(1) Am Jahresende erscheinen zwei Forderungen (A und B) im Gesamtwert (brutto) von 33.000 € als zweifelhaft.

(2) Die Zweifelhafte Forderung A (Bruttowert 19.800 €) läßt einen Bruttoausfall von 8.800 € als **wahrscheinlich** erscheinen.

(3) Die Zweifelhafte Forderung B (Bruttowert 13.200 €) fällt **endgültig** in voller Höhe aus.

Zwei wichtige Fragen stellen sich: Wie lauten die Buchungssätzc bei direkter Abschreibung? Wie sieht die kontenmäßige Verbuchung aus? Die folgenden Abbildungen geben die Antworten:

**Buchungssätze:**

| | | | | |
|---|---|---|---|---|
| (1) | Zweifelhafte Forderungen | an | Forderungen | 33.000,- |
| (2) | Abschreibung auf Forderungen | an | Zweifelhafte Forderungen | 8.000,- |
| (3) | Abschr. auf Forderungen 12.000,-<br>Berechnete USt 1.200,- | an | Zweifelhafte Forderungen | 13.200,- |
| (4) | GuV-Konto | an | Abschreibung auf Forderungen | 20.000,- |
| (5) | SBK | an | Forderungen | 187.000,- |
| (6) | SBK | an | Zweifelhafte Forderungen | 11.800,- |

***Abb. 151: Beispiel einer Einzelabschreibung auf Forderungen***

**Verbuchung auf Konten:**

| S | Forderungen | | H |
|---|---|---|---|
| AB | 220.000 | (1) | 33.000 |
| | | (5) | 187.000 |
| | 220.000 | | 220.000 |

| S | Berechnete USt | | H |
|---|---|---|---|
| (3) | 1.200 | | |

| S | Zweifelhafte Forderungen | | H |
|---|---|---|---|
| (1) | 33.000 | (2) | 8.000 |
| | | (3) | 13.200 |
| | | (6) | 11.800 |
| | 33.000 | | 33.000 |

| S | Abschr. auf Ford. | | H |
|---|---|---|---|
| (2) | 8.000 | (4) | 20.000 |
| (3) | 12.000 | | |
| | 20.000 | | 20.000 |

| S | GuV-Konto | | H |
|---|---|---|---|
| (4) | 20.000 | | |

| S | Schlußbilanzkonto | H |
|---|---|---|
| (5) Forderungen | 187.000 | |
| (6) Zweifelhafte Forderungen | 11.800 | |

***Abb. 152: Kontenverbuchung bei Forderungsabschreibung***

Forderung A hatte ursprünglich einen Wert von 19.800 € (18.000 € zzgl. 1.800 € USt). Nach der Abschreibung auf den Nettowert von 10.000 € erscheint diese Zweifelhafte Forderung mit 11.800 € (Nettowert 10.000 zzgl. ursprüngliche USt 1.800 €) in der Schlußbilanz. Eine USt-Korrektur darf erst vorgenommen werden, wenn der erwartete Zahlungsausfall (Netto 8.000 zzgl. 800 € USt) endgültig feststeht.

Nehmen wir an, daß wir in der folgenden **Zahlungsperiode** auf die Zweifelhafte Forderung A eine endgültige Zahlung von 11.000 € brutto erhalten, die sich aus einem Nettowert von 10.000 € und 1.000 € USt zusammensetzt. Unsere Zweifelhafte Forderung steht mit 11.800 € (10.000 € netto zuzüglich 1.800 € USt) zu Buche. Der Zahlungsvorgang ist demnach **erfolgsneutral**. Die USt muß allerdings noch angepaßt werden, d.h. nach unten korrigiert werden. Die Umsatzsteuerschuld gegenüber dem Finanzamt nimmt ab.

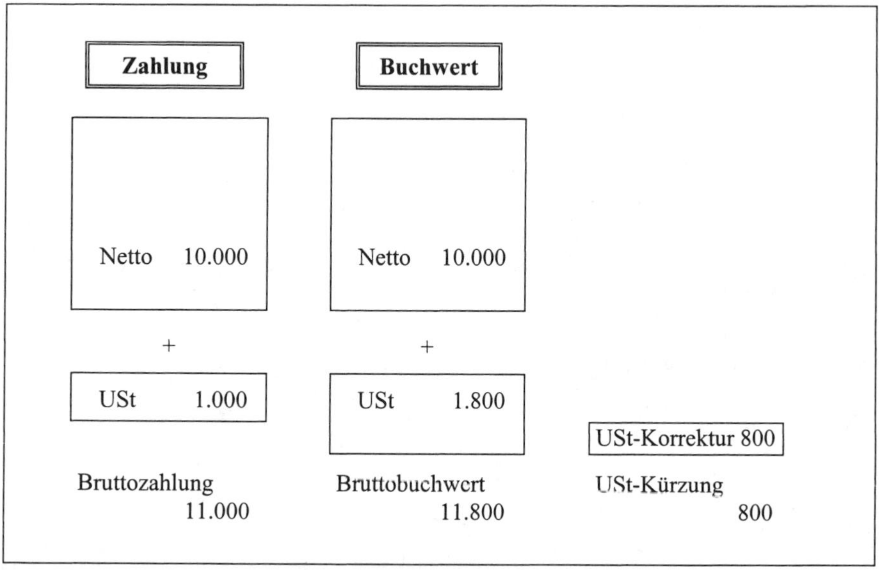


***Abb. 153: Angemessener Zahlungseingang***

Wurde der Abschreibungsbetrag in der Vorperiode richtig geschätzt, entspricht also der Nettozufluß (10.000 €) dem Nettowert der Zweifelhaften Forderung (10.000 €), buchen wir wie folgt:

**Buchungssatz:**

| | | | | |
|---|---|---|---|---|
| Bank | 11.000,- | an | Zweifelhafte Forderungen | 11.800,- |
| Berechnete USt | 800,- | | | |

***Abb. 154: Buchungssatz bei angemessenem Zahlungseingang (erfolgsneutral)***

Ist die Nettozahlung höher (niedriger) als der Nettobuchwert der Forderung, entsteht in der Zahlungsperiode ein **periodenfremder Ertrag** (periodenfremder Aufwand), der auf dem Konto "sonstiger betrieblicher Ertrag (Aufwand)" verbucht wird.

**Beispiel:**

| | | |
|---|---|---|
| Buchwert Zweifelhafte Forderungen: | netto | 10.000 + 1.800 USt |
| (a) Zahlungseingang: | netto | 12.000 + 1.200 USt |
| (b) Zahlungseingang: | netto | 7.000 + 700 USt |

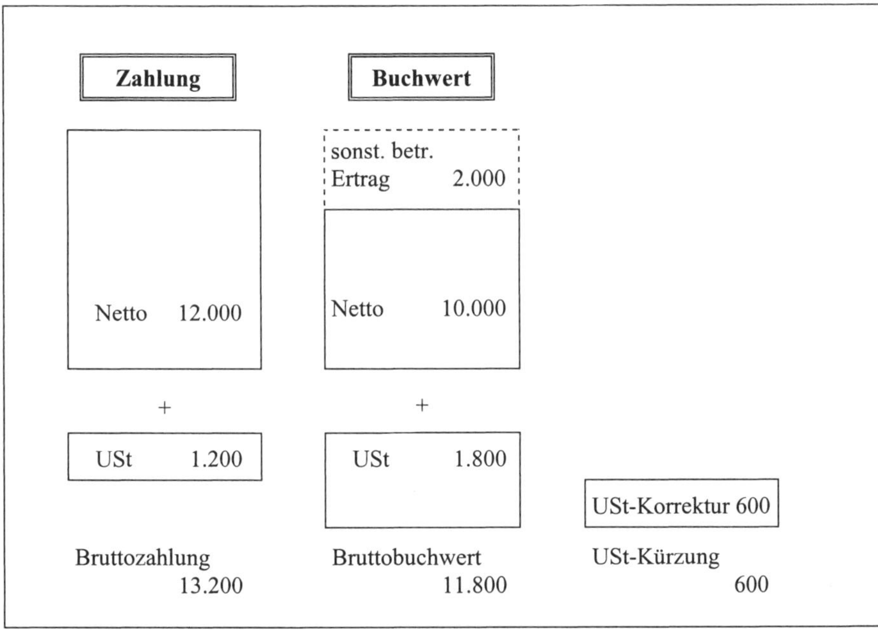


***Abb. 155: Unerwartet hoher Zahlungseingang (Fall a)***

**Buchungssatz:**

| | | | | |
|---|---|---|---|---|
| Bank | 13.200,- | an | Zweifelhafte Forderungen | 11.800,- |
| Berechnete USt | 600,- | | sonst. betr. Ertrag | 2.000,- |

***Abb. 156: Buchungssatz bei unerwartet hohem Zahlungseingang (periodenfremder Ertrag)***

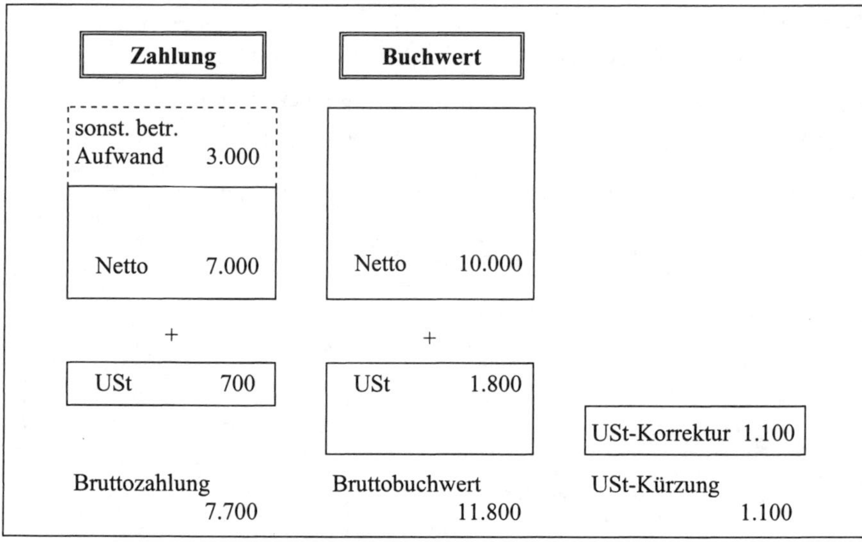


***Abb. 157: Unerwartet niedriger Zahlungseingang (Fall b)***

**Buchungssatz:**

| | | | | |
|---|---|---|---|---|
| Bank | 7.700,- | an | Zweifelhafte Forderungen | 11.800,- |
| sonst. betr. Aufwand | 3.000,- | | | |
| Berechnete USt | 1.100,- | | | |

***Abb. 158: Buchungssatz bei unerwartet niedrigem Zahlungseingang (periodenfremder Aufwand)***

In diesem Kapitel wurde die Einzelabschreibung auf Forderungen als **direkte Abschreibung** durchgeführt. Der Abschreibungsbetrag wurde direkt im aktiven Bestandskonto "Zweifelhafte Forderungen" ausgebucht. Die direkte Einzelabschreibung auf Forderungen ist üblich und handelsrechtlich für Unternehmen aller Rechtsformen erlaubt. Dagegen ist die **indirekte Methode** der Einzelabschreibung unüblich und handelsrechtlich für Kapitalgesellschaften verboten. Sie wird daher nur in Form eines Exkurses behandelt.

## Exkurs: Indirekte Abschreibungsmethode

Die **indirekte** Abschreibungsmethode behandelt abzuschreibende Forderungen ebenso wie abzuschreibende Anlagen: der abzuschreibende Vermögensgegenstand (Zweifelhafte Forderung) bleibt in seiner ursprünglichen Höhe als Aktivposten bestehen. Auf der Passivseite wird ein Korrekturposten "Wertberichtigung auf Forderungen" in Höhe des Abschreibungsbetrages gebildet. Die Differenz zwischen dem Endbestand "Zweifelhafte Forderung" und dem Passivposten "Wertberichtigung auf Forderungen" entspricht dem Restbuchwert der Zweifelhaften Forderung bei direkter Abschreibung.

**Beispiel:**

(1) Eine Forderung im Bruttowert von 19.800 € wird zweifelhaft.
(2) Wir rechnen mit einem wahrscheinlichen Forderungsausfall von 8.800 € brutto.

| S | Forderungen | | H |
|---|---|---|---|
| AB | | (1) | 19.800 |
| | | | **Saldo** ↓ **SBK** |

| S | Abschr. auf Ford. | | H |
|---|---|---|---|
| (2) | 8.000 | | **Saldo** ↓ **GuV-Konto** |

| S | Zweifelhafte Forderungen | | H |
|---|---|---|---|
| (1) | 19.800 | | **Saldo** ↓ **SBK** |

| S | Wertber. auf Ford. | | H |
|---|---|---|---|
| | **Saldo** ↓ **SBK** | (2) | 8.000 |

***Abb. 159: Indirekte Abschreibung auf Forderungen***

In der Schlußbilanz wird die Zweifelhafte Forderung brutto (19.800 € aktiv; 8.000 € passiv) ausgewiesen. Per Saldo ergibt sich daraus ein Restbuchwert von 11.800 €. Gehen in der Folgeperiode erwartungsgemäß 11.000 € auf die Zweifelhafte Forderung ein, lauten die Buchungssätze:

| | | | | |
|---|---|---|---|---|
| (1) Wertber. auf Ford. | | an | Zweifelhafte Forderungen | 8.000,- |
| (2) Bank | 11.000,- | an | Zweifelhafte Forderungen | 11.800,- |
| Berechnete USt | 800,- | | | |

Auch bei indirekter Forderungsabschreibung darf die USt erst korrigiert werden, wenn der Forderungsausfall endgültig feststeht. Ist der Geldeingang in der Zahlungsperiode höher (niedriger) als erwartet, ist ein sonstiger betrieblicher Ertrag (Aufwand) zu verbuchen. Der buchungstechnische Ablauf folgt grundsätzlich der beschriebenen Methodik.

### 3.3.3 Pauschalwertberichtigung auf Forderungen

Im Rahmen der **Einzelbewertung** werden Forderungen auf ihr **spezielles** Kreditrisiko untersucht. Dabei werden die zweifelhaften und uneinbringlichen Forderungen aus dem Konto "Forderungen" ausgebucht und nach Maßgabe des speziellen Ausfallrisikos abgeschrieben. Die zugehörige Buchungstechnik wurde bereits behandelt.

Ist die Einzelbewertung der Forderungen abgeschlossen, verbleiben auf dem Konto "Forderungen" die vermeintlich sicheren Forderungen. Die Unternehmenspraxis zeigt, daß auch bei diesen Forderungen mit einem Zahlungsausfall gerechnet werden muß. Dieser Ausfall entsteht durch das allgemeine Kreditrisiko und läßt sich meist aus Vergangenheitszahlen statistisch ableiten. So kann ein Versandhaus zu dem Ergebnis kommen, daß der Zahlungsausfall bei den vermeintlich sicheren Forderungen im langjährigen Durchschnitt bei 4% des Forderungsbestands am Jahresende liegt. Das **allgemeine** Kreditrisiko wird durch eine **Pauschalwertberichtigung** der verbleibenden, quasi sicheren Forderungen berücksichtigt. Zur Vermeidung einer doppelten Berücksichtigung von Risiken ist folgender Zusammenhang wichtig:

| Einzelwertberichtigte Forderungen unterliegen keiner Pauschalwertberichtigung |
|---|

Wie die Einzelwertberichtigung hat auch die Pauschalwertberichtigung die Aufgabe, den in der Folgeperiode wirksam werdenden Zahlungsausfall (Wertverzehr) schon in der laufenden Abrechnungsperiode als Aufwand ("Abschreibung auf Forderungen") zu verrechnen. Auch bei der Pauschalwertberichtigung wird die Abschreibung auf Forderungen immer vom **Nettowert** vorgenommen. Es gilt:

| Umsatzsteuerkorrektur erst bei endgültigem Zahlungsausfall |
|---|

Buchungstechnisch ist es möglich, die Pauschalwertberichtigung auf Forderungen (**PWB**) in Form einer direkten oder einer indirekten Abschreibung vorzunehmen. Nachfolgend wird nur die in der Praxis übliche **indirekte Abschreibung** dargestellt. Das Konto

"Pauschalwertberichtigung auf Forderungen" ist ein passives Bestandskonto. Für Kapitalgesellschaften ist eine passivische Wertberichtigung nicht mehr erlaubt. Die Buchhaltungspraxis hilft sich in der Weise, daß die Pauschalabschreibung auf Forderungen zunächst auf dem Passivkonto "PWB auf Forderungen" ("**Delcredere**") verbucht wird. Dieses Konto wird aber nicht - wie üblich - über das Schlußbilanzkonto, sondern über das aktive Bestandskonto "Forderungen" abgeschlossen. In der Schlußbilanz erscheint ein um die Pauschalwertberichtigung gekürzter Forderungsbestand.

**Beispiel:** Forderungsbestand brutto: 286.000 €. Zusammensetzung:

(1) Zweifelhafte Forderungen (brutto): 66.000 € (Einzelwertberichtigung).

(2) Vermeintlich sichere Forderungen (brutto): 220.000 € (Pauschalwertberichtigung in Höhe von 4% auf den Nettowert).

| **Berechnung der PWB:** | |
|---|---|
| ▪ Vermeintlich sichere Forderungen (brutto): | 220.000 € |
| ▪ Vermeintlich sichere Forderungen (netto): | 200.000 € |
| ▪ PWB vom Nettowert (4%): | 8.000 € |

***Abb. 160: Berechnung der Pauschalwertberichtigung (PWB)***

Für die Bildung (oder Erhöhung) einer Pauschalwertberichtigung auf Forderungen in der Abschreibungsperiode lautet der Buchungssatz "Abschreibung auf Forderungen an PWB auf Forderungen". Das obige Beispiel macht deutlich, daß die einzelwertberichtigten Forderungen nicht in die Pauschalwertberichtigung einbezogen werden.

| S | Zweifelhafte Forderungen | | H |
|---|---|---|---|
| (1) | 66.000 | | **Saldo** ↓ **SBK** |

| S | Abschr. auf Ford. | | H |
|---|---|---|---|
| (2) | 8.000 | | **Saldo** ↓ **GuV-Konto** |

| S | Forderungen | | H |
|---|---|---|---|
| AB | 286.000 | (1) | 66.000 |
| | | EB | 220.000 ↓ **SBK** |

| S | PWB auf Forderungen | | H |
|---|---|---|---|
| EB | 8.000 ↓ **SBK** | (2) | 8.000 |

***Abb. 161: Bildung einer PWB im Kontenschema***

Sollten in der folgenden **Zahlungsperiode** alle vermeintlich sicheren Forderungen wider Erwarten in voller Höhe (220.000 €) eingehen und sollte - im einfachsten Fall - der Forderungsbestand am Ende der Zahlungsperiode gleich Null sein (keine neuen Zielverkäufe in der Zahlungsperiode), ist die Pauschalwertberichtigung gegenstandslos. Sie wird erfolgswirksam aufgelöst. Es entsteht ein Ertrag von 8.000 €.

**Buchungssatz:**

(1) PWB auf Forderungen an sonst. betr. Ertrag 8.000,-

| S sonst. betr. Ertrag | H | | S PWB auf Forderungen | | H |
|---|---|---|---|---|---|
| | 8.000 | ←→ | Abgang 8.000 | AB | 8.000 |

*Abb. 162: Auflösung der PWB in der Zahlungsperiode*

Üblicherweise wird aber auch am Ende der Zahlungsperiode ein Bestand an vermeintlich sicheren Forderungen vorhanden sein. In diesem Fall ist die PWB auf Forderungen **fortzuschreiben**. Hat sich bei konstantem Abschreibungsprozentsatz der Bestand vermeintlich sicherer Forderungen verändert, muß die PWB auf Forderungen mit folgenden Buchungen angepaßt werden:

| | | | |
|---|---|---|---|
| Aufstockung: | Abschr. auf Forderungen | an | PWB auf Forderungen |
| Abstockung: | PWB auf Forderungen | an | sonst. betr. Ertrag |

**Beispiel:**

| | |
|---|---|
| Forderungsbestand (brutto) der Vorperiode | 220.000 € |
| Bisherige PWB auf Forderungen (4%) | 8.000 € |
| Forderungsbestand (brutto) am Bilanzstichtag | 275.000 € |
| Neue PWB auf Forderungen (4%) | 10.000 € |

**Buchungssatz:**

(1) Abschr. auf Ford. an PWB auf Forderungen 2.000,-

| S | Abschr. auf Ford. | H | | S | PWB auf Forderungen | H |
|---|---|---|---|---|---|---|
| (1) | 2.000 | | | | AB | 8.000 |
| | | | | | (1) | 2.000 |

***Abb. 163: Anpassung der PWB an erhöhten Forderungsbestand***

Die hier beschriebene Anpassung der PWB auf Forderungen an einen erhöhten Forderungsbestand durch zusätzliche Abschreibungsverrechnung wird als **statisches Verfahren** bezeichnet. Es hat eine wesentliche **Arbeitserleichterung** zur Folge, da keine laufende Anpassung der PWB im Geschäftsjahr erfolgen muß.

Statisches Verfahren: Einmalige Anpassung der PWB am Jahresende

Beim statischen Verfahren wird auf dem Passivkonto "PWB auf Forderungen" nur **eine** Anpassungsbuchung (Bestandserhöhung = Aufwand; Bestandsminderung = Ertrag) am Jahresende erforderlich. Hierdurch nimmt die Arbeitsbelastung deutlich ab. Zeigt sich in der Zahlungsperiode, daß eine vermeintlich sichere Forderung wahrscheinlich ausfallen wird, muß eine Einzelwertberichtigung erfolgen. Die vorzunehmenden Schritte sind:

(1) Umbuchung von "Forderungen" auf "Dubiose".
(2) Verrechnung der Abschreibung (vom Nettowert).
(3) Verbuchung des Zahlungseingangs und Korrektur der USt. Erfolgsneutrale und erfolgswirksame Vorgänge sind denkbar.

***Abb. 164: Arbeitsschritte beim statischen Verfahren***

Durch die Einzelwertberichtigung nimmt der Bestand vermeintlich sicherer Forderungen ab. Gleichzeitig steigt der Bestand dubioser Forderungen an. Die Abschreibung ist vom Nettowert vorzunehmen, solange der Ausfall nur wahrscheinlich ist. Beim Zahlungseingang wird die USt korrigiert; regelmäßig ergeben sich Aufwendungen und Erträge.

## 3.4 Buchungstechnische Behandlung von Zuschreibungen

Außerplanmäßige Abschreibungen stellen eine Wertminderung dar und verringern den Buchwert von Aktivposten. Sie führen zu einem Aufwand und zu einer Verringerung des Eigenkapitals. Dagegen sind Wertsteigerungen durch eine Zuschreibung zu berücksichtigen, wodurch ein Ertrag entsteht (Vermehrung des Eigenkapitals). Zuschreibungen bilden somit das Gegenstück zur außerplanmäßigen Abschreibung.

| | | | | |
|---|---|---|---|---|
| Wertminderung 80 | → | außerplanmäßige Abschreibung 80 | → | Aufwand 80 |
| Wertsteigerung 60 | → | Zuschreibung 60 | → | Ertrag 60 |

***Abb. 165: Erfolgswirkungen von Abschreibungen und Zuschreibungen***

Steigt der Wert von Vermögensgegenständen, z.B. von Wertpapieren des Umlaufververmögens über den ursprünglichen Bilanzansatz, können unter bestimmten Bedingungen Zuschreibungen vorgenommen werden. Auf dem aktiven Bestandskonto "Wertpapiere des Umlaufvermögens" erhöht sich die Bewertung um 60 €. Die Gegenbuchung wird auf dem Erfolgskonto "Zuschreibungsertrag" vorgenommen. Der Buchungssatz lautet:

| | | | |
|---|---|---|---|
| Wertpapiere des UV | an | Zuschreibungsertrag | 60,- |

Durch den Zuschreibungsertrag erhöhen sich der Erfolgsausweis in der GuV-Rechnung und schließlich der Eigenkapitalausweis in der Bilanz am Periodenende. Auch das Vermögen auf der Aktivseite der Bilanz steigt um 60 € an.

**<u>Beispiel:</u>**

Periode 01: Anschaffung von Wertpapieren des UV zum Börsenkurs von 200,-

31.12.01: Börsenkurs der Wertpapiere des UV: 200,-

31.12.02: Börsenkurs der Wertpapiere des UV: 120,-

31.12.03: Börsenkurs der Wertpapiere des UV: 180,-

31.12.01: Börsenkurs 200,-

| A | Bilanz 31.12.01 | | P |
|---|---|---|---|
| Wertpapiere des UV | 200 | Eigenkapital | 200 |
| | 200 | | 200 |

Periode 02: Außerplanmäßige Abschreibung an Wertpapiere des UV 80,-

| A | Bilanz 31.12.02 | | P |
|---|---|---|---|
| Wertpapiere des UV | 120 | Eigenkapital | 120 |
| | 120 | | 120 |

Periode 03: Wertpapiere des UV an Zuschreibungsertrag 60,-

| A | Bilanz 31.12.03 | | P |
|---|---|---|---|
| Wertpapiere des UV | 180 | Eigenkapital | 180 |
| | 180 | | 180 |

***Abb. 166: Bilanzen nach außerplanmäßiger Abschreibung bzw. Zuschreibung***

In **Periode 02** werden durch den Kursverlust 80 € außerplanmäßig abgeschrieben. Dadurch verringern sich der Ausweis des bilanziellen Vermögens und des Eigenkapitals um 80 €. In **Periode 03** erholt sich der Wertpapierkurs von 120 € auf 180 €. Durch die Zuschreibung erhöhen sich Vermögen und Eigenkapital jeweils um 60 €. Die Zuschreibung führt zu einem Ertrag, der in der GuV-Rechnung ausgewiesen wird.

Im obigen Beispiel wurde die außerplanmäßige Abschreibung von 80 € aus Periode 02 durch eine Zuschreibung von 60 € in Periode 03 teilweise kompensiert. Man bezeichnet einen solchen Vorgang als **Wertaufholung**. Steigt in Anknüpfung an das obige Beispiel der Börsenkurs am 31.12.03 auf 230 €, müßte – rein rechnerisch – eine Zuschreibung von 120 € auf 230 € vorgenommen werden. Der über die GuV zu verrechnende Zuschreibungsbetrag beliefe sich auf 110 €.

Nach geltendem **deutschen Bilanzrecht** bilden aber die Anschaffungs- oder Herstellungskosten die Obergrenze zur Bewertung von Aktiva. Zuschreibungen über diesen Betrag hinaus sind **verboten**. Nach **internationalen Rechnungslegungsstandards** (International Financial Reporting Standards – IFRS), müssen Wertpapiere des Umlaufvermögens zum beizulegenden Zeitwert (**Fair Value**) ausgewiesen werden. Er entspricht oft dem Kurswert. Bei IFRS werden die Financial Assets held for Trading (zu Handelszwecken gehaltene finanzielle Vermögenswerte) als Wertpapiere des Umlaufvermögens eingestuft.

Eine Kurssteigerung, die über die Anschaffungskosten hinausgeht, wird bei Financial Assets held for Trading als Ertrag in der GuV-Rechnung ausgewiesen. Die Anschaffungskosten bilden nicht mehr die Obergrenze der Bewertung, so daß das Eigenkapital stärker steigen kann als im geltenden HGB.

**Beispiel**:
Anschaffungskosten von Wertpapieren des UV: 200 €. Börsenkurs 31.12.02: 120 €, am 31.12.03: 230 €. Die Abbildung zeigt die Zuschreibung nach HGB und IFRS.

**Bilanzierung nach HGB – Begrenzte Zuschreibung**
Periode 03: Wertpapiere des UV an Zuschreibungsertrag 80,-

| A | Bilanz 31.12.03 | | P |
|---|---|---|---|
| Wertpapiere des UV | 200 | Eigenkapital | 200 |
| | 200 | | 200 |

**Bilanzierung nach IFRS – Unbegrenzte Zuschreibung**
Periode 03: Wertpapiere des UV an Zuschreibungsertrag 110,-

| A | Bilanz 31.12.03 | | P |
|---|---|---|---|
| Wertpapiere des UV | 230 | Eigenkapital | 230 |
| | 230 | | 230 |

***Abb. 167: Begrenzte – unbegrenzte Zuschreibung (HGB – IFRS)***

Nach dem **HGB** darf eine über die Anschaffungskosten (200 €) hinausgehende Wertsteigerung (30 €) erst als Ertrag ausgewiesen werden, wenn sie durch den Umsatzakt realisiert ist. Dieser Fall tritt z.B. beim Verkauf der Wertpapiere ein. Das handelsrechtliche Realisationsprinzip wird mit dem Gläubigerschutz begründet. Bei einer Kurssteigerung über die Anschaffungskosten entsteht zwar ein Buchgewinn. Solange der Unternehmer die Wertpapiere jedoch nicht veräußert hat, kann er auf diesen Gewinn nicht zurückgreifen und auch keine Tilgungszahlungen an die Gläubiger leisten.

Nach **IFRS** sollen die Bilanzleser dagegen über die tatsächlichen Vermögenswerte am Bilanzstichtag (230 €) unterrichtet werden. Nicht die Gläubiger, sondern die **Investoren** eines Unternehmens stehen im Mittelpunkt der Betrachtung. Die vom International Accounting Standards Board (IASB) in London entwickelten Vorschriften sollen in erster Linie die Gesellschafter (Aktionäre) einer Aktiengesellschaft informieren. Diese Bilanzadressaten interessieren sich weniger für die Kredittilgung als für die erzielten Erträge des Unternehmens. Hierzu gehören letztlich auch Kurssteigerungen von Wertpapieren. Daher wird das Realisationsprinzip international nicht so streng angewendet wie im deutschen Handelsrecht.

Die Rechnungslegungsvorschriften nach HGB und IFRS wenden sich somit an unterschiedliche Bilanzadressaten. Hieraus folgen zum Teil unterschiedliche bilanzielle Ansatz- und Bewertungsvorschriften für das Vermögen und die Schulden eines Unternehmens. Zu den Einzelheiten der internationalen Rechnungslegungsvorschriften wird auf die Literatur verwiesen (Teil C des Literaturverzeichnisses). Im 8. Kapitel wird die Buchhaltungtechnik aus internationaler Sicht betrachtet, wobei die Bilanz und GuV-Rechnung der Aktiengesellschaft im Mittelpunkt stehen.

Zusammenfassend läßt sich hinsichtlich der Bilanzadressaten der folgende Unterschiede zwischen dem HGB und IFRS festhalten:

| HGB: Gläubigerorientierung – IFRS: Investorenorientierung |
|---|

# 4. Verbuchung von Rechnungsabgrenzungsposten

## 4.1 Erfolgsabgrenzung durch Rechnungsabgrenzungsposten

Zahlt ein Unternehmen in Periode I am 1.12. die Miete für den Monat Dezember (2.000 €) im voraus, lautet der Buchungssatz: "Mietaufwand an Bank". Die Auszahlung ist der Periode I in voller Höhe als Aufwand zuzurechnen. Zahlt dasselbe Unternehmen jedoch am 1.12. die Miete für drei Monate (6.000 €) im voraus, tritt das Problem der Erfolgsabgrenzung auf, da zwei Geschäftsjahre betroffen sind. Es gilt:

| Notwendigkeit der Erfolgsabgrenzung: Zahlungen betreffen zwei Geschäftsjahre |
|---|

Die folgende Abbildung veranschaulicht das Problem:

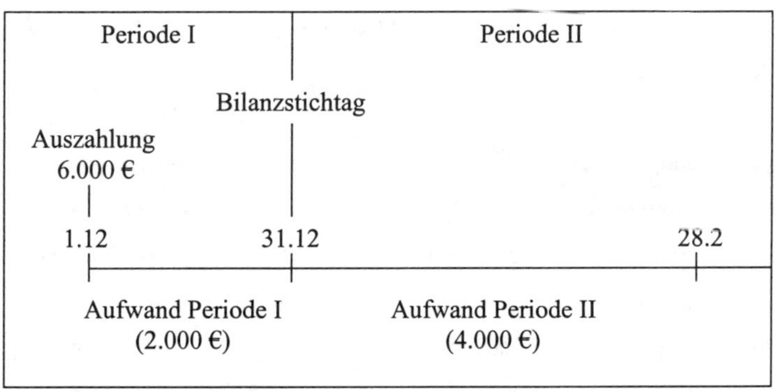


***Abb. 168: Erfolgsabgrenzung bei vorschüssiger Zahlung (transitorisch)***

Zahlt das Unternehmen am 1.12. die Miete (6.000 €) für drei Monate im voraus (vorschüssige Zahlung), wird diese Auszahlung in zwei Aufwandsbestandteile zerlegt: 2.000 € werden Periode I, 4.000 € werden Periode II als Aufwand angelastet (periodengerechte Gewinnermittlung). Bezogen auf den Bilanzstichtag (31.12.) läßt sich folgendes feststellen: in Höhe von 2.000 € ist die Mietzahlung "verbraucht". Ein Wertverzehr ist bereits eingetreten und dieser Aufwand betrifft das Geschäftsjahr 01. In Höhe von 4.000 € besteht gegenüber dem Vermieter ein **Leistungsanspruch** auf Raumüberlassung (Auszahlung vor Aufwand). Der Leistungsanspruch hat Ähnlichkeit mit einer Forderung. Er ist ein **Aktivposten** und wird am 31.12. als aktiver Rechnungsabgrenzungsposten (**"RAP aktiv"**) in die Schlußbilanz aufgenommen.

Hat das Unternehmen dagegen am 1.12. eine Mietzahlung in Höhe von 6.000 € für drei Monate im voraus erhalten, werden 2.000 € als Ertrag der Periode I verbucht. Nur in dieser Höhe wurde der Ertrag realisiert (Realisationsprinzip). In Höhe von 4.000 € liegt gegenüber dem Mieter eine **Leistungsverpflichtung** vor (Einzahlung vor Ertrag). Sie hat Ähnlichkeit mit einer Verbindlichkeit. Es ist ein **Passivposten** zu bilden. Am 31.12. wird ein passiver Rechnungsabgrenzungsposten (**"RAP passiv"**) in die Bilanz eingestellt.

Ein forderungsähnlicher Tatbestand wird aktiviert, ein verbindlichkeitsähnlicher Tatbestand wird passiviert. Zu Beginn der Periode II wird der Rechnungsabgrenzungsposten aufgelöst. Auf diese Weise werden der Periode II 4.000 € Aufwand bzw. Ertrag angelastet, obwohl es in der Periode II keinen Zahlungsvorgang gegeben hat.

Eine Erfolgsabgrenzung durch Bildung und Auflösung von Rechnungsabgrenzungsposten ist in den folgenden Fällen gegeben:

- Zahlungsvorgang vor dem Bilanzstichtag;
- Zuordnung des Vorgangs zu einem **bestimmten Zeitabschnitt**;
- **Innerhalb** dieses Zeitabschnitts liegt der **Abschlußstichtag**.

Beispiele für zeitabschnittsbezogene Zahlungen sind:

- Mietzahlungen,
- Steuerzahlungen (z.B. Kfz-Steuer, Grundsteuer),
- Zeitraumbezogene Beiträge (z.B. Berufsgenossenschaft),
- Versicherungsprämien (z.B. Kfz, Gebäude).

## 4.2 Buchungstechnische Behandlung von Rechnungsabgrenzungsposten

### 4.2.1 Aktive Rechnungsabgrenzung

Wenn das Unternehmen am Bilanzstichtag einen Leistungsanspruch, ein "Guthaben" aus einer periodenübergreifenden Zahlung hat, wird ein Aktivposten zur Abgrenzung gebildet. Fällt die Zahlung **vor** dem Bilanzstichtag an, spricht man von einem **transitorischen** Vorgang. Um zu zeigen, wie ein "RAP aktiv" gebildet und aufgelöst wird, greifen wir auf das obige Beispiel zurück:

**Periode I**

1.12. Wir überweisen 6.000,- € Miete für drei Monate im voraus.

31.12. Der auf Periode II entfallende Mietanteil wird aktiv abgegrenzt.

**Buchungssätze:**

| | | | | |
|---|---|---|---|---|
| (1.12.) | Mietaufwand | an | Bank | 6.000,- |
| (31.12.) | RAP aktiv | an | Mietaufwand | 4.000,- |

**In Kontenform:**

| S | Bank | | H |
|---|---|---|---|
| | | (1.12.) | 6.000 |

| S | Mietaufwand | | H |
|---|---|---|---|
| (1.12.) | 6.000 | (31.12.) | 4.000 |
| | | GuV | 2.000 → |
| | 6.000 | | 6.000 |

| S | GuV-Konto | | H |
|---|---|---|---|
| Miete | 2.000 | | |

| S | RAP aktiv | | H |
|---|---|---|---|
| (31.12.) | 4.000 | SBK | 4.000 → |
| | 4.000 | | 4.000 |

| S | SBK | | H |
|---|---|---|---|
| RAP | 4.000 | | |

***Abb. 169: Bildung eines aktiven Rechnungsabgrenzungspostens***

**Periode II**

1.1. Wir lösen den RAP aktiv erfolgswirksam auf, indem wir das Konto "Mietaufwand" mit 4.000 € belasten.

**Buchungssatz:**

| | | | |
|---|---|---|---|
| (1.1.) Mietaufwand | an | RAP aktiv | 4.000,- |

**In Kontenform:**

| S | RAP aktiv | | H |
|---|---|---|---|
| AB | 4.000 | (1.1.) | 4.000 |
| | 4.000 | | 4.000 |

| S | Mietaufwand | | H |
|---|---|---|---|
| (1.1.) | 4.000 | | |

***Abb. 170: Auflösung eines aktiven Rechnungsabgrenzungspostens***

Im Gegensatz zum obigen Beispiel können periodenübergreifende Zahlungen auch **nachschüssig** erfolgen. Der Zahlungstermin liegt jenseits des Bilanzstichtags in der Periode II. Man spricht hierbei von einem **antizipativen Vorgang**. Am 1.3. der Periode II werden unserem Bankkonto 1.200 € Zinsen **rückwirkend** für sechs Monate gutgeschrieben. Somit entsteht ein Teil des Ertrags bereits im Geschäftsjahr I. Der Zahlungsvorgang fällt in die Folgeperiode.

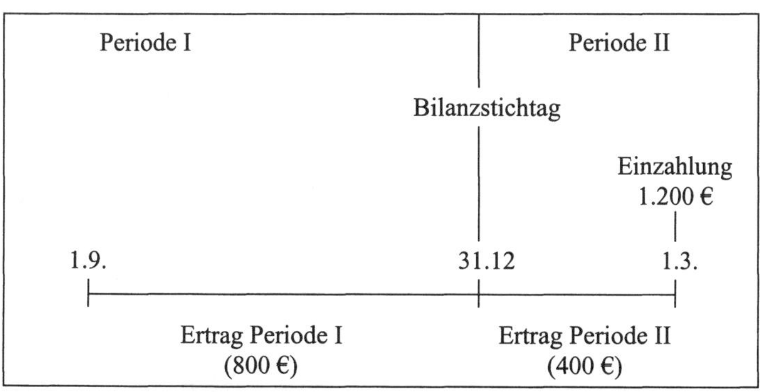


***Abb. 171: Erfolgsabgrenzung bei nachschüssiger Zahlung (antizipativ)***

Auf Periode I entfällt ein Zinsertrag in Höhe von 800 €. Der bis 31.12. aufgelaufene Zinsanspruch des Unternehmens läßt sich als **Forderung** gegenüber der Bank interpretieren. Zum Zweck der Erfolgsabgrenzung wird ein **Aktivposten** in Höhe von 800 € in die Schlußbilanz eingestellt. Hierbei verwendet man nicht das Konto "RAP aktiv", obwohl es buchungstechnisch möglich wäre, sondern das Konto "Sonstige Forderungen" wie folgendes Beispiel zeigt.

**Periode I**

31.12. Eine Zinsgutschrift über 1.200 €, die am 1.3. der Periode II für 6 Monate nachschüssig erfolgen wird, ist erfolgsmäßig abzugrenzen.

**Buchungssatz:**

| | | | | |
|---|---|---|---|---|
| (31.12.) Sonstige Forderungen | | an | Zinsertrag | 800,- |

**In Kontenform:**

| S | Zinsertrag | | H |
|---|---|---|---|
| Saldo ↓ GuV-Konto | | (31.12.) | 800 |

| S | Sonstige Forderungen | | H |
|---|---|---|---|
| (31.12.) | 800 | | Saldo ↓ SBK |

***Abb. 172: Bildung eines antizipativen Aktivpostens (Sonstige Forderungen)***

**Periode II**

1.3. Wir erhalten eine Zinsgutschrift über 1.200 € nachschüssig für die zurückliegenden 6 Monate.

**Buchungssatz:**

| | | | | |
|---|---|---|---|---|
| (1.3.) Bank | 1.200,- | an | Sonstige Forderungen | 800,- |
| | | | Zinsertrag | 400,- |

**In Kontenform:**

| S | Bank | | H |
|---|---|---|---|
| (1.3.) | 1.200 | | |

| S | Zinsertrag | | H |
|---|---|---|---|
| | | (1.3.) | 400 |

| S | Sonstige Forderungen | | H |
|---|---|---|---|
| AB | 800 | (1.3.) | 800 |

***Abb. 173: Auflösung eines antizipativen Aktivpostens (Sonstige Forderungen)***

Nach § 250 Abs. 1 HGB ist ein aktiver Rechnungsabgrenzungsposten nur zu bilden, wenn Ausgaben **vor** dem Abschlußstichtag anfallen. Nachschüssige Zahlungen fallen nach dem Abschlußstichtag an und sind folglich nicht auf dem Konto "RAP aktiv", sondern auf dem Konto "Sonstige Forderungen" abzugrenzen, so daß folgende Zusammenfassung gilt:

| Periodenübergreifende Zahlung | Bilanzielle Abgrenzung | Abgrenzungs-konto |
|---|---|---|
| Auszahlung vor Bilanzstichtag (transitorisch) | aktiv | RAP aktiv |
| Einzahlung nach Bilanzstichtag (antizipativ) | aktiv | Sonstige Forderungen |

***Abb. 174: Formen der aktiven Rechnungsabgrenzung***

## 4.2.2 Passive Rechnungsabgrenzung

Eine **passive** Abgrenzung kommt für periodenübergreifende Zahlungen in Betracht, wenn das Unternehmen am Bilanzstichtag eine **Leistungsverpflichtung**, quasi eine **Verbindlichkeit** hat. Das ist beispielsweise der Fall, wenn wir vor dem Bilanzstichtag eine periodenübergreifende Mietzahlung erhalten. Der Geldzufluß darf nur insoweit als Ertrag der Periode I verbucht werden, als er zeitanteilig auf Periode I entfällt. Für den auf Periode II entfallenden Teil der Mietzahlung ist ein RAP passiv (transitorischer Passivposten) zu bilden, wie folgendes Beispiel zeigt:

**Periode I**

1.11. Wir erhalten eine Mietvorauszahlung für die kommenden drei Monate in Höhe von 4.500 € durch Banküberweisung.

**Buchungssätze:**

| | | | | |
|---|---|---|---|---|
| (1.11.) | Bank | an | Mietertrag | 4.500,- |
| (31.12.) | Mietertrag | an | RAP passiv | 1.500,- |

***Abb. 175: Bildung eines passiven Rechnungsabgrenzungspostens***

**Periode II**

1.1. Wir lösen den RAP passiv erfolgswirksam auf, indem wir 1.500 € Mietertrag verbuchen.

**Buchungssatz:**

| | | | | |
|---|---|---|---|---|
| (1.1.) | RAP passiv | an | Mietertrag | 1.500,- |

***Abb. 176: Auflösung eines passiven Rechnungsabgrenzungspostens***

Nach § 250 Abs. 2 HGB sind als passive Rechnungsabgrenzungsposten nur Einnahmen **vor** dem Abschlußstichtag auszuweisen. Für nachschüssige Zahlungen, denen im alten Geschäftsjahr ein Aufwand zugrunde liegt, ist kein "RAP passiv", sondern eine sonstige Verbindlichkeit zu passivieren, wie folgendes Beispiel zeigt:

**Periode I**

31.12. Eine Versicherungsprämie in Höhe von 4.800 €, die am 1.4. der Periode II nachschüssig für die letzten 12 Monate zu zahlen ist, ist für 9 Monate abzugrenzen.

**Buchungssatz:**

| | | | | |
|---|---|---|---|---|
| (31.12.) | Versicherungsaufwand | an | Sonstige Verbindlichkeiten | 3.600,- |

**Periode II**

1.4. Wir überweisen 4.800 € Versicherungsprämie und buchen hierbei die sonstigen Verbindlichkeiten aus (= 3.600 €, entsprechen 9/12 von 4.800 €).

| **Buchungssatz:** | | | | |
|---|---|---|---|---|
| (1.4.) Versicherungsaufwand | 1.200,- | an | Bank | 4.800,- |
| Sonstige Verbindlichkeiten | 3.600,- | | | |

***Abb. 177: Bildung und Auflösung eines antizipativen Passivpostens (Sonstige Verbindlichkeiten)***

Hinsichtlich des bilanziellen Ausweises **transitorischer** Rechnungsabgrenzungsposten gilt folgendes. Da es sich nur um "Abgrenzungsposten" handelt, die Geldzahlungen in die Leistungsperiode überleiten, weisen sie eine andere Qualität auf als z.B. Gebäude oder Maschinen. Der Gesetzgeber weist auf den besonderen Charakter dieser Größen hin, indem er folgenden bilanziellen Ausweis vorschreibt:

- Aktive Rechnungsabgrenzungsposten: Unter dem Umlaufvermögen.
- Passive Rechnungsabgrenzungsposten: Unter den Verbindlichkeiten.

Abschließend lassen sich die Aussagen zur passiven Rechnungsabgrenzung folgendermaßen zusammenfassen:

| Periodenübergreifende Zahlung | Bilanzielle Abgrenzung | Abgrenzungskonto |
|---|---|---|
| Einzahlung vor Bilanzstichtag (transitorisch) | passiv | RAP passiv |
| Auszahlung nach Bilanzstichtag (antizipativ) | passiv | Sonstige Verbindlichkeiten |

***Abb. 178: Formen der passiven Rechnungsabgrenzung***

# 5. Verbuchung von Rückstellungen

## 5.1 Erfolgsabgrenzung durch Rückstellungen

Neben dem Vermögensausweis dient der Jahresabschluß dem Erfolgsausweis, genauer gesagt der **periodengerechten Erfolgsermittlung**. Danach sind Erträge und Aufwendungen unabhängig vom Zahlungstermin der Periode zuzuordnen, in welcher die Wertsteigerung bzw. Wertminderung eingetreten ist. Das handelsrechtliche **Vorsichtsprinzip** macht jedoch die periodengerechte Gewinnermittlung zur "Einbahnstraße". Der Unternehmer ist verpflichtet, vorsichtig zu bewerten. Er soll

- **Aufwand** vorziehen. Alle vorhersehbaren Risiken und Verluste, die im Laufe eines Geschäftsjahres entstanden sind, müssen im Jahresabschluß berücksichtigt werden.
- **Ertrag** nach dem Realisationsprinzip berücksichtigen. Wertsteigerungen sind erst zu beachten, wenn sie bis zum Abschlußstichtag durch den Umsatz realisiert sind.

Im Interesse kaufmännischer Vorsicht ist im HGB Verlustantizipation geboten und Gewinnantizipation verboten. Diese Ungleichbehandlung von Aufwand und Ertrag wird als **Imparitätsprinzip** bezeichnet. Die Verlustantizipation erfolgt durch **Rückstellungen**. Die Rückstellungsbildung ist ein Mittel, die gesetzlich verordnete Vorverlagerung von Aufwand buchungstechnisch zu ermöglichen.

**Beispiel:** Kurz vor Ende der Periode I treten an einem Betriebsgebäude Schäden auf, die erst zu Beginn der Periode II behoben werden können. Die Höhe der Reparaturkosten wird auf 100.000 € veranschlagt. Das Prinzip kaufmännischer Vorsicht zwingt uns, in Periode I 100.000 € als Aufwand zu verrechnen, obwohl die Auszahlung erst in Periode II erfolgt. Durch die Bildung des Passivpostens "Rückstellungen" erfolgt eine Aufwandsvorverlagerung, so daß die Auszahlung in Periode II erfolgsneutral ist.

In § 249 HGB sind die Vorschriften zur Bildung und Auflösung von Rückstellungen enthalten. Die Rückstellungen für ungewisse Verbindlichkeiten bilden die wichtigste Gruppe. Hierzu gehören z.B. betriebliche Steueraufwendungen, Prozeßkosten, Garantieleistungen, künftigen Pensionszahlungen, die im abgelaufenen Geschäftsjahr verursacht worden sind. Auch für bestimmte Instandhaltungen sind Rückstellungen zu bilden.

In allen Fällen handelt es sich um die Antizipation (Vorwegnahme) künftiger Auszahlungen. Charakteristisch ist dabei, daß die exakte Auszahlungshöhe und der genaue Zahlungs-termin im Zeitpunkt der Rückstellungsbildung nicht bekannt sind. Die Rückstellungsbildung ist mit der Schätzung einer angemessenen Rückstellungshöhe verbunden, weil nicht exakt vorausgesagt werden kann, ob, wann und in welcher Höhe eine spätere Auszahlung anfällt.

Die Ungewißheit über Höhe und Zeitpunkt künftiger Auszahlungen unterscheidet Rückstellungen von **echten Verbindlichkeiten**. Das gilt auch für sonstige Verbindlichkeiten, die im Rahmen der antizipativen Rechnungsabgrenzung gebildet werden (vgl. hierzu die Ausführungen im vorigen Gliederungspunkt). Im Gegensatz zur Rückstellung kann ein antizipativer Passivposten ("Sonstige Verbindlichkeiten") nur gebildet werden, wenn die spätere Auszahlung der Höhe und Fälligkeit nach vertraglich fixiert ist.

Hinsichtlich der **Umsatzsteuer** ist bei der **Rückstellungsbildung** folgendes zu beachten: Kann der Unternehmer bei der zukünftigen Leistung (z.B. bei der obigen Reparatur am Betriebsgebäude) den Vorsteuerabzug vornehmen, ist die Rückstellung nur in Höhe des Nettobetrages zu bilden. Andernfalls ist auch die Umsatzsteuer mit zu berücksichtigen, da die Belastung des Unternehmens entsprechend steigt.

## 5.2 Buchungstechnische Behandlung von Rückstellungen

In der Periode der Rückstellungsbildung wird Aufwand verrechnet, so daß die späteren Auszahlungen **erfolgsneutralen Charakter** aufweisen, indem die Rückstellung aufgelöst wird. Voraussetzung ist hierbei, daß die Rückstellung der Höhe nach richtig bemessen wurde. Ist das nicht der Fall, wurde die Rückstellung zu niedrig (hoch) berechnet, entsteht in Höhe der Differenz ein sonstiger betrieblicher Aufwand (Ertrag).

Die Rückstellungsbildung berührt ein Aufwandskonto und ein Bestandskonto. Als Aufwandskonto wird grundsätzlich das sachlich zutreffende Konto angesprochen. Bei einer Rückstellungsbildung wegen unterlassener Reparaturen ist das Konto "Reparaturaufwand" zu buchen. In der Praxis wird jedoch meist das Konto "sonstiger betrieblicher Aufwand" verwendet. Das Konto "Rückstellungen" ist ein **passives Bestandskonto**, da es einen Verbindlichkeitscharakter aufweist. Der bilanzielle Ausweis erfolgt zwischen dem Eigenkapital und den Verbindlichkeiten, da es eine Zwischenstellung aufweist.

Die Erfolgsabgrenzung durch Rückstellungsbildung und Rückstellungsauflösung soll an folgendem Beispiel demonstriert werden: Im Zuge eines Schadenersatzprozesses aus 01 überweisen wir am 1.6.01 eine Vorauszahlung in Höhe von 2.000 € an die Gerichtskasse. Am Bilanzstichtag (31.12.01) müssen wir befürchten, den Prozeß zu verlieren und in einem späteren Zeitpunkt zu 70.000 € Schadenersatz verurteilt zu werden. Es ist eine Rückstellung für ungewisse Verbindlichkeiten zu passivieren (§ 249 Abs. 1 HGB).

**Buchungen in Periode 01:**

| | | | |
|---|---|---|---|
| (1) Sonstiger betr. Aufwand | an | Bank | 2.000,- |
| (2) Sonstiger betr. Aufwand | an | Rückstellungen | 70.000,- |
| (3) GuV-Konto | an | Sonstiger betr. Aufwand | 72.000,- |
| (4) Rückstellungen | an | SBK | 70.000,- |

| S | Bank | | H |
|---|---|---|---|
| | | (1) | 2.000 |

| S | Sonstiger betr. Aufwand | | H |
|---|---|---|---|
| (1) | 2.000 | (3) | 72.000 |
| (2) | 70.000 | | |
| | 72.000 | | 72.000 |

| S | GuV-Konto | | H |
|---|---|---|---|
| (3) | 72.000 | | |

| S | Rückstellungen | | H |
|---|---|---|---|
| (4) | 70.000 | (2) | 70.000 |
| | 70.000 | | 70.000 |

| S | SBK | | H |
|---|---|---|---|
| | | (4) | 70.000 |

***Abb. 179: Bildung einer Rückstellung***

Im Rahmen der **Auflösung** von Rückstellungen sind folgende Grundsätze zu beachten:

- Rückstellungen sind aufzulösen, sobald der Grund zur Rückstellungsbildung entfällt.

- Die Auflösung ist erfolgsneutral, wenn Rückstellung und Auszahlung übereinstimmen.
- War der Rückstellungsbetrag - gemessen an der Auszahlung - zu hoch (niedrig), wird in der Auflösungsperiode ein sonstiger betrieblicher Ertrag (sonstiger betrieblicher Aufwand) verbucht.
- Liegt zwischen dem Wegfall des Rückstellungsgrundes (schwebender Prozeß) und dem Zeitpunkt der Auszahlung ein weiterer Bilanzstichtag, wird aus einer ungewissen eine gewisse Verbindlichkeit. Die Rückstellung wird auf das Konto "Sonstige Verbindlichkeit" umgebucht.

Anknüpfend an die Rückstellungsbildung in Periode 01 können in Periode 02 alternativ die Fälle (a) bis (d) eintreten:

**In Periode 02**

(a) Der Prozeß geht erwartungsgemäß verloren. Das Urteil wird am 1.12. verkündet. Wir zahlen am 20.12. durch Banküberweisung 70.000 € Schadenersatz.

(b) Wir werden am 1.12. wider Erwarten freigesprochen.

(c) Wir werden am 1.12. zu 60.000 € Schadenersatz verurteilt, den wir am 20.12. an den Prozeßgegner überweisen.

(d) Wir werden am 1.12. verurteilt, binnen 40 Tagen 90.000 € Schadenersatz zu zahlen. Diesen Betrag überweisen wir am 5.1 der Periode 03 an den Prozeßgegner.

| | | | | |
|---|---|---|---|---|
| **Buchungen in Periode 02:** | | | | |
| (a) Rückstellungen | | an | Bank | 70.000,- |
| (b) Rückstellungen | | an | sonst. betr. Ertrag | 70.000,- |
| (c) Rückstellungen | 70.000,- | an | Bank | 60.000,- |
| | | | sonst. betr. Ertrag | 10.000,- |
| (d) Rückstellungen | 70.000,- | an | Sonstige Verb. | 90.000,- |
| sonst. betr. Aufwand | 20.000,- | | | |
| **Buchung in Periode 03:** | | | | |
| (d) Sonstige Verb. | | an | Bank | 90.000,- |

***Abb. 180: Auflösung einer Rückstellung***

# 6. Entwicklung des Jahresabschlusses aus der Hauptabschlußübersicht

Der Ablauf der Buchhaltung läßt sich zusammengefaßt wie folgt darstellen: Am Jahresanfang werden die Werte der einzelnen Bilanzposten in das Eröffnungsbilanzkonto übertragen. Es erfolgt die Buchung der Anfangsbestände auf die aktiven und passiven Bestandskonten. Nach Bedarf werden Aufwands- und Ertragskonten eröffnet,welche die jährlichen Eigenkapitalminderungen und Eigenkapitalmehrungen erfassen.

Im Laufe des Geschäftsjahres werden die Geschäftsvorfälle auf den jeweiligen Konten verbucht. Am Jahresende werden die Bestände der aktiven und passiven Bestandskonten ermittelt und auf das Schlußbilanzkonto übertragen. Die Salden der Aufwands- und Ertragskonten werden auf das GuV-Konto gebucht, um den Erfolg der Periode zu ermitteln. Der Erfolg wird auf das Konto "Eigenkapital" gebucht, dessen Endbestand anschließend auf das Schlußbilanzkonto übertragen wird.

Dieser Ablauf ist um die **vorbereitenden Abschlußbuchungen** zu ergänzen. Diese Buchungen sind notwendig, um in jeder Periode den Erfolg ausweisen zu können, der tatsächlich erwirtschaftet wurde. Dazu ist es notwendig, die Erträge und Aufwendungen periodengerecht zuzuordnen. Hierbei sind das Realisationsprinzip und Imparitätsprinzip zu beachten. Wichtige Abschlußbuchungen sind die Verbuchung von Abschreibungen (auf Sachanlagen und Forderungen), Zuschreibungen, Rechnungsabgrenzungsposten und Rückstellungen.

Die vorbereitenden Abschlußbuchungen werden organisatorisch unter Verwendung der **Hauptabschlußübersicht** durchgeführt. Die Hauptabschlußübersicht hat im wesentlichen zwei Aufgaben:

- **Fehlererkennung**. Es sollen formale Fehler aufgedeckt werden, die sich in die Buchhaltung eingeschlichen haben. Hierbei handelt es sich insbesondere um Differenzen auf der Soll- und Habenseite einzelner Konten. Die Hauptabschlußübersicht ermittelt einen **Probeabschluß**, bei dem schrittweise überprüft werden kann, ob Abstimmungsfehler in der Buchhaltung vorhanden sind.

- **Durchführung von Bilanzpolitik**. Durch Ausnutzung von legalen Freiräumen (bilanzieller Wahlrechte) kann der Jahresabschluß nach den Zielen des Bilanzierenden gestaltet werden.

<u>**Beispiel**</u>: Unternehmer Müller hat in 01 einen vorläufigen Gewinn von 60.000 € erzielt. Bei Aufstellung der Hauptabschlußübersicht stellt er fest, daß ein Aktivposten entweder mit 50.000 € oder mit 20.000 € bewertet werden kann. Es besteht ein **Abwertungswahlrecht**. Wird es genutzt, sinkt der Gewinn um 30.000 €. Anfang 02 benötigt Müller einen neuen Kredit für sein Unternehmen. Die Bank hat zugesichert, daß bei einem Gewinn von mindestens 50.000 € ein Zinssatz von 10% zu bezahlen ist. Bei niedrigeren Gewinnen sind 14% zu entrichten. Die folgende Abbildung zeigt die bilanzpolitischen Alternativen und die zu treffende Entscheidung:

| | Hoher Gewinn | Niedriger Gewinn |
|---|---|---|
| Abwertung | Nein | Ja |
| Gewinnbetrag | 60.000 € | 30.000 € |
| Zinsbelastung | Niedrig (10%) | Hoch (14%) |
| Entscheidung | **Verzicht auf die Abwertung** | |

***Abb. 181: Beispiel zur Bilanzpolitik***

Der Aufbau der Hauptabschlußübersicht soll an einem Beispiel erläutert werden, dem die folgende Bilanz zugrunde liegt:

| A | Bilanz zum 01.01. ..01 | | P |
|---|---|---|---|
| Geschäftsausstattung | 10.000 | Eigenkapital | 10.000 |
| Waren | 15.000 | Verbindlichkeiten | 30.000 |
| Forderungen | 5.000 | | |
| Bank | 10.000 | | |
| | 40.000 | | 40.000 |

***Abb. 182: Bilanz zur Ableitung einer Hauptabschlußübersicht***

| Konten | Anfangsbilanz | | Umsatzbilanz | | Summenbilanz | | Saldenbilanz I | |
|---|---|---|---|---|---|---|---|---|
| | Aktiva | Passiva | Soll | Haben | Soll | Haben | Soll | Haben |
| Geschäftsausstattung | 10.000 | | | | 10.000 | | 10.000 | |
| Wareneinkauf | 15.000 | | 11.000 | | 26.000 | | 26.000 | |
| Forderungen | 5.000 | | 6.000 | | 11.000 | | 11.000 | |
| Bank | 10.000 | | 7.000 | 15.000 | 17.000 | 15.000 | 2.000 | |
| Eigenkapital | | 10.000 | | | | 10.000 | | 10.000 |
| Verbindlichk. | | 30.000 | | 4.000 | | 34.000 | | 34.000 |
| Privatkonto | | | 1.000 | | 1.000 | | 1.000 | |
| Warenverkauf | | | | 12.000 | | 12.000 | | 12.000 |
| Mietaufwand | | | 3.000 | | 3.000 | | 3.000 | |
| Lohn- und Gehaltsaufwand | | | 4.000 | | 4.000 | | 4.000 | |
| Zinsertrag | | | | 1.000 | | 1.000 | | 1.000 |
| Abschreibung | | | | | | | | |
| Summe | 40.000 | 40.000 | 32.000 | 32.000 | 72.000 | 72.000 | 57.000 | 57.000 |

***Abb. 183: Hauptabschlußübersicht (Teil 1)***

In der Hauptabschlußübersicht werden alle Konten ausgewiesen, auf denen im Laufe des Geschäftsjahres Buchungen vorgenommen wurden. Da in der Bilanz aus Gründen der Übersichtlichkeit eine Zusammenfassung einzelner Posten erfolgt, muß die Anzahl der Konten regelmäßig größer sein als die der Bilanzposten. Außerdem ist zu beachten, daß die Erfolgskonten differenziert ausgewiesen werden. Im obigen Fall sind folgende Konten zusätzlich zu berücksichtigen: "Privatkonto", "Mietaufwand", "Lohn- und Gehaltsaufwand", "Zinsertrag" und "Abschreibung".

| Umbuchungen | | Saldenbilanz II | | Schlußbilanz | | GuV-Rechnung | |
|---|---|---|---|---|---|---|---|
| Soll | Haben | Soll | Haben | Aktiva | Passiva | Aufwen-dungen | Erträge |
| | 2.000 | 8.000 | | 8.000 | | | |
| | 3.000 | 23.000 | | 23.000 | | | |
| | | 11.000 | | 11.000 | | | |
| | | 2.000 | | 2.000 | | | |
| 1.000 | | | 9.000 | | 9.000 | | |
| | | | 34.000 | | 34.000 | | |
| | 1.000 | | | | | | |
| 3.000 | | | 9.000 | | | | 9.000 |
| | | 3.000 | | | | 3.000 | |
| | | 4.000 | | | | 4.000 | |
| | | | 1.000 | | | | 1.000 |
| 2.000 | | 2.000 | | | | 2.000 | |
| 6.000 | 6.000 | 53.000 | 53.000 | 44.000 | 43.000 | 9.000 | 10.000 |
| | | | | | 1.000 | 1.000 | |
| | | | | 44.000 | 44.000 | 10.000 | 10.000 |

***Abb. 184: Hauptabschlußübersicht (Teil 2)***

Außerdem wurde der Posten "Waren" in die Konten "Wareneinkauf" und "Warenverkauf" zerlegt. Die Werte der Bilanz werden in die erste Spalte eingetragen. Dabei werden die Aktiv- und Passivkonten in Spaltenform nebeneinander aufgeführt. Wie in der Bilanz, müssen auch hier die Aktivseite und Passivseite summenmäßig übereinstimmen. Die **Umsatzbilanz** zeigt alle (Soll- und Haben-)Umsätze auf den einzelnen Konten, die im Laufe des Geschäftsjahres stattgefunden haben. Der Warenbestand hat um 11.000 € zugenommen, das Bankkonto weist Zugänge in Höhe von 7.000 € und Abgänge in Höhe von 15.000 € auf.

In der **Summenbilanz** erfolgt die Addition der Umsätze zu den in der Bilanz ausgewiesenen Werten (z.B. Wareneinkauf: 15.000 € + 11.000 € = 26.000 €). Anschließend werden in der **Saldenbilanz I** die Salden der Soll- und Habenseiten gebildet. Beim Warenbestand bleibt der Wert auf der Sollseite in Höhe von 26.000 € erhalten, da die Habenseite einen Wert von Null ausweist. Der Saldo des Kontos "Bank" erscheint auf der Sollseite in Höhe von 2.000 € (17.000 € - 15.000 €).

Da in der Hauptabschlußübersicht die Salden auf der jeweils größeren Seite erscheinen, ist der Begriff Saldenbilanz mißverständlich. Danach müßten die Salden die kleineren Seiten ausgleichen. Der Begriff **Überschußbilanz**, der teilweise auch verwendet wird, ist somit inhaltlich zutreffender. Falls Soll- und Habenbuchungen in den Konten nicht übereinstimmen, werden diese Fehler durch die übersichtliche Spaltendarstellung leicht erkannt (**Fehlererkennung**) und können behoben werden.

Die Durchführung der vorbereitenden Abschlußbuchungen findet in der Spalte **Umbuchungen** statt. Das Ergebnis der Umbuchungen führt zur **Saldenbilanz II**. Durch Berücksichtigung erlaubter Wahlrechte können hierbei die Erfolgswirkungen bilanzpolitischer Maßnahmen überprüft werden (**Durchführung von Bilanzpolitik**). Dabei werden im einzelnen die folgenden Umbuchungen vorgenommen:

1. **Verbuchung der Privateinlagen und Privatentnahmen**

   Hat der Unternehmer Einlagen oder Entnahmen getätigt, sind diese mit dem Eigenkapitalkonto zu verrechnen. Im Beispiel wurden Entnahmen in Höhe von 1.000 € getätigt, die über das Konto "Eigenkapital" abgerechnet werden (Buchung: "Eigenkapital an Privatkonto 1.000"). Die Verbuchung von Privateinlagen und Privatentnahmen ist rechtsformabhängig und betrifft insbesondere Einzelunternehmen und Offene Handelsgesellschaften. Einzelheiten werden im 7. Kapitel behandelt.

2. **Verbuchung der Abschreibungen**

   Es sind die planmäßigen und außerplanmäßigen Abschreibungen zu verbuchen. Die planmäßigen Abschreibungen der abnutzbaren Vermögensgegenstände sind immer zu verbuchen. Dagegen sind die außerplanmäßigen Abschreibungen z.B. bei Maschinen oder Forderungen nur dann zu buchen, wenn sich Unterschiede zwischen den Buch- und Marktwerten ergeben. Hierzu sind weitergehende Untersuchungen notwendig. Im Beispiel entfallen außerplanmäßige Abschreibungen, so daß nur die Verbuchung der planmäßigen Abschreibung auf die Geschäftsausstattung (2.000 €) in der Spalte "Umbuchungen" vorgenommen wird.

3. **Verbuchung der Rückstellungen**

Ist im Geschäftsjahr eine ungewisse Verpflichtung entstanden, ist hierfür eine entsprechende Rückstellung zu bilden. In Betracht kommen insbesondere Rückstellungen für ungewisse Verbindlichkciten und unterlassene Instandhaltungen. Deren Erfassung erfolgt ebenfalls in der Spalte Umbuchungen. Im obigen Beispiel sind keine derartigen Verpflichtungen eingetreten, so daß eine entsprechende Umbuchung entfällt.

4. **Verbuchung von Rechnungsabgrenzungsposten**

Die Verbuchung von transitorischen und antizipativen Rechnungsabgrenzungsposten zur korrekten periodengerechten Erfolgsermittlung wird ebenfalls in der Spalte "Umbuchungen" vorgenommen. Transitorische Rechnungsabgrenzungsposten werden unter den Posten "Aktive RAP" bzw. "Passive RAP" erfaßt. Antizipative Rechnungsabgrenzungsposten erscheinen unter den Posten "Sonstige Forderungen" bzw. "Sonstige Verbindlichkeiten".

5. **Mengenmäßige Differenzen**

Wird am Ende des Geschäftsjahres durch Inventur ein Fehlbestand von Waren, Rohstoffen, etc. festgestellt, muß dies bei der Erstellung des Jahresabschlusses berücksichtigt werden. Buchbestände und tatsächliche Bestände sind abzugleichen. Es besteht sonst die Gefahr, daß in den Büchern Bestände erscheinen, die in Wirklichkeit gar nicht existieren. Die Finanzbuchhaltung könnte in diesem Fall ihre Informationsfunktion nicht mehr erfüllen.

Die ermittelten Fehlbestände werden in der Spalte "Umbuchungen" auf ein gesondertes Konto "Bestandsdifferenzen" gebucht, bis die Ursachen für die Fehldifferenzen (z.B. Diebstahl, Unterschlagung) aufgeklärt sind. Lassen sich die Ursachen nicht aufklären, wird eine erfolgswirksame Behandlung der Differenzen vorgenommen; in der Bilanz erscheint immer der tatsächliche Warenwert.

6. **Verbuchung des Wareneinsatzes**

Wird der Warenerfolg nach der Nettomethode ermittelt, muß der Wareneinsatz des Wareneinkaufskontos am Periodenende auf das Warenverkaufskonto gebucht werden. Der Wareneinsatz beträgt im Beispiel 3.000 € (Endbestand lt. Inventur: 23.000 €), der auf das Konto "Warenverkauf" gebucht wird. Der Buchungssatz lautet: "Warenverkauf an Wareneinkauf 3.000".

Bei Anwendung der Bruttomethode wird ein neues Aufwandskonto "Wareneinsatz" eingerichtet, auf das der Wareneinsatz des Warenbestandskontos (Wareinkaufskonto) gebucht wird. Die Buchung lautet: "Wareneinsatz an Wareneinkauf 3.000". Der Abschluß des Wareneinsatzkontos erfolgt anschließend über das GuV-Konto (Bruttoausweis). Die Buchung lautet: "GuV-Konto an Wareneinsatz 3.000".

Sind alle Umbuchungen vorgenommen und die Salden ermittelt worden, so erhält man die schon angesprochene Saldenbilanz II. Aus dieser Spalte werden die **Schlußbilanz** und die **Gewinn- und Verlustrechnung** abgeleitet, indem die Posten entsprechend übernommen werden:

- Bestandskonten in die Schlußbilanz,
- Erfolgskonten in die Gewinn- und Verlustrechnung.

Der Erfolg der Gewinn- und Verlustrechnung (im Beispiel 1.000 € Gewinn) ist als Zugang auf dem Konto "Eigenkapital" zu buchen. Dadurch wird sichergestellt, daß so-wohl in der Schlußbilanz als auch in der Gewinn- und Verlustrechnung derselbe Gewinn erscheint. Das System der Doppelten Buchhaltung gewährleistet immer, daß beide Erfolge gleich groß sind.

# 7. Kapitel: Erfolgsverbuchung bei ausgewählten Rechtsformen

## 1. Überblick über Rechtsformen

Jedes Unternehmen weist eine bestimmte Rechtsform auf. Grundsätzlich lassen sich die folgenden Rechtsformkategorien unterscheiden:

**Einzelunternehmen:** Bei dieser Rechtsform führt der Eigentümer sein Unternehmen allein. Für seine Verbindlichkeiten haftet er mit seinem gesamten Vermögen, welches sich aus dem betrieblichen und privaten Vermögen zusammensetzt.

**Personengesellschaften:** Mehrere Eigentümer (Gesellschafter) betreiben gemeinsam ein Unternehmen. Mindestens einer von ihnen haftet voll, d.h. auch mit seinem Privatvermögen. Zu dieser Kategorie zählen die Offene Handelsgesellschaft (OHG) und die Kommanditgesellschaft (KG).

**Kapitalgesellschaften:** Bei dieser Rechtsformkategorie besitzt das Unternehmen eine eigene Rechtspersönlichkeit (juristische Person) und ein eigenes Gesellschaftsvermögen. Jeder Gesellschafter hat einen bestimmten Anteil an diesem Vermögen. Die wichtigsten Kapitalgesellschaften sind die Aktiengesellschaft (AG) und GmbH (Gesellschaft mit beschränkter Haftung). An einer AG sind die Gesellschafter durch Aktien beteiligt und an einer GmbH durch Stammeinlagen. Aktiengesellschaften sind meist Großunternehmen, während die GmbH die Kapitalgesellschaft für den Mittelstand ist.

Die Verbuchung des Erfolgs ist von der jeweiligen Rechtsform abhängig. Die folgenden Faktoren haben einen großen Einfluß auf die Erfolgsverbuchung:

- Bilanzausweis des Eigenkapitals,
- Anzahl der Gesellschafter,
- Haftungsverhältnisse,
- Gesetzliche und vertragliche Vorschriften.

Im folgenden wird die Erfolgsverbuchung aus didaktischen Gründen für jede Rechtsformkategorie in vereinfachter Form behandelt. Dabei werden rechtsformspezifische Besonderheiten vernachlässigt.

# 2. Erfolgsverbuchung bei Einzelunternehmen

Bisher sind wir implizit davon ausgegangen, daß das Unternehmen in der Rechtsform des Einzelunternehmens geführt wird. Die Erfolgsverbuchung wurde bereits an verschiedenen Stellen des Buches behandelt und wird daher nur kurz wiederholt. Die innerhalb eines Geschäftsjahres erwirtschafteten Aufwendungen und Erträge werden zunächst auf die jeweiligen Erfolgskonten und abschließend auf das GuV-Konto gebucht. Als Saldo ergibt sich eine Größe "Gewinn" oder "Verlust". Dieser Saldo wird auf das Eigenkapitalkonto übertragen. Die Buchungssätze lauten:

| | | | |
|---|---|---|---|
| Gewinnfall: | GuV-Konto | an | Eigenkapital |
| Verlustfall: | Eigenkapital | an | GuV-Konto |

Das Eigenkapital ist somit eine variable Größe, die sich nach Maßgabe des Periodenerfolgs verändert. Außerdem kann durch Privateinlagen und Privatentnahmen eine Beeinflussung der Größe "Eigenkapital" vorgenommen werden.

# 3. Erfolgsverbuchung bei Personengesellschaften

Die gesetzlichen Vorschriften zur Regelung der Rechtsverhältnisse der OHG und KG finden sich im HGB (§§ 105 ff bzw. §§ 161 ff HGB). Diese Vorschriften können jedoch durch Vereinbarungen der Gesellschafter im Gesellschaftsvertrag verändert werden. Das ist in der Praxis fast immer der Fall. Die folgenden Ausführungen gehen von den gesetzlichen Regelungen aus; abweichende Vorschriften nach veränderten Gesellschaftsverträgen folgen regelmäßig demselben Buchungsablauf.

Bei der OHG haftet jeder Gesellschafter unbeschränkt. Neben dem Gesellschaftsvermögen haftet auch das Privatvermögen in voller Höhe für die Schulden des Unternehmens. Die Gläubiger können auf eine breite Haftungsbasis zurückgreifen.

| Personengesellschaften weisen breite Haftungsbasis auf |
|---|

Der Unterschied zum Einzelunternehmen besteht darin, daß das Eigenkapital mehreren Personen zuzurechnen ist und der Erfolg somit aufgeteilt werden muß. Das Eigenkapital wird in einzelne Eigenkapitalkonten zerlegt: "Eigenkapitalkonto Gesellschafter A", "Eigenkapitalkonto Gesellschafter B", etc. Zusätzlich wird jedem Gesellschafter ein eigenes Privatkonto zugeordnet. Die OHG hat wie ein Einzelunternehmen variable Eigenkapitalkonten, die durch den Erfolg direkt beeinflußt werden können. Die gesetzliche Regelung für die Gewinnverteilung lautet schlagwortartig:

| Zunächst 4% vom Kapital – der Rest nach Köpfen |
|---|

**Beispiel:** Eine OHG wird von den drei Gesellschaftern A, B und C gebildet. Ihre Kapitalkonten betragen zum Beginn der Periode 01 150.000 € (Gesellschafter A), 200.000 € (Gesellschafter B) und 300.000 € (Gesellschafter C). Am 31.12.01 tätigen die Gesellschafter folgende Privateinlagen und Privatentnahmen: A entnimmt 5.000 €; B leistet eine Einlage in Höhe von 5.000 €; C entnimmt 25.000 € für private Zwecke. Gewinn: 50.000 €. Hiervon entfallen z.B. auf A: 4% von 150.000 (= 6.000) und 1/3 von 24.000 (= 8.000).

| Gesellschafter | Kapital (1.1.) | Gewinnverteilung | | Summe | Entnahmen | Einlagen | Kapital (31.12.) |
|---|---|---|---|---|---|---|---|
| A | 150.000 | 6.000 | 8.000 | 14.000 | 5.000 | - | 159.000 |
| B | 200.000 | 8.000 | 8.000 | 16.000 | - | 5.000 | 221.000 |
| C | 300.000 | 12.000 | 8.000 | 20.000 | 25.000 | - | 295.000 |
| | 650.000 | 26.000 | 24.000 | 50.000 | 30.000 | 5.000 | 675.000 |

***Abb. 185: Gewinnverteilung einer OHG***

Für den Gesellschafter A ergibt sich am Ende des Jahres eine Kapitalmehrung von 9.000 € (159.000 - 150.000 = 9.000); ebenso für Gesellschafter B (21.000). Dagegen hat sich das Kapital für den Gesellschafter C auf 295.000 verringert (- 5.000). Hierfür sind seine hohen Entnahmen verantwortlich.

Bei der Verbuchung ist zu beachten, daß der Gewinnanteil nicht sofort dem jeweiligen Eigenkapitalkonto, sondern zunächst dem **Privatkonto** gutgeschrieben wird. Auf dem Eigenkapitalkonto erscheint nur die Gesamtveränderung der Periode. Für das obige Beispiel ergeben sich die folgenden Abschlußbuchungen:

| | | | | | |
|---|---|---|---|---|---|
| (1) | GuV-Konto | 50.000,- | an | Privatkonto A | 14.000,- |
| | | | | Privatkonto B | 16.000,- |
| | | | | Privatkonto C | 20.000,- |
| (2a) | Privatkonto A | | an | Kapital A | 9.000,- |
| (2b) | Privatkonto B | | an | Kapital B | 21.000,- |
| (2c) | Kapital C | | an | Privatkonto C | 5.000,- |
| (3a) | Kapital A | | an | Schlußbilanzkonto | 159.000,- |
| (3b) | Kapital B | | an | Schlußbilanzkonto | 221.000,- |
| (3c) | Kapital C | | an | Schlußbilanzkonto | 295.000,- |

***Abb. 186: Gewinnverteilung der OHG (Buchungssätze)***

Die kontenmäßige Darstellung der Gewinnverbuchung zeigt folgendes: Der auf dem GuV-Konto ausgewiesene Gewinn wird zunächst mit dem entsprechenden Anteil im Haben der Gesellschafter-Privatkonten erfaßt. Nach Berücksichtigung der individuellen Entnahmen bzw. Einlagen wird der Saldo auf die Kapitalkonten der Gesellschafter gebucht. Die Endbestände der Kapitalkonten werden in das Schlußbilanzkonto gebucht und abschließend in die Schlußbilanz übernommen. Dort erscheinen die aktuellen Endbestände zum Bilanzstichtag. Die Gläubiger erhalten somit Informationen über das gesamte und personenbezogene Eigenkapital der Gesellschaft. Es gilt:

| |
|---|
| Die OHG-Bilanz zeigt das gesamte und personenbezogene Eigenkapital |

| S | GuV-Konto | | H |
|---|---|---|---|
| (1) | 50.000 | | |

| S | Privatkonto A | | H |
|---|---|---|---|
| Entn. | 5.000 | (1) | 14.000 |
| (2a) | 9.000 | | |
| | 14.000 | | 14.000 |

| S | Kapital A | | H |
|---|---|---|---|
| (3a) | 159.000 | AB | 150.000 |
| | | (2a) | 9.000 |
| | 159.000 | | 159.000 |

| S | Privatkonto B | | H |
|---|---|---|---|
| (2b) | 21.000 | Einl. | 5.000 |
| | | (1) | 16.000 |
| | 21.000 | | 21.000 |

| S | Kapital B | | H |
|---|---|---|---|
| (3b) | 221.000 | AB | 200.000 |
| | | (2b) | 21.000 |
| | 221.000 | | 221.000 |

| S | Privatkonto C | | H |
|---|---|---|---|
| Entn. | 25.000 | (1) | 20.000 |
| | | (2c) | 5.000 |
| | 25.000 | | 25.000 |

| S | Kapital C | | H |
|---|---|---|---|
| (2c) | 5.000 | AB | 300.000 |
| (3c) | 295.000 | | |
| | 300.000 | | 300.000 |

| S | SBK | | H |
|---|---|---|---|
| | | Kapital A | 159.000 |
| | | Kapital B | 221.000 |
| | | Kapital C | 295.000 |

***Abb. 187: Gewinnverteilung der OHG (Kontenform)***

Die **Kommanditgesellschaft** (KG) ist eine Rechtsform, bei der mindestens ein Gesellschafter voll haftet (Komplementär) und mindestens ein weiterer Gesellschafter nur in Höhe einer genau festgelegten Einlage haftet (Kommanditist). Der Kommanditist erhält am Jahresende einen bestimmten Anteil vom erwirtschafteten Gewinn. Der Restbetrag steht den Komplementären zu. Somit wird die Erfolgsverbuchung für die Komplementäre analog derjenigen der OHG-Gesellschafter vorgenommen.

Unterschiede existieren jedoch bezüglich der Kommanditisten. Deren Eigenkapitalkonten sind nicht variabel, sondern auf den Wert der Kapitaleinlage fixiert. Der Gewinnanteil des Kommanditisten wird auf einem besonderen Passivkonto "Gewinnanteil Kommanditist" verbucht. Mit der Auszahlung wird gebucht: "Gewinnanteil Kommanditist an Bank". Es findet eine Bilanzverkürzung statt. Für die Kommanditisten wird kein Privatkonto geführt, da sie nicht zur Vornahme von Privateinlagen und Privatentnahmen befugt sind.

# 4. Erfolgsverbuchung bei Kapitalgesellschaften

Kapitalgesellschaften haben eine eigene Rechtspersönlichkeit. Es ist deshalb notwendig, zwischen der Haftung der Gesellschaft und der Haftung der Gesellschafter zu unterscheiden. Als juristische Person haftet die **Gesellschaft** für ihre Verbindlichkeiten wie jede andere Person mit ihrem gesamten Vermögen. Die Gläubiger der Kapitalgesellschaft können in das gesamte Vermögen der Gesellschaft, nicht jedoch in das Privatvermögen der Gesellschafter vollstrecken. Somit begrenzen die **Gesellschafter** ihre Haftung auf ihre (voll eingezahlte) Kapitaleinlage. Schlagwortartig gilt somit:

| Gesellschaftshaftung: unbeschränkt - Gesellschafterhaftung: beschränkt |
|---|

Im Gegensatz zu den Gesellschaftern einer OHG, die Privateinlagen und Privatentnahmen tätigen und somit ihren Eigenkapitalanteil variieren können, dürfen die Anteilseigner von Kapitalgesellschaften ihre Kapitalanteile nicht beliebig aufstocken oder reduzieren. Die Kapitaleinlagen der Gesellschafter sind in ihrer Summe in der Satzung festgeschrieben. Das Gesetz (GmbHG, AktG) legt bestimmte **Mindestbeträge** fest. Es gilt hierbei:

| Stammkapital der GmbH: 25.000 € - Grundkapital der AG: 50.000 € |
|---|

Wegen der Vielzahl der Gesellschafter werden die Eigenkapitalanteile nicht - wie bei der OHG - auf getrennten, sondern auf einem einzigen Kapitalkonto geführt. Dieses Eigenkapitalkonto trägt den Namen **"Gezeichnetes Kapital"**. Bei der AG werden unter diesem Posten das Grundkapital und bei der GmbH das Stammkapital ausgewiesen.

Vereinfachend kann festgestellt werden, daß sich das Eigenkapital einer Kapitalgesellschaft aus einer satzungsmäßig **festgelegten Größe**, dem "Gezeichneten Kapital" (Grundkapital der AG, Stammkapital der GmbH), und einer **variablen Größe**, den "Gewinnrücklagen", zusammensetzt. Im Prinzip folgt die Gewinn- bzw. Verlustverbuchung in der Kapitalgesellschaft den gleichen buchhalterischen Regeln wie in der Einzelunternehmung: Gewinne erhöhen und Verluste vermindern den Bestand an Eigenkapital. Diese Veränderungen betreffen jedoch nur die variablen Gewinnrücklagen, da das "Gezeichnete Kapital" grundsätzlich unverändert ausgewiesen wird.

Der Vergleich zwischen Einzelunternehmung und Kapitalgesellschaft kann noch einen Schritt weitergeführt werden: Selbst wenn kein Gewinn erwirtschaftet wurde, kann der Einzelunternehmer Entnahmen zu Lasten des Eigenkapitalkontos tätigen (Privatentnahmen). Analog können die Gesellschafter einer Kapitalgesellschaft in der Gesellschafterversammlung beschließen, einen bestimmten Geldbetrag auszuschütten.

Erwirtschaftet die Kapitalgesellschaft Gewinne, die nicht ausgeschüttet werden, erhöht sich der Bestand des variablen Eigenkapitalkontos "**Gewinnrücklagen**". Das Passivkonto "Gewinnrücklagen" weist somit die einbehaltenen (thesaurierten) Gewinne vergangener Perioden aus. Der Bestand des Eigenkapitalpostens "Gewinnrücklagen" verringert sich, wenn Verluste buchmäßig abgedeckt werden oder wenn in gewinnlosen Jahren eine Ausschüttung an die Gesellschafter erfolgt.

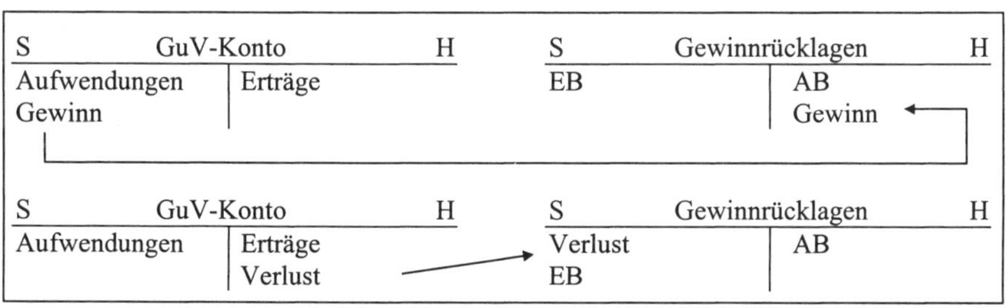


***Abb. 188: Erfolgsverbuchung über Konto "Gewinnrücklagen"***

**Beispiel:** Gegeben ist die folgende Bilanz zum Jahresbeginn:

| A | Bilanz zum 01.01. ..01 | | P |
|---|---|---|---|
| Bank | 800.000 | Gez. Kapital | 500.000 |
| | | Gewinnrücklagen | 300.000 |
| | 800.000 | | 800.000 |

(1) Bei Erträgen von 250.000 € und Aufwendungen von 150.000 €, die sich auf dem betrieblichen Bankkonto niederschlagen, wird ein Gewinn von 100.000 € ausgewiesen, der nicht ausgeschüttet wird. Die Einbehaltung von Gewinnen wird als **Gewinnthesaurierung** bezeichnet. Der Buchungssatz für die Thesaurierung, der zu einer Erhöhung der Gewinnrücklagen führt, lautet:

| | | | |
|---|---|---|---|
| (1) GuV-Konto | an | Gewinnrücklagen | 100.000,- |

| S | Gez. Kapital | | H |
|---|---|---|---|
| SBK | 500.000 | AB | 500.000 |
| | 500.000 | | 500.000 |

| S | GuV-Konto | | H |
|---|---|---|---|
| Aufwand | 150.000 | Ertrag | 250.000 |
| (1) | 100.000 | | |
| | 250.000 | | 250.000 |

| S | Gewinnrücklagen | | H |
|---|---|---|---|
| SBK | 400.000 | AB | 300.000 |
| | | (1) | 100.000 |
| | 400.000 | | 400.000 |

| S | SBK | | H |
|---|---|---|---|
| Bank | 900.000 | Gez. Kapital | 500.000 |
| | | Gewinnrückl. | 400.000 |
| | 900.000 | | 900.000 |

***Abb. 189: Bildung von Gewinnrücklagen bei Gewinnthesaurierung***

(2) Wäre im obigen Fall statt des Gewinns von 100.000 € ein Verlust von 40.000 € entstanden, hätte zunächst das betriebliche Bankguthaben um diesen Betrag abgenommen. Die Verbuchung des Verlustes erfolgt nach dem Buchungssatz:

| | | | |
|---|---|---|---|
| (2) Gewinnrücklagen | an | GuV-Konto | 40.000,- |

| S | Gez. Kapital | | H |
|---|---|---|---|
| SBK | 500.000 | AB | 500.000 |
| | 500.000 | | 500.000 |

| S | GuV-Konto | | H |
|---|---|---|---|
| Aufwand | 290.000 | Ertrag | 250.000 |
| | | (2) | 40.000 |
| | 290.000 | | 290.000 |

| S | Gewinnrücklagen | | H |
|---|---|---|---|
| (2) | 40.000 | AB | 300.000 |
| SBK | 260.000 | | |
| | 300.000 | | 300.000 |

| S | SBK | | H |
|---|---|---|---|
| Bank | 760.000 | Gez. Kapital | 500.000 |
| | | Gewinnrückl. | 260.000 |
| | 760.000 | | 760.000 |

***Abb. 190: Auflösung von Gewinnrücklagen bei Verlusten***

In vielen Fällen wird nicht der gesamte Gewinn thesauriert, sondern ein Teil wird an die Aktionäre ausgeschüttet. Die Gewinnausschüttungen einer Aktiengesellschaft (AG) bezeichnet man als **Dividenden**. Eine Dividendenausschüttung verringert auf der Aktivseite der Bilanz die Liquidität (Kasse, Bank) und auf der Passivseite das Eigenkapital. Es ergibt sich eine Bilanzverkürzung. Wird in einem Jahr kein Gewinn erzielt, kann dennoch eine Dividende ausgeschüttet werden, sofern in vorangegangenen Jahren "Gewinnrücklagen" gebildet wurden. Es handelt sich um Eigenkapital, das aus den einbehaltenen Gewinnen vergangener Geschäftsjahre gebildet wurde. Die grundsätzliche Methodik zur Verbuchung der Gewinnausschüttung wird an folgendem Beispiel deutlich:

| A | Bilanz zum 01.01. ..01 | | P |
| --- | --- | --- | --- |
| Bank | 800.000 | Gez. Kapital | 500.000 |
| | | Gewinnrücklagen | 300.000 |
| | 800.000 | | 800.000 |

Aktiva und Passiva haben sich im Laufe des Jahres nicht geändert; der Jahreserfolg ist gleich Null. Am Jahresende wird eine Dividende in Höhe von 70.000 € ausgeschüttet (Banküberweisung). Der Buchungssatz lautet:

| | | | |
| --- | --- | --- | --- |
| Gewinnrücklagen | an | Bank | 70.000,- |

| S | Gez. Kapital | | H |
| --- | --- | --- | --- |
| SBK | 500.000 | AB | 500.000 |
| | 500.000 | | 500.000 |

| S | Bank | | H |
| --- | --- | --- | --- |
| AB | 800.000 | (1) | 70.000 |
| | | SBK | 730.000 |
| | 800.000 | | 800.000 |

| S | Gewinnrücklagen | | H |
| --- | --- | --- | --- |
| (1) | 70.000 | AB | 300.000 |
| SBK | 230.000 | | |
| | 300.000 | | 300.000 |

| S | SBK | | H |
| --- | --- | --- | --- |
| Bank | 730.000 | Gez. Kapital | 500.000 |
| | | Gewinnrückl. | 230.000 |
| | 730.000 | | 730.000 |

***Abb. 191: Auflösung von Rücklagen bei Dividendenzahlung***

Nachdem die Zusammenhänge zwischen Gewinnrücklagen und deren Veränderungen durch Gewinne bzw. Verluste und Dividendenzahlungen systematisch dargestellt wurden, soll nun die Verbuchung praxisnäher behandelt werden. Zunächst entsteht am Ende des Geschäftsjahres auf dem GuV-Konto ein Erfolg, der bei Kapitalgesellschaften wie folgt bezeichnet wird, wenn von Ertragssteuern abgesehen wird:

**Jahresüberschuß**: Gewinn der Kapitalgesellschaft im laufenden Geschäftsjahr
**Jahresfehlbetrag**: Verlust der Kapitalgesellschaft im laufenden Geschäftsjahr

Die Gesellschafterversammlung (Hauptversammlung) beschließt mehrheitlich über die **Gewinnverwendung**, d.h. über Ausschüttung oder Rücklagenbildung. Zwar hat auch die Geschäftsleitung einer Aktiengesellschaft (der Vorstand) bestimmte Rechte hinsichtlich der Gewinnverteilung. Sie werden aber im folgenden vernachlässigt. Allein die Hauptversammlung soll über die Gewinnverwendung entscheiden. Dabei stellt sich das folgende zeitliche Problem.

Die **Hauptversammlung** tritt in der Regel vier bis sechs Monate nach Abschluß eines Geschäftsjahres zusammen. Der Gewinn wird deshalb zunächst auf ein zusätzliches Eigenkapitalkonto "Jahresüberschuß" gebucht. Zu Beginn des neuen Geschäftsjahrs erfolgt die Umbuchung auf ein **Eigenkapitalunterkonto**, das den Namen "**Gewinnverwendung**" trägt. Dieses Unterkonto ist ein passives Bestandskonto. Bis zum Gewinnverwendungsbeschluß der Hauptversammlung verbleibt der Gewinn auf diesem Konto. Die Hauptversammlung kann sich theoretisch zur vollständigen Gewinnthesaurierung oder zur vollständigen Gewinnausschüttung entschließen. Praktisch bedeutsam ist der Fall der teilweisen Gewinnausschüttung. Zusammenfassend gilt:

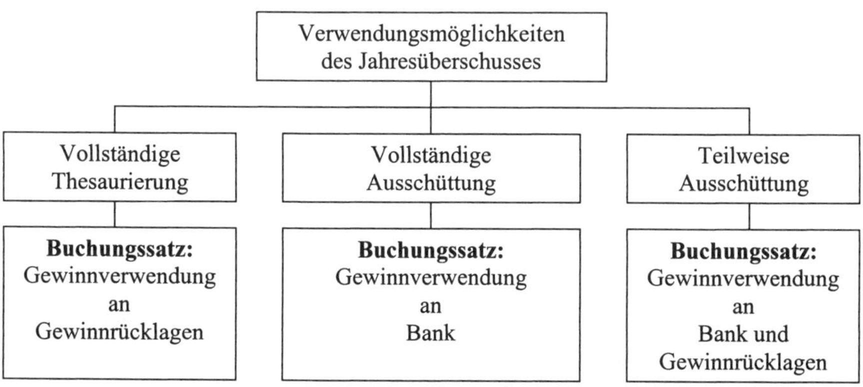


***Abb. 192: Verwendungsmöglichkeiten des Jahresüberschusses***

Wird der Gewinn vollständig thesauriert, kommt es zu einem Passivtausch. Das Eigenkapitalkonto "Gewinnverwendung" nimmt um den Thesaurierungsbetrag ab, während sich das Konto "Gewinnrücklagen" erhöht. Bei vollständiger Ausschüttung kommt es zu einer Bilanzverkürzung, da jeweils ein Konto auf der Aktiv- und Passivseite seinen Bestand verringert ("Gewinnverwendung an Bank"). Bei nur teilweiser Ausschüttung liegt sowohl ein Passivtausch (hinsichtlich des Thesaurierungsbetrages) als auch eine Bilanzverkürzung (hinsichtlich des Ausschüttungsbetrages) vor.

**Beispiel:** Gegeben ist die folgende Anfangsbilanz einer Kapitalgesellschaft zum Beginn eines Geschäftsjahres:

| A | Bilanz zum 01.01. ..01 | | P |
|---|---|---|---|
| Bank | 800.000 | Gez. Kapital | 500.000 |
| | | Gewinnrücklagen | 300.000 |
| | 800.000 | | 800.000 |

Bei Erträgen von 250.000 € und Aufwendungen von 150.000 € wird ein Jahresüberschuß von 100.000 € erwirtschaftet. Da dessen Verwendung am Jahresende zunächst noch ungewiß ist, wird der Betrag auf dem speziellen Eigenkapitalkonto "Jahresüberschuß" geführt. Der Buchungssatz am Ende des **alten** Geschäftsjahrs lautet:

| | | | |
|---|---|---|---|
| GuV-Konto | an | Jahresüberschuß | 100.000,- |

Am Ende des alten Geschäftsjahrs erscheint in der Schlußbilanz der Bilanzposten "Jahresüberschuß". Damit wird für den externen Bilanzleser deutlich, daß die Kapitalgesellschaft in diesem Geschäftsjahr einen Gewinn erwirtschaftet hat. Die folgende Abbildung zeigt die kontenmäßige Darstellung der Erfolgsverbuchung **vor** dem Gewinnverwendungsbeschluß: Der Jahresüberschuß von 100.000 € wird im Schlußbilanzkonto am Jahresende ausgewiesen.

| S | Gez. Kapital | | H |
|---|---|---|---|
| SBK | 500.000 | AB | 500.000 |
| | 500.000 | | 500.000 |

| S | GuV-Konto | | H |
|---|---|---|---|
| Aufwand | 150.000 | Ertrag | 250.000 |
| (1) | 100.000 | | |
| | 250.000 | | 250.000 |

| S | Gewinnrücklagen | | H |
|---|---|---|---|
| SBK | 300.000 | AB | 300.000 |
| | 300.000 | | 300.000 |

| S | Jahresüberschuß | | H |
|---|---|---|---|
| SBK | 100.000 | (1) | 100.000 |
| | 100.000 | | 100.000 |

| S | SBK | | H |
|---|---|---|---|
| Bank | 900.000 | Gez. Kapital | 500.000 |
| | | Gewinnrücklagen | 300.000 |
| | | Jahresüberschuß | 100.000 |
| | 900.000 | | 900.000 |

***Abb. 193: Erfolgsverbuchung vor Gewinnverwendungsbeschluß (altes Geschäftsjahr)***

Am Beginn des **neuen** Geschäftsjahres gibt das Eigenkapitalkonto "Jahresüberschuß" seinen Bestand von 100.000 € an das Eigenkapitalunterkonto "Gewinnverwendung" ab. Am 17. Mai faßt die Hauptversammlung den Beschluß, den Jahresüberschuß des Vorjahres zu 40% auszuschütten (Auszahlung durch Bank) und zu 60% zu thesaurieren. Der Bestand der Gewinnrücklagen nimmt um 60.000 € zu. Die Buchungssätze lauten:

| | | | | | |
|---|---|---|---|---|---|
| 01.01. ..02 | (1) | Jahresüberschuß | an | Gewinnverwendung | 100.000,- |
| 17.05. ..02 | (2) | Gewinnverwendung | an | Bank | 40.000,- |
| 17.05. ..02 | (3) | Gewinnverwendung | an | Gewinnrücklagen | 60.000,- |

***Abb. 194: Verbuchung der Gewinnverwendung (Buchungssätze)***

Die Gewinnausschüttung führt zu einer **Bilanzverkürzung**: Die Posten "Bank" und "Gewinnverwendung" nehmen jeweils um 40.000 € ab **(a)**. In Höhe von 60.000 € kommt es zu einem **Passivtausch**: Der Posten "Gewinnverwendung" nimmt um 60.000 € ab und der Posten "Gewinnrücklagen" um 60.000 € zu **(b)**.

| S | Jahresüberschuß | | H |
|---|---|---|---|
| (1) | 100.000 | AB | 100.000 |
| | 100.000 | | 100.000 |

| S | Gewinnverwendung | | H |
|---|---|---|---|
| (3) | 60.000 | (1) | 100.000 |
| (2) | 40.000 | | |
| | 100.000 | | 100.000 |

**(a)**

**(b)**

| S | Gewinnrücklagen | | H |
|---|---|---|---|
| SBK | 360.000 | AB | 300.000 |
| | | (3) | 60.000 |
| | 360.000 | | 360.000 |

| S | Bank | | H |
|---|---|---|---|
| AB | 900.000 | (2) | 40.000 |
| | | SBK | 860.000 |
| | 900.000 | | 900.000 |

| S | SBK | | H |
|---|---|---|---|
| Bank | 860.000 | Gez. Kapital | 500.000 |
| | | Gewinnrücklagen | 360.000 |
| | 860.000 | | 860.000 |

***Abb. 195: Verbuchung bei Gewinnverwendung (Kontendarstellung)***

Bei Aktiengesellschaften sind oft mehrere tausend Aktionäre vorhanden, die sich für den Jahresabschluß interessieren. Der Vorstand kann nicht jeden einzelnen Aktionär über die wirtschaftliche Lage informieren. Daher hat der Gesetzgeber für Kapitalgesellschaften eine **Offenlegung** des Jahresabschlusses vorgesehen. Ab dem 1.1.2005 ist es erlaubt, anstelle eines Jahresabschlusses nach dem HGB einen Abschluss nach IFRS offenzulegen. Das ist für international ausgerichtete Unternehmen sinnvoll. Deshalb wird im 8. Kapitel die Buchhaltung nach internationalen Vorschriften behandelt.

# 8. Kapitel: Buchhaltung nach internationalen Vorschriften (IFRS)

## 1. Bilanz nach IFRS

Die internationalen Vorschriften nach IFRS (International Financial Reporting Standards) wurden für Kapitalgesellschaften entwickelt. Der grundsätzliche Aufbau der IFRS-Bilanz weicht nur geringfügig vom bekannten Schema ab, das im 2. Kapitel erläutert wurde. Da das International Accounting Standards Board (IASB) eine englische Organisation ist, sind in der internationalen Bilanz (**Balance Sheet**) englische Postenbezeichnungen üblich. Der Leser findet im Anhang ein deutsch-englisches Wörterbuch, das wichtige internationale Fachbegriffe enthält und zum Lernen genutzt werden kann.

| Assets | Balance Sheet | Liabilities and Equity |
|---|---|---|
| A. NON CURRENT ASSETS | A. EQUITY | |
| I. Intangible Assets | I. Issued Capital | |
| II. Property, Plant and Equipment | II. Reserves | |
| III. Non Current Financial Assets | | |
| | B. LIABILITIES | |
| B. CURRENT ASSETS | I. Non Current Liabilities | |
| I. Inventories | II. Current Liabilities | |
| II. Trade and Other Receivables | | |
| III. Current Financial Assets | | |
| IV. Cash and Cash equivalents | | |

***Abb. 196: Gliederung der Balance Sheet nach IFRS***

Die Aktivseite der Bilanz wird bei IFRS wie im Handelsrecht (vgl. Abb. 10) unterteilt: Zum Anlagevermögen (Non Current Assets) gehören die Vermögenswerte (**Assets**), die längerfristig im Unternehmen genutzt werden sollen. Die "**Intangible Assets**" sind immaterielle Vermögenswerte wie z.B. Rechte an Erfindungen. Im Unterschied zum Handelsrecht müssen sie auch aktiviert werden, wenn sie nicht entgeltlich erworben sind, aber ein eindeutiger Nachweis besteht. Der Posten "**Property, Plant and Equipment**" entspricht den Sachanlagen im HGB (z.B. Grundstücke, Betriebs- und Geschäftsausstattung). Langfristig gehaltene Wertpapiere (z.B. Beteiligungen, Aktien) erscheinen als "**Non Current Financial Assets**" (Finanzanlagen) in der IFRS-Bilanz.

Zum Umlaufvermögen (Non Current Assets) gehören die Vorräte (**Inventories**), wie z.B. die Waren eines Handelsbetriebs oder die Rohstoffe eines Industriebetriebs. Die Forderungen aus Lieferungen und Leistungen werden als "**Trade Receivables**" bezeichnet. Die sonstigen Forderungen (z.B. Vorsteueransprüche gegenüber dem Finanzamt) werden als "**Other Receivables**" bilanziert. Wertpapiere mit kurzfristiger Verweildauer im Unternehmen werden als "**Current Financial Assets**" (kurzfristige finanzielle Vermögenswerte) ausgewiesen. Ihre Wertänderungen wurden bereits im 6. Kapitel behandelt. Die liquiden Mittel (z.B. Bankguthaben, Kasse) werden als "**Cash**" bezeichnet. Schecks und Wechsel weisen einen geldähnlichen Charakter auf (Cash equivalents).

Die Aktivseite der IFRS-Bilanz zeigt die Mittelverwendung, die Passivseite die Mittelherkunft, wobei das Eigen- und Fremdkapital unterschieden werden. Die Schulden werden als Liabilities ausgewiesen und nach der Fristigkeit in kurzfristige (current) und langfristige (non current) Komponenten unterschieden. Ungewisse Verbindlichkeiten werden unter den Rückstellungen ("Provisions") passiviert. Sichere Verbindlichkeiten umfassen z.B. die "**Trade payables**" (Lieferantenverbindlichkeiten) und die "**Other payables**", die sonstigen Verbindlichkeiten eines Unternehmens (z.B. für die berechnete Umsatzsteuer).

Das Eigenkapital (Equity) besteht bei Kapitalgesellschaften aus festen und variablen Größen. Das gezeichnete Kapital (**Issued Capital**) wie z.B das Grundkapital der Aktiengesellschaft gehört zum festen Eigenkapital, während die Rücklagen (**Reserves**) einen veränderlichen Charakter aufweisen. Die Rücklagen werden oft noch weiter unterteilt.

Das gilt aus Gründen der Klarheit auch für die übrigen Posten. Bei den Sachanlagen werden oft die Maschinen (Machinery) und Betriebs- und Geschäftsausstattung (Office Equipment) speziell ausgewiesen. Die folgende Abbildung zeigt eine vereinfachte IFRS-

Bilanz einer Aktiengesellschaft zum Jahresbeginn. Es sind nur Bankguthaben, gezeichnetes Kapital (Grundkapital) und Rücklagen vorhanden.

| Assets | Balance Sheet 01.01. ..01 | Liabilities and Equity | |
|---|---|---|---|
| Cash | 800.000 | Issued Capital | 500.000 |
| | | Reserves | 300.000 |
| | 800.000 | | 800.000 |

***Abb. 197: Beispiel für eine Balance Sheet nach IFRS***

In 01 wird ein Gewinn (Profit) von 100.000 € erzielt, der sich in der Bilanz auf dem Bankkonto niederschlägt (Cash + 100.000 €) und die Rücklagen erhöht (Reserves + 100.000 €). Es findet eine Bilanzverlängerung statt. Die Gewinnermittlung erfolgt international in der GuV-Rechnung (**Income Statement**). Anders als im Handelsrecht ist in der IFRS-Bilanz kein Erfolg zu erkennen. Wenn die Hauptversammlung im Folgejahr Ausschüttungen beschließt, nimmt der Rücklagenbestand in entsprechender Höhe ab.

# 2. Gewinn- und Verlustrechnung nach IFRS

Die GuV-Rechnung kann bei IFRS nach dem Gesamtkostenverfahren (**Nature of Expense Method**) oder nach dem Umsatzkostenverfahren (**Cost of Sales Method**) durchgeführt werden. Die Nature of Expense Method ist kostenartenorientiert und berücksichtigt die Lagerbestandsänderung direkt. Dagegen ist die Cost of Sales Method kostenträgerorientiert und berücksichtigt die Lagerbestandsänderung indirekt (Nettoverfahren).

Im folgenden wird der Aufbau des Gesamtkostenverfahrens erläutert, da es buchungstechnisch einfach zu handhaben ist. Die Darstellung erfolgt in **Staffelform**, so daß die wichtigsten Komponenten untereinander angeordnet werden (ohne Ertragsteuern). Das Betriebsergebnis wird speziell als "**Operating Profit**" ausgewiesen. Es zeigt den Erfolg, der aus dem Kerngeschäft eines Unternehmens resultiert. Die Finanzerträge und Finanzaufwendungen bilden die Finanzierungsseite eines Unternehmens ab. Zu den Finanzerträgen gehören z.B. erhaltene Dividenden aus Aktienbeständen.

| Income Statement (Nature of Expense Method) | |
|---|---|
| 1. Revenues | Umsatzerlöse |
| 2. Other Operating Income | Sonstige betriebliche Erträge |
| 3. Changes in Inventories of Finished goods/Unfinished goods | Bestandsveränderungen fertiger/unfertiger Erzeugnisse |
| 4. Raw Materials and Consumables used | Materialaufwand und Aufwand für Hilfs- und Betriebsstoffe |
| 5. Staff Costs | Personalaufwand |
| 6. Depreciation Expenses | Abschreibungen |
| 7. Other Operating Expenses | Sonstige betriebliche Aufwendungen |
| **= Operating Profit** | **Betriebsergebnis** |
| 8. Financial Income | Finanzerträge |
| 9. Financial Expenses | Finanzaufwendungen |
| = **Profit/Loss** | **Gewinn/Verlust** |

***Abb. 198: Gliederung der Income Statement nach IFRS (Nature of Expense Method)***

**Beispiel**: Die X-AG hat in 01 20.000 Stück eines Produktes hergestellt, wovon 60% (12.000 Stück) für 250.000 € netto abgesetzt wurden (Umsatzerlöse). Für die Produktion sind ein Materialaufwand von 40.000 € und ein Personalaufwand von 120.000 € angefallen. Die Abschreibungen auf Sachanlagen betragen 60.000 €. Die Herstellungskosten pro Stück betragen somit 11 € (220.000 €/20.000 Stück) und die Bestandserhöhung fertiger Erzeugnisse 88.000 € (8.000 Stück x 11 €/Stück). Die GuV-Rechnung lautet führt zu einem Betriebsergebnis von 118.000 €, welches zugleich den Gesamtgewinn darstellt:

| Income Statement 01 | |
|---|---|
| 1. Revenues | 250.000 € |
| 2. Changes in Inventories of Finished goods | + 88.000 € |
| 3. Raw Materials used | - 40.000 € |
| 4. Staff Costs | - 120.000 € |
| 5. Depreciation Expenses | - 60.000 € |
| Profit | 118.000 € |

***Abb. 199: Beispiel für eine Income Statement nach IFRS***

# 3. Buchungen nach IFRS

## 3.1 Verbuchung von Geschäftsvorfällen im Handelsbetrieb

Die Warenbestände werden bei IFRS mit den Anschaffungskosten (**Purchase Costs**) bewertet, die den Preis und die direkten Nebenkosten umfassen. Die **Buchungstechnik** nach IFRS unterscheidet sich nicht vom Handelsrecht. Es werden Konten gebildet und die Kontenbewegungen werden durch Buchungssätze erfaßt. Ein Wareneinkauf (10.000 € zzgl. 10% USt) und Warenverkauf (30.000 € zzgl. 10% USt) auf Ziel werden gebucht:

| | Geschäftsvorfälle (Handelsbetrieb) | |
|---|---|---|
| | **Sollseite** | **Habenseite** |
| Einkauf (auf Ziel) | Merchandises 10.000,- /<br>Other Receivables 1.000,- | Trade payables 11.000,- |
| Verkauf (auf Ziel) | Trade Receivables 33.000,- / | Revenues 30.000,-<br>Other payables 3.000,- |

***Abb. 200: Buchung des Warenverkehrs nach IFRS***

Das Warenbestandskonto wird als "**Merchandises**" bezeichnet. Die Vorsteuer wird als sonstige Forderung ("Other Receivables") und die Lieferantenverbindlichkeiten als "Trade payables" gebucht. Die Buchung wird gesprochen: "Merchandises 10.000,- and Other Receivables 1.000,- debited, Trade payables credited 11.000,-". Buchungen im Soll werden als "debit", im Haben als "credit" bezeichnet. Für den Verkauf gilt entsprechendes, wobei die Umsatzsteuer als sonstige Verbindlichkeit ("Other payables") gebucht wird.

Die Abschlußbuchungen nach der **Bruttomethode** lauten, wenn das GuV-Konto als "Income Summary") bezeichnet wird: "Income Summary/Merchandises 10.000,-" und "Revenues/Income Summary 30.000,-". Der Wareneinsatz erscheint in der GuV-Rechnung als "Merchandises used". Der Gewinn von 20.000 € wird auf das Rücklagenkonto gebucht ("Income Summary/Reserves 20.000,-"). Der Endbestand und die Rücklagen erscheinen im Schlußbilanzkonto ("Balance Sheet Account").

## 3.2 Verbuchung von Geschäftsvorfällen im Industriebetrieb

Industriebetriebe beschaffen Roh-, Hilfs- und Betriebsstoffe (Raw Materials and Supplies), aus denen im Produktionsprozess Fertigerzeugnisse hergestellt werden. Die Lagerbestände unfertiger und fertiger Erzeugnisse werden auch bei IFRS mit den Herstellungskosten (**Costs of Conversion**) bewertet. Es müssen alle Kosten einbezogen werden, die für die Produktion angefallen sind (Materialkosten und Fertigungskosten).

Bei der Nature of Expense Method, die dem handelsrechtlichen Gesamtkostenverfahren entspricht, wird die Bestandserhöhung als Ertrag behandelt. Eine Bestandsminderung stellt Aufwand dar. Werden in 01 Rohstoffe im Wert von 10.000 € zzgl. 10% USt eingekauft und in der Produktion zur Herstellung von 200 Stück eines Fertigprodukts verbraucht, lauten die Buchungssätze beim Zielverkauf (20.000 € zzgl. 10% USt) aller Produkte:

| | Geschäftsvorfälle (Industriebetrieb) | |
|---|---|---|
| | **Sollseite** | **Habenseite** |
| 1. Einkauf (auf Ziel) | Raw Materials 10.000,- /<br>Other Receivables 1.000,- | Other payables 11.000,- |
| 2. Verbrauch | Raw Materials used | Raw Materials 10.000,- |
| 3. Verkauf (auf Ziel) | Trade Receivables 22.000,- / | Revenues 20.000,-<br>Other payables 2.000,- |

***Abb. 201: Buchung von Produktion und Absatz nach IFRS***

Wenn nicht alle Fertigerzeugnisse in derselben Periode abgesetzt werden, findet eine Bestandserhöhung statt. Werden im obigen Beispiel nur 150 Stück der Fertigerzeugnisse abgesetzt, wofür 15.000 € erzielt werden, gehen die verbleibenden 50 Stück auf Lager. Sie werden mit den Herstellungskosten von 2.500 € (10.000 €/200 Stück x 50 Stück) bewertet und führen zu einem Ertrag. Der Buchungssatz lautet entsprechend der im 5. Kapitel behandelten Buchungstechnik: "Finished goods/Changes in Inventories of Finished goods 2.500,-". Das GuV-Konto erfaßt auf beiden Kontenseiten die gleiche Menge (200 Stück).

Wenn der Lagerbestand in der nächsten Periode auf null vermindert wird, sind die folgenden Buchungen auszuführen, wenn der Verkauf auf Ziel für 5.000 € zzgl. 10% USt erfolgt: "Changes in Inventories of Finished goods/Finished goods 2.500,-" und "Trade Receivables 5.500,-/Revenues 5.000,- and Other payables 500,-". Die erste Buchung erfaßt den wertmäßigen Lagerabgang, die zweite Buchung die Forderung durch Verkauf.

## 3.3 Verbuchung von Abschreibungen und Zuschreibungen

Auch bei IFRS können zur Ermittlung planmäßiger Abschreibungen die lineare, degressive oder leistungsmäßige Abschreibungsverfahren eingesetzt werden. Wird in 01 eine Maschine für 100.000 € zzgl. 10% USt beschafft (Bankzahlung), deren Nutzungsdauer vier Jahre beträgt (lineare Abschreibung), ergeben sich die folgenden Buchungssätze:

| Buchungssätze bei Sachanlagen | | | | |
|---|---|---|---|---|
| **Buchung des Erwerbs:** | | | | |
| Machinery | 100.000,- | / | Cash | 110.000,- |
| Other Receivables | 10.000,- | | | |
| **Abschreibungsbuchung:** | | | | |
| Depreciation Expenses | | / | Machinery | 25.000,- |

***Abb. 202: Buchungssätze bei Sachanlagen nach IFRS***

Die Maschine erscheint auf dem Aktivkonto "Machinery". Die planmäßigen Abschreibungen (**Depreciation Expenses**) von 25.000 € führen zu einer Verminderung des Vermögens und stellen Aufwand dar. Die Abschreibungen werden am Jahresende in das GuV-Konto gebucht. In der Bilanz erscheint die Maschine mit dem Wert von 75.000 €.

Der Wert einer Maschine kann sich auch durch unvorhersehbare Ereignisse vermindern, wenn sie z.B. beschädigt wird oder ihr Marktwert sinkt. Dann sind auch bei IFRS **außerplanmäßige Abschreibungen** vorzunehmen, die als "**Impairment Loss**" bezeichnet werden. Wenn im Beispiel der Wert der Maschine am 31.12.01 auf 65.000 € gesunken ist, müssen 25.000 € planmäßig und 10.000 € außerplanmäßig abgeschrieben werden:

| | | | | |
|---|---|---|---|---|
| Depreciation Expenses | 25.000,- | / | Machinery | 35.000,- |
| Impairment Loss | 10.000,- | | | |

Börsennotierte Wertpapiere (z.B. Aktien) können mit spekulativer Absicht zur Erzielung kurzfristiger Wertsteigerungen oder zur längerfristigen Kapitalanlage erworben werden. Im ersten Fall sprechen die IFRS von Financial Assets held for Trading, im zweiten Fall von Available-for-Sale Financial Assets (zur Veräußerung verfügbare finanzielle Vermögenswerte). Die Bewertung erfolgt jeweils zum Börsenkurs (**Fair Value**).

**Financial Assets held for Trading** sollen nur kurzfristig im Unternehmen bleiben. Daher werden Kursänderungen **erfolgswirksam** durch Ab- und Zuschreibungen in der GuV-Rechnung erfaßt. Beim Erwerb anfallende Nebenkosten werden als Aufwand behandelt.

**Available-for-Sale Financial Assets** werden meist längerfristig gehalten. Das übliche Auf und Ab der Börsenkurse soll keinen Einfluß auf den Erfolgsausweis haben. Auf- und Abwertungen sollen erfolgsneutral erfaßt werden, so daß die GuV-Rechnung nicht berührt wird. Die Wertänderung auf der Aktivseite wird in einem passiven Bestandskonto, der Fair Value Rücklage (**Fair Value-Surplus**), gegengebucht, die zum Eigenkapital gehört. Beim Erwerb anfallende Nebenkosten werden als Teil der Anschaffungskosten aktiviert.

| **Financial Assets held for Trading** | **Available-for-Sale Financial Assets** |
|---|---|
| **Erfolgswirksame Wertänderung** | **Erfolgsneutrale Wertänderung** |
| ▪ Zuschreibung Wertpapiere: Ertrag in der GuV<br>▪ Abschreibung Wertpapiere: Aufwand in der GuV | ▪ Aufwertung Wertpapiere: Fair Value Rücklage steigt<br>▪ Abwertung Wertpapiere: Fair Value Rücklage sinkt |

***Abb. 203: Wertänderungen bei Wertpapieren nach IFRS***

Bei Wertpapieren der Kategorie Available-for-Sale wird der Aufwertungsbetrag als Zugang auf der Habenseite des passiven Bestandskontos "Fair Value Rücklage" gegengebucht. Entsprechend wird ein Abwertungsbetrag als Abgang im Soll des Bestandskontos "Fair Value Rücklage" erfaßt.

**Beispiel:** Wertsteigerung von Available-for-Sale Financial Assets: 01.12.01: Anschaffung für 700 € – 31.12.02: Fair Value (Börsenkurs): 750 €.

**Erwerb von Finanzanlagen in 01 für 700:**

| Assets | Balance Sheet 31.12.01 | | Liabilities/Equity |
|---|---|---|---|
| Non Current Financial Assets | 700 | Issued Capital | 700 |
| | 700 | | 700 |

**Aufwertung in 02: Non Current Financial Assets / Fair Value-Surplus 50,-**

| Assets | Balance Sheet 31.12.02 | | Liabilities/Equity |
|---|---|---|---|
| Non Current Financial Assets | 750 | Issued Capital | 700 |
| | | **Fair Value-Surplus** | **50** |
| | 750 | | 750 |

***Abb. 204: Erfolgsneutrale Aufwertung nach IFRS***

Ende 01 sind die Wertpapiere mit ihren Anschaffungskosten von 700 € zu bewerten. Zum 31.12.02 steigen der Vermögensausweis (Non Current Financial Assets) und der Eigenkapitalausweis (Fair Value-Surplus) um 50 €, da der Kurs gestiegen ist. Die GuV-Rechnung wird aber von dieser Wertsteigerung nicht berührt, so daß der Vorgang erfolgsneutral ist. Der Vermögenszuwachs in der Bilanz geht **nicht** mit einer Erfolgsmehrung in der GuV-Rechnung einher. In den Folgejahren können sich die Kurse wie folgt entwickeln:

**Beispiel:** Wertminderung von Available-for-Sale Financial Assets: 31.12.03: Fair Value (Börsenkurs): 680 € – 31.12.04: Fair Value (Börsenkurs): 710 €.

**Abwertung in 03: Fair Value-Surplus / Non Current Financial Assets 70,-**

| Assets | Balance Sheet 31.12.03 | | Liabilities/Equity |
|---|---|---|---|
| Non Current Financial Assets | 680 | Issued Capital | 700 |
| | | **Fair Value-Surplus** | **-20** |
| | 680 | | 680 |

**Aufwertung in 04: Non Current Financial Assets / Fair Value-Surplus 30,-**

| Assets | Balance Sheet 31.12.03 | | Liabilities/Equity |
|---|---|---|---|
| Non Current Financial Assets | 710 | Issued Capital | 700 |
| | | **Fair Value-Surplus** | **10** |
| | 710 | | 710 |

***Abb. 205: Erfolgsneutrale Ab- und Aufwertung nach IFRS***

In Folge des Kursverlustes in Periode 03 sinken das Vermögen und das Eigenkapital um 70 €. Die Fair Value Rücklage als Teil des Eigenkapitals wird negativ (-20 €), so daß der Posten auf der Aktivseite erscheinen müßte. In der Praxis wird ein Ausweis auf der Passivseite mit einem Minuszeichen vorgenommen. Der Kursanstieg in Periode 04 erhöht das Vermögen und Eigenkapital um 30 €. Die Fair Value Surplus steigt von -20 auf 10.

Die bisherigen Buchungen waren erfolgsneutral. Zu einer erfolgswirksamen Buchung kommt es z.B. beim Verkauf der Finanzanlagen. Werden die Wertpapiere Anfang 05 zum Börsenkurs von 710 € veräußert, lautet die Buchung: "Cash/Non Current Financial Assets 710,-" und "Fair Value-Surplus/Financial Revenues 10,-". Der erste Vorgang zeigt einen erfolgsneutralen Aktivtausch: Flüssige Mittel ersetzen die Wertpapiere. Der zweite Teil zeigt die erfolgswirksame Auflösung der Fair Value-Rücklage (Finanzertrag 10,-).

Die IFRS sehen ein **Wahlrecht** zur erfolgswirksamen Behandlung von Wertsteigerungen bei Available-for-Sale Financial Assets vor, das nur beim Erwerb ausgeübt werden kann. Dann sind die Buchungen wie bei den Financial Assets held for Trading vorzunehmen. Kritisch ist hierbei, das noch nicht realisierte Kurssteigerungen den Erfolg erhöhen.

# 9. Kapitel: Organisation der Buchhaltung

## 1. Organisatorische Grundlagen

Die Buchhaltung hat Dokumentations- und Informationsaufgaben zu erfüllen. Daher müssen die Geschäftsvorfälle eines Unternehmens ordnungsgemäß festgehalten werden. Das gilt unabhängig davon, ob die Vorschriften des HGB oder nach IFRS zur Anwendung gelangen. Die folgenden Fragen sind zu beantworten: Wann und wie ist ein Geschäftsvorfall ordnungsgemäß festzuhalten? Wie können die Belege gegen nachträgliche Veränderungen geschützt werden? Kurz gesagt: Welche Anforderungen sind aus organisatorischer Sicht an die Buchhaltung zu stellen?

Die Dokumentationsaufgabe wird nur erfüllt, wenn sich die Geschäftsvorfälle der Vergangenheit auch zu einem späteren Zeitpunkt lückenlos und schnell nachvollziehen lassen. Da lose Zettel leicht verlorengehen können, entspricht ein derartiges Belegwesen nicht den Grundsätzen ordnungsmäßiger Buchführung (GoB). Fest gebundene Bücher vermeiden diesen Nachteil. Hierbei kommen zum Einsatz:

- **Grundbuch:** Eintragung der Geschäftsvorfälle unter zeitlichen Aspekten.
- **Hauptbuch:** Eintragung der Geschäftsvorfälle unter sachlichen Aspekten.

Die Grundbuchaufzeichnungen müssen mindestens folgende Informationen umfassen:

| Grundbuchaufzeichnungen |
|---|
| ▪ Datum des Geschäftsvorfalls,<br>▪ Belegnummer,<br>▪ Art des Geschäftsvorfalls,<br>▪ Buchungssatz (Betrag und Sachkonten). |

***Abb. 206: Anforderungen an Grundbuchaufzeichnungen***

Die folgende Abbildung zeigt beispielhaft eine Seite eines Grundbuchs für das Geschäftsjahr 01. Es wird vereinfachend von einem zehnprozentigen Umsatzsteuersatz ausgegangen. Dabei wird deutlich, daß sich die einzelnen Geschäftsvorfälle lückenlos und schnell nachvollziehen lassen. Die Anforderungen an die Grundbuchaufzeichnungen werden erfüllt. Die Buchführung erfüllt ihre Dokumentationsaufgabe.

| Jahr .. 01 | Beleg Nr. | Geschäftsvorfall | Soll | Haben | Konto |
|---|---|---|---|---|---|
| 2.1. | 1 | Überweisung der Ladenmiete | 4.000,- | | Mietaufwand |
| | | | | 4.000,- | Bank |
| 2.1. | 2 | Wareneinkauf | 6.000,- | | Wareneinkauf |
| | | | 600,- | | Vorsteuer |
| | | | | 6.600,- | Bank |
| 3.1. | 3 | Zinsgutschrift | 536,- | | Bank |
| | | | | 536,- | Zinsertrag |
| : | : | : : | : | : | : |

***Abb. 207: Aufzeichnungen im Grundbuch***

Der **Beleg** bildet die Grundlage jeder Verbuchung. In der Buchhaltung gilt das geflügelte Wort: "Keine Buchung ohne Beleg". Belege lassen sich nach verschiedenen Kriterien systematisieren, wie die folgende Abbildung zeigt.

| | Belegarten |
|---|---|
| *Nach Entstehung* | *Externe Belege – Interne Belege* |
| Nach Anzahl der Geschäftsvorfälle | Einzelbelege – Sammelbelege |

***Abb. 208: Systematisierung von Belegen***

**Externe** (**natürliche**) Belege entstehen automatisch durch den Geschäftsverkehr mit Dritten (z.B. erhaltene oder abgesandte Rechnungen). **Interne** (**künstliche**) Belege müssen dagegen vom Kaufmann selbst erstellt werden müssen (z.B. Belege über private Warenentnahmen). **Einzelbelege** betreffen einen einzigen Geschäftsvorfall; **Sammelbelege** beinhalten mehrere Geschäftsvorfälle.

Die Belege werden in der Reihenfolge ihres Zugangs bzw. ihrer Ausstellung numeriert. Meist wird hierbei ein **Buchungsstempel** zur Vorkontierung verwendet, der nicht nur Belegnummern fortlaufend zuordnet, sondern zusätzlich auch die gebuchten Konten auf dem Beleg festhält. Muß ein Sachverhalt nachträglich an Hand von Belegen überprüft werden, wird er durch die Numerierung leichter im Grundbuch gefunden.

Da Eintragungen im Grundbuch täglich erfolgen, wird es auch als **Journal** bezeichnet. Eine Aufzeichnung der Geschäftsvorfälle unter sachlichem Aspekt erfolgt im **Hauptbuch**. Dort werden die Konten in Spaltenform geführt. Die im Grundbuch zeitlich erfaßten Geschäftsvorfälle werden im Hauptbuch auf Sachkonten notiert. Das Hauptbuch wird heute meist nicht mehr als gebundenes Buch geführt, sondern mit Hilfe der EDV erstellt (vgl. den 4. Gliederungspunkt dieses Kapitels). Werden die obigen Geschäftsvorfälle in das Hauptbuch übertragen, kann sich folgende Darstellung ergeben:

| Datum | Bank | | Wareneinkauf | | Vorsteuer | | Mietaufwand | | Zinsertrag | |
|---|---|---|---|---|---|---|---|---|---|---|
| Jahr ..01 | S | H | S | H | S | H | S | H | S | H |
| 2.1. | | 4.000 | | | | | 4.000 | | | |
| 2.1. | | 6.600 | 6.000 | | 600 | | | | | |
| 3.1. | 536 | | | | | | | | | 536 |

***Abb. 209: Kontenverbuchung im Hauptbuch***

# 2. Kontenrahmen und Kontenplan

## 2.1 Aufgaben

In der obigen Abbildung wurden die Konten nicht systematisch angeordnet. Bereits bei wenigen Konten führt dieses Vorgehen zur Unübersichtlichkeit und damit zu Zeitverlusten. Die Kontensystematisierung hat daher folgende Vorteile:

- Beschleunigung des Buchungsablaufs;
- Erleichterung der Einarbeitung für Dritte (Gläubiger) und neue Mitarbeiter.

Eine Kontensystematisierung erfolgt durch einen unternehmensindividuellen **Kontenplan**. Hierin werden sämtliche Konten aufgeführt, die für das jeweilige Unternehmen von Bedeutung sind. Da die Entwicklung einer eigenen Kontensystematik für jedes einzelne Unternehmen zeit- und kostenintensiv ist, wurden aus Rationalisierungsgründen von den jeweiligen Wirtschaftsverbänden einheitliche **Kontenrahmen** entwickelt, an deren Systematik sich die Kaufleute orientieren können. Für einheitliche Kontenrahmen spricht weiterhin, daß **zwischenbetriebliche Vergleiche** der Unternehmen einer Branche ermöglicht werden, wenn die Geschäftsvorfälle auf den gleichen Konten verbucht werden.

Die entwickelten Kontenrahmen streben keine bis ins letzte Detail gehende Kontengliederung an. Wichtig ist vielmehr die grundlegende Kontensystematik, wobei üblicherweise ein dekadisches System verwendet wird: Es wird zunächst von zehn Kontenklassen (0 - 9) ausgegangen, wobei wiederum jede Kontenklasse in zehn Kontengruppen unterteilt wird. Eine Kontenart (z. B. 000) kann weiter in Konten (z. B. 0001, 0002, usw.) untergliedert werden. Es ergibt sich das folgende hierarchische Schema:

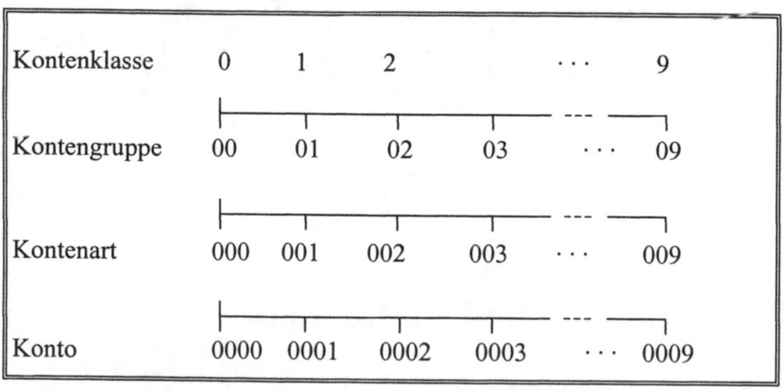


***Abb. 210: Kontenrahmenaufbau nach dekadischem System***

Die Kontenrahmensystematik wird in der folgenden Abbildung an zwei Beispielen verdeutlicht, die dem Industriekontenrahmen entnommen sind. Dabei kann die dreistellige Kontenart - z.B. "200 Rohstoffe" - weiter in einzelne Konten aufgeteilt werden. Wird für jede einzelne Rohstoffart ein spezielles Konto eingerichtet, wird jedem Konto eine spezielle vierstellige Kontennummer zugeordnet.

| | | | |
|---|---|---|---|
| Kontenklasse | 2 | : | Umlaufvermögen |
| Kontengruppe | 20 | : | Roh-, Hilfs- und Betriebsstoffe |
| Kontenart | 200 | : | Rohstoffe |
| | 202 | : | Hilfsstoffe |
| | 203 | : | Betriebsstoffe |
| Kontenklasse | 6 | : | Betriebliche Aufwendungen |
| Kontengruppe | 60 | : | Aufwendungen für Roh-, Hilfs- und Betriebsstoffe |
| Kontenart | 600 | : | Aufwendungen für Rohstoffe |
| | 602 | : | Aufwendungen für Hilfsstoffe |
| | 603 | : | Aufwendungen für Betriebsstoffe |

***Abb. 211: Kontenrahmenaufbau (Beispiel)***

Kontenrahmen können nach dem Abschluß- oder dem Prozeßgliederungsprinzip aufgebaut sein. Das **Abschlußgliederungsprinzip** folgt der Gliederung des Jahresabschlusses. Die aktiven und passiven Bestandskonten sowie die Ertrags- und Aufwandskonten werden in Anlehnung an die gesetzlichen Vorschriften angeordnet. Dagegen folgt das **Prozeßgliederungsprinzip** dem Prozeß der betrieblichen Leistungserstellung. Die Kontenklassen werden in Anlehnung an den betrieblichen Produktionsprozeß abgebildet. Somit werden die Beschaffung (Konto "Rohstoffe"), die Produktion (Konto "Aufwand Rohstoffe") und der Bestand der fertigen Erzeugnisse jeweils in eigenen Kontenklassen erfaßt.

Die Steuerung und Kontrolle des Produktionsprozesses ist nicht Aufgabe der Finanzbuchhaltung, sondern der Kostenrechnung (**Betriebsbuchhaltung**). Sie gehört zum internen Rechnungswesen und informiert die Geschäftsleitung. Für die **Unternehmenssteuerung** ist z.B. die Frage zu beantworten, welcher Preis für ein Produkt (Kostenträger) mindestens verlangt werden muß, um kostendeckend zu produzieren. Bei der **Unternehmenskontrolle** soll ein effizienter Einsatz der Produktionsfaktoren erreicht werden. Diese Kontrolle wird in einzelnen betrieblichen Abteilungen (Kostenstellen) durchgeführt.

Beim Abschlußgliederungsprinzip wird die Kostenrechnung getrennt von den übrigen Konten der Finanzbuchhaltung in einer speziellen Kontenklasse durchgeführt. Es liegen zwei getrennte Rechnungskreise vor, so daß das Abschlußgliederungsprinzip auch als **Zweikreissystem** bezeichnet wird. Dagegen wird beim Prozeßgliederungsprinzip die Kostenrechnung direkt in den Buchungsablauf integriert. Es liegt ein **Einkreissystem** vor.

| Abschlußgliederung = Zweikreissystem – Prozeßgliederung = Einkreissystem |
|---|

## 2.2 Kontenrahmen der Industrie

### 2.2.1 Gemeinschaftskontenrahmen

In der Industriebuchhaltung werden der Gemeinschaftskontenrahmen der Industrie (GKR) und der Industriekontenrahmen (IKR) verwendet. Der Gemeinschaftskontenrahmen folgt dem **Prozeßgliederungsprinzip**, so daß ein **Einkreissystem** angewendet wird. Der vollständige Aufbau ist am Anhang enthalten. Die Abbildung zeigt seine Kontenklassen:

| Kontenklasse | Inhalt |
|---|---|
| 0 | Anlagevermögen und langfristiges Kapital |
| 1 | Umlaufvermögen und kurzfristige Verbindlichkeiten |
| 2 | Neutrale Aufwendungen und Erträge |
| 3 | Material- und Warenbestände |
| 4 | Kostenarten |
| 5 | Freigehalten für Kostenstellenrechnung |
| 6 | Freigehalten für Kostenstellenrechnung |
| 7 | Bestände an fertigen und unfertigen Erzeugnissen |
| 8 | Erlöse und andere betriebliche Erträge |
| 9 | Abschlußkonten |

***Abb. 212: Aufbau des Gemeinschaftskontenrahmens***

In der Kontenklasse 0 werden unter anderem die im Unternehmen langfristig gebundenen Produktionsfaktoren erfaßt. Hierzu gehören die Gebäude oder Maschinen eines Unternehmens. Die Klasse 1 umfaßt insbesondere die betrieblichen Zahlungskonten wie z.B. Bank oder Kasse. Eine Abgrenzung von Finanz- und Betriebsbuchhaltung ist in Klasse 2 durchzuführen. Diese Vorgehensweise ist notwendig, da der Wertverzehr der Kostenrechnung (**Kosten**) vom Wertverzehr der Finanzbuchhaltung (Aufwand) abweichen kann. Die Abschreibungen werden in der **Kostenrechnung** von den Wiederbeschaffungskosten verrechnet, während in der Finanzbuchung die Anschaffungskosten vorgeschrieben sind. Die eigentliche **Leistungserstellung** wird in den Klassen 3 bis 7 abgebildet:

***Abb. 213: Kontenmäßige Abbildung der Leistungserstellung im GKR***

In Klasse 3 werden insbesondere die Bestände der Roh-, Hilfs- und Betriebsstoffe geführt. Mit dem Einsatz im Produktionsprozeß erfolgt die Umbuchung auf Klasse 4. Es entsteht ein Wertverzehr, der zu Kosten führt. Die Klassen 5 und 6 gehören nicht zur Finanzbuchhaltung. Sie sind für die Kostenstellenrechnung reserviert. Der durch die Leistungserstellung bedingte Wertverzehr wird in der Betriebsbuchhaltung abgebildet. Deshalb ist die Kontenklasse 4 mit dem Begriff "Kostenarten" überschrieben.

In Klasse 7 werden die Kostenträger, d.h. die Bestände an fertigen und unfertigen Erzeugnissen aufgeführt. In Klasse 8 erscheinen die Umsatzerlöse der abgesetzten Produkte und die Bestandsänderungen an fertigen und unfertigen Erzeugnissen. Die Abschlußkonten (Eröffnungsbilanzkonto, SBK und GuV-Konto) werden in Klasse 9 geführt.

Die Buchungstechnik unter Verwendung des GKR wird an einem Beispiel erläutert, wobei die Buchungssätze in neuer Form angegeben werden (**Buchung mit Kontennummern**). Es wird die Tatsache genutzt, daß für jedes Konto eine eindeutige Kontonummer existiert. Dadurch kann an Stelle der ausgeschriebenen Kontenbezeichnungen auf die Kontonummern zurückgegriffen werden. Die Buchungssätze sind wie folgt aufgebaut: Zunächst werden die Konten (Soll/Haben) und anschließend die Beträge genannt (Soll/Haben). Der Aufbau der Buchungssätze bleibt also unverändert. Für "Bank an Kasse 1.000,-" schreibt man bei Verwendung des GKR nur noch: "12/10 1.000,-". Ein Schrägstrich ersetzt das Wort "an". Das Schema lautet allgemein:

| Buchung mit Kontonummern: Konto im Soll/Konto im Haben - Betrag |
| --- |

Durch diese Technik werden die Buchungssätze wesentlich kürzer und die Buchungsgeschwindigkeit nimmt zu. Auch im Rahmen der EDV-gestützten Buchhaltung werden die Buchungen meist unter Verwendung von Kontonummern durchgeführt.

1) Rohstoffe: AB 22.000,-; EB 12.000,-
2) Lohnzahlung durch Banküberweisung 5.000,-
3) Leasinggebühr durch Banküberweisung 3.000.-
4) 60 Stück Fertigerzeugnisse werden für 15.000 € verkauft. (Banküberweisung)
5) 100 Stück Fertigerzeugnisse wurden produziert, wovon 40 Stück (Herstellungskosten 18 €/Stück) auf Lager genommen wurden
6) Abschluß der Aufwandskonten (über GuV-Konto)
7) Abschluß der Ertragskonten (über das GuV-Konto)

***Abb. 214: Produktion mit Lagerbestandsveränderungen nach GKR (Gesamtkostenverfahren; ohne USt)***

Die Buchungssätze sind der folgenden Abbildung zu entnehmen. Die Kontonummern findet der Leser in dem im Anhang abgedruckten Gemeinschaftskontenrahmen.

| | | | | |
|---|---|---|---|---|
| 1) | Rohstoffkosten | an | Rohstoffe | 10.000,- |
| | 400/30 | | | 10.000,- |
| 2) | Löhne und Gehälter | an | Bank | 5.000,- |
| | 41/12 | | | 5.000,- |
| 3) | Kosten Betriebs- und Geschäftsausstattung | an | Bank | 3.000,- |
| | 42/12 | | | 3.000,- |
| 4) | Bank | an | Umsatzerlöse | 15.000,- |
| | 12/80 | | | 15.000,- |
| 5) | Fertige Erzeugnisse | an | Bestandsänderung | 7.200,- |
| | 71/89 | | | 7.200,- |
| 6) | GuV-Konto 18.000,- | an | Rohstoffkosten | 10.000,- |
| | | an | Löhne und Gehälter | 5.000,- |
| | | an | Kosten Betriebs- und Geschäftsausstattung | 3.000,- |
| | 919/400, 41, 42 | | 18.000,- / 10.000,-, 5.000,-, 3.000,- | |
| 7) | Umsatzerlöse 15.000,- | | | |
| | Bestandsänderung 7.200,- | an | GuV-Konto | 22.200,- |
| | 80, 89/919 | | 15.000,-, 7.200,- / 22.200,- | |

***Abb. 215: Buchungssätze nach GKR (Kontonummern im Anhang)***

Das GuV-Konto zeigt die folgende Abbildung. Da das Gesamtkostenverfahren zur Anwendung gelangt, wird die Bestandserhöhung explizit als Ertrag ausgewiesen:

| S | 919 GuV-Konto | | H |
|---|---|---|---|
| Rohstoffkosten | 10.000 | Umsatzerlöse | 15.000 |
| Löhne und Gehälter | 5.000 | Bestandserhöhung | 7.200 |
| Kosten Betriebs- und Geschäftsausstattung | 3.000 | | |
| Gewinn | 4.200 | | |
| | 22.200 | | 22.200 |

***Abb. 216: GuV-Konto beim Gemeinschaftskontenrahmen***

Der Buchungsablauf wurde im obigen Beispiel vereinfacht dargestellt. Im Normalfall werden die Salden der Konten "Rohstoffkosten", "Löhne und Gehälter" und "Kosten Betriebsausstattung" sowie der Konten "Umsatzerlöse" und "Bestandsänderungen" zunächst auf das Betriebsergebniskonto gebucht. Der Saldo dieses Kontos ist der **Betriebserfolg**. Im obigen Beispiel liegt ein Betriebsgewinn von 4.200 € vor. Das ist der kostenrechnerische Erfolg. Er wird anschließend auf das GuV-Konto gebucht. Für die **Erfolgsermittlung der Finanzbuchhaltung** muß noch der neutrale Erfolg berücksichtigt werden, da der Gesamterfolg die Summe aus Betriebserfolg und neutralem Erfolg ist. Der Ablauf der Erfolgsermittlung nach dem GKR läßt sich wie folgt zusammenfassen:

1. Ermittlung des Betriebserfolgs im Betriebsergebniskonto.
2. Ermittlung des Gesamterfolgs im GuV-Konto.

Die Erfolge der Betriebs- und Finanzbuchhaltung unterscheiden sich noch durch eine zeitliche Komponente. Während die Finanzbuchhaltung den Erfolg im Regelfall nur für das Geschäftsjahr ausweist, wird in der Betriebsbuchhaltung der Erfolg meist monatlich ermittelt. Dies ist für die optimale Unternehmenssteuerung unerläßlich. Diese Art der Erfolgsermittlung wird als **kurzfristige Erfolgsrechnung** bezeichnet.

Der Gemeinschaftskontenrahmen wird derzeit noch von vielen Unternehmen verwendet. Neu gegründete Unternehmen verwenden meist den Industriekontenrahmen, der nachfolgend behandelt wird. Der GKR ist ein auslaufendes Kontensystem.

### 2.2.2 Industriekontenrahmen

Der Industriekontenrahmen (IKR) folgt im Gegensatz zum Gemeinschaftskontenrahmen dem **Abschlußgliederungsprinzip**, d.h. es kommt ein **Zweikreissystem** zur Anwendung. Die Kostenrechnung wird hierbei in einer gesonderten Kontenklasse (Klasse 9) geführt und weist keine direkte Verbindung zu den übrigen Konten der Finanzbuchhaltung auf. Der grundsätzliche Aufbau des Industriekontenrahmens, der in der Buchhaltungspraxis immer stärker an Bedeutung gewinnt, läßt sich der folgenden Abbildung entnehmen:

| Klasse | Inhalt | Systematik |
|---|---|---|
| 0 | Immaterielle Vermögensgegenstände und Sachanlagen | Aktivkonten |
| 1 | Finanzanlagen | |
| 2 | Umlaufvermögen und aktive Rechnungsabgrenzung | |
| 3 | Eigenkapital und Rückstellungen | Passivkonten |
| 4 | Verbindlichkeiten und passive Rechnungsabgrenzung | |
| 5 | Erträge | Erfolgskonten |
| 6 | Betriebliche Aufwendungen | |
| 7 | Weitere Aufwendungen | |
| 8 | Ergebnisrechnung | Abschlußkonten |
| 9 | Frei für Kostenrechnung | |

***Abb. 217: Aufbau des Industriekontenrahmens***

Die Kontenklassen 0 bis 4 nehmen die Bestandskonten auf. In den Klassen 0 bis 2 werden die aktiven Bestandskonten, in den Klassen 3 und 4 die passiven Bestandskonten geführt. Die Klassen 5 bis 7 sind für die Ertrags- und Aufwandskonten (Erfolgskonten) reserviert. Der Kontenabschluß erfolgt in Klasse 8. Für die Kostenrechnung wird die Klasse 9 freigehalten. Die Betriebsbuchhaltung wird somit unabhängig von der Finanzbuchhaltung in einem gesonderten Rechnungskreis durchgeführt.

Damit wird der im Vergleich zum Gemeinschaftskontenrahmen unterschiedliche Aufbau des Industriekontenrahmens deutlich. Greift man auf das bereits dargestellte Beispiel zur Verbuchung von Lagerbestandsveränderungen zurück, dann sind die nicht abgesetzten Fertigerzeugnisse im Rahmen der aktiven Bestandskonten aufzunehmen. Die Bilanzierung erfolgt im Umlaufvermögen. Sie gehören daher ebenso wie die Bestände der Roh-, Hilfs- und Betriebsstoffe in die Kontenklasse 2. Die Aufwendungen werden gemäß dem Kontenrahmen in der Klasse 6 ("Aufwendungen für Rohstoffe") verbucht.

| | | | | | |
|---|---|---|---|---|---|
| 1) | Aufwendungen für Rohstoffe | | an | Rohstoffe | 10.000,- |
| | 600/200 | | | | 10.000,- |
| 2) | Löhne | | an | Bank | 5.000,- |
| | 62/280 | | | | 5.000,- |
| 3) | Aufwendungen für Rechts-nutzung | | an | Bank | 3.000,- |
| | 67/280 | | | | 3.000,- |
| 4) | Bank | | an | Umsatzerlöse | 15.000,- |
| | 280/50 | | | | 15.000,- |
| 5) | Fertige Erzeugnisse | | an | Bestandsänderung fE | 7.200,- |
| | 22 / 522 | | | | 7.200,- |
| 6) | GuV-Konto | 18.000,- | an | Aufwendungen für Rohstoffe | 10.000,- |
| | | | an | Löhne | 5.000,- |
| | | | an | Aufwendungen für Rechts-nutzung | 3.000,- |
| | 802 / 600, 62, 67 | | | 18.000,- / 10.000,-, 5.000,-, | 3.000,- |
| 7) | Umsatzerlöse | 15.000,- | | | |
| | Bestandsänderung fE | 7.200,- | an | GuV-Konto | 22.200,- |
| | 50, 522 / 802 | | | 15.000,-, 7.200,- / | 22.200,- |

***Abb. 218: Buchungssätze nach IKR (Kontonummern im Anhang)***

Das nach dem IKR erstellte GuV-Konto (Kontonummer 802) weist insgesamt denselben Gewinn aus wie das GuV-Konto nach dem GKR (Kontonummer 919). Beim IKR werden jedoch Finanz- und Betriebsbuchhaltung streng getrennt. Daher wird der Gesamtgewinn beim IKR gleichzeitig in **einem** Schritt im GuV-Konto ermittelt und nicht - wie beim GKR – nacheinander in zwei Schritten. Somit gilt:

- Gesamtgewinn beim IKR: Simultane Ermittlung (gleichzeitig).
- Gesamtgewinn nach GKR: Sukzessive Ermittlung (nacheinander).

# 3. Konventionelle Buchhaltung

Die konventionelle Buchhaltung wird überwiegend **manuell** durchgeführt. Zunächst werden die Belege gesammelt und vorkontiert. Danach werden die Geschäftsvorfälle von

Hand in die entsprechenden Bücher eingetragen. Dabei entsteht eine zeitliche Lücke, da Eintragungen im Grundbuch prinzipiell täglich, im Hauptbuch dagegen meist monatlich vorgenommen werden. Der zeitliche Unterschied beim Übertragen der Geschäftsvorfälle vom Grundbuch in das Hauptbuch ist ein wesentlicher Nachteil dieser Buchhaltungsform, die auch als **Übertragungsbuchhaltung** bezeichnet wird. Erfahrungsgemäß entsteht dabei eine große Zahl von Übertragungsfehlern. Die Praxis hat deshalb Buchhaltungsformen entwickelt, die solche Fehler ausschließen sollen.

Das Merkmal der **Durchschreibebuchhaltung** besteht darin, daß ein einmal verbuchter Sachverhalt gleichzeitig in verschiedene Bücher eingetragen wird. Damit die Geschäftsvorfälle im Grundbuch und auf den Sachkonten richtig eingetragen werden können, ist eine geschickte Kontenanordnung erforderlich. Ein Sachkontenblatt wird so über das Grundbuchblatt gelegt, daß mit der Eintragung im Sachkonto gleichzeitig eine Grundbucheintragung erfolgt. Alle Kontenblätter übernehmen zusammen die Hauptbuchfunktion. Es handelt sich um eine **Lose-Blatt-Buchhaltung**, da kein fest gebundenes Buch verwendet wird.

| Durchschreibebuchhaltung ist Lose-Blatt-Buchhaltung (ohne feste Bindung) |
|---|

Am Jahresende müssen die Endbestände der Konten bzw. die Kontensalden ermittelt werden. Danach ist die Hauptabschlußübersicht zu erstellen, wobei auch die Abschlußbuchungen (z.B. Abschreibungen auf Sachanlagen) vorzunehmen sind. Aus den letzten beiden Spalten der Abschlußübersicht ergeben sich die Bilanz und GuV-Rechnung.

Die Durchschreibebuchhaltung hat zwar den **Vorteil**, daß die Fehlerrate beim Übergang vom Grundbuch ins Hauptbuch minimiert wird. Die Nachteile der konventionellen Buchhaltung bleiben jedoch erhalten und lassen sich wie folgt zusammenfassen:

- **Unhandlichkeit**: In fest gebundenen Büchern muß ständig geblättert werden.
- **Unübersichtlichkeit**: Schon im Kleinbetrieb sind zahlreiche Konten notwendig.
- **Langsamkeit**: Die konventionelle Buchhaltung ist arbeitsintensiv und daher langsam.

# 4. EDV-gestützte Buchhaltung

## 4.1 Grundlagen

Die EDV ist ein Hilfsmittel zur Erfüllung von Buchhaltungsaufgaben. Für die EDV-gestützte Buchhaltung müssen zwei Komponenten vorhanden sein. Erstens muß der Unternehmer über einen Computer verfügen (**Hardware**). Hierzu zählen Dateneingabe-, Datenverarbeitungs- und Datenausgabegeräte. Die Dateneingabe kann z.B. über eine Tastatur erfolgen, die Datenausgabe über einen Drucker oder einen Bildschirm. Die Datenverarbeitung findet in der Zentraleinheit des Computers statt.

Zweitens wird ein Buchhaltungsprogramm benötigt, welches die Befehle für die eigentliche Datenverarbeitung enthält (**Software**). Das Buchhaltungsprogramm muß auf das Betriebssystem des Computers ausgerichtet sein, wobei die meisten Programme auf Windows basieren. Die Programme können genau auf die Bedürfnisse eines bestimmten Betriebs zugeschnitten werden (**Individualsoftware**). Üblicherweise werden jedoch in kleinen und mittelgroßen Betrieben die verwendeten Programme aus Kostengründen nicht selbst erstellt. Es wird auf handelsübliche **Standardsoftware** zurückgegriffen, deren Funktionen für eine ordnungsgemäßige Durchführung der Buchhaltung ausreichen. Nachfolgend wird die allgemeine Funktionsweise derartiger Programme beschrieben, um dem Leser einen schnellen Zugang zur EDV-gestützten Buchhaltung zu ermöglichen.

Die EDV kann in unterschiedlichem Maße für Buchhaltungszwecke eingesetzt werden. Im folgenden wird zwischen einer Basisfunktion und zwei Ergänzungsfunktionen unterschieden. Die folgende Abbildung gibt die Inhalte der einzelnen Funktionen wieder, wobei grundsätzlich gilt:

| |
|---|
| Von der Basisfunktion zu den Ergänzungsfunktionen steigt der Funktionsumfang |

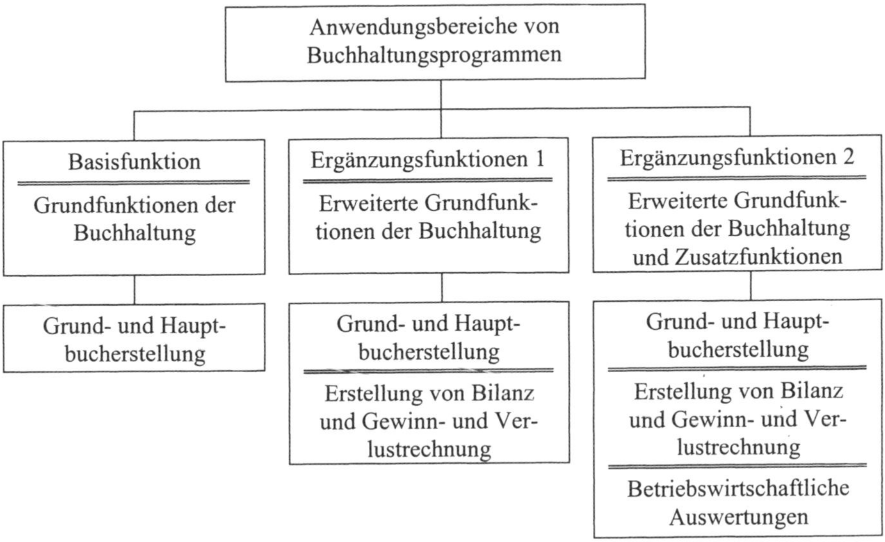


***Abb. 219: Anwendungsbereiche von Buchhaltungsprogrammen***

## 4.2 Basisfunktion (Grund- und Hauptbucherstellung)

### 4.2.1 Eingabe von Stammdaten

Die Basisfunktion der Grund- und Hauptbucherstellung kann an Hand eines einfachen EDV-Programms durchgeführt werden. Im folgenden wird auf technische Ausführungen weitgehend verzichtet, da das vorliegende Lehrbuch die Vermittlung von Buchhaltungskenntnissen in manueller und EDV-gestützter Form zum Gegenstand hat.

Üblicherweise erscheint nach dem Aufruf des Buchhaltungsprogramms ein **Hauptmenü**, welches die verschiedenen Funktionen anzeigt, die mit dem Programm ausgeführt werden können. Zur Durchführung der Basisfunktion sind auf dieser Ebene z.B. Wahlmöglichkeiten hinsichtlich der Bereiche "Konten" und "Buchungen" relevant. Sollen auch die Ergänzungsfunktionen 1 bzw. 2 durchgeführt werden, können z.B. noch die Funktionen "Abschlußerstellung" bzw. "Betriebswirtschaftliche Auswertungen" von Bedeutung sein. Daneben sind bei allen Anwendungsprogrammen zusätzlich noch technische Funktionen wie z.B. die Sicherungsfunktion hilfreich. Wird eine der Hauptfunktionen ausgewählt, erscheint ein **Untermenü**, welches weitere Spezialfunktionen aufführt. Durch diesen hierarchischen Aufbau wird die Übersichtlichkeit gewährleistet, da nicht alle möglichen Funktionen gleichzeitig auf dem Bildschirm erscheinen.

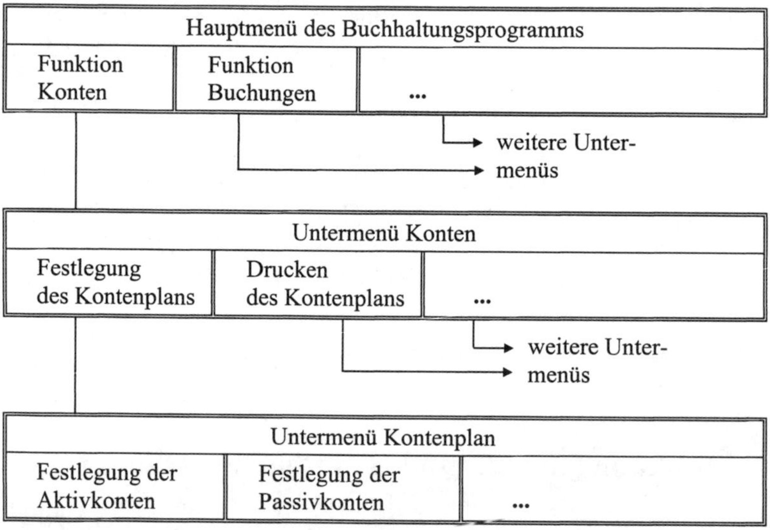


***Abb. 220: Hierarchischer Aufbau von Buchhaltungsprogrammen***

Im Untermenü "Konten" können weitere Funktionen, wie z.B. die Festlegung des Kontenplanes, ausgewählt werden. Die für das Unternehmen bedeutenden Konten sind **Stammdaten**, die in einer gesonderten Datei, der **Stammdatei**, gespeichert werden.

Stammdaten: Langfristig unveränderliche Daten

Stammdaten sind alle für das Unternehmen relevanten Konten, wie z.B. die speziellen Wareneinkaufskonten oder Forderungskonten gegenüber den Stammkunden. Existieren bei einem Unternehmen beispielsweise zehn größere Stammkunden, wird üblicherweise für jeden einzelnen Kunden ein spezielles Forderungskonto eingerichtet.

Zu den Stammdaten zählen auch die Umsatzsteuersätze. Diese werden meist in Form von **Umsatzsteuerschlüsseln** eingegeben. Wären im einfachsten Fall nur die Regelsteuersätze in Höhe von derzeit 16% relevant, dann könnte dem Konto "Vorsteuer" z.B. der Umsatzsteuerschlüssel 1 und dem Konto "Berechnete Umsatzsteuer" der Umsatzsteuerschlüssel 2 zugeordnet werden. Soll keine Umsatzsteuer berechnet werden, dann könnte z.B. der Umsatzsteuerschlüssel 0 relevant sein. Bei der Vornahme von Buchungen wird dann vom Programm meist nur die Eingabe des Umsatzsteuerschlüssels verlangt. Bestimmten Konten bzw. Kontenseiten können dauerhaft bestimmte Umsatzsteuerschlüssel zugeordnet werden, so daß die Umsatzsteuer aus einem eingegebenen Bruttobetrag automatisch richtig berechnet und gebucht wird.

Neben den Stammdaten existieren **Bewegungsdaten**, für die folgendes gilt:

| Bewegungsdaten: Kurzfristig veränderliche Daten |
|---|

Jede einzelne Buchung gehört zu den Bewegungsdaten, da sich die Buchungen regelmäßig hinsichtlich der angesprochenen Konten bzw. Beträge voneinander unterscheiden. Die Bewegungsdaten werden in speziellen **Bewegungsdateien** gespeichert.

## 4.2.2 Eingabe von Bewegungsdaten

Die Eingabe von Buchhaltungsdaten erfolgt meist unter Verwendung einer speziellen Bildschirmdarstellung, die als **Bildschirmmaske** bezeichnet wird. Der grundsätzliche Aufbau dieser Maske bleibt unverändert. Gibt man die Bewegungsdaten des Geschäftsvorfalls "Rohstoffeinkauf auf Ziel 5.000 + 16% USt" (numerischer Buchungssatz nach dem Industriekontenrahmen: 200, 260/44 5.000,-, 800,-/5.800,-) in den Computer ein, so könnten am PC nacheinander die folgenden Bildschirmmasken erscheinen:

| | | | |
|---|---|---|---|
| **Sollbuchung** | | | |
| Konto: | 200 | Kontenbezeichnung: | Rohstoffe |
| Betrag: | 5.800 | | |
| Umsatzsteuerschlüssel: | **1** | | |
| Weitere Buchungen im Soll: ja/nein | | | |
| Enter: Nächste Buchung | Esc: Zurück zum Hauptmenü ... | | |

***Abb. 221: Eingabe einer Sollbuchung am PC***

| | | | |
|---|---|---|---|
| **Habenbuchung** | | | |
| Konto: | 44 | Kontenbezeichnung: | Lieferantenverb. |
| Betrag: | 5.800 | | |
| Umsatzsteuerschlüssel: | 0 | | |
| Weitere Buchungen im Soll: ja/nein | | | |
| Enter: Nächste Buchung | Esc: Zurück zum Hauptmenü ... | | |

***Abb. 222: Eingabe einer Habenbuchung am PC***

| | |
|---|---|
| Buchungstext: | Eingangsrechnung vom 24.05.01 |
| Beleg-Nr.: | 52 |
| Belegdatum: | 24.05.01 |
| Enter: Nächste Buchung | Esc: Zurück zum Hauptmenü ... |

***Abb. 223: Eingabe des Buchungstextes am PC***

Zunächst werden die Buchungen im Soll, anschließend im Haben eingegeben. Zuletzt erfolgt die Eingabe des Buchungstextes. Die zu buchenden Konten werden in Buchhaltungsprogrammen meist durch die Eingabe von Kontonummern aufgerufen. Die Umsatzsteuer wird durch die Eingabe der entsprechenden Umsatzsteuerschlüssel (z.B. Steuerschlüssel 1 für die Buchung des Kontos "Vorsteuer") berücksichtigt. Die meisten Kontennummern kennt der Buchhalter auswendig; die Nummern selten gebuchter Konten lassen sich dem Kontenplan entnehmen, der als Stammdatei gespeichert wird. Die Kontenbezeichnungen werden in speziellen Bildschirmfenstern angezeigt. Hierdurch besteht eine Kontrollmöglichkeit hinsichtlich der eingegebenen Kontennummern.

Die Abfrage nach weiteren Buchungen im Soll oder Haben ist für zusammengesetzte Buchungssätze notwendig. Wird im Soll nur ein Konto und werden im Haben mindestens zwei Konten angesprochen, reicht bei vielen Buchhaltungsprogrammen die Eingabe der Beträge auf der Habenseite aus. Der Computer errechnet den Sollwert dann automatisch.

Bestimmten Konten lassen sich eindeutig die zugehörigen Umsatzsteuerkonten ("Vorsteuer" bzw. "Berechnete Umsatzsteuer") zuordnen. Dann sind die Buchungsbeträge brutto einzugeben und das Programm berechnet und bucht die USt automatisch richtig (**Automatikkonto**). In der obigen Abbildung wurde das Konto "Rohstoffe" im Soll gebucht, so daß es sich nur um einen Beschaffungsvorgang handeln kann. Die Umsatzsteuer läßt sich automatisch berechnen und wird programmgesteuert dem Konto "Vorsteuer" (Kontonummer 260 nach IKR) zugeordnet.

Konten, die typischerweise nur im Haben gebucht werden (relevantes Umsatzsteuerkonto: Berechnete Umsatzsteuer) sind im Handelsbetrieb das Warenverkaufskonto und im Industriebetrieb das Umsatzerlöskonto. Kann nicht von vornherein bestimmt werden, auf welchem Umsatzsteuerkonto zu buchen ist, muß eine manuelle Eingabe des entsprechenden Umsatzsteuerschlüssels erfolgen. Eine automatische Festlegung ist in diesem Fall unzweckmäßig. Wird z.B. das Konto "Maschinelle Anlagen" im Haben gebucht, kann es sich beispielsweise um einen umsatzsteuerpflichtigen Veräußerungsvorgang (mit zusätzlicher Buchung auf dem Konto "Berechnete Umsatzsteuer") oder um die Verbuchung der planmäßigen Abschreibungen handeln, bei der keine USt relevant ist.

Ist der Buchungssatz vollständig eingegeben, wird durch das Drücken der Eingabetaste die Buchung bestätigt. Die Buchung ist jetzt erfaßt. Gleichzeitig erscheint wieder die Buchhaltungsmaske auf dem Bildschirm, so daß die Daten für die nächste Buchung eingegeben werden können. Die Eingabe erfolgt solange, bis der Rücksprung zum Hauptmenü vorgenommen wird.

Mit der Eingabe der Buchhaltungsdaten in den PC erfolgt zunächst eine Zwischenspeicherung in einer Zwischendatei im Computer. Erst mit dem Rücksprung ins Hauptmenü des Buchhaltungsprogramms erfolgt die endgültige Speicherung der Datensätze. Bis zu diesem Zeitpunkt besteht jederzeit die Möglichkeit zur Änderung der eingegebenen Buchungssätze. Nach der Speicherung der Buchungssätze sind ebenfalls noch nachträgliche Änderungen möglich, indem die jeweilige Datei nochmals aufgerufen wird. Hierbei tritt das Problem der **Datensicherung** auf, welches unter dem Aspekt der Dokumentationsfunktion der Finanzbuchhaltung eine besondere Bedeutung gewinnt.

Die einmal im Computer gespeicherten Daten können für verschiedene Zwecke ausgewertet werden. Hierbei können folgende Auswertungen unterschieden werden:

| Zeitlich: Grundbuchfunktion - Sachlich: Hauptbuchfunktion |
|---|

Die zeitliche Auflistung und der entsprechende Ausdruck der Buchungssätze führt zur Grundbuchfunktion. Unter sachlichem Aspekt kann ein Ausdruck der Sachkonten erfolgen, woraus sich die Hauptbuchfunktion ergibt. Die meisten handelsüblichen Buchhaltungsprogramme verfügen jedoch über weitere Funktionen, die in den Gliederungspunkten 4.3 und 4.4 behandelt werden.

### 4.2.3 Datensicherung

Der Vorteil der EDV-gestützten Buchhaltung ist darin zu sehen, daß alle Buchhaltungsdaten richtig verarbeitet werden, wenn vorher eine sachlich richtige Eingabe erfolgte. Im Gegensatz zur konventionellen Buchhaltung gilt:

| EDV-gestützte Buchhaltung vermeidet Übertragungsfehler |
|---|

Zusätzlich sind die meisten Buchhaltungsprogramme so aufgebaut, daß offensichtliche Fehlbuchungen von vornherein nicht verarbeitet werden. Durch **programmgesteuerte Erfassungskontrollen** werden z.B. Buchungen, bei denen die Beträge auf der Soll- und

Habenseite nicht übereinstimmen, von den Programmen nicht akzeptiert. Allerdings werden formal richtige Buchungen, die jedoch die falschen Konten betreffen, vom Programm regelmäßig nicht beanstandet.

Die EDV-gestützte Buchhaltung gewährleistet insoweit die Dokumentationsfunktion in höherem Maße als die manuelle Buchhaltung. Dennoch besteht die Gefahr nachträglicher Änderungen und somit die Gefahr von Buchhaltungsmanipulationen. Während derartige Veränderungen bei der manuellen Buchhaltung durch die vorgenommenen Streichungen in den Büchern sofort sichtbar werden, können bei der EDV-Buchhaltung nachträgliche Änderungen nicht sofort erkannt werden. Für die Ordnungsmäßigkeit der EDV-gestützten Buchhaltung sind deshalb **Grundsätze ordnungsmäßiger Datenverarbeitung** (GoDV) entwickelt worden. Unter systematischem Aspekt gilt:

| GoDV sind spezielle Grundsätze ordnungsmäßiger Buchführung |
|---|

Die GoDV enthalten jedoch nur Mindestanforderungen, die an die EDV-Buchhaltung zu stellen sind. Der Gesetzgeber stellt keine speziellen Anforderungen an die verwendeten Buchhaltungsprogramme, sofern sie die korrekte Verbuchung der Geschäftsvorfälle gewährleisten. Die Programme müssen jedoch den GoB bzw. den GoDV genügen.

Für die ordnungsgemäße Aufbewahrung der Buchhaltungsdaten verlangen die GoDV z.B. die Verwendung geeigneter Datenträger und die Anfertigung von Sicherungskopien. Zum Schutz gegen Datenmißbrauch können verschiedene Sicherungsinstrumente verwendet werden. Als EDV-interne Sicherungsmaßnahmen sind möglich:

- Löschschutz,
- Systemgesteuerte Änderungsprotokolle.

Der **Löschschutz** verhindert das Löschen bereits gebuchter Geschäftsvorfälle, während die **systemgesteuerten Änderungsprotokolle** sie transparent machen. Wird z.B. im Monat März eine Buchung des Monats Februar nachträglich verändert, kann diese Veränderung technisch festgestellt werden. Dadurch lassen sich zwar Datenmanipulationen nicht vermeiden; sie können aber zumindest erkannt werden. Eventuell ist festzustellen, von welchem Gerät die Veränderung vorgenommen wurde, so daß der mögliche Verursacher herausgefunden wird. Neben diesen EDV-internen Sicherungsmaßnahmen besteht die Möglichkeit, Sicherungssysteme an der Schnittstelle zwischen EDV und Nutzer einzubauen (EDV-externe Sicherungsmaßnahmen). Hierbei ist die Vergabe von **Paßwörtern** zweckmäßig. Nur bei richtiger Eingabe des Paßwortes wird der Nutzer ins Programm gelassen. Unbefugte werden abgewiesen.

Zusätzlicher Datenschutz wird erreicht, indem Buchungen erst verarbeitet werden, wenn sie von einer weiteren Person bestätigt werden. Diese Schutzfunktion ist dem **internen Kontrollsystem** zuzurechnen. Hierdurch kann die Sicherheit der Buchhaltungsdaten erhöht werden. Ein vollständiger Schutz ist aber nicht möglich. EDV-Experten werden wohl immer in der Lage sein, bestehende Sicherungsmaßnahmen zu überwinden. Kaum sind neue Sicherungssysteme fertiggestellt worden, beginnen "Hacker" mit ihrer Überwindung.

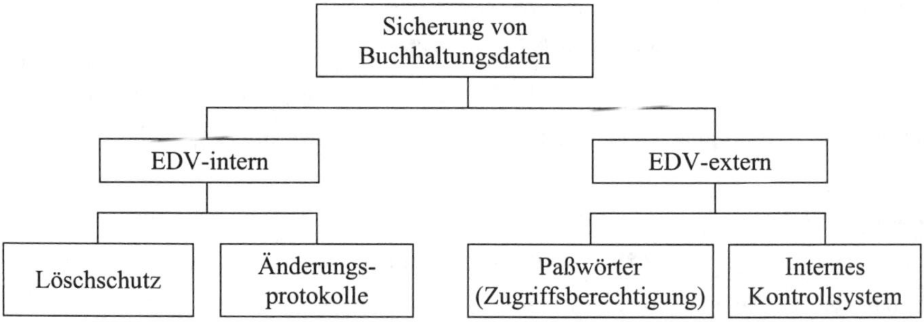


***Abb. 224: Sicherung von Buchhaltungsdaten***

## 4.3 Ergänzungsfunktion 1 (Bilanz- und GuV-Erstellung)

Mit Buchhaltungsprogrammen lassen sich nicht nur die laufenden Geschäftsvorfälle effizient verbuchen, sondern zusätzlich die vorbereitenden Abschlußbuchungen zur Erstellung von Bilanz und Gewinn- und Verlustrechnung durchführen. Bei manueller

Aufstellung des Jahresabschlusses ist zu diesem Zweck eine (schon bei wenigen Konten) unhandliche Hauptabschlußübersicht anzufertigen. Dabei besteht sehr leicht die Gefahr von Fehleintragungen, die zu einer fehlerhaften Abschlußerstellung führen. Diese Fehler werden bei EDV-gestützter Jahresabschlußerstellung weitgehend vermieden.

Wird im Hauptmenü die Funktion "Abschlußerstellung" gewählt, kann im zugehörigen Untermenü meist weiter unter den folgenden Funktionen gewählt werden: Erstellung von Summen- und Saldenbilanz, Durchführung von Umbuchungen, Ausgabe der Schlußbilanz und Ausgabe der Gewinn- und Verlustrechnung. Das Buchhaltungsprogramm stellt hierbei entsprechende Optionen bereit.

Die Durchführung von **Umbuchungen** kann teilweise automatisiert erfolgen. Bei der Anschaffung längerfristig nutzbarer Vermögensgegenstände ist ein Abschreibungsplan festzulegen, durch den die planmäßigen Abschreibungen eindeutig bestimmt werden. Die erforderlichen Informationen werden als Stammdaten bei der Beschaffung gespeichert. Erfolgt im Laufe des Geschäftsjahres ein Zugang auf dem Konto "Maschinen", sind u.a. die Nutzungsdauer und die Abschreibungsmethode festzulegen. Ergeben sich am Jahresende keine Besonderheiten (z.B. durch außerplanmäßige Abschreibungen), wird die Verbuchung der Abschreibungsbeträge gemäß den Programmdaten selbständig durchgeführt. Das Programm kann auch so aufgebaut sein, daß eine Abfrage nach eventuellen außerplanmäßigen Abschreibungen erfolgt. Andere Umbuchungen wie z.B. der Privatentnahmen können aufgrund der unterschiedlichen Beträge nur einzelfallorientiert erfolgen.

In größeren Handelsbetrieben werden für einzelne Warengattungen meist separate Warenkonten geführt. Die Salden dieser Konten sollen nicht differenziert in der Bilanz erscheinen. Den Bilanzleser interessiert nicht der wertmäßige Bestand einzelner Artikel, sondern die Höhe des gesamten Warenpostens. Daher können vor der Erstellung der Bilanz und Gewinn- und Verlustrechnung entsprechende **Kontenverdichtungen** (Kontensaldierungen) durchgeführt werden. Wählt man z.B. die Funktion "Kontensaldierung", kann anschließend eine Eingabe erfolgen, welche Konten zusammengefaßt werden sollen. Teilweise kann eine derartige Saldierung programmgesteuert erfolgen. Voraussetzung ist hierbei, daß im Programm vorab die entsprechenden Befehle als Stammdaten gespeichert wurden. Eine Anweisung könnte z.B. darin bestehen, automatisch die Forderungskonten gegenüber einzelnen Kunden zum Posten "Forderungen aus Lieferungen und Leistungen" zusammenzufassen, der in der Bilanz erscheint.

Der Aufbau der Bilanz und Gewinn- und Verlustrechnung wird grundsätzlich vom Programm vorgegeben und orientiert sich an den gesetzlichen Vorschriften (§ 266 HGB sowie § 275 HGB). Diese Ausweisvorschriften sehen zum Teil Wahlrechte vor: einzelne Posten können z.B. mehr oder weniger aufgeschlüsselt in der Bilanz erscheinen. Für das betreffende Unternehmen wird die gewünschte Ausweisform definiert und als Stammdatei gespeichert, da sie längerfristigen Bestand hat (**Stammdaten**).

## 4.4 Ergänzungsfunktion 2 (Betriebswirtschaftliche Auswertungen)

Die EDV-Buchhaltung verarbeitet grundsätzlich dieselben Daten wie eine manuelle Buchhaltung. Sie weist insofern keine Vorteile auf. Die Stärke der EDV-gestützten Buchhaltung besteht darin, daß die verfügbaren Daten schneller, in kürzeren Zeitabständen und in anderer Zusammenstellung ausgewertet werden können. Dadurch wird die **Informationsfunktion** der Finanzbuchhaltung, insbesondere die **Selbstinformation**, durch die EDV-Buchhaltung in höherem Maße gewährleistet als durch die manuelle Buchhaltung. Die betriebswirtschaftlichen Auswertungen können sich auf folgende Bereiche beziehen:

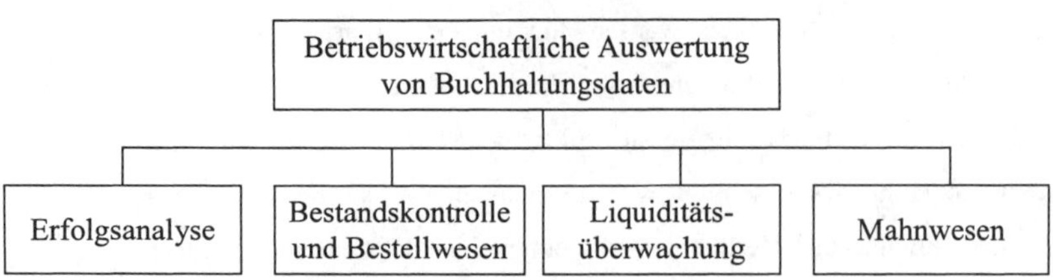


***Abb. 225: Auswertung von Buchhaltungsdaten***

Im Rahmen der **Erfolgsanalyse** lassen sich mit Hilfe der EDV unterjährige Abschlüsse erstellen. Zu denken ist hierbei an monatliche, wöchentliche oder sogar tägliche Abschlüsse. Hierbei sind alle Aufwendungen und Erträge des betreffenden Zeitraumes gegenüberzustellen. Im Handelsbetrieb ist die Differenz der Warenverkäufe und Wareneinsätze, im Industriebetrieb die Differenz der Umsatzerlöse und zugehörigen Werkstoffverbräuche von großer Bedeutung für den Erfolg. Die nachfolgenden Ausführungen beschränken sich exemplarisch auf den Handelsbetrieb.

Arbeitsintensiv ist im Handelsbetrieb insbesondere die Erfassung der zahlreichen Verkaufsvorgänge. Durch den Einsatz von **Scanner-Kassen** lassen sich diese Nachteile weitgehend vermeiden. Derartige Kassen erkennen an Hand des Strichcodes (Barcodes), der auf den Waren angebracht ist, die betreffende Warenart. Die Mengen und Preise der einzelnen Waren werden erfaßt und Buchungen auf den entsprechenden Wareneinkaufs- und Warenverkaufskonten sowie Wareneinsatzkonten automatisiert vorgenommen.

Werden die Warenverkäufe und -einsätze **produktorientiert** für einzelne Warengruppen gegenübergestellt, kann der Unternehmer die jeweiligen Rohgewinne ermitteln. Hierdurch wird eine optimale Zusammensetzung des Sortiments ermöglicht. Werden die Aufwendungen und Erträge **abteilungsorientiert** erfaßt, kann die Erfolgsentwicklung auch kostenstellenbezogen analysiert werden. Eine Steuerung des Unternehmens wird somit unter zwei Aspekten (Produkt- und Abteilungssicht) möglich.

| Erfolgsanalyse ermittelt produkt- und abteilungsbezogene Erfolgsbeiträge |
|---|

Durch die fortlaufende Erfassung der Warenabgänge im PC besteht auch die Möglichkeit einer EDV-gestützten **Bestandskontrolle**. Dabei werden vorab für bestimmte Waren einzelne **Meldewerte** fest vorgegeben. Sinkt der Bestand einer Ware unter den festgelegten Meldewert von z.B. 10 Stück, wird dem Unternehmer bei Aufruf der entsprechenden Programmfunktion diese Information auf dem Bildschirm angezeigt. Dadurch werden rechtzeitige Bestellungen ermöglicht und Lieferengpässe vermieden. Auch der Bestellungsvorgang läßt sich automatisieren, indem vom Programm bei Erreichen von

Mindestwerten automatisch entsprechende Bestellformulare ausgedruckt werden, die der Kaufmann nur noch unterschreiben muß.

| Bestandskontrollen ermöglichen rechtzeitige Bestellungen |
|---|

Auch die **Liquiditätsüberwachung** kann durch die EDV-gestützte Buchhaltung verbessert werden. Der Unternehmer muß jederzeit in der Lage sein, seine fälligen Zahlungsverpflichtungen zu erfüllen (Einhaltung der **Liquidität**). Allerdings führen nicht alle Warenverkäufe sofort zu einer Erhöhung der liquiden Mittel. Vielmehr werden Zahlungsziele durch den Unternehmer eingeräumt bzw. müssen erhaltene Schecks dem betrieblichen Bankkonto erst gutgeschrieben werden. Diese Vorgänge nehmen Zeit in Anspruch. Es ist daher wichtig, daß drohende Liquiditätsengpässe möglichst frühzeitig erkannt werden.

Mit Hilfe der EDV-gestützten Buchhaltung können Liquiditätsengpässe zumindest ansatzweise aufgedeckt werden. Zu diesem Zweck sind bei eigenen Lieferantenverbindlichkeiten die Fälligkeitsdaten für die Zahlungen mit einzugeben. Genauso wird bei Kundenforderungen das jeweilige Zahlungsziel festgehalten. Mit Hilfe des Programms lassen sich dann z.B. die sich hieraus ergebenden täglich fälligen Zahlungen innerhalb der nächsten Wochen ermitteln. Mögliche Liquiditätsengpässe werden transparent gemacht.

Für eine vollständige Liquiditätsüberwachung müßte jedoch ein **Finanzplan** erstellt werden, der sämtliche zukünftigen Ein- und Auszahlungen eines Planungszeitraums (z.B. Monat) enthält und gegenüberstellt. Dabei müßten nicht nur die Warenvorgänge zahlungsmäßig berücksichtigt werden, sondern zusätzlich noch künftige Lohn-, Miet-, Steuerzahlungen, usw. aufgenommen werden.

| Liquiditätsüberwachung zeigt drohende Liquiditätsengpässe auf |
|---|

Eng verbunden mit der Liquiditätskontrolle ist das betriebliche **Mahnwesen**. Überschreitet ein Kunde das gewährte Zahlungsziel um eine bestimmte Zeitspanne, werden automatisch Mahnungen erstellt und ausgedruckt. Vorab ist dabei im Programm als Stammdatei festzulegen, nach wieviel Tagen die erste Mahnung erstellt werden soll.

| Mahnweisen sichert pünktliche Zahlungseingänge |
| --- |

Die beschriebenen Auswertungen lassen sich durchführen, wenn das EDV-Programm über entsprechende Möglichkeiten verfügt. In diesem Fall ist im Hauptmenü zunächst die Funktion "Betriebswirtschaftliche Auswertungen" zu wählen; anschließend kann im Untermenü z.B. die Funktion "Erfolgsanalyse" gewählt werden, mit der sich die beschriebenen Anwendungen durchführen lassen. An Hand der Beispiele läßt sich erahnen, welche umfassenden Auswertungsmöglichkeiten sich durch die EDV ergeben. Bei manueller Buchhaltung lassen sich diese Daten zwar grundsätzlich auch ermitteln. Durch den höheren Zeit- und Rechenaufwand wird dies in der Praxis kaum durchgeführt. Die Informationsfunktion der Finanzbuchhaltung wird durch die EDV wesentlich verbessert.

# 4.5. EDV-gestützte Buchhaltung nach dem DATEV-Modell

## 4.5.1 Funktionsweise des Buchhaltungsprogramms

Die meisten Klein- und Mittelbetriebe lassen die Buchhaltung beim Steuerberater durchführen. Sehr viele Steuerberater sind an die DATEV angeschlossen, dem Datenverarbeitungszentrum der steuerberatenden Berufe mit Sitz in Nürnberg. Bei einer derartigen **Außer-Haus-Buchhaltung** übernimmt der Unternehmer im Regelfall nur die Kontierung und gibt anschließend alle buchungsrelevanten Unterlagen an seinen Steuerberater weiter. Eine weitere Arbeitserleichterung ergibt sich für den Unternehmer, wenn er nur die Belege sammelt (externe Belege) bzw. selbst erstellt (interne Belege) und alle weiteren Tätigkeiten vom Steuerberater und dessen Mitarbeitern ausgeführt werden.

Zur Durchführung der Buchhaltung ist das DATEV-Programm Kanzlei-REWE besonders geeignet. Dieses Programm besteht aus zwei Teilen:

- **Finanzbuchführungsteil**: In diesem Bereich wird die laufende Buchführung durchgeführt.
- **Jahresabschlußteil**: In diesem Bereich wird die Erstellung des Jahresabschlusses vorgenommen.

Beide Programmteile lassen sich mit weiteren Programmen bzw. Programmteilen sinnvoll kombinieren. Diese werden im nächsten Gliederungspunkt kurz erläutert.

Die Datenverarbeitung wird im wesentlichen im Büro des Steuerberaters auf Personal Computer (PC) durchgeführt. Regelmäßig sind die einzelnen Geräte durch ein Netzwerk miteinander verbunden, so daß ein Rückgriff auf einen zentralen Server möglich ist. Dieser stellt die benötigte Software bereit, auf die von allen Arbeitsplätzen zugegriffen werden kann. Die Buchführung wird unter Anwendung spezieller DATEV-Kontenrahmen auf drei verschiedene Arten vorgenommen:

- **Dialogbetrieb**: Jeder Buchungssatz wird sofort geprüft und verarbeitet.
- **Stapelbetrieb**: Jeder Buchungssatz wird sofort geprüft, jedoch nicht verarbeitet.
- **Wiederkehrender Buchungsbetrieb**: Regelmäßig wiederkehrende Buchungen werden im Programm hinterlegt und beliebig oft verarbeitet (z.B. monatlich gleichbleibende Mietbuchungen).

Neben der direkten Datenverarbeitung beim Steuerberater selbst, besteht die Möglichkeit, bestimmte Daten im Wege der Datenfernübertragung (über das Netz der Telekom) zur DATEV zu schicken. Hierdurch ergeben sich unter anderem die folgenden Vorteile:

- **Sicherungsbestände**: Treten Probleme an der EDV-Anlage im Steuerbüro auf, kann auf die Sicherungskopien in Nürnberg zurückgegriffen werden.
- **Datenarchivierung**: Für die Buchhaltungsdaten besteht nach § 257 Abs. 4 HGB eine Aufbewahrungsfrist von zehn Jahren. Die Archivierung spart Speicherkapazität auf der Rechenanlage im Steuerbüro.
- **Flexible Auswertungen**: Zeitaufwendige Routinearbeiten können auf die DATEV übertragen werden. Beispiel: Druck von Konten im Rahmen der Hauptbuchfunktion.

## 4.5.2 Ergänzung durch weitere Programme

Der Finanzbuchführungsteil des Programms Kanzlei-REWE wird zweckmäßigerweise durch den Jahresabschlußteil ergänzt. Dieses Programm dient der EDV-orientierten Erstellung von Bilanz und GuV-Rechnung. Folgende Funktionen sind wichtig:

- **Umbuchungen**: Im Rahmen der Abschlußarbeiten sind z.B. außerplanmäßige Abschreibungen auf Sachanlagen oder Forderungen (Forderungsausfälle) zu verbuchen. Auch die Buchung von Rückstellungen erfolgt im Rahmen der Umbuchungen.
- **Erstellung des Anlagegitters**: Für mittelgroße und große Kapitalgesellschaften ist ein Anlagegitter aufzustellen. Dieses enthält unter anderem die Anschaffungskosten, Zugänge und Abschreibungen von Anlagegegenständen. Werden die entsprechenden Daten in das Programm eingegeben, können die planmäßigen Abschreibungen auf Tastendruck verbucht werden.
- **Steuerberechnung**: Am Jahresende kann die **Umsatzsteuer** per EDV überprüft werden. Die monatlichen Umsatzsteuererklärungen müssen durch eine Jahressteuererklärung ergänzt werden. Grundsätzlich muß die Summe aller monatlichen Steuererklärungen mit der Jahressteuererklärung übereinstimmen. Die Abstimmung kann per EDV erfolgen. Außerdem kann auch die **Gewerbesteuer** am Computer berechnet werden. Für diese betrieblich veranlaßte Steuer ist am Jahresende eine Rückstellung zu bilden, da nicht sichergestellt ist, ob das Finanzamt den Angaben in der Steuererklärung folgen wird. Insoweit ist der Steuerbetrag unsicher. Mit der EDV-Anlage kann die komplizierte Steuerberechnung schnell durchgeführt werden. Die bei Kapitalgesellschaften zu berücksichtigende (betrieblich veranlaßte) **Körperschaftsteuer** kann ebenfalls EDV-orientiert ermittelt werden.

Ein weiteres wichtiges Programm der DATEV ist **OPOS** (Offene-Posten-Buchführung). Es dient der Organisation des Debitoren- und Kreditorenbereichs, des Mahnwesens, des Zahlungsverkehrs und des Adreßwesens. Das Programm ermittelt u.a. die noch offenen Forderungen und kann auch zur automatischen Erstellung von Mahnungen eingesetzt werden. Damit kann mit diesem Programm die im vorigen Gliederungspunkt beschriebene betriebswirtschaftliche Auswertungsfunktion "Mahnwesen" durchgeführt werden.

Im Rahmen der "**Betriebswirtschaftlichen Auswertungen** (BWA)" werden die Buchhaltungsdaten unterjährig gegenübergestellt, um dem Unternehmer Informationen über die zeitliche Entwicklung einzelner Aufwands- und Ertragsposten bzw. des Ergebnisses insgesamt zu vermitteln. Es besteht auch die Möglichkeit, die aktuellen Daten mit den entsprechenden Daten des Vorjahres zu vergleichen, um Hinweise auf mögliche Erfolgsveränderungen zu erhalten, die weiter zu analysieren sind. Dieses Programm übernimmt somit die betriebswirtschaftliche Auswertungsfunktion "Erfolgsanalyse".

Insgesamt läßt sich feststellen, daß mit den verfügbaren Programmen der DATEV eine Vielzahl von Auswertungen möglich sind. Zu berücksichtigen ist hierbei jedoch wieder, daß jede Auswertung nur so gut sein kann wie es die verfügbaren Daten und deren Erfassung sind. Werden Daten nur pauschal erfaßt (z.B. der Wareneinsatz und Warenumsatz insgesamt), kann keine Analyse einzelner Teildatenmengen (z.B. Erfolge einzelner Warengruppen) vorgenommen werden.

## 4.6 Vergleich von manueller und EDV-gestützter Buchhaltung

Je mehr Aufgaben im Bereich der Finanzbuchhaltung der EDV zugeordnet werden, desto stärker entfernt sich die EDV-gestützte Buchhaltung von der konventionellen manuellen Buchhaltung. Werden mit der EDV nur das Grund- und Hauptbuch erstellt, dann sind von Hand noch viele weitere Buchungen vorzunehmen (z.B. die Abschlußbuchungen). Insofern besteht noch eine große Nähe zur manuellen Buchhaltung.

Der Abstand vergrößert sich, wenn der gesamte Jahresabschluß mit der EDV erstellt wird bzw. gleichzeitig betriebswirtschaftliche Auswertungen vorgenommen werden. Dann werden die Buchhaltungszusammenhänge nicht mehr unmittelbar deutlich. Das Buchhaltungsprogramm verlangt vom Buchhalter die Eingabe bestimmter Daten (z. B. die Bestätigung eines Abschreibungsbetrages), die anschließend automatisch richtig verbucht werden (Abgang auf dem Konto "Maschinelle Anlagen", Aufwand auf dem Abschreibungskonto). Viele Vorgänge werden intern im Computer ausgeführt, ohne daß der

Buchhalter davon Kenntnis nimmt. Das gilt insbesondere dann, wenn sogar die Erfassung von Geschäftsvorfällen automatisch abläuft, wie z.B. bei **integrierten Warenwirtschaftssystemen**. Hierbei werden in Handelsbetrieben Warenverkäufe automatisch erfaßt, wobei in der Praxis meist Scanner-Kassen eingesetzt werden. Dabei wird ohne manuelle Eingriffe eine entsprechende Buchung auf den jeweiligen Warenkonten ausgeführt.

Im gesamten Buchungsablauf ergeben sich beim Einsatz der EDV wesentliche Veränderungen. Nur wenige Bereiche der Buchhaltung bleiben unberührt. Stellt man den konventionellen und den EDV-gestützten Buchungsablauf gegenüber, treten die einzelnen Unterschiede deutlich zutage. In der nachfolgenden Übersicht werden eine manuelle Dateneingabe in den Computer und ein Buchhaltungsprogramm unterstellt, welches mindestens die beschriebene Ergänzungsfunktion 1 durchführen kann.

| | Konventionelle Buchhaltung | EDV-gestützte Buchhaltung |
|---|---|---|
| Datenerfassung | Belege sammeln<br>Belege vorkontieren | Belege sammeln<br>Belege vorkontieren<br>Manuelle Eingabe von Daten |
| Datenverarbeitung | Manuelle Grund- und Hauptbuch-eintragungen<br><br>Manuelle Ermittlung von Kontensalden<br><br>Manuelle Erstellung der Abschlußübersicht<br><br>Manuelle Erstellung des Jahresabschlusses | Automatische Erstellung von Grund- und Hauptbuch<br><br>Automatische Ermittlung von Kontensalden<br><br>Automatische Erstellung der Abschlußübersicht<br><br>Automatische Erstellung des Jahresabschlusses |
| Datenspeicherung | Aufbewahrung von Belegen<br>Aufbewahrung von Büchern | Aufbewahrung von Belegen<br>Speicherung der Daten |

***Abb. 226: Vergleich von konventioneller und EDV-gestützter Buchhaltung***

Im Bereich der Datenerfassung ergibt sich bei der EDV-gestützten Buchhaltung nur durch die Dateneingabe in die EDV-Anlage ein Unterschied im Vergleich zur konventionellen Buchhaltung. Diese Funktion fällt zusätzlich an. Die Datenverarbeitung verläuft bei der

EDV-Buchhaltung im Vergleich zur konventionellen Buchhaltung vollkommen automatisch. Unterschiede bei der **Datenspeicherung** ergeben sich durch die spezielle Form, in der die Daten in der EDV-Anlage verarbeitet werden; sie sind auf speziellen Datenträgern (Festplatten, CD-ROMs oder DVDs) zu speichern.

Zusammenfassend läßt sich feststellen, daß die Unterschiede zwischen manueller und EDV-gestützter Buchhaltung im Bereich der Datenverarbeitung und Datenspeicherung zu finden sind. Bei einer vorgegebenen Datenmenge (z.B. in Form von Belegen einer bestimmten Abrechnungsperiode) können mit der EDV-gestützten Buchhaltung grundsätzlich nicht mehr Informationen gewonnen werden als bei Anwendung der manuellen Buchhaltung. Allerdings stehen die Informationen schneller und mit geringerer Fehlerwahrscheinlichkeit zur Verfügung.

# Aufgabenteil

## Aufgaben zum 1. Kapitel

### Aufgabe 1 (Teilbereiche des Rechnungswesens)

Tragen Sie die Teilbereiche des Rechnungswesens in das unten angegebene Schema ein.

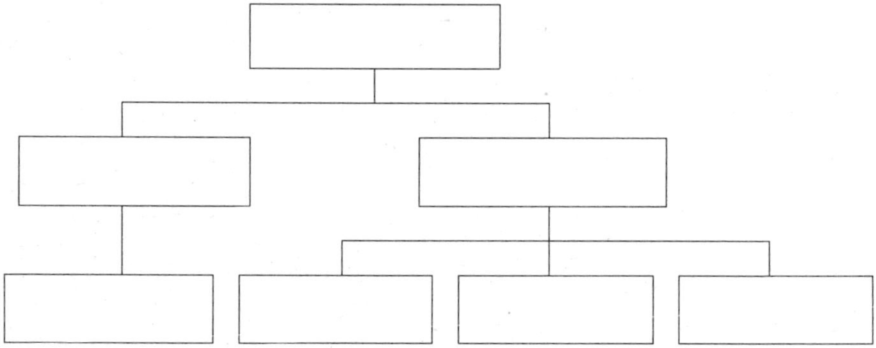

### Aufgabe 2 (Informationsfunktion)

Student Maximilian Meier bekommt als Weihnachtsgeschenk 50.000 € von seinen Eltern. Denselben Betrag nimmt er als Kredit bei der Finanz-Bank auf (Laufzeit: 5 Jahre, Zinssatz: 10%). Am 01.01. ..02 eröffnet Maximilian Meier einen Kiosk nahe der Hochschule, um Getränke, Speisen, etc. an Studenten zu verkaufen. Maximilian Meier möchte "viel Geld verdienen", um finanziell möglichst unabhängig zu sein.

a) Welche Informationen sind für Maximilian Meier von besonderer Bedeutung?

b) Welche Informationen sind für die Bank von Bedeutung?

c) Kann die Finanzbuchhaltung die notwendigen Informationen für beide Personengruppen bereitstellen?

### Aufgabe 3 (Finanzbuchhaltung und Bilanz)

Welche der folgenden Aussagen über die Finanzbuchhaltung und Bilanz sind richtig?

1) 0 Die Finanzbuchhaltung speichert alle wirtschaftlich relevanten Vorgänge (Geschäftsvorfälle) eines Geschäftsjahres (Dokumentationsfunktion).

2) 0 Im Grundbuch erfolgt die sachliche, im Hauptbuch dagegen die chronologische Dokumentation.

3) 0 Zur Erfüllung der Informationsfunktion werden insbesondere die Bilanz und die Gewinn- und Verlustrechnung eingesetzt.

4) 0 Die Abrechnungsperiode der Finanzbuchhaltung ist das Geschäftsjahr, welches immer den Zeitraum vom 1.1. bis zum 31.12. eines Jahres umfaßt und nur in Ausnahmefällen länger sein kann.

5) 0 Die Bilanz ist eine Zeitpunktrechnung.

6) 0 Das Geschäftsjahr kann nie kürzer als zwölf Monate sein.

7) 0 Die Informationsfunktion der Finanzbuchhaltung umfaßt die Selbst- und Fremdinformation.

8) 0 In der Bilanz wird nur das Vermögen zu einem bestimmten Zeitpunkt dargestellt.

**Aufgabe 4 (Definitionen)**

Tragen Sie für die folgenden Begriffe die genauen Definitionen ein:

a) Bilanzstichtag: ______________________________

b) Eigenkapital: ______________________________

c) Vermögenslage: ______________________________

d) Ertragslage: ______________________________

e) Dokumentationsfunktion: ______________________________

f) Jahresabschluß: (alle Kaufleute) ______________________________

**Aufgabe 5 (Komponenten des Jahresabschlusses)**

Aus welchen Komponenten setzt sich der Jahresabschluß der Multi-Aktiengesellschaft zusammen? Welches Element fehlt im Jahresabschluß von Einzelunternehmen? Welche wesentliche Aufgabe hat dieses Element?

# Aufgaben zum 2. Kapitel

## Aufgabe 1 (Handelsrechtliche Vorschriften)

Systematisieren Sie die handelsrechtlichen Vorschriften zur Buchhaltung (mit Paragraphenangaben), indem Sie diese in das nachfolgende Schema eintragen.

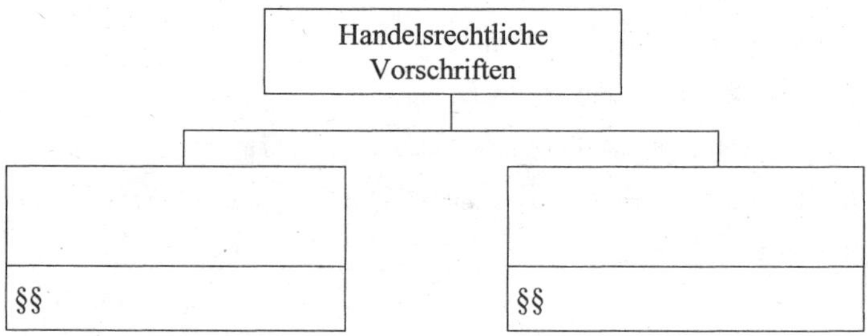


## Aufgabe 2 (Buchführungsvorschriften)

Welche beiden handelsrechtlichen Vorschriften sind für die Buchführung von grundlegender Bedeutung? Was beinhalten sie?

## Aufgabe 3 (Inventurverfahren)

Welche verschiedenen Inventurverfahren gibt es? Tragen Sie diese in das nachfolgende Schema ein. Wie funktionieren die einzelnen Verfahren und welche Vor- und Nachteile weisen sie jeweils auf?

| **Inventurverfahren** | | |
|---|---|---|
| | | |

## Aufgabe 4 (Vor- und nachverlegte Inventur)

Spielwarenhändler Müller hat für das Weihnachtsfest 02 Waren im Wert von 20.000 € eingekauft, die am 01.12.02 geliefert werden. Am 15.11.02 betrug der durch Inventur festgestellte Warenbestand 11.800 €. Dies wird in einem besonderen Inventar festgehalten. Bis zum 31.12.02 werden Waren im Wert von 15.600 € veräußert. Herr Müller möchte den Inventurwert vom 15.11.02 **ohne Änderungen** in das Inventar zum 31.12.02 übernehmen und hieraus die Bilanz entwickeln.

a) Ist dieses Vorgehen zulässig?

b) Welcher Wert wird im Inventar zum 31.12.02 ausgewiesen?

**Aufgabe 5 (Vor- und nachverlegte Inventur)**

Kaufmann Meier führt am 28.02.02 eine Inventur seines Warenbestandes durch und erhält einen Wert von 34.200 €. In der Zeit vom 1.1.02 bis zum 28.02.02 hat er Waren im Wert von 10.000 € zugekauft. In der Zeit vom 1.12.01 bis 28.02.02 hat er Waren im Wert von 16.400 € verkauft, wovon 4.400 € auf den Dezember 01 entfallen.
Wie hoch ist der Inventurwert zum 31.12.01?

**Aufgabe 6 (Inventurverfahren)**

Feuerwerkshersteller Schulze hat über mehrere Jahre eine monatliche Aufstellung seines Lagerbestandes vorgenommen. Er kommt zu dem Ergebnis, daß sein wertmäßiger Lagerbestand jeweils am 30.09. am höchsten und am 31.12. am niedrigsten ist, da zu diesem Zeitpunkt die Waren vollständig an die Händler ausgeliefert sind. Das Geschäftsjahr von Kaufmann Schulze umfaßt den Zeitraum vom 01.10. bis 30.09. eines Jahres.

a) Kann das Geschäftsjahr von Herrn Schulze vom Kalenderjahr abweichen?

b) Welches Inventurverfahren empfehlen Sie Herrn Schulze, wenn von einer ordnungsgemäßen Warenlagerung und einem ordnungsgemäßen Belegwesen ausgegangen werden kann?

**Aufgabe 7 (Definitionen)**

a) Definieren Sie folgende Begriffe:

Inventur: ______________________________

Inventar: ______________________________

Bilanz: ______________________________

b) Worin unterscheiden sich Bilanz und Inventar im einzelnen?

c) Beschreiben Sie den Arbeitsgang von der Inventur zur Bilanz!

**Aufgabe 8 (Inventar und Bilanz)**

Die Firma "Möbelhandel Holz KG", Lüneburg, hat am 31.12. ..10 folgende Bestände durch eine Inventur ermittelt:

| | |
|---|---|
| Kassenbestand | 1.250,- |
| 1 Schreibtisch im eigenen Büro, Anschaffung ..08 | 1.200,- |
| 2 Wohnzimmergarnituren à 7.000,- | 14.000,- |
| 1 LKW, Baujahr ..05 | 20.000,- |
| 15 Stühle à 50,- | 750,- |
| 10 Aktien der ABC-AG à 250,- zur dauernden Anlage | 2.500,- |
| Forderung gegenüber Thomas Müller | 1.800,- |
| 1 bebautes Grundstück, Möbelallee 7 | 500.000,- |
| 1 Aktenschrank im eigenen Büro, Anschaffung ..09 | 1.400,- |
| Darlehensverbindlichkeit bei der Volksbank | 300.000,- |
| Forderung gegenüber Schmidt OHG | 3.300,- |
| 10 Schränke à 230,- | 2.300,- |
| Lieferantenverbindlichkeit bei der Wohn GmbH | 11.000,- |
| 1 PKW, Baujahr ..08 | 28.000,- |
| Forderung gegenüber Heinz Meier | 1.500,- |
| Lieferantenverbindlichkeit bei der Möbel AG | 20.000,- |
| 3 Küchen à 3.000,- | 9.000,- |
| Bankguthaben bei der Stadtsparkasse | 6.000,- |
| 2 Schlafzimmer à 3.500,- | 7.000,- |

a) Erstellen Sie das Inventar zum 31.12. ..10.

b) Erstellen Sie die zugehörige Bilanz.

**Aufgabe 9 (Bilanz und Distanzrechnung)**

Ein Unternehmen weist am 31.12. ..01 die folgenden Vermögensgegenstände auf: Ein unbebautes Grundstück 1.000.000 €, Bankguthaben 44.000 €, Forderungen aus Lieferungen und Leistungen 53.000 €, Wertpapiere des Anlagevermögens 60.000 €, Geschäftseinrichtung 85.000 €, erworbene Patentrechte 120.000 €, Fuhrpark 74.000 €, bebaute Grundstücke 450.000 €, Beteiligung an der XY-GmbH 40.000 €, Waren 250.000 €, Kasse

22.000 €, Postscheck 2.000 €, Darlehensverbindlichkeiten 250.000 €, Lieferantenverbindlichkeiten 150.000 €.

a) Erstellen Sie die Bilanz in Anlehnung an das gesetzlich vorgeschriebene Schema.

b) Wie hoch sind die Bilanzsumme und das Eigenkapital?

c) Welche Mittel werden zur Finanzierung der Unternehmenstätigkeit vorrangig eingesetzt? Kann auf Grund der Vorlage der Bilanz die Finanzierung einzelner Vermögensgegenstände beurteilt werden?

d) Nach einer Periode beträgt das Eigenkapital 1.850.000 €. Ermitteln Sie den Erfolg mit der Distanzrechnung.

e) Welchen entscheidenden Nachteil weist die Erfolgsermittlung mit der Distanzrechnung auf?

**Aufgabe 10 (Posten der Bilanz)**

Unter welchen Bilanzposten werden die folgenden Vermögensgegenstände und Schulden bilanziert? Lesen Sie hierzu § 266 Abs. 2 und 3 HGB.

a) Ein Bauunternehmer erhält für ein Großprojekt eine Anzahlung in Höhe von 400.000 € von seinem Kunden.

b) Ein Spediteur erwirbt einen LKW zur langfristigen Nutzung.

c) Ein Einzelhändler kauft einen Tresen und Regale für die Präsentation der Ware.

d) Der Spediteur mietet eine Lagerhalle für die Zwischenlagerung von Ware.

e) Die ABC-GmbH gewährt ein langfristiges Darlehen.

f) Ein Großbetrieb hat liquide Mittel, die kurzfristig in Aktien angelegt werden.

g) Unter welchem Posten muß die Bilanzierung im Fall f) erfolgen, falls die Geldanlage für 5 Jahre geplant ist?

**Aufgabe 11 (Bilanzgleichungen)**

Tragen Sie **drei** Grundgleichungen der Bilanz in das nachfolgende Schema ein:

| | | |
|---|---|---|
| ______________________ | = | ______________________ |
| ______________________ | = | ______________________ |
| ______________________ | = | ______________________ |

**Aufgabe 12 (Gliederungsprinzipien)**

Nach welchen Kriterien sind die beiden Bilanzseiten gegliedert?

**Aufgabe 13 (Totalerfolg und Periodenerfolg)**

Ein Unternehmen weist von der Gründung bis zur Liquidation folgende Bilanzen aus:

| A | Bilanz $t_0$ | | P |
|---|---|---|---|
| AV | 300 | EK | 150 |
| UV | 150 | FK | 300 |
| | 450 | | 450 |

| A | Bilanz $t_1$ | | P |
|---|---|---|---|
| AV | 320 | EK | 200 |
| UV | 180 | FK | 300 |
| | 500 | | 500 |

| A | Bilanz $t_2$ | | P |
|---|---|---|---|
| AV | 290 | EK | 180 |
| UV | 200 | FK | 310 |
| | 490 | | 490 |

| A | Bilanz $t_3$ | | P |
|---|---|---|---|
| AV | 290 | EK | 210 |
| UV | 230 | FK | 310 |
| | 520 | | 520 |

a) Ermitteln Sie den Erfolg der einzelnen Perioden und der Totalperiode.

b) Welches Ergebnis halten Sie für aussagekräftiger? Warum hat sich der Gesetzgeber zur jährlichen Erfolgsermittlung entschieden?

**Aufgabe 14 (Distanzrechnung)**

Unternehmer Schulze weist folgende Vermögensgegenstände und Schulden in seiner Bilanz aus (zusammengefaßt):

31.12. ..01: Vermögensgegenstände: 400 TEUR, Schulden: 350 TEUR.

31.12. ..02: Vermögensgegenstände: 450 TEUR, Schulden: 520 TEUR.

31.12. ..03: Vermögensgegenstände: 570 TEUR, Schulden: 420 TEUR.

a) Ermitteln Sie das Eigenkapital zu den jeweiligen Zeitpunkten. Auf welcher Bilanzseite ist das Eigenkapital jeweils auszuweisen?

b) Ermitteln Sie die Erfolge der Geschäftsjahre 02 und 03 mit der Distanzrechnung.

c) Erläutern Sie, welche Erfolge in 02 und 03 in der GuV-Rechnung ausgewiesen werden.

# Aufgaben zum 3. Kapitel

## Aufgabe 1 (Kontenarten)

Das Bankkonto eines Betriebs weist folgende Entwicklung auf:

| | | |
|---|---|---|
| 1.5. | Anfangsbestand | 60.000 € |
| 2.5. | Einzahlung vom Kunden Müller | 1.500 € |
| 3.5. | Überweisung der Stromrechnung für April | 4.900 € |
| 5.5. | Überweisung der Sozialaufwendungen an die zuständige Stelle | 48.000 € |
| 6.5. | Auszahlung für die Reparatur des Firmenwagens | 2.000 € |
| 9.5. | Überweisung von Betriebssteuern ans Finanzamt | 3.500 € |
| 10.5. | Überweisung vom Kunden Franke | 80.000 € |
| 12.5. | Zinsgutschrift für das Vorjahr | 4.800 € |
| 13.5. | Überweisung des Rechnungsbetrages an Firma Bandura | 12.500 € |

Stellen Sie die Geschäftsvorfälle in Form eines Reihenkontos bzw. eines T-Kontos dar. Ermitteln Sie zum 13.5. den Saldo.

## Aufgabe 2 (Bestandskonten)

Was versteht man unter einem Bestandskonto? Skizzieren Sie den grundsätzlichen Aufbau eines aktiven und eines passiven Bestandskontos und nennen Sie je drei Beispiele.

## Aufgabe 3 (Kontenabschluß)

Gegeben sind die folgenden Konten:

a)

| S | Kasse | H |
|---|---|---|
| | 4.000 | 4.500 |
| | 3.000 | 2.000 |
| | 2.500 | |

b)

| S | Darlehensverbindlichkeiten | H |
|---|---|---|
| | 8.000 | 15.000 |
| | 4.500 | 2.000 |

c)

| S | Darlehensforderungen | H |
|---|---|---|
| | 12.000 | |
| | 3.500 | |

d)

| S | Forderungen aus Lieferungen und Leistungen | H |
|---|---|---|
| | 4.000 | 10.100 |
| | 2.500 | |
| | 3.600 | |

e)

| S | Bank | H |
|---|---|---|
| | 1.000 | 5.000 |
| | 2.000 | |

Handelt es sich jeweils um aktive oder passive Bestandskonten? Führen Sie den Kontenabschluß durch. Auf welcher Kontenseite finden sich die Endbestände?

**Aufgabe 4 (Buchung von Geschäftsvorfällen)**

Was versteht man unter einem Geschäftsvorfall? Wann ist ein Geschäftsvorfall zu verbuchen? Geben Sie an, ob und wann nachfolgend Buchungen vorzunehmen sind.

a) Wir schließen einen Kaufvertrag über die Lieferung einer Warensendung im Wert von 10.000 € ab.

b) Die Ware wird geliefert. Wir haben ein Zahlungsziel von 30 Tagen.

c) Wir bezahlen 3.000 € der Warenlieferung nach 5 Tagen. Weitere 5.000 € werden nach 10 Tagen mit einer Forderung, die wir gegen diesen Lieferanten haben, verrechnet. Der Rest wird auch am Ende der Zahlungsfrist nicht bezahlt.

d) Wir erhalten eine zweite Warenlieferung. Das Zahlungsziel beträgt 20 Tage. Im Kaufvertrag steht, daß die Ware bis zur vollständigen Bezahlung Eigentum des Lieferanten bleibt. Wir zahlen nach 20 Tagen per Banküberweisung.

e) Die Ware aus d) wird bereits nach 10 Tagen weiterveräußert.

**Aufgabe 5 (Erfolgsneutrale Geschäftsvorfälle)**

a) Nennen Sie je zwei Beispiele für einen Aktivtausch, einen Passivtausch, eine Bilanzverlängerung und eine Bilanzverkürzung.

b) Sind weitere Grundtypen erfolgsneutraler Geschäftsvorfälle denkbar?

**Aufgabe 6 (Buchungssätze)**

Zu den folgenden Geschäftsvorfällen sollen die Buchungssätze gebildet werden. Gehen Sie dabei nach dem folgenden Schema vor:

- Welche Konten werden berührt?
- Handelt es sich um Aktiv- oder Passivkonten?
- Handelt es sich jeweils um eine Mehrung oder Minderung auf dem Konto? Welche Seite des Kontos wird jeweils angesprochen?
- Wie lautet der jeweilige Buchungssatz?

1) Kauf einer maschinellen Anlage für 50.000 € gegen Banküberweisung.
2) Kauf von Ware auf Ziel (Wert 1.000 €).
3) Bezahlung der Ware aus 2) bar.
4) Barabhebung von der Bank über 500 €.
5) Barverkauf eines Firmenwagens (5.000 €).
6) Aufnahme eines Darlehens über 20.000 €. Die Gutschrift erfolgt auf unserem Bankkonto.
7) Überweisung eines Kunden zur Begleichung einer Forderung (1.500 €).
8) Eine Lieferantenverbindlichkeit über 2.000 € wird in ein Darlehen umgewandelt.
9) Wir erhalten Waren im Wert von 6.000 € auf Ziel, wovon 2.000 € sofort bar bezahlt werden.
10) Wir verkaufen Aktien für 5.000 € aus unserem Anlagebestand. 2.000 € werden bar, 3.000 € durch Banküberweisung bezahlt.

**Aufgabe 7 (Buchungssätze und Geschäftsvorfälle)**

Welche Geschäftsvorfälle liegen den folgenden Buchungssätzen zugrunde?

1) Waren an Lieferantenverbindlichkeiten.
2) Darlehensverbindlichkeiten A an Darlehensverbindlichkeiten B.
3) Forderungen an Betriebs- und Geschäftsausstattung.
4) Postscheck an Kasse.
5) Lieferantenverbindlichkeiten an Forderungen.
6) Waren an Kasse, an Bank.

7) Hypothekendarlehen an Bank.

8) Finanzanlagen an Bank.

**Aufgabe 8 (Bestands- und Erfolgskonten)**

Welche Aussagen bezüglich Erfolgs- und Bestandskonten sind richtig?

1) 0 Bestandskonten erfassen Strömungsgrößen.

2) 0 Erfolgskonten kennen keinen Anfangsbestand.

3) 0 Bestandskonten werden über das GuV-Konto abgeschlossen.

4) 0 Erfolgskonten sind Unterkonten des Eigenkapitalkontos.

5) 0 Aufwandskonten weisen im allgemeinen einen Saldo auf der Habenseite auf, während Ertragskonten meist mit einem Saldo auf der Sollseite schließen.

6) 0 Buchungen auf Erfolgskonten verändern das Eigenkapital (erfolgswirksam).

7) 0 Erfolgskonten können in der Schlußbilanz erscheinen.

8) 0 Für Erfolgskonten gilt die Kontogleichung: AB + ZG = AG + EB.

9) 0 Werden Aufwendungen und Erträge auf einem Erfolgskonto gebucht, so ist das Gegenkonto immer ein Bestandskonto.

10) 0 Ertragskonten werden im Laufe des Geschäftsjahres nie im Soll gebucht.

**Aufgabe 9 (Doppelte Buchhaltung)**

Welche Aussagen über das System der doppelten Buchhaltung sind richtig?

1) 0 Durch jeden Buchungssatz werden immer genau zwei Konten angesprochen.

2) 0 In jedem Buchungssatz ist die Summe der im Soll gebuchten Beträge gleich denen, die im Haben gebucht werden.

3) 0 Die doppelte Buchhaltung gewährleistet, daß der Erfolg durch Distanzrechnung gleich dem Erfolg durch Saldierung von Erträgen und Aufwendungen ist.

4) 0 Die Einführung des Eröffnungs- und des Schlußbilanzkontos gewährleistet, daß die doppelte Buchhaltung formal auch bei der Übernahme der Anfangs- und Endbestände eingehalten wird.

**Aufgabe 10 (Abschluß von Erfolgskonten)**

Skizzieren und beschreiben Sie den Abschluß von Aufwands- und Ertragskonten sowie des GuV-Kontos.

**Aufgabe 11 (Aufbau von Erfolgskonten)**

Warum werden Aufwendungen im Soll, Erträge dagegen im Haben gebucht?

**Aufgabe 12 (Privatkonto)**

Welche Aussagen bezüglich des Privatkontos sind richtig?

1) 0 Das Privatkonto ist ein Unterkonto des Eigenkapitalkontos.

2) 0 Privateinlagen werden im Soll, Privatentnahmen im Haben gebucht.

3) 0 Privateinlagen und Privatentnahmen sind erfolgswirksam.

4) 0 Privateinlagen und Privatentnahmen verändern das Eigenkapital.

5) 0 Das Privatkonto wird über das SBK abgeschlossen.

**Aufgabe 13 (Distanzrechnung)**

Gegeben sind folgende Bilanzen (Angaben in €):

| A | Bilanz $t_0$ | | P | A | Bilanz $t_1$ | | P |
|---|---|---|---|---|---|---|---|
| AV | 300 | EK | 100 | AV | 320 | EK | 130 |
| | | FK | 200 | | | FK | 190 |
| | 300 | | 300 | | 320 | | 320 |

a) Ist die Aussage zutreffend, daß der Erfolg der Periode 30 € beträgt?

b) In 01 betrugen die Privateinlagen 50 € und die Privatentnahmen 10 €. Wie hoch ist der Erfolg? Wie wird diese spezielle Form der Distanzrechnung bezeichnet?

**Aufgabe 14 (Verbuchung von Privatvorgängen)**

Das Eigenkapital eines Unternehmens beträgt zum Zeitpunkt $t_0$ 520.000 €. Es fallen in der nächsten Periode die folgenden Geschäftsvorfälle an:

1) Der Unternehmer schenkt einem Freund 5.000 € bar. Den Betrag entnimmt er aus der Kasse des Betriebs.

2) Der Unternehmer erhält eine Rückzahlung vom Finanzamt für zuviel bezahlte Einkommensteuer (4.200 €) als Gutschrift auf dem betrieblichen Postscheckkonto.

3) Der Unternehmer überweist die private Miete (1.000 €) vom betrieblichen Bankkonto.

4) Für eine Reparatur am nur privat genutzten PKW entnimmt der Unternehmer 2.800 € aus der Kasse des Betriebs.

5) Die gesamten Aufwendungen der Periode betragen 280.000 €, die gesamten Erträge 350.000 €.

a) Nennen Sie die Buchungssätze bei Verwendung eines Privatkontos.

b) Welches Aussehen haben das Privatkonto, GuV-Konto und Eigenkapitalkonto?

c) Ermitteln Sie den Erfolg der Periode mit der Distanzrechnung.

**Aufgabe 15 (Ordentlicher und neutraler Aufwand)**

a) Tragen Sie die folgenden Begriffe in das Schema ein: Außerordentlicher Aufwand, Betriebsbedingter Aufwand, Betriebsfremder Aufwand, Aufwand, Neutraler Aufwand, Zweckaufwand, Periodenfremder Aufwand.

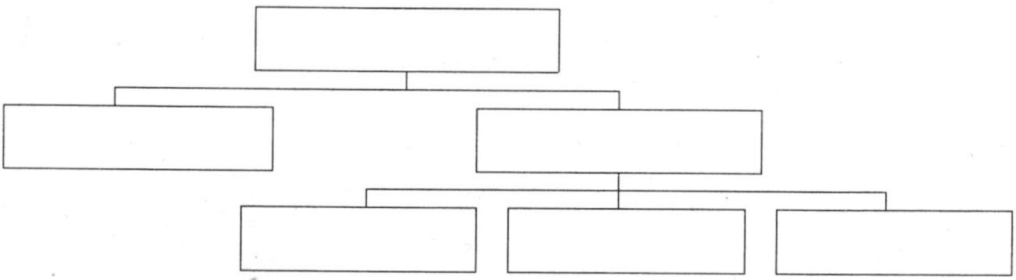

b) Worin unterscheiden sich betriebsbedingter und neutraler Aufwand? Welche Unterschiede bestehen zwischen den einzelnen Bestandteilen des neutralen Aufwands?

**Aufgabe 16 (Buchungssätze und Erfolgswirkungen)**

Wie lauten die Buchungssätze zu den Geschäftsvorfällen eines Handelsbetriebs? Handelt es sich dabei um erfolgsneutrale oder erfolgswirksame Vorgänge? Zählen die erfolgswirksamen Geschäftsvorfälle zum ordentlichen Erfolg (Zweckertrag bzw. Zweckaufwand) oder zum neutralen Erfolg (neutraler Ertrag bzw. Aufwand)?

1) Zieleinkauf von Waren.

2) Lohnzahlung bar.

3) Der Unternehmer überweist Geld vom privaten auf das betriebliche Bankkonto.

4) Tilgung eines Darlehens per Banküberweisung.

5) Zahlung der betrieblichen Telefonrechnung per Postscheck.

6) Überweisung der Einkommensteuer vom betrieblichen Bankkonto.

7) Mieteinnahme bar für vermietete Büroräume.

8) Zahlung einer Lieferantenverbindlichkeit durch Banküberweisung.

9) Reparaturzahlung per Bank für Firmen-LKW, der zu 80% betrieblich, und zu 20% für betriebsfremde Zwecke genutzt wird.

10) Mietzahlung für die private Wohnung des Unternehmers (bar).

**Aufgabe 17 (Buchungssätze und Erfolgsermittlung)**

Die Bilanz eines Unternehmens hat am 01.01. ..01 das folgende Aussehen:

| A | Bilanz zum 01.01. ..01 | | P |
|---|---|---|---|
| Fuhrpark | 50.000 | Eigenkapital | 45.000 |
| Forderungen | 5.000 | Fremdkapital | 30.000 |
| Bank | 20.000 | | |
| | 75.000 | | 75.000 |

Bilden Sie die Buchungssätze zu den unten angegebenen Geschäftsvorfällen. Eröffnen Sie die Konten, führen Sie die Verbuchung der Geschäftsvorfälle durch und erstellen Sie den Abschluß. Ermitteln Sie den Erfolg auf zwei Arten.

Geschäftsvorfälle:

1) Verkauf eines Firmenfahrzeugs für 10.000 € (Bankgutschrift).

2) Kauf einer Geschäftseinrichtung für 5.000 € (Banküberweisung).

3) Dem Bankkonto wird ein Zinsbetrag in Höhe von 600 € gutgeschrieben.

4) Die Hälfte der Forderungen geht bar ein.

**Aufgabe 18 (Anfangsbilanz – Buchungen – Schlußbilanz)**

Die Anfangsbilanz hat zum 01.01. ..01 folgendes Aussehen:

| A | Bilanz zum 01.01. ..01 | | P |
|---|---|---|---|
| Grundstücke und Gebäude | 200.000 | Eigenkapital | 169.000 |
| Fuhrpark | 45.000 | Hypothekenverbindlichkeiten | 120.000 |
| Betriebs- und Geschäftsausstattung | 31.000 | Darlehensverbindlichkeiten | 60.000 |
| Finanzanlagen | 18.000 | Lieferantenverbindlichkeiten | 13.000 |
| Waren | 32.000 | | |
| Forderungen | 8.000 | | |
| Bank | 26.000 | | |
| Kasse | 2.000 | | |
| | 362.000 | | 362.000 |

Erstellen Sie zuerst das Eröffnungsbilanzkonto. Bilden Sie dann die Buchungssätze zu den angegebenen Geschäftsvorfällen. Eröffnen Sie die Konten, führen Sie die Verbuchung der Geschäftsvorfälle durch und erstellen Sie den Jahresabschluß (Bilanz - GuV-Rechnung). Ermitteln Sie den Erfolg auf zwei Arten.

Geschäftsvorfälle:

1) Kauf von Waren auf Ziel. Wert: 4.500 €.
2) Der Betriebs-PKW (Wert 11.000 €) geht in das Privatvermögen des Unternehmers über.
3) Unser Lieferant belastet uns mit Verzugszinsen für unpünktliche Zahlung von 100 €.
4) Auf dem Bankkonto gehen 3.300 € für eine Forderung ein.
5) 600 € gehen für eine erfolgreiche Vermittlung eines Geschäftes bar ein.
6) Die Tilgungsraten für die betrieblichen Darlehen werden fällig. Wir tilgen 16.000 € unserer Hypothekenschulden und 5.500 € unserer Darlehensschulden durch Banküberweisung.
7) Wir schließen Ende 01 bei unserer Hausbank einen neuen Darlehensvertrag über 40.000 € ab. Die Auszahlung erfolgt Anfang 02.
8) Wir erhalten eine Zinsgutschrift über 800 € (Bankkonto).
9) Die Miete für die Büroräume wird von uns überwiesen (1.800 €).
10) Der Unternehmer legt 2.200 € in die Kasse.
11) Wir spenden 500 € an das Rote Kreuz (bar).
12) Eine neue Büroeinrichtung im Wert von 2.800 € wird angeschafft. Wir erhalten ein Zahlungsziel von 30 Tagen.
13) Die Wasserrechnung von 1.600 € wird bezahlt (Bank).
14) Der Warenendbestand laut Inventur beträgt 36.500 €.

**Aufgabe 19 (Ordentliches und neutrales Ergebnis)**

In einem Getränkeeinzelhandelsgeschäft sind in einem Geschäftsjahr die folgenden Erträge und Aufwendungen angefallen:

| | |
|---|---|
| Verkaufserlöse Limonade | 250.000,- |
| Verkaufserlöse Bier | 410.000,- |

| | |
|---|---|
| Verkaufserlöse Spirituosen | 350.000,- |
| Aufwendungen für Limonade | 210.000,- |
| Aufwendungen für Bier | 360.000,- |
| Aufwendungen für Spirituosen | 300.000,- |
| Zinsgutschrift für Wertpapiere | 10.000,- |
| Mieterträge aus der Vermietung einer Wohnung | 60.000,- |
| Reparaturaufwand LKW | 12.000,- |
| Inspektion Firmen-KFZ | 800,- |
| Sonstiger betrieblicher Geschäftsaufwand | 4.000,- |
| Personalaufwand | 53.000,- |
| Mietaufwand | 24.000,- |
| Verluste aus Wertpapiergeschäften | 4.000,- |
| Brand in der Lagerhalle, Schaden | 13.000,- |

Der Reparaturaufwand setzt sich wie folgt zusammen: 60% entfallen auf den Ersatz von Teilen durch normalen Verschleiß; 40% sind auf einen Unfall zurückzuführen. Der Mietaufwand besteht zu 40% aus der Miete der Privatwohnung des Unternehmers, die vereinfachungsbedingt über die betrieblichen Konten bezahlt wird. Noch vor Ende des Geschäftsjahres erhalten wir von der Gebäudeversicherung einen Scheck über 12.000 € für den Schadensausgleich.

a) Ermitteln Sie das neutrale und das ordentliche Ergebnis. Wie hoch ist der Gesamterfolg?

b) Erstellen Sie anhand der vorgelegten Daten die GuV-Rechnung in **Kontoform**. Hierbei soll die Zusammensetzung des Gesamtergebnisses aus den Komponenten ordentliches und neutrales Ergebnis deutlich werden.

# Aufgaben zum 4. Kapitel

## Aufgabe 1 (Gemischtes Warenkonto)

Das gemischte Warenkonto eines Unternehmens hat am Jahresende folgendes Aussehen:

| S | Gemischtes | Warenkonto | H |
|---|---|---|---|
| AB | 31.000 | Abgang 1 | 12.600 |
| Zugang 1 | 11.000 | Abgang 2 | 19.300 |
| Zugang 2 | 6.500 | EB lt. Inventur | 28.500 |
| Zugang 3 | 7.400 | | |

a) Schließen Sie das gemischte Warenkonto ab und bilden Sie die Buchungssätze für den Kontenabschluß.

b) Wie wird der Saldo eines gemischten Warenkontos genannt?

c) Auf welchen Konten werden die einzelnen Komponenten des gemischten Warenkontos gegengebucht?

d) Zu welchen Preisen erfolgt die Verbuchung des Anfangsbestands, des Endbestands, der Zugänge und der Abgänge eines gemischten Warenkontos?

e) Welcher Unterschied besteht zwischen Anschaffungskosten und Einstandspreisen?

## Aufgabe 2 (Gemischtes Warenkonto)

Beschreiben Sie die Nachteile des gemischten Warenkontos!

## Aufgabe 3 (Getrennte Warenkonten)

Ein Unternehmen weist die folgende Bilanz zu Jahresbeginn auf:

| A | Bilanz zum | 01.01. ..01 | P |
|---|---|---|---|
| Betr.- u. Geschäftsausstattung | 25.000 | Eigenkapital | 65.000 |
| Wareneinkauf | 40.000 | Darlehensverbindlichkeiten | 27.000 |
| Forderungen | 15.000 | | |
| Bank | 12.000 | | |
| | 92.000 | | 92.000 |

Die folgenden Geschäftsvorfälle sind zu verbuchen. Hierbei gilt: Verwendung getrennter Warenkonten; Kontenabschluß nach der Bruttomethode. Der Endbestand laut Inventur beträgt 35.000 €. Geben Sie auch die Buchungssätze für den Abschluß der Warenkonten und des GuV-Kontos an. Zeigen Sie die kontenmäßige Darstellung.

Geschäftsvorfälle:

1) Wareneinkauf per Banküberweisung in Höhe von 10.000 €.
2) Forderungen in Höhe von 3.200 € werden dem Bankkonto gutgeschrieben.
3) Warenverkauf auf Ziel: 5.000 €.
4) Tilgung von Darlehensverbindlichkeiten durch Banküberweisung in Höhe von 3.000 €.

**Aufgabe 4 (Rücksendungen)**

Ein Unternehmen weist folgende Bilanz zu Jahresbeginn auf:

| A | Bilanz zum 01.01. ..01 | | P |
|---|---|---|---|
| Wareneinkauf | 28.000 | Eigenkapital | 46.500 |
| Forderungen | 31.000 | Lieferantenverbindlichkeiten | 22.500 |
| Bank | 10.000 | | |
| | 69.000 | | 69.000 |

Geschäftsvorfälle:

1) Zieleinkauf von Waren über 6.300 €.
2) Begleichung einer Lieferantenverbindlichkeit von 5.000 € per Banküberweisung.
3) Warenverkauf bar 6.000 €.
4) Warenverkauf auf Ziel 18.000 €.
5) Der Kunde aus 4) schickt zwei Drittel der Ware wegen Mängel zurück.
6) Bareinkauf von Waren 4.000 €.
7) Die Hälfte der Ware aus 6) ist mangelhaft und wird zurückgeschickt. Der Gutschriftbetrag geht auf dem Bankkonto ein.

   Der Warenendbestand laut Inventur beträgt 29.300 €.

a) Bilden Sie die Buchungssätze zu den Geschäftsvorfällen.
b) Zeigen Sie die kontenmäßige Darstellung. Verwenden Sie dabei getrennte Warenkonten (Kontenabschluß nach der Bruttomethode).
c) Wie werden die Buchungen 5) und 7) allgemein bezeichnet?
d) Wie würden die Abschlußbuchungen lauten, wenn die Warenkonten nach der Nettomethode abgeschlossen würden?

**Aufgabe 5 (Wareneinsatzkonto)**

Das Wareneinkaufskonto eines Handelsbetriebs weist zu Jahresbeginn einen Bestand von 6.000 Stück (zu 1,50 € je Stück) auf. Im Laufe des Jahres werden zu diesen Preisen 4.500 Stück bzw. weitere 3.500 Stück erworben. Es finden sechs Verkäufe (auf Ziel) statt:

| | | | | |
|---|---|---|---|---|
| Verkauf 1 | 600 | Stück | à | 3,- € |
| Verkauf 2 | 3.200 | Stück | à | 3,- € |
| Verkauf 3 | 800 | Stück | à | 3,- € |
| Verkauf 4 | 1.400 | Stück | à | 3,- € |
| Verkauf 5 | 1.300 | Stück | à | 3,- € |
| Verkauf 6 | 700 | Stück | à | 3,- € |
| | 8.000 | Stück | | |

a) Nennen Sie die Buchungssätze für die Warenverkäufe unter Verwendung eines Wareneinsatzkontos. Wie lauten die Abschlußbuchungen, wenn keine Inventurdifferenz auftritt?

b) Führen Sie die kontenmäßige Verbuchung durch und ermitteln Sie den Roherfolg.

**Aufgabe 6 (Getrennte Warenkonten)**

Welche der folgenden Aussagen zum getrennten Warenkonto sind richtig?

1) 0 Die Verbuchung des Warenverkaufs erfolgt zu Verkaufspreisen auf dem Konto "Warenverkauf".

2) 0 Die Verbuchung des Warenverkaufs erfolgt zu Anschaffungskosten auf dem Konto "Warenverkauf".

3) 0 Beim Kontenabschluß nach der Bruttomethode lautet der Buchungssatz für den Abschluß des Wareneinkaufskontos: "Warenverkauf an Wareneinkauf".

4) 0 Wird der Wareneinsatz parallel zum Warenverkauf gebucht, ist am Jahresende der rechnerische Endbestand immer gleich dem tatsächlichen Endbestand.

5) 0 Das Konto "Wareneinsatz" ist ein Aufwandskonto, welches die Wareneinsätze der Periode aufwandsmäßig erfaßt.

**Aufgabe 7 (Umsatzsteuersystem)**

Ein Produkt durchläuft von der Urerzeugung bis zum Endverbraucher mehrere Stufen. Der Urerzeugungsbetrieb verkauft es für 1.000 € an einen Industriebetrieb, der es wiederum für 1.500 € an den Einzelhandel weiterveräußert. Der Einzelhändler schließlich verkauft das Produkt für 1.800 € an einen Endverbraucher. Auf diese Nettowarenwerte entfällt zusätzlich die Umsatzsteuer von - vereinfachend - 10%. - Ermitteln Sie für den Urerzeugungsbetrieb, den Industriebetrieb und den Einzelhändler die jeweilige Vorsteuer, berechnete Umsatzsteuer und Zahllast. Zeigen Sie weiter, daß die von allen Unternehmen zu entrichtende Zahllast gerade der Steuer auf die Wertschöpfung entspricht.

**Aufgabe 8 (Abschluß von Umsatzsteuerkonten)**

Ein Unternehmen hat im Laufe eines Jahres insgesamt 13.800 € Vorsteuern in Rechnung gestellt bekommen und selbst insgesamt 18.300 € Umsatzsteuer berechnet. Wie lauten die Abschlußbuchungssätze der Umsatzsteuerkonten bei Anwendung der Drei-Konten-Methode bzw. Zwei-Konten-Methode? Dabei ist zu beachten, daß die Zahllast erst im nächsten Jahr überwiesen wird.

**Aufgabe 9 (Warenverbuchung mit Umsatzsteuer)**

Gegeben ist die folgende Bilanz zu Beginn eines Geschäftsjahres:

| A | Bilanz zum 01.01. ..01 | | P |
|---|---|---|---|
| Wareneinkauf | 32.000 | Eigenkapital | 80.000 |
| Bank | 48.000 | | |
| | 80.000 | | 80.000 |

Der Warenbestand setzt sich aus zwei verschiedenen Warenarten zusammen. Von Ware I sind am Jahresbeginn 1.000 Stck. à 20 €/Stck. auf Lager; von Ware II sind noch 500 Stück à 24 €/Stck. vorhanden.

Geschäftsvorfälle:

1) Einkauf von 300 Stck. der Ware I zu je 20 €/Stck. zzgl. 10% USt auf Ziel. **Die USt beträgt bei dieser und allen folgenden Aufgaben 10%, sofern nichts anderes angegeben wird.**
2) Einkauf von 250 Stck. der Ware II zu je 24 €/Stck. zzgl. 10% USt auf Ziel.
3) Warenverkauf: 200 Stck. der Ware I zu je 50 €/Stck. zzgl. 10% USt per Bankgutschrift.

4) Verkauf von 100 Stck. der Ware II zu je 80 €/Stck. zzgl. 10% USt. Der Betrag wird dem betrieblichen Bankkonto gutgeschrieben.

Weitere Angaben: Abschluß der Umsatzsteuerkonten nach der Zwei-Konten-Methode. Der Saldo wird per Bank gezahlt. Die rechnerischen Endbestände stimmen mit den Endbeständen gemäß Inventur überein.

a) Geben Sie die Buchungssätze zu den Geschäftsvorfällen 1) bis 4) an.
b) Geben Sie die Abschlußbuchungen an, wobei ein Posten "Wareneinkauf" im Schlußbilanzkonto und nur ein Posten "Wareneinsatz" bzw. "Warenverkauf" im GuV-Konto erscheinen soll. Der Warenkontenabschluß ist brutto und unter Verwendung eines Wareneinsatzkontos durchzuführen.
c) Führen Sie die Verbuchung auf Konten durch. Erstellen Sie das Schlußbilanzkonto und das GuV-Konto.
d) Erläutern Sie, ob es zweckmäßig ist, aus Gründen der Selbst- bzw. Fremdinformation für jede Warenart ein spezielles Warenkonto einzurichten.

**Aufgabe 10 (Diverse Warenverbuchungen)**

Bilden Sie für die folgenden Geschäftsvorfälle die Buchungssätze:

1) Wareneinkauf auf Ziel. Nettowarenwert: 7.000 €.
2) Die Hälfte der Warensendung aus 1) wird wegen Verderbs zurückgeschickt.
3) Wir bezahlen die Ware aus 1) per Postscheck.
4) Vom Rest der Ware aus 1) sind weitere Stücke mangelhaft und werden zurückgesendet. Ihr Wert beläuft sich auf 1.300 € (netto). Der Lieferant schickt uns eine Gutschrift.
5) Unsere Lagereinrichtung ist veraltet. Wir kaufen für netto 8.800 € neue Lagerregale. Wir erhalten ein Zahlungsziel von 28 Tagen.
6) Warenverkauf auf Ziel an Kunden Schulze: 4.500 € zzgl. 10% USt.
7) Bei der Warenlieferung aus 6) ist uns ein Fehler unterlaufen. Wir haben die Ware und die Rechnung an den falschen Kunden geliefert (irrtümlich Schulze). Schulze schickt uns die Ware zurück. Wir erstellen eine neue Rechnung und liefern die Ware an den richtigen Kunden (Herrn Müller).

**Aufgabe 11 (Rücksendungen)**

Welche der folgenden Aussagen über Rücksendungen sind richtig?

1) 0 Werden Waren von einem belieferten Betrieb A an seinen Lieferanten B zurückgeschickt, dann handelt es sich um einen Ertrag bei B.

2) 0 Der allgemeine Buchungssatz bei Erteilung einer Gutschrift (auf Grund mangelhafter Warensendung) an einen Kunden lautet:

| | | |
|---|---|---|
| Warenverkauf<br>Berechnete USt | an | Forderungen |

3) 0 Bei der Verbuchung von Rücksendungen muß eine Korrektur der USt-Konten erfolgen, da sich die Bemessungsgrundlage für die Berechnung der Umsatzsteuer nachträglich ändert.

**Aufgabe 12 (Rücksendungen)**

Die Bilanz eines Unternehmens hat zu Beginn eines Geschäftsjahres das folgende Aussehen:

| A | Bilanz zum 01.01. ..01 | | P |
|---|---|---|---|
| Wareneinkauf | 100.000 | Eigenkapital | 105.000 |
| Bank | 20.000 | Lieferantenverbindlichkeiten | 15.000 |
| | 120.000 | | 120.000 |

Geschäftsvorfälle:

1) Kauf von Waren auf Ziel: 50.000 € zzgl. 10% USt.
2) Ein Viertel der in (1) gelieferten Waren ist fehlerhaft und wird an den Lieferanten zurückgeschickt.
3) Verkauf von Waren auf Ziel: 42.000 € zzgl. 10% USt.
4) Die Hälfte der Ware aus (3) wird an uns zurückgesendet, da sie Mängel aufweist.
5) Unserem Bankkonto werden die Forderungen aus (3) bzw. (4) gutgeschrieben.
6) Wir tilgen unsere Lieferantenverbindlichkeiten aus (1) bzw. (2) per Banküberweisung.

Geben Sie die Buchungssätze für die Geschäftsvorfälle (1) bis (6) an. Führen Sie die Verbuchung auf Konten durch, und erstellen Sie das Schlußbilanzkonto und das GuV-Konto.

Der Abschluß der Warenkonten erfolgt brutto (Warenendbestand lt. Inventur: 127.500 €); die Umsatzsteuerkonten sind nach der Zwei-Konten-Methode abzuschließen. Der Saldo des Kontos "Berechnete Umsatzsteuer" ist am Jahresende in das Schlußbilanzkonto zu übernehmen.

**Aufgabe 13 (Bezugsaufwand)**

Ein Unternehmen erwirbt in Periode I 250 Stück einer bestimmten Warenart zum Preis von 10 €/Stück zzgl. USt auf Ziel. Zusätzlich fallen Bezugskosten für Transport und Versicherung in Höhe von 250 € zzgl. USt an. Von der Ware werden 30 Stück noch im Jahr der Anschaffung weiterveräußert. In Periode II werden weitere 130 Stück verkauft, der Rest wird in Periode III abgesetzt. Der Verkaufspreis beträgt 20 €/Stück. Er ist über den betrachteten Zeitraum konstant. Wie hoch ist der Erfolg in den Perioden I, II und III, wenn der Bezugsaufwand im Fall a) in Periode I in voller Höhe bzw. im Fall b) anteilig nach Maßgabe der Warenumsätze als Aufwand aktiviert wird?

- Wie hoch sind die Erfolge in den einzelnen Perioden im Fall a) bzw. b)?
- Wie lauten jeweils die zugehörigen Buchungssätze für die Geschäftsvorfälle und den Jahresabschluß in den Fällen a) und b)?
- Sollte Fall a) oder Fall b) angewendet werden?

**Aufgabe 14 (Verbuchung von Bezugsaufwand)**

Ein Unternehmen weist zu Beginn eines Geschäftsjahres folgende Bilanz auf:

A Bilanz zum 01.01. ..01 P

| | | | |
|---|---|---|---|
| Wareneinkauf | 22.000 | Eigenkapital | 41.500 |
| Bank | 40.000 | Darlehensverbindlichkeiten | 21.000 |
| Kasse | 500 | | |
| | 62.500 | | 62.500 |

Der Warenverkehr ist auf getrennten Warenkonten zu verbuchen. Hierbei ist zusätzlich ein Wareneinsatzkonto zu verwenden (Anfangsbestand Wareneinkauf: 2.000 Stck. à 10 € pro Stck. zzgl. eines Bezugsaufwands von 1 €/Stck.). Die Warenkonten sind brutto abzuschließen. Die Umsatzsteuer ist nach der Zwei-Konten-Methode zu verbuchen und eine mögliche Verbindlichkeit per Banküberweisung zu begleichen. Der Bezugsaufwand für nicht abgesetzte Waren ist anteilig zu aktivieren.

Geschäftsvorfälle:

1) Kauf von Waren (1.500 Stck.) auf Ziel zum Gesamtpreis von 15.000 € zzgl. 10% USt.
2) Dem Unternehmen werden für den Wareneinkauf aus 1) 1.500 € zzgl. 10% USt. für Transportkosten vom Lieferanten in Rechnung gestellt.
3) Warenverkauf gegen Barzahlung: 3.000 Stck. à 30 €/Stck. zzgl. 10% USt.
4) Kauf einer Büroeinrichtung für 5.000 € zzgl. 10% USt. Die Bezahlung erfolgt sofort durch Banküberweisung.

Geben Sie die Buchungssätze zu den Geschäftsvorfällen 1) bis 4) sowie die Abschlußbuchungen an, führen Sie die Verbuchung auf Konten durch und erstellen Sie das GuV-Konto und das Schlußbilanzkonto.

**Aufgabe 15 (Verbuchung von Boni)**

Wie lauten die Buchungssätze zu folgenden Geschäftsvorfällen? Geben Sie auch die Buchungssätze zum Abschluß der Bonikonten an.

1) Zielkauf von Waren im Nettowert von 18.000 €. Der Lieferant räumt 15% Rabatt ein.
2) Wir gewähren bei einem Warenverkauf von 27.500 € brutto einen Rabatt von 5%. Die Zahlung geht sofort auf dem Bankkonto ein.
3) Unser Lieferant gewährt uns nach Überschreiten der vorher festgelegten Umsatzgrenze von 100.000 € einen Bonus. Auf dem Bankkonto gehen 3.300 € ein.
4) Das Warenkonto des Kunden A weist am Jahresende bei uns einen Nettoumsatz von 62.000 € auf. Laut Vereinbarung erhält er von uns auf diesen Umsatz einen Bonus von 5% per Banküberweisung.

**Aufgabe 16 (Verbuchung von Skonto)**

In einem Unternehmen werden folgende Warengeschäfte getätigt:

1) Zielkauf von Waren (Nettowert: 20.000 €). Das Zahlungsziel beträgt 20 Tage, bei Zahlung innerhalb von 8 Tagen werden uns 3% Skonto gewährt.
2) Die Ware wird nach 7 Tagen durch Banküberweisung bezahlt.
3) Nach weiteren 2 Tagen stellen wir fest, daß die Hälfte der Ware verdorben ist. Die verdorbene Ware wird zurückgeschickt. Der Gutschriftsbetrag geht auf dem Bankkonto ein.

4) Es werden Waren im Bruttowert von 33.000 € verkauft. Das Zahlungsziel beträgt 25 Tage, bei Zahlung innerhalb von 10 Tagen werden 2% Skonto gewährt.
5) Ein Drittel der Ware wird nach 10 Tagen unter Abzug des Skontos per Postscheck bezahlt.
6) Der Rest der Warenforderung geht nach 2 Wochen ein (ebenfalls per Postscheck).

a) Bilden Sie die Buchungssätze unter Anwendung der Bruttomethode. Wie lauten die Buchungssätze zum Abschluß der Skontokonten?
b) Bilden Sie die Buchungssätze unter Anwendung der Nettomethode. Wie lauten die Buchungssätze zum Abschluß der Skontokonten?

**Aufgabe 17 (Aussagen zum Skonto)**

Welche der folgenden Aussagen über den Skonto sind richtig?

1) 0 Hat ein Betrieb beim Warenerhalt die Möglichkeit zum Skontoabzug, wird bei der Nettomethode sofort ein Skontoaufwand gebucht.
2) 0 Die Bruttomethode interpretiert den erhaltenen Skonto als Preisnachlaß, die Nettomethode dagegen als Zinsaufwand.
3) 0 Die Skontokonten werden bei Anwendung der Bruttomethode über das GuV-Konto abgeschlossen.
4) 0 Die Einräumung eines Kundenskontos führt bei der Bruttomethode im Laufe des Jahres zu folgendem Buchungssatz, wenn innerhalb der Skontoabzugsfrist (mit Skontoabzug) gezahlt wird:

| | | |
|---|---|---|
| Bank<br>Skontoaufwand | an | Forderungen<br>Berechnete USt |

5) 0 Bei der Nettomethode wird bei einem Kundenskonto die Buchung auf dem Konto "Skontoertrag" storniert, wenn die Zahlung nach der Skontoabzugsfrist erfolgt.
6) 0 Bei der Bruttomethode wird der Lieferantenskonto am Jahresende wie folgt umgebucht: "Lieferantenskonto an Wareneinkauf".
7) 0 Ein abgezogener Kundenskonto ist bei der Bruttomethode als Erlösschmälerung nach § 277 Abs. 1 HGB anzusehen.

**Aufgabe 18 (Verbuchung von Skonto)**

Die Firma Peter Schmidt, Elektroeinzelhandel, erhält vom Elektrogroßhandel Karl Meier eine Rechnung. Verbuchen Sie sowohl den Rechnungseingang als auch die Bezahlung der Rechnung aus Lieferantensicht und Kundensicht (per Bank unter Abzug des Skontos – Bruttomethode). Aus Gründen der Realitätsnähe wird die USt ausnahmsweise mit dem geltenden Steuersatz in Höhe von 16% angesetzt. Erläutern Sie allgemein, wie der Abschluß der Skontokonten aus handelsrechtlicher Sicht erfolgen muß.

Karl Meier GmbH
Elektrogroßhandel
Willistr. 10
21337 Lüneburg

MEIER-GERÄTE

SEIT 10 JAHREN

EIN BEGRIFF

Firma
Peter Schmidt
Heinzstr. 9
21335 Lüneburg

Rechn.-Nr. 311, Rechnung vom 10.05. ..01, Unser Zeichen Me/Je

| Art.-Nr. | Menge | Art.-Bez. | Bruttopreis | Nettopreis | Gesamt |
|---|---|---|---|---|---|
| 7156-80 | 10 | Elektroherd | 950,- | 902,5 | 9.025,- |
| 7270-02 | 6 | Kühlschrank | 180,- | 171,- | 1.026,- |
| Summe | | | | | 10.051,- |
| + 16% MWSt. | | | | | 1.608,16 |
| Rechnungsbetrag | | | | | 11.659,16 |

Wir gewähren unserem Kunden 5% Rabatt (= Nettopreis).
Die Rechnung ist innerhalb von 30 Tagen zu bezahlen.
Bei Zahlung innerhalb von 10 Tagen gewähren wir 3% Skonto.

**Aufgabe 19 (Verbuchung von Boni)**

Bei der Firma Karl Meier, Elektrogroßhandel, weist das Kundenkonto des Elektroeinzelhändlers Peter Schmidt im Jahre 01 die folgenden Bruttobewegungen (inkl. 10% Umsatzsteuer) aus:

| Datum | Vorgang | Wert |
|---|---|---|
| 15.02. | Warenlieferung | 27.500,- |
| 17.04. | Warenlieferung | 33.100,- |
| 01.07. | Warenlieferung | 10.650,- |
| 10.09. | Warenlieferung | 47.170,- |
| 11.10. | Gutschrift | 18.530,- |
| 13.11. | Warenlieferung | 37.400,- |
| 20.12. | Warenlieferung | 25.510,- |

Am Jahresanfang wurde folgende Vereinbarung bezüglich einer Bonusgewährung getroffen (Staffelbonus):

| Nettoumsatz | | | Bonus |
|---|---|---|---|
| 0,- | bis | 49.999,99 | 2% |
| 50.000,- | bis | 74.999,99 | 3% |
| 75.000,- | bis | 99.999,99 | 5% |
| 100.000,- | bis | 124.999,99 | 8% |
| 125.000,- | bis | 149.999,99 | 10% |
| 150.000,- | und | mehr | 15% |

Wie lauten die Buchungssätze für die vollständige Behandlung des Bonus bei Karl Meier und Peter Schmidt, wenn der entsprechende Betrag zum Jahresende überwiesen wird?

**Aufgabe 20 (Diverse Warenverbuchungen)**

Es ist die folgende Bilanz am Geschäftsjahrsbeginn gegeben:

Bilanz zum 01.01. ..01

| A | | | P |
|---|---|---|---|
| Grundst. und Gebäude | 100.000 | Eigenkapital | 130.000 |
| Fuhrpark | 20.000 | Darlehensverbindlichkeiten | 80.000 |
| Geschäftsausstattung | 30.000 | Lieferantenverbindlichkeiten | 32.000 |
| Wareneinkauf | 38.000 | | |
| Forderungen | 17.000 | | |
| Bank | 21.000 | | |
| Postscheck | 11.000 | | |
| Kasse | 5.000 | | |
| | 242.000 | | 242.000 |

Erstellen Sie die Buchungssätze zu den unten angegebenen Geschäftsvorfällen. Verbuchen Sie diese auf den eröffneten Konten und erstellen Sie das Schlußbilanzkonto und GuV-Konto.

Geschäftsvorfälle:

1) Warenverkauf zum Bruttowert von 5.500 € auf Ziel. Wir gewähren 20% Rabatt.
2) Kauf eines LKWs für 80.000 € (netto). Die Überführung kostet zusätzlich 2.200 € brutto. Es wird ein Zahlungsziel von 30 Tagen gewährt.
3) Die Forderung aus 1) wird unter Abzug von 3% Skonto beglichen (Bankeingang).
4) Lieferantenverbindlichkeiten über 5.000 € werden über das Postscheckkonto bezahlt.
5) Die Miete für die Büroräume wird per Bank gezahlt: 3.000 €.
6) Der Unternehmer entnimmt Waren im Nettowert von 1.500 €.
7) Es werden Waren für 20.000 € zuzüglich USt auf Ziel eingekauft. Dabei fällt Bezugsaufwand in Höhe von 800 € (zuzüglich USt) an, der bar bezahlt wird.
8) Die Bank belastet unser Konto mit Kontoführungsgebühren von 100 €.
9) Die Hälfte der Waren aus 7) muß wegen Mängeln zurückgeschickt werden.
10) Der Einkäufer des Unternehmens schließt mit einem neuen Lieferanten einen langfristigen Liefervertrag mit einem Volumen von 100.000 € (netto) ab.
11) Es wird KFZ-Steuer von 800 € bar bezahlt. Darin ist die KFZ-Steuer für den Privatwagen des Unternehmers von 300 € enthalten.
12) Die Rechnung aus 7) wird unter Abzug von 2% Skonto bezahlt (Banküberweisung).
13) Am Jahresende erhalten wir eine Barzahlung in Höhe von 2.750 € (inkl. USt) als Bonus.

Der Warenendbestand laut Inventur beträgt 46.000 €.

**Aufgabe 21 (Verbuchung von Anzahlungen)**

Die Möbelgroßhandlung Wolff KG schließt mit der Möbel-GmbH am 15.01. einen Liefervertrag mit einem Gesamtvolumen von 370.000 € netto ab. Da die Wolff KG ihrerseits die Möbel erst noch bei ihrem Hersteller anfertigen lassen muß, vereinbaren die Vertragspartner am 15.01., daß die Möbel-GmbH eine Anzahlung von 200.000 € leistet. Die Anzahlung geht am 28.01. auf dem Bankkonto der Wolff KG ein. Am 01.03. liefert die Wolff KG die Möbel an die Möbel-GmbH. Am 10.03. geht auf dem Bankkonto der Wolff KG die Restschuld von 207.000 € ein. Wie lauten die Buchungen bei der Möbelgroßhandlung Wolff KG?

**Aufgabe 22 (Verbuchung der Wechselausstellung)**

Aus Warenverkäufen hat Firma F eine Forderung in Höhe von 9.000 € (brutto). Am Fälligkeitstag stellt sie einen Wechsel über 3 Monate aus, der vom Kunden K akzeptiert wird. Der Diskont in Höhe von 135 € sowie umsatzsteuerfreie Spesen in Höhe von 45 € werden von F bar bezahlt. Anschließend wird der Gesamtbetrag von 180 € dem K in Rechnung gestellt (zzgl. 10% USt); Gutschrift auf dem Bankkonto des F. Wie lauten die Buchungssätze bei F und K?

**Aufgabe 23 (Verbuchung der Wechselweitergabe)**

Der alte Wechselgläubiger F gibt den Wechsel aus Aufgabe 22) nach einem Monat an seinen Lieferanten L zur Begleichung einer Verbindlichkeit aus einer Lieferung in Höhe von 15.000 € weiter. Der Differenzbetrag wird auf das Bankkonto von L überwiesen. Der neue Wechselgläubiger L stellt F 90 € Diskont und 15 € Wechselspesen zzgl. 10% USt in Rechnung. Wie buchen F und L?

**Aufgabe 24 (Verbuchung der Wechseleinreichung)**

Der neue Wechselgläubiger L gibt den Wechsel aus Aufgabe 23) nach 10 Tagen an die Bank B weiter. Die Bank diskontiert den Wechsel und schreibt den Betrag unter Abzug von 75 € Diskont und 20 € Spesen dem Bankkonto des L gut. Wie bucht L?

**Aufgabe 25 (Verbuchung des Wechselprotests)**

L hat den Wechsel aus Aufgabe 23) nicht an die Bank weitergegeben, sondern legt ihn dem Wechselschuldner K am Verfalltag vor.

a) K überweist den Wechselbetrag auf das Bankkonto des L.
b) K kann nicht zahlen. Der Wechsel geht zu Protest.
c) Nachdem der Wechsel zu Protest gegangen ist, verlangt L den Wechselbetrag vom früheren Wechselgläubiger F. F muß zahlen und überweist den Betrag an L.
d) Zwischen F und K wird vereinbart, den Wechsel um weitere 2 Monate zu verlängern. F stellt K 90 € Diskont sowie 45 € Spesen zzgl. 10% USt in Rechnung. K zahlt nach Erhalt der Rechnung bar.

Wie lauten die Buchungssätze für die jeweils beteiligten Parteien?

## Aufgabe 26 (Verbuchung des Personalaufwands)

Das Unternehmen Autohaus Rasant KG erstellt für seinen Angestellten Pfiffi Klein die folgende Gehaltsabrechnung für Juli 01.

| Gehaltsabrechnung Juli 01 | |
|---|---|
| Für Herrn<br>Pfiffi Klein<br>Winzigweg 1<br>21332 Lüneburg | Autohaus Rasant KG<br>Hügelstieg 6<br>21335 Lüneburg |
| Bruttolohn | 3.100,- |
| - Lohnsteuer | 600,- |
| - Kirchensteuer | 50,- |
| - Krankenversicherung AN-Anteil | 110,- |
| - Pflegeversicherung AN-Anteil | 30,- |
| - Arbeitslosenversicherung AN-Anteil | 70,- |
| - Rentenversicherung AN-Anteil | 210,- |
| = Nettolohn | 2.030,- |
| - sonstige Abzüge | 0,- |
| = Überweisung per Bank | 2.030,- |

a) Wie bucht die Rasant KG unter Berücksichtigung des AG-Anteils zur Sozialversicherung in Höhe von 420 € Ende Juli 01?

b) Welche Buchung wird Anfang August 01 von der Rasant KG vorgenommen?

## Aufgabe 27 (Verbuchung des Personalaufwands)

Das Unternehmen Scheibing & Sohn OHG zahlt seinem Buchhalter Pingelig am 15.07. einen Gehaltsvorschuß in Höhe von 800 € bar aus. Der Gehaltsvorschuß soll mit der nächsten Gehaltszahlung verrechnet werden. Am 01.08. bekommt Pingelig seinen Bruttolohn von 3.800 €. Es sind 20% Lohnsteuer und 10% Kirchensteuer (bezogen auf die Lohnsteuer) an das Finanzamt abzuführen. An Sozialversicherungsbeiträgen sind insgesamt 1.920 € an die entsprechenden Stellen zu entrichten. Der Restbetrag wird auf Pingeligs Bankkonto überwiesen. Die Scheibing & Sohn OHG überweist Mitte des nächsten Monats die entsprechenden Beträge an das Finanzamt und die Sozialversicherungsstellen. Führen Sie die Buchungen durch.

# Aufgaben zum 5. Kapitel

## Aufgabe 1 (Fertigfabrikate)

In fast jedem Industriebetrieb gibt es ein Fertigfabrikatelager. Welches Problem stellt sich am Periodenende bei der Inventur und wie läßt es sich lösen?

## Aufgabe 2 (Erfolgswirkungen von Bestandsänderungen)

Welchen Einfluß haben Bestandsänderungen bei Fertigfabrikaten auf den im GuV-Konto auszuweisenden Erfolg?

## Aufgabe 3 (Bestandsänderungen)

Zeigen Sie in einer schematischen Darstellung, wie Bestandsmehrungen bzw. Bestandsminderungen im GuV-Konto zu behandeln sind! Verwenden Sie dabei $x_p$ als Symbol für die produzierte Menge, $x_a$ als Symbol für die abgesetzte Menge!

## Aufgabe 4 (Inventur- und Skontrationsmethode)

Ein Rohstoffkonto eines Unternehmens weist für das Jahr 01 folgende Bewegungen aus:

| Periode 01 | Bewegung | Wert |
|---|---|---:|
| 01.01. | AB | 18.000,- |
| 27.02. | Abgang 1 | 6.000,- |
| 05.04. | Abgang 2 | 9.000,- |
| 07.05. | Zugang 1 | 20.000,- |
| 29.06. | Abgang 3 | 15.000,- |
| 09.09. | Zugang 2 | 25.000,- |
| 20.11. | Abgang 4 | 7.000,- |
| 31.12. | EB | 26.000,- |

Der Rohstoffverbrauch kann auf zwei Arten (Inventurmethode oder Skontrationsmethode) verbucht werden. Nennen Sie die Buchungssätze für alle Bewegungen auf dem Rohstoffkonto bei beiden Methoden der Aufwandsverbuchung. Der Einkauf erfolgt zzgl. 10% USt auf Ziel.

**Aufgabe 5 (Verbuchung von Werkstoffen)**

Gegeben ist die folgende Bilanz zu Beginn eines Geschäftsjahres:

| A | Bilanz zum 01.01. ..01 | | P |
|---|---|---|---|
| Rohstoffe | 40.000 | Eigenkapital | 70.000 |
| Bank | 30.000 | | |
| | 70.000 | | 70.000 |

Im Laufe des Jahres 01 ist es zu folgenden Geschäftsvorfällen gekommen:

1) Es werden Hilfsstoffe für 7.150 € (inkl. 10% USt) eingekauft. Die Bezahlung erfolgt durch Banküberweisung.
2) Gemäß Materialentnahmeschein werden Rohstoffe von 18.000 € in der Produktion zur Herstellung von 200 Fertigerzeugnissen verbraucht.
3) Verbrauch von Hilfsstoffen in der Produktion; Wert lt. Materialentnahmeschein: 1.500 €.
4) Kauf von Rohstoffen im Wert von 11.000 € zzgl. 10% USt. Der Kaufpreis wird vom Bankkonto abgebucht.
5) In der Produktion werden zur Herstellung weiterer 300 Fertigerzeugnisse Rohstoffe (lt. Materialentnahmeschein) im Wert von 32.000 € eingesetzt.
6) Die 500 Fertigerzeugnisse werden für 140 € pro Stück veräußert (zzgl. 10% USt) per Bank veräußert.

Bilden Sie die Buchungssätze zu den Geschäftsvorfällen. Führen Sie die Verbuchung auf Konten durch. Im Rahmen der Inventur wird bei den Rohstoffen ein Endbestand von 1.000 € und bei den Hilfsstoffen ein Endbestand von 5.000 € festgestellt. Welches Aussehen haben das GuV-Konto und das Schlußbilanzkonto?

**Aufgabe 6 (Bestandsänderung fertiger Erzeugnisse)**

Ein Industriebetrieb fertigt Produkte in einem einstufigen Produktionsprozeß. Der Anfangsbestand fertiger Erzeugnisse beträgt null Stück. Die (vereinfachte) Bilanz hat folgendes Aussehen:

| A | Bilanz zum 01.01. ..01 | | P |
|---|---|---|---|
| Rohstoffe | 20.000 | Eigenkapital | 50.000 |
| Kasse | 30.000 | | |
| | 50.000 | | 50.000 |

Im Laufe des Jahres 01 ist es zu folgenden Geschäftsvorfälle gekommen:

1) Einsatz von Rohstoffen (15.000 €) lt. Materialentnahmeschein.
2) Nettolohnzahlung bar über 7.000 €. Der Sozialaufwand des Arbeitgebers (AGA) beträgt 1.000 €. Die Lohnsteuer, die Kirchensteuer und der Sozialversicherungsanteil des Arbeitnehmers betragen zusammen 4.000 €.
3) Barzahlung der Sozialversicherungsbeiträge und der Lohn- und Kirchensteuer aus 2).
4) Barkauf von Rohstoffen im Nettowert von 15.000 €.
5) Einsatz von Rohstoffen in der Produktion (lt. Materialentnahmeschein): 13.000 €.
6) Barverkauf von Fertigerzeugnissen zum Nettopreis von 37.000 € (140 Stück).
7) Ermittlung der USt-Zahllast (Drei-Konten-Methode) und Barzahlung an das Finanzamt.
8) Insgesamt werden in der Periode 200 Stück hergestellt, wovon 60 Stück am Periodenende noch auf Lager sind.

Bilden Sie die Buchungssätze zu den Geschäftsvorfällen. Bei den Rohstoffen beträgt der Endbestand lt. Inventur 7.000 €. Führen Sie die Verbuchung auf Konten durch und erstellen Sie den Abschluß! Warum muß die Lagerbestandserhöhung buchhalterisch berücksichtigt werden?

**Aufgabe 7 (Aussagen zur Bestandsänderung)**

Welche Aussagen über die Bestandsänderungen fertiger Erzeugnisse sind richtig?

(1) 0 Steigt der Wert des Fertigfabrikatelagers an und erfolgt keine ertragswirksame Berücksichtigung, dann wird der Erfolg der Periode zu niedrig ausgewiesen.

(2) 0 Ist die produzierte Menge kleiner als die abgesetzte Menge, so ergeben sich hieraus nur dann erfolgswirksame Konsequenzen, wenn der Endbestand mehr als null Stück aufweist.

(3) 0 Durch den allgemeinen Buchungssatz "fertige Erzeugnisse an Bestandserhöhung fertiger Erzeugnisse" wird der Ertrag der Periode um den Wert der Lagerzunahme erhöht.

(4) 0 Im Fall der Lagerbestandsabnahme wird auf dem Bestandskonto "fertige Erzeugnisse" eine Buchung auf der Sollseite vorgenommen.

(5) 0 Im Fall der Lagerbestandsabnahme werden im GuV-Konto auf der Sollseite die Aufwendungen für die produzierten Erzeugnisse der laufenden Periode und der Wert der Bestandsminderung aufgeführt.

**Aufgabe 8 (Bestandsänderung fertiger Erzeugnisse)**

Ein Industriebetrieb fertigt Erzeugnisse in einem einstufigen Produktionsprozeß. Die Bilanz hat folgendes Aussehen:

| A | Bilanz zum 01.01. ..01 | | P |
|---|---|---|---|
| Rohstoffe | 7.000 | Eigenkapital | 59.000 |
| fertige Erzeugnisse | 12.000 | | |
| Kasse | 40.000 | | |
| | 59.000 | | 59.000 |

Der Anfangsbestand an Fertigfabrikaten beziffert sich auf 60 Stück, die zu Herstellungskosten von 200 €/Stück bewertet sind. Im Laufe des Jahres 02 ist es zu folgenden Geschäftsvorfällen gekommen:

1) Wir zahlen 4.000 € Leasinggebühr zzgl. USt bar.
2) Einsatz von Rohstoffen 5.000 € netto lt. Materialentnahmeschein.
3) Wir zahlen dem Arbeitnehmer S. einen Vorschuß in Höhe von 2.000 € bar.
4) Wir erstellen für Arbeitnehmer S. folgende Lohnabrechnung:

| | |
|---|---|
| Bruttolohn | 3.500 € |
| Lohnsteuer | 700 € |
| ANA zur Sozialversicherung | 500 € |
| Vorschuß | 2.000 € |
| Barauszahlung | 300 € |

Der Arbeitgeberanteil zur Sozialversicherung beträgt ebenfalls 500 €.

5) Wir zahlen 700 € ans Finanzamt und 1.000 € an die Sozialversicherung bar.
6) Wir entnehmen von unserem Fertigfabrikatelager 100 Stück, von denen 60 Stück aus der Vorjahresproduktion stammen und verkaufen sie für 30.000 € zzgl. USt bar.
7) Die Umsatzsteuerkonten sind nach der Drei-Konten-Methode abzuschließen, die Zahlung erfolgt in der nächsten Periode.
8) In der laufenden Periode 02 wurden 50 Stück Fertigfabrikate hergestellt, von denen sich am Jahresende noch 10 Stück auf Lager befinden, die zu Herstellungskosten zu bewerten sind.

Ermitteln Sie die Herstellungskosten für den Endbestand der fertigen Erzeugnisse! Bilden Sie die Buchungssätze zu den Geschäftsvorfällen! Verbuchen Sie die Geschäftsvorfälle auf Konten und erstellen Sie den Abschluß!

**Aufgabe 9 (Unfertige und fertige Erzeugnisse)**

In einem Industriebetrieb wird ein Produkt in einem zweistufigen Produktionsprozeß hergestellt. Der Anfangsbestand unfertiger Erzeugnisse (uE) beträgt 120 Stück (zu je 20 €), der Anfangsbestand fertiger Erzeugnisse (fE) beläuft sich auf 200 Stück (zu je 50 €).

a) Im Jahre 01 werden die 200 Stück fE zum Verkaufspreis von 80 € abgesetzt. Welches Aussehen hat das GuV-Konto? Wie hoch ist der Gewinn?
b) Die unfertigen Erzeugnisse werden zu fertigen Erzeugnissen verarbeitet. Aus jedem Halbfabrikat entsteht ein Fertigfabrikat. Es fallen die folgenden Aufwendungen an:

| | |
|---|---|
| Rohstoffe | 1.200 € |
| Hilfsstoffe | 400 € |
| Betriebsstoffe | 200 € |
| Löhne | 600 € |

Welches Aussehen hat das GuV-Konto, wenn im gleichen Jahr zusätzlich zur Lagermenge fertiger Erzeugnisse noch die inzwischen neu produzierten Fertigprodukte abgesetzt werden (also insgesamt 320 Stück)? Der Verkaufspreis beträgt weiterhin 80 €/Stück.

c) Der Betrieb kauft weitere Rohstoffe und Betriebsstoffe für die Fertigung im Wert von 12.500 €. Welche Auswirkungen ergeben sich auf das GuV-Konto?

**Aufgabe 10 (Unfertige und fertige Erzeugnisse)**

Für ein Industrieunternehmen mit zweistufigem Produktionsprozeß gilt folgende Bilanz zu Beginn des Geschäftsjahres:

| A | Bilanz zum 01.01. ..01 | | P |
|---|---|---|---|
| unfertige Erzeugnisse | 40.000 | Eigenkapital | 160.000 |
| fertige Erzeugnisse | 86.000 | | |
| Bank | 34.000 | | |
| | 160.000 | | 160.000 |

Auf der zweiten Produktionsstufe werden jeweils zwei Einheiten des Halbfabrikats (Räder) zu einer Einheit des Fertigfabrikats weiterverarbeitet. Im übrigen erhalten Sie folgende Zusatzinformationen:

| | |
|---|---|
| - AB Halbfabrikate 2.000 Stück | 40.000 € |
| - AB Fertigfabrikate 1.000 Stück | 86.000 € |
| - Periodenproduktion Halbfabrikate | null Stück |
| - Periodenproduktion Fertigfabrikate | 750 Stück |
| - Periodenaufwand Stufe I | 0 € |
| - Periodenaufwand Stufe II (per Bank) | 34.500 € |
| - Verkauf Fertigfabrikate 600 Stück (per Bank) | 60.000 € |

Die rechnerischen Endbestände der unfertigen und fertigen Erzeugnisse stimmen mit den entsprechenden Inventurwerten überein. Die USt ist ausnahmsweise zu vernachlässigen.

a) Stellen Sie die mengenmäßigen Bewegungen auf den Bestandskonten "unfertige Erzeugnisse" und "fertige Erzeugnisse" dar!

b) Wie sind die Endbestände an Halb- bzw. Fertigfabrikaten zu bewerten?

   **Lösungshinweis**: Der Endbestand der fertigen Erzeugnisse ist mit durchschnittlichen Herstellungskosten zu bewerten.

c) Ermitteln Sie die wertmäßigen Bestandsänderungen bei Halb- bzw. Fertigfabrikaten!

d) Welches Aussehen haben das GuV-Konto und das Schlußbilanzkonto?

**Aufgabe 11 (Unfertige und fertige Erzeugnisse)**

Die Firma Maximum AG stellt das Fertigprodukt "Profit" in einem zweistufigen Produktionsprozeß her. Dabei wird aus je einem Halbfabrikat ein Fertigfabrikat hergestellt. Die Anfangsbestände zu Beginn eines Jahres betragen: 3.000 Stück Halbfabrikate (Herstellungskosten 30 €/Stück), 5.000 Stück Fertigfabrikate (Herstellungskosten 70 €/Stück). Im Laufe des Jahres werden 14.000 Stück Halbfabrikate produziert. Aus dieser Produktionsmenge sind am Jahresende 500 Stück noch auf Lager. Der gesamte Endbestand der Halbfabrikate beträgt am Jahresende 2.000 Stück. Von den 15.000 Stück Fertigerzeugnissen, die im Laufe des Jahres hergestellt wurden, gehen 3.000 Stück auf Lager. Der Rest der gefertigten Erzeugnisse wurde zusammen mit 2.000 Stück des alten Bestands abgesetzt. Der Gesamtaufwand in Stufe I betrug 350.000 €, in Stufe II 817.500 €.

a) Stellen Sie den Ablauf des Fertigungsprozesses graphisch dar.
b) Wie hoch ist der Lagerbestand fertiger Erzeugnisse am Ende des Jahres?
c) Berechnen Sie die Herstellungskosten für die im Laufe des Jahres hergestellten fertigen und unfertigen Erzeugnisse.
d) Mit welchen Werten erscheinen die Endbestände fertiger und unfertiger Erzeugnisse in der Bilanz?
e) Welche durchschnittlichen Herstellungskosten pro Stück ergeben sich für die im Endbestand befindlichen unfertigen und fertigen Erzeugnisse?
f) Welche wertmäßigen Bestandserhöhungen oder -minderungen ergeben sich für die fertigen und unfertigen Erzeugnisse?
g) Bilden Sie die Buchungssätze, die zur Erfolgskorrektur infolge von Bestandsänderungen bei fertigen und unfertigen Erzeugnissen notwendig sind.

**Aufgabe 12 (GuV-Konto und Bestandsänderungen)**

Welches allgemeine Aussehen hat das GuV-Konto eines mehrstufigen Industriebetriebes, für den folgende Angaben gelten: Im Geschäftsjahr wurden unfertige Erzeugnisse im Wert von 24.000 € hergestellt, von denen am Ende des Geschäftsjahres noch 40% auf Lager sind. Der Rest wurde zu fertigen Erzeugnissen umgearbeitet. Der Wert der auf Lager befindlichen Fertigerzeugnisse beträgt am Jahresende 38.000 € (insgesamt). Der

Wert der abgesetzten Fertigerzeugnisse beträgt 62.000 €; die Umsatzerlöse betragen dafür 48.000 €. Der Lagerbestand zu Beginn der Periode war sowohl bei fertigen als auch bei unfertigen Erzeugnissen null Stück.

**Aufgabe 13 (Unfertige und fertige Erzeugnisse)**

Für ein Industrieunternehmen mit zweistufigem Fertigungsprozeß gilt folgende Anfangsbilanz:

| A | Bilanz zum 01.01. ..01 | | P |
|---|---|---|---|
| Rohstoffe | 100.000 | Eigenkapital | 500.000 |
| unfertige Erzeugnisse | 60.000 | | |
| fertige Erzeugnisse | 200.000 | | |
| Bank | 140.000 | | |
| | 500.000 | | 500.000 |

Der Anfangsbestand unfertiger Erzeugnisse besteht aus 1.000 Stück à 60 €/Stück; der Anfangsbestand fertiger Erzeugnisse besteht aus 2.000 Stück à 100 €. Es wird jeweils eine Einheit unfertiger Erzeugnisse zu einer Einheit des Fertigerzeugnisses weiterverarbeitet.

Geschäftsvorfälle:

1) Rohstoffentnahme lt. Materialentnahmeschein 20.000 € zur Herstellung von 800 Einheiten unfertige Erzeugnisse.
2) Für eine maschinelle Anlage in Fertigungsstufe I zahlen wir eine Leasinggebühr in Höhe von 6.000 € zzgl. USt durch Banküberweisung.
3) Für eine in Fertigungsstufe I tätige Arbeitnehmerkolonne zahlen wir an ein Leiharbeitsunternehmen 22.000 € zzgl. USt durch Banküberweisung.
4) Wir verkaufen 1.000 Stück Fertigfabrikate zum Bruttorechnungsbetrag von 132.000 €. Unser Kunde zahlt durch Banküberweisung.
5) In Fertigungsstufe II werden 200 Stück uE zu Fertigprodukten weiterverarbeitet.
6) Für Beschäftigte in Fertigungsstufe II fällt ein gesamter Bruttolohn von 7.000 € an; zusätzlich sind vom Unternehmer 1.000 € AGA zu entrichten.
7) Wir berechnen unsere USt-Schuld (Drei-Konten-Methode) und tätigen eine entsprechende Banküberweisung.

Der Endbestand an Rohstoffen beträgt lt. Inventur 80.000 €. Im Zuge der Inventur stellen wir einen Endbestand an unfertigen Erzeugnissen von 1.600 Stück und an fertigen Erzeugnissen von 1.200 Stück fest.

a) Bewerten Sie den Endbestand an fertigen und unfertigen Erzeugnissen mit Herstellungskosten!

b) Nennen Sie die Buchungssätze für die laufenden Geschäftsvorfälle, verbuchen Sie den Rohstoffendbestand sowie die Bestandsveränderungen von fertigen und unfertigen Erzeugnissen!

c) Verbuchen Sie die Geschäftsvorfälle auf Konten! Welches Aussehen haben das GuV-Konto und das Schlußbilanzkonto?

**Aufgabe 14 (Umsatzkostenverfahren)**

Ein Industrieunternehmen stellt in Fertigungsstufe I Halbfabrikate her, die in Fertigungsstufe II zu Fertigfabrikaten weiterverarbeitet werden. Am Ende der Fertigungsstufe I (II) steht das Lager für unfertige (fertige) Erzeugnisse. Produktion und Absatz verlaufen nicht synchron; es kommt also zur Veränderung von Lagerbeständen. Für die Herstellung der unfertigen und fertigen Erzeugnisse werden jeweils zwei Faktoren eingesetzt. Die entstehenden Aufwendungen werden auf speziellen Aufwandskonten erfaßt. Der Einfachheit halber sei angenommen, daß sämtliche Aufwandsarten durch die Herstellung der Produkte verursacht werden.

a) Zeigen Sie in einem Buchungsablaufdiagramm, wie nach dem Umsatzkostenverfahren folgende Konten abgeschlossen werden: beide Aufwandskonten, Umsatzerlöse, Bestandskonto "unfertige Erzeugnisse", Bestandskonto "fertige Erzeugnisse" und GuV-Konto.

b) Erläutern Sie, weshalb das Umsatzkostenverfahren auch als Nettoverfahren bezeichnet wird.

**Aufgabe 15 (Gesamt- und Umsatzkostenverfahren)**

Ein Industrieunternehmen weist folgende Bestände an Halb- und Fertigfabrikaten aus:

| | Anfangsbestand (€) | Endbestand (€) |
|---|---|---|
| unfertige Erzeugnisse | 100.000 | 115.000 |
| fertige Erzeugnisse | 240.000 | 135.000 |

Die Umsatzerlöse $x_a$ der Periode belaufen sich auf 950.000 €. Der Aufwand $x_p$ setzt sich aus folgenden drei Aufwandsarten zusammen, die teilweise in Stufe I, teilweise in Stufe II anfallen:

| | Insgesamt (Euro) | Stufe I (Euro) | Stufe II (Euro) |
|---|---|---|---|
| Aufwand Rohstoffe | 300.000 | 300.000 | - |
| Personalaufwand | 400.000 | 250.000 | 150.000 |
| Mietaufwand<br>- Maschinenleasing - | 200.000 | 80.000 | 120.000 |

a) Erstellen Sie das GuV-Konto nach dem Gesamtkostenverfahren!

b) Erstellen Sie das GuV-Konto nach dem Umsatzkostenverfahren! Welches Aussehen haben die Bestandskonten "fertige Erzeugnisse" bzw. "unfertige Erzeugnisse"?

c) Ergeben sich Änderungen im Bilanzausweis der fertigen bzw. unfertigen Erzeugnisse, wenn das Gesamtkosten- oder Umsatzkostenverfahren angewendet werden?

# Aufgaben zum 6. Kapitel

## Aufgabe 1 (Abschreibungsursachen)

Beschreiben Sie die drei möglichen Abschreibungsursachen. Geben Sie je ein Beispiel an.

## Aufgabe 2 (Abschreibungsarten)

In welchen vier Merkmalen unterscheiden sich die planmäßige und die außerplanmäßige Abschreibung voneinander?

## Aufgabe 3 (Abschreibungsbasis)

Welche Aussagen über die Abschreibungsbasis in der Finanzbuchhaltung sind richtig?

1) 0 Die Abschreibungen werden von den Wiederbeschaffungskosten vorgenommen, da in vielen Fällen die Preise der abnutzbaren Anlagegegenstände steigen.
2) 0 Die Herstellungskosten umfassen grds. alle Aufwendungen, die durch Eigenerstellung eines Vermögensgegenstandes im Unternehmen angefallen sind.
3) 0 Wird eine Maschine frei Haus geliefert, dann sind diese Aufwendungen als Anschaffungsnebenkosten zu aktivieren.
4) 0 Die Aktivierung von Anschaffungsnebenkosten dient dem Ziel der periodengerechten Gewinnermittlung während der Nutzungsjahre.
5) 0 Die Aktivierung der Anschaffungskosten erfolgt immer zum Bruttopreis (d.h. inklusive USt), auch wenn ein voller Vorsteuerabzug besteht.
6) 0 Werden bei dem Erwerb einer Maschine Rabatte gewährt, muß die Aktivierung zum Nettopreis erfolgen.

## Aufgabe 4 (Erfolgswirkung der Abschreibung)

Eine Fertigungsanlage weist Anschaffungskosten in Höhe von 120.000 € auf. Die Nutzungsdauer beträgt 5 Jahre. Es wird davon ausgegangen, daß der Wert der Fertigungsanlage in den einzelnen Jahren gleichmäßig abnimmt. Ohne die Anlage kann die Fertigung nicht durchgeführt werden. Das Unternehmen erzielt die folgenden Erträge und Aufwendungen (ohne Abschreibungen):

| | Jahr 1 | Jahr 2 | Jahr 3 | Jahr 4 | Jahr 5 |
|---|---|---|---|---|---|
| Ertrag | 240.000 | 220.000 | 240.000 | 300.000 | 250.000 |
| Aufwand | 150.000 | 145.000 | 160.000 | 180.000 | 160.000 |

a) Welche Auswirkungen ergeben sich auf den Erfolgsausweis in den einzelnen Jahren, wenn die Anschaffungskosten sofort im Jahr der Beschaffung als Aufwand verbucht werden?

b) Welche Auswirkungen ergeben sich durch die Verrechnung von Abschreibungen (linear) auf den Erfolgsausweis?

c) Was spricht für die planmäßige Abschreibung der Anlage?

**Aufgabe 5 (Abschreibungsverfahren)**

Ordnen Sie die folgenden Begriffe in Form eines Schemas: Degressive Abschreibung, Zeitabschreibung, arithmetisch-degressive Abschreibung, Leistungsabschreibung, progressive Abschreibung, geometrisch-degressive Abschreibung, lineare Abschreibung, Abschreibungsverfahren.

**Aufgabe 6 (Abschreibungsverfahren)**

Am Anfang des Jahres 01 wird eine neue Maschine für die Produktion beschafft. Der Nettokaufpreis beträgt 50.000 €. Als direkte Nebenkosten fallen netto an: Transportkosten 4.000 €, Verpackung 1.500 €, Versicherung 500 €. Die Nutzungsdauer wird auf 7 Jahre geschätzt. Erstellen Sie je einen Abschreibungsplan für die lineare, geometrisch-degressive (Abschreibungsprozentsatz 20%) und arithmetisch-degressive Abschreibung.

**Aufgabe 7 (Leistungsabschreibung)**

Die Maschine aus der vorigen Aufgabe soll jetzt nach Maßgabe der Leistung abgeschrieben werden. Laut Herstellerangaben sollen auf ihr 224.000 Stück insgesamt hergestellt werden können. Im Jahr 01 sind 33.000 Stück produziert worden. Welcher Betrag wird im Jahr 01 planmäßig abgeschrieben?

**Aufgabe 8 (Direkte und indirekte Abschreibung)**

Woran erkennt man in der Bilanz, ob das betreffende Unternehmen direkt oder indirekt abgeschrieben hat?

**Aufgabe 9 (Abschreibungsverbuchung)**

Am Jahresanfang wurde eine Maschine für 80.000 € angeschafft (netto). Am Jahresende sollen 12.000 € Abschreibungen verrechnet werden. Wie lauten die Buchungssätze bei direkter und bei indirekter Abschreibung (einschließlich der zugehörigen Abschlußbuchungen)?

**Aufgabe 10 (Abschreibungsverbuchung)**

Gegeben ist die folgende Bilanz eines Unternehmens:

| A | Bilanz zum 01.01. ..01 | | P |
|---|---|---|---|
| Masch. Anlagen | 60.000 | Eigenkapital | 80.000 |
| Fuhrpark | 30.000 | Wertber. auf Anlagen | 10.000 |
| | 90.000 | | 90.000 |

Die Maschine wird direkt abgeschrieben. Die Wertberichtigung auf Anlagen bezieht sich auf den PKW im Posten "Fuhrpark". Am Jahresende werden auf die Maschine 10.000 € direkt und auf den PKW 15.000 € indirekt abgeschrieben. Bilden Sie die Buchungssätze für den Jahresabschluß und führen Sie die Verbuchung kontenmäßig durch.

**Aufgabe 11 (Abschlußerstellung)**

Gegeben ist die folgende Bilanz eines Unternehmens:

| A | Bilanz zum 01.01. ..01 | | P |
|---|---|---|---|
| Betr.- und Gesch.ausst. | 100.000 | Eigenkapital | 130.000 |
| Wareneinkauf | 40.000 | Darlehensverbindlichkeiten | 35.000 |
| Bank | 25.000 | | |
| | 165.000 | | 165.000 |

Im Laufe des Jahres sind die folgenden Geschäftsvorfälle angefallen:

1) Es werden Waren in Höhe von 20.000 € zzgl. 10% USt auf Ziel verkauft.
2) Am 30.03. wird ein Firmenfahrzeug für 25.000 € zzgl. 10% USt per Banküberweisung gekauft.

3) In der zweiten Jahreshälfte wird eine Verkaufsvitrine für 5.000 € netto erworben. Der Kaufpreis wird sofort durch Banküberweisung beglichen.
4) Tilgung von Darlehensverbindlichkeiten: 10.000 € per Bank.

Der Warenendbestand lt. Inventur beträgt 30.000 €. Der Abschluß der Warenkonten erfolgt nach der Nettomethode. Die Abschreibung des Firmenfahrzeugs erfolgt linear auf fünf Jahre. Die Verkaufsvitrine wird auf zehn Jahre linear abgeschrieben. Die übrige Betriebs- und Geschäftsausstattung ist mit 20% vom Restbuchwert abzuschreiben. Die Umsatzsteuerkonten sind nach der Zwei-Konten-Methode abzuschließen; ein eventueller Endbestand wird am Jahresende in die Schlußbilanz gebucht.

a) Wie lauten die Buchungssätze für die obigen Geschäftsvorfälle?
b) Führen Sie die Verbuchung der Geschäftsvorfälle auf Konten durch und erstellen Sie den Jahresabschluß.

**Lösungshinweis**: Für die abnutzbaren Anlagegegenstände, die im Laufe des Jahres beschafft werden, soll folgende **Vereinfachungsregelung** angewendet werden:

- Erwerb in der ersten Jahreshälfte: Ganze Jahresabschreibung.
- Erwerb in der zweiten Jahreshälfte: Halbe Jahresabschreibung.

**Aufgabe 12 (Anlagenverkauf)**

Eine Maschine ist vor Jahren für 100.000 € netto angeschafft worden. Sie wurde direkt abgeschrieben. Ihr derzeitiger Buchwert beträgt 20.000 €. Die Maschine wird wie folgt veräußert: Für a) 20.000 €, b) 25.000 €, c) 16.000 € jeweils zzgl. 10% USt. Der Zahlungseingang erfolgt auf dem Bankkonto. Wie lauten die Buchungssätze?

**Aufgabe 13 (Anlagenverkauf)**

Die Maschine aus der vorigen Aufgabe wurde nicht direkt, sondern indirekt abgeschrieben.

1) Welcher Wert ergibt sich somit auf dem Konto "Maschinelle Anlagen" und auf dem Konto "Wertberichtigungen auf Anlagen"?
2) Wie lauten jetzt die Buchungssätze für den Maschinenverkauf?

**Aufgabe 14 (Wertberichtigung)**

Die Bilanz eines Unternehmens hat folgendes Aussehen zum Beginn eines Geschäftsjahres (Anfangsbilanz):

| A | Bilanz zum 01.01. ..01 | | P |
|---|---|---|---|
| Fuhrpark | 25.000 | Eigenkapital | 40.000 |
| Bank | 30.000 | Wertber. auf Anlagen | 15.000 |
| | 55.000 | | 55.000 |

Der Posten Fuhrpark umfaßt nur einen Firmen-PKW.

a) Das Unternehmen kauft am Jahresanfang einen neuen PKW für 33.000 € (inkl. USt). Der Gebrauchtwagen wird für 12.000 € zzgl. USt in Zahlung gegeben. Der Restbetrag in Höhe von 19.800 € wird durch Banküberweisung beglichen.

b) Auf den neu angeschafften PKW werden am Jahresende 6.000 € Abschreibungen indirekt verrechnet.

c) Die USt-Zahllast wird durch Banküberweisung beglichen.

Nennen Sie die Buchungssätze, verbuchen Sie die Geschäftsvorfälle auf den entsprechenden Konten und erstellen Sie den Abschluß.

**Aufgabe 15 (Abschreibungsverbuchung)**

Ein Unternehmen erwirbt in der ersten Jahreshälfte eine neue Anlage für netto 50.000 €. Die Bezahlung erfolgt durch Banküberweisung. Es wird mit einer Nutzungsdauer von zehn Jahren gerechnet. Die Anlage soll linear und direkt unter Anwendung der Vereinfachungsregelung abgeschrieben werden.

a) Wie lauten die Buchungssätze für die Anschaffung der Anlage und für die Verrechnung der Abschreibungen des 1. Jahres?

b) Nach vier Jahren sinken überraschend die Wiederbeschaffungskosten der Maschine. Zusätzlich zur planmäßigen Abschreibung muß deshalb eine außerplanmäßige Abschreibung in Höhe von 12.000 € vorgenommen werden. Wie lauten die Buchungssätze im vierten Jahr?

c) Wie hoch sind die im fünften Jahr zu verrechnenden Abschreibungen? Geben Sie den zugehörigen Buchungssatz an.

**Aufgabe 16 (Außerplanmäßige Abschreibung im Anlagevermögen)**

Ein Chemiebetrieb errichtet am Jahresbeginn zur Verbindung zweier Säureanlagen ein neues Rohrleitungssystem für 56.000 € netto. Diese technische Anlage wird über acht Jahre linear abgeschrieben. Die Abschreibung erfolgt indirekt.

a) Wie lautet der Buchungssatz für die Abschreibung des ersten Jahres?

b) Nach drei Jahren werden schärfere Umweltschutzvorschriften erlassen. Nach diesen Vorschriften dürfen die Säuren nur noch zwei Jahre lang hergestellt und vertrieben werden. Welche buchungstechnischen Konsequenzen ergeben sich hieraus?

c) Am Ende des fünften Jahres wird die Anlage ausgemustert.

Nennen Sie die Buchungssätze des fünften Jahres.

**Aufgabe 17 (Außerplanmäßige Abschreibung im Umlaufvermögen)**

Ein Industriebetrieb kauft Stahlbleche auf Ziel ein (2.000 Stück à 35 €/Stück). Die fortlaufende Verbuchung des Rohstoffverbrauchs nach der Skontrationsmethode führt zu einem Gesamtverbrauch von 1.200 Stück im Laufe des Geschäftsjahres. Die Inventur ergibt einen Endbestand von 780 Stück. Am Jahresende wird festgestellt, daß der Wert der Stahlbleche auf 25 €/Stück gesunken ist.

a) Wie lauten die Buchungssätze?

b) Stellen Sie die Vorgänge auf dem Rohstoffkonto dar.

c) Wie wird die Inventurdifferenz buchhalterisch behandelt?

**Aufgabe 18 (Forderungsabschreibung)**

In welchen Fällen wird eine Einzelwertberichtigung auf Forderungen vorgenommen? Wann werden Pauschalwertberichtigungen verrechnet?

**Aufgabe 19 (Forderungsabschreibung)**

Welche der folgenden Aussagen über die Forderungsabschreibung sind richtig?

1) 0 Die Einzelabschreibung erfolgt üblicherweise indirekt; sie ist für alle Kaufleute erlaubt.

2) 0 Eine Kapitalgesellschaft darf keine indirekte Pauschalabschreibung vornehmen.

3) 0 Wird die Abschreibung indirekt vorgenommen, dann bleibt auf der Aktivseite der gesamte Forderungsbetrag (inkl. USt) erhalten.

4) 0 Nur Personengesellschaften dürfen eine direkte Pauschalabschreibung vornehmen.

5) 0 Eine Pauschalabschreibung ist üblich, wenn sich der Forderungsbestand eines Betriebs aus wenigen Forderungen zusammensetzt, die jeweils einen hohen Betrag aufweisen.

**Aufgabe 20 (USt-Korrektur)**

a) Beschreiben Sie allgemein, in welchen Fällen bei der Abschreibung auf Forderungen eine Umsatzsteuerkorrektur vorgenommen werden darf.

b) Der Einzelhändler Gustav Vogel hat unter anderem gegen Paul Pleite eine Forderung in Höhe von 1.650 €. Wie muß die Abschreibung vorgenommen werden, wenn die Forderung wahrscheinlich zu 50% bzw. mit Sicherheit zu 50% ausfällt?

**Aufgabe 21 (Verbuchung der Forderungsabschreibung)**

Der Forderungsbestand der Schlau OHG beträgt am Jahresende 370.000 €. Eine Überprüfung der einzelnen Forderungen ergibt, daß eine Forderung A über 11.000 € (brutto) wahrscheinlich zu 30% ausfällt, eine weitere Forderung B über 5.500 € (brutto) zu 80% sicher ausfällt. Bilden Sie die Buchungssätze bei direkter Forderungsabschreibung.

**Aufgabe 22 (Verbuchung der Forderungsabschreibung)**

Es gelten die Angaben der Aufgabe 21. Wie lauten die Buchungssätze bei indirekter Abschreibung?

**Aufgabe 23 (Verbuchung des Zahlungseingangs)**

Die Forderungen aus Aufgabe 21 sind direkt abgeschrieben worden. In der nächsten Periode geht die Forderung A zu a) 60%, b) 70% auf dem Bankkonto ein. Forderung B geht zu 20% auf dem Bankkonto ein. Bilden Sie die zugehörigen Buchungssätze.

**Aufgabe 24 (Verbuchung des Zahlungseingangs)**

Die Forderungen aus Aufgabe 21 sind indirekt abgeschrieben worden. In der nächsten Periode geht die Forderung A zu a) 70%, b) 90% auf dem Bankkonto ein. Forderung B geht wie erwartet zu 20% auf dem Bankkonto ein. Wie lauten die Buchungssätze?

**Aufgabe 25 (Pauschalwertberichtigung)**

Der gesamte Forderungsbestand eines Unternehmens beträgt am Jahresende 440.000 € (brutto). Die Erfahrungen der letzten Jahre zeigen, daß ein Ausfall dieser ansonsten sicheren Forderungen in Höhe von 5% auf den Gesamtbestand wahrscheinlich ist.

a) Führen Sie eine Pauschalwertberichtigung bei indirekter Abschreibungsmethode durch. Geben Sie den Buchungssatz an.

b) Wie würde sich der Buchungssatz aus a) ändern, wenn zusätzlich zu den Forderungen aus a) weitere Forderungen in Höhe von 55.000 € (brutto) bestehen, die schon vorher auf das Konto "Dubiose" umgebucht und einzelwertberichtigt waren? Müssen auch diese Forderungen pauschalwertberichtigt werden?

**Aufgabe 26 (Statisches Verfahren)**

Es gelten die Daten der vorigen Aufgabe. Am Ende des nächsten Jahres beträgt der Forderungsbestand der vermeintlich sicheren Forderungen 418.000 € (brutto). Wie lautet der Buchungssatz zur Bildung der neuen Pauschalwertberichtigung (statisches Verfahren), wenn erneut mit einem Ausfall dieser Forderungen in Höhe von 5% gerechnet wird?

**Aufgabe 27 (Forderungsabschreibung)**

Am Ende des vergangenen Jahres wurde auf den Forderungsbestand von 188.000 € eine Pauschalwertberichtigung (statisches Verfahren) von 4.500 € vorgenommen. Im laufenden Jahr fällt aus dem vermeintlich sicheren Forderungsbestand des vergangenen Jahres eine Forderung im Bruttowert von 3.850 € zu 80% sicher aus. Der Restbetrag geht auf dem Bankkonto ein. Führen Sie die Verbuchung des Forderungsausfalls durch!

**Aufgabe 28 (Forderungsabschreibung)**

Für ein Unternehmen gelten folgende Daten:

- Pauschalwertberichtigung auf Forderungen (Anfangsbestand) 7.200,-
- Forderungen - brutto - (vorläufiger Endbestand) 550.000,-
  davon werden zweifelhaft (brutto) 110.000,-
- Auf vermeintlich sichere Forderungen wird eine Pauschalwertberichtigung in Höhe von 2,5% gebildet.

Welche Buchungen sind am Jahresende auf den Forderungskonten durchzuführen? Wie werden die Forderungskonten abgeschlossen, wenn es sich bei dem bilanzierenden Unternehmen um folgende Rechtsformen handelt:

a) Einzelunternehmen?

b) Kapitalgesellschaft?

**Aufgabe 29 (Abschlußerstellung)**

Gegeben ist die folgende Bilanz eines Einzelunternehmens:

| A | Bilanz zum 01.01. ..01 | | P |
|---|---|---|---|
| Wareneinkauf | 20.000 | Eigenkapital | 58.200 |
| Forderungen | 44.000 | Darlehensverbindlichkeiten | 30.000 |
| Bank | 25.000 | PWB auf Forderungen | 800 |
| | 89.000 | | 89.000 |

Geschäftsvorfälle:

1) Die zu Jahresbeginn bestehenden Forderungen werden dem Bankkonto in voller Höhe gutgeschrieben.
2) Es werden Waren auf Ziel eingekauft: 5.000 € zzgl. 10% USt.
3) Warenverkauf auf Ziel: 20.000 € zzgl. 10% USt.
4) Auf Grund von Gerüchten über eine eingeschränkte Zahlungsfähigkeit eines Kunden ist davon auszugehen, daß die Forderung aus 3) nur zu 60% realisiert werden kann.

Der Warenendbestand lt. Inventur beträgt 20.000 €. Die Warenkonten werden netto abgeschlossen. Die Umsatzsteuerkonten sind nach der Zwei-Konten-Methode abzuschließen. Eine evtl. Verbindlichkeit gegenüber dem Finanzamt wird durch eine Banküberweisung getilgt. Geben Sie die Buchungssätze für die Geschäftsvorfälle 1) bis 4) an. Buchen Sie auf Konten und erstellen Sie das Schlußbilanzkonto und das GuV-Konto.

**Aufgabe 30 (Zuschreibungen)**

Gegeben ist die folgende Bilanz eines Einzelunternehmens:

| A | Bilanz 31.12.01 | | P |
|---|---|---|---|
| Wertpapiere des UV | 750 | Eigenkapital | 750 |
| | 750 | | 750 |

Geschäftsvorfälle:

1) Ende Dezember 02 werden Wertpapierzinsen (60 €) dem Bankkonto gutgeschrieben.
2) Der Börsenkurs der Wertpapiere beträgt am 31.12.02 820 €. Die ursprünglichen Anschaffungskosten beliefen sich auf 800 €.

a) Geben Sie die Buchungssätze zu den beiden Geschäftsvorfällen an und erstellen Sie die Schlußbilanz zum 31.12.02. Wenden Sie die Vorschriften des HGB an.
b) Geben Sie die Buchungssätze zu den beiden Geschäftsvorfällen an und erstellen Sie die Schlußbilanz zum 31.12.02. Wenden Sie die Vorschriften nach IFRS an.

**Aufgabe 31 (Rechungsabgrenzungsposten)**

Welche der folgenden Aussagen über Rechnungsabgrenzungsposten sind richtig?

1) 0 Nach dem HGB dürfen unter dem Bilanzposten "RAP-aktiv" nur transitorische, nicht jedoch antizipative Rechnungsabgrenzungsposten bilanziert werden.
2) 0 Zahlt ein Betrieb am 01.03. Miete für sechs Monate im voraus, so wird dieser Vorgang am Jahresende durch Rechnungsabgrenzungsposten berücksichtigt.
3) 0 Unter dem Posten "Sonstige Verbindlichkeiten" sind am Jahresende Zinsverpflichtungen zu passivieren, die im Laufe des Geschäftsjahres entstanden sind.
4) 0 Transitorische Rechnungsabgrenzungsposten erfassen die Fälle, in denen der Zahlungsvorgang vor dem Erfolgsvorgang liegt und der zugrunde liegende Zeitraum durch den Bilanzstichtag getrennt ist.

5) 0 Erhält ein Betrieb im Dezember Mietzahlungen im voraus, besteht am Jahresende quasi noch eine Leistungsverpflichtung gegenüber dem Mieter.

6) 0 Hat ein Betrieb am 01.12. für drei Monate die Versicherungsprämie in Höhe von insgesamt 1.200 € vorausgezahlt, so lautet der Buchungssatz am Jahresende: "RAP aktiv an Versicherungsaufwand 400,- €".

7) 0 Ein Beratungsunternehmen hat im Laufe des Geschäftsjahres eine Beratung durchgeführt, wofür das Honorar noch nicht eingegangen ist. Die Bilanzierung erfolgt unter dem Posten "RAP aktiv".

8) 0 Aktive Rechnungsabgrenzungsposten werden in der Bilanz unterhalb des Umlaufvermögens ausgewiesen, damit ihr besonderer Charakter deutlich wird.

**Aufgabe 32 (Systematisierung von RAP)**

Tragen Sie die folgenden Begriffe in das Schema ein: Antizipativer Aktivposten; Zahlung vor/Leistung nach Bilanzstichtag; Rechnungsabgrenzungsposten; Transitorischer Vorgang; RAP passiv; Sonstige Verbindlichkeiten; Transitorischer Passivposten; Sonstige Forderungen; Transitorischer Aktivposten; Zahlung nach/Leistung vor Bilanzstichtag; Antizipativer Vorgang; RAP aktiv; Antizipativer Passivposten.

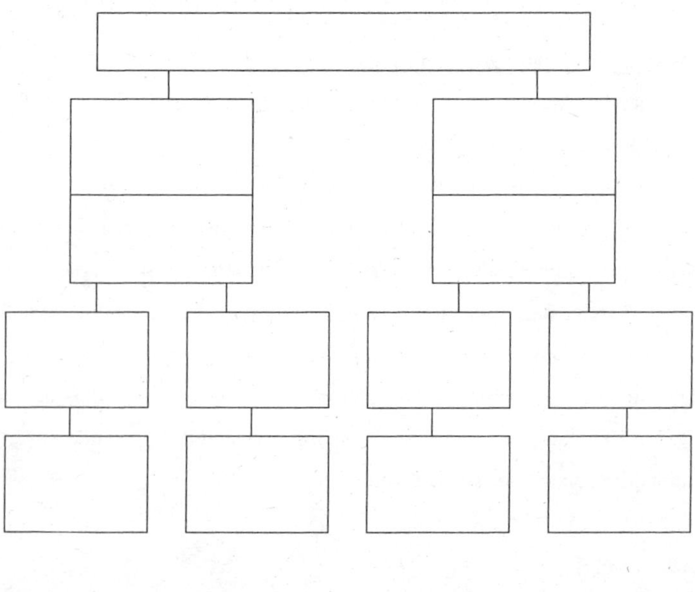

**Aufgabe 33 (Bildung von RAP)**

Bilden Sie zu den Geschäftsvorfällen die Buchungssätze und führen Sie gegebenenfalls eine Rechnungsabgrenzung durch. Geben Sie an, um welche Abgrenzungsart es sich handelt. Die Zahlungen erfolgen immer über das betriebliche Bankkonto.

1) Wir zahlen am 01.10. 600 € Zinsen für ein halbes Jahr im voraus.
2) Am 01.12. erhalten wir eine Mietzahlung über 6.000 € für die Monate Dezember bis Februar.
3) Am 20.02. des folgenden Jahres müssen wir eine Versicherungsprämie über 2.400 € rückwirkend für die Monate November, Dezember, Januar und Februar zahlen.
4) Wir werden am 31.03. des folgenden Jahres eine Zinsgutschrift über 1.200 € erhalten. Die Zinsen werden jeweils jahresweise rückwirkend gezahlt.

**Aufgabe 34 (Auflösung von RAP)**

Es gelten die Angaben aus der vorigen Aufgabe. Wie ist im Folgejahr zu buchen?

**Aufgabe 35 (Bildung von RAP)**

Ein Unternehmen hat folgende Bilanz zum Beginn des Geschäftsjahres:

| A | Bilanz zum 01.01. ..01 | | P |
|---|---|---|---|
| Bank | 30.000 | Eigenkapital | 30.000 |
| | 30.000 | | 30.000 |

Geschäftsvorfälle:

1) Büroräume werden vermietet. Der Mietzins von 3.600 € wird am 28.02. des Folgejahres nachträglich für die letzten 12 Monate an das Unternehmen gezahlt.
2) Am 01.09. wird KFZ-Steuer für ein halbes Jahr im voraus gezahlt (2.400 €).
3) Am 15.12. werden Zinsen über 400 € für 2 Monate im voraus vereinnahmt (Bank).
4) Der Verbandsbeitrag für die Zeit vom 01.11. bis zum 30.04. des Folgejahres in Höhe von 4.800 € wird nachschüssig am 30.04. bezahlt werden.

Bilden Sie die Buchungssätze und führen Sie die Verbuchung auf Konten durch (einschließlich der Erstellung des Schlußbilanzkontos und des GuV-Kontos).

**Aufgabe 36 (Auflösung von RAP)**

Es wird von dem Schlußbilanzkonto der vorherigen Aufgabe ausgegangen.

a) Welches Aussehen hat das Eröffnungsbilanzkonto zum 01.01. des Folgejahres? Bilden Sie die entsprechenden Buchungssätze.

b) Nennen Sie die Buchungssätze, die zu Beginn des nächsten Geschäftsjahres notwendig sind (zu den Geschäftsvorfällen der vorherigen Aufgabe).

c) Führen Sie die Verbuchung der Vorgänge auf Konten durch und erstellen Sie den Abschluß (= Schlußbilanzkonto und GuV-Konto). Wie hoch ist der Erfolg?

**Aufgabe 37 (Rückstellungen)**

a) Warum sind in der Finanzbuchhaltung Rückstellungen zu bilden?

b) Inwieweit unterscheiden sich Rückstellungen von sonstigen Verbindlichkeiten?

c) Nennen Sie drei Beispiele für Rückstellungen.

**Aufgabe 38 (Rückstellungen)**

Komplettieren Sie die folgenden Aussagen.

1) Die Bildung einer Rückstellung ist (ein Aufwand/ein Ertrag/erfolgsneutral).

2) Eine Rückstellung muß (gebildet/aufgelöst/beibehalten) werden, wenn der Grund für ihre Bildung weggefallen ist.

3) Ein Unternehmen bildet eine Rückstellung für Garantieleistungen (Höhe: 250.000 €). Tatsächlich werden Garantieleistungen in Höhe von 220.000 € gezahlt. Die Differenz stellt einen (Aufwand/Ertrag/periodenfremden Aufwand/periodenfremden Ertrag/erfolgsneutralen Vorgang) dar.

**Aufgabe 39 (Bildung von Rückstellungen)**

Bilden Sie die Buchungssätze zu folgenden Fällen:

1) Wir werden von einem ehemaligen Arbeitnehmer verklagt und müssen im nächsten Jahr mit einer Gehaltsnachzahlung von 30.000 € rechnen.

2) Angesichts gegebener Garantiezusagen müssen wir damit rechnen, in den nächsten 4 Jahren insgesamt ca. 11.000 € zu zahlen.

3) Die Dezembermiete der Lagerhalle (1.800 €) muß im Folgejahr gezahlt werden.

4) Der Lastenaufzug unseres Lagers wird am 29.12. defekt. Am 30.12. wird mit einer Handwerksfirma vereinbart, daß sie den Aufzug am 04.01. für ca. 3.800 € repariert.

5) Am 30.12. stürzt das Dach der Lagerhalle durch eine Schneelast ein. Der Schaden wird auf 55.000 € geschätzt und kann erst im folgenden Jahr behoben werden.

**Aufgabe 40 (Auflösung von Rückstellungen)**

a) Durch eine fehlerhafte Lieferung müssen wir damit rechnen, im Jahre 02 ca. 33.000 € Schadenersatz zu zahlen. Wie lautet der Buchungssatz zur Erfassung dieses Sachverhaltes und wie lauten die entsprechenden Abschlußbuchungssätze des Jahres 01?

b) Im Jahre 02 müssen wir Schadenersatz über insgesamt 1) 33.000 €, 2) 20.000 €, 3) 38.000 € leisten. Nennen Sie die Eröffnungsbuchung und die Buchungssätze zur Erfassung der Schadenersatzzahlungen.

c) Im Laufe des Jahres 02 werden Schadenersatzforderungen von 28.000 € ausgezahlt. Weitere 6.000 € werden von uns am 20.12.02 zugestanden und am 05.01.03 bezahlt. Wie lauten die Buchungssätze?

Alle Zahlungen werden über das betriebliche Bankkonto abgewickelt.

**Aufgabe 41 (Hauptabschlußübersicht)**

Erläutern Sie die beiden Aufgaben der Hauptabschlußübersicht.

**Aufgabe 42 (Hauptabschlußübersicht)**

Gegeben sind die folgende Bilanz, die folgenden Geschäftsvorfälle und Abschlußangaben:

| A | Bilanz zum 01.01. ..01 | | P |
|---|---|---|---|
| Grundst. u. Gebäude | 80.000 | Eigenkapital | 88.600 |
| Fuhrpark | 20.000 | Rückstellungen | 11.000 |
| Betr. u. Gesch.ausst. | 15.000 | Hypothekenverbindlichkeiten | 60.000 |
| Waren | 30.000 | Lieferantenverbindlichkeiten | 41.000 |
| Forderungen | 28.600 | RAP passiv | 1.500 |
| Sonstige Forderungen | 2.000 | | |
| Bank | 23.000 | | |
| Kasse | 3.500 | | |
| | 202.100 | | 202.100 |

Geschäftsvorfälle:

1) Die Miete für untervermietete Lagerräume für den Monat Dezember des Vorjahres geht bar ein (2.000 €). Der Sachverhalt wurde im Jahresabschluß berücksichtigt.
2) Anfang Oktober des Vorjahres gingen 3.000 € Zinsen für ein halbes Jahr im voraus ein. Auch dies fand im Jahresabschluß des Vorjahres Berücksichtigung.
3) Wareneinkauf auf Ziel. Nettowert: 7.000 € zzgl. USt.
4) Banküberweisung der Einkommensteuer des Unternehmers: 3.700 €.
5) Es werden Steuerberatungskosten von 800 € bar bezahlt. Eine Rechnung, die den Vorsteuerabzug ermöglicht, liegt noch nicht vor.
6) Zielverkauf von Waren im Wert von 20.000 € zzgl. USt.
7) Für eine Gebäudereparatur werden 9.000 € zzgl. USt per Banküberweisung gezahlt. Im Vorjahr wurde ein Aufwand von 11.000 € durch Rückstellungen berücksichtigt.
8) Stromkosten von 2.100 € werden bar bezahlt. Ein Vorsteuerabzug ist nicht möglich.
9) Dem Bankkonto werden 5.000 € Tilgung für Hypothekenverbindlichkeiten belastet.
10) Am 01. Dezember werden 4.500 € Miete für Lagerräume für den Zeitraum Dezember bis Februar bezahlt (Bank).
11) Eine Forderung gegen einen Kunden über 1.100 € fällt zu 50% sicher aus (direkte Abschreibung).

Abschlußangaben:

12) Ende Februar des Folgejahres sind Zinsen auf Hypothekenverbindlichkeiten rückwirkend für ein Jahr in Höhe von 1.200 € zu zahlen.
13) Folgende Abschreibungen werden direkt vorgenommen:
    a) 2.000 € auf den Fuhrpark, b) 2.200 € auf die Geschäftsausstattung.
14) Auf den Forderungsbestand von 49.500 € (brutto) wird eine Pauschalwertberichtigung von 2% indirekt gebildet.
15) Der Warenendbestand lt. Inventur beträgt 27.000 €.
16) Die Zahllast wird unter dem Posten "Sonstige Verbindlichkeiten" bilanziert.

a) Wie lauten die Buchungssätze zu 1) - 16)?
b) Erstellen Sie den Jahresabschluß anhand einer Hauptabschlußübersicht.

# Aufgaben zum 7. Kapitel

## Aufgabe 1 (Erfolgsverbuchung der OHG)

An einer OHG sind die Gesellschafter A, B und C beteiligt. Deren Kapitalkonten weisen zum Jahresbeginn die folgenden Anfangsbestände auf:

| | |
|---|---|
| Kapital A: | 680.000 € |
| Kapital B: | 750.000 € |
| Kapital C: | 300.000 € |

Am 01.01 des Jahres entnimmt A Waren im Wert von insgesamt 90.000 € und B im Wert von 15.000 €. Ferner leistet B am 31.12. des Jahres eine Bareinlage von 22.000 € und C überträgt seinen PKW ins Firmenvermögen (Wert: 6.000 €). Das GuV-Konto weist am Jahresende einen Gewinn von 230.000 € aus. Die Gewinnverteilung auf die Gesellschafter erfolgt nach der gesetzlichen Regelung.

a) Wie werden die Warenentnahmen von Gesellschaftern allgemein bewertet?

b) Welches Aussehen hat die Gewinnverteilungsübersicht?

c) Nennen Sie die Buchungssätze der Gewinnverteilung sowie die entsprechenden Abschlußbuchungssätze.

d) Wie sehen die in c) angesprochenen Konten aus?

## Aufgabe 2 (Erfolgsverbuchung der KG)

Eine Kommanditgesellschaft besteht aus dem Komplementär Groß und dem Kommanditisten Klein. Das Kapitalkonto von Groß weist zum Jahresbeginn 01 einen Betrag von 280.000 € aus, das von Klein 80.000 €. Auf dem Gewinnanteilskonto von Klein steht ein Habenbetrag von 9.000 €. Groß überweist im Oktober 20.000 € von seinem Privatkonto auf das Firmenkonto. Im Jahr 01 wird ein Verlust von 60.000 € erwirtschaftet, der im Verhältnis 3:1 zwischen Groß und Klein aufgeteilt werden soll.

a) Erstellen Sie die Gewinnverteilungsübersicht.

b) Wie lauten die Buchungssätze der Gewinnverteilung und der zugehörigen Abschlußbuchungen?

c) Welches Aussehen haben die entsprechenden Konten?

**Aufgabe 3 (Erfolgsverbuchung der AG)**

Die (vereinfachte) Bilanz der M-AG zum 1.1.02 hat folgendes Aussehen:

| A | Bilanz zum 01.01. ..02 | | P |
|---|---|---|---|
| Anlagevermögen | 2.130.000 | Gezeichnetes Kapital | 2.100.000 |
| Umlaufvermögen | 2.550.000 | Gewinnrücklagen | 800.000 |
| | | Jahresüberschuß | 80.000 |
| | | Verbindlichkeiten | 1.700.000 |
| | 4.680.000 | | 4.680.000 |

a) Erläutern Sie, welche Bedeutung die drei bilanziellen Posten "Gezeichnetes Kapital", "Gewinnrücklagen" und "Jahresüberschuß" haben.

b) Wie lauten die Buchungssätze zur Bildung und zum Abschluß des Kontos "Jahresüberschuß" am Ende des Jahres 01?

c) Die Hauptversammlung des Jahres 02 beschließt, 40% des Gewinns des Vorjahres an die Aktionäre auszuschütten (Banküberweisung) und den Rest in die Gewinnrücklagen einzustellen. Buchen Sie den Geschäftsvorfall. Welches Aussehen hat die Schlußbilanz des Jahres 02, wenn es außer der Gewinnverwendung zu keinen weiteren Geschäftsvorfällen gekommen ist?

# Aufgaben zum 8. Kapitel

## Aufgabe 1 (Bilanz nach IFRS)

Die International-AG verfügt zum 31.12. ..01 über die folgenden Posten: Forderungen aus Lieferungen 55.000 €, Maschinen 200.000 €, langfristige Wertpapiere 120.000 €, Rechte 30.000 €, Verbindlichkeiten aus Lieferungen 22.000 €, Betriebs- und Geschäftsausstattung 60.000 €, kurzfristige Wertpapiere 40.000 €, Bankguthaben 25.000 €, Grundkapital 400.000 €, Gebäude 340.000 €, Rohstoffe 25.000 €, sonstige Forderungen 24.000 €, Darlehensverbindlichkeiten 130.000 €, Betriebsstoffe 17.000 €, Hilfsstoffe 8.000 € und Kasse 6.000 €.

Erstellen Sie die Bilanz nach IFRS mit Originalbezeichnungen. Ein auf der Passivseite verbleibender Restbetrag ist den Rücklagen zuzuordnen.

## Aufgabe 2 (GuV-Rechnung nach IFRS)

Die Y-AG hat in 01 40.000 Stück eines Produkts hergestellt. Hierfür sind Personalkosten von 280.000 € angefallen. Der Werkstoffverbrauch beziffert sich auf 120.000 €. Die Abnutzung der Sachanlagen beläuft sich auf 140.000 € in 01. Abgesetzt wurden in 01 30.000 Stück für 44 € (inklusive 10% USt). Aus Wertpapierverkäufen hat die AG einen Gewinn von 15.000 € erzielt. Ertragsteuern sind nicht zu berücksichtigen.

Erstellen Sie die GuV-Rechnung nach IFRS (Income Statement). Verwenden Sie die Originalbezeichnungen von IFRS.

## Aufgabe 3 (Aussagen zur IFRS-Bilanz)

Welche der Aussagen über die IFRS-Bilanz sind richtig? Kreuzen Sie entsprechend an.

1) 0 Das Grundkapital einer Aktiengesellschaft beträgt genau 50.000 € und wird in der Balance Sheet nach IFRS als "Issued Capital" ausgewiesen.
2) 0 Die Sachanlagen werden bei IFRS als "Proper Power Equipment" bezeichnet.
3) 0 Wertpapiere, die längerfristig im Unternehmen genutzt werden sollen, werden unter dem Posten "Non Current Financial Assets" bilanziert.

4) 0 Das Grundkapital einer Aktiengesellschaft beträgt mindestens 50.000 € und wird in der Balance Sheet als "Issued Capital" ausgewiesen.

5) 0 Bei Warenlieferungen auf Ziel weist der Lieferant eine "Other Receivable" aus.

6) 0 Rückstellungen mit kurzfristiger Laufzeit erscheinen in der Bilanz unter den "Current Liabilities".

7) 0 Die Betriebs- und Geschäftsausstattung wird bei IFRS als "Office Establishment" bezeichnet.

**Aufgabe 4 (Verbuchung des Warenverkehrs nach IFRS)**

Die internationale Handels-AG erwirbt in 01 Waren im Wert von 50.000 € zzgl. 10% USt auf Ziel. In 01 wird die Hälfte der Waren für 40.000 € auf Ziel veräußert. Die andere Hälfte befindet sich am 31.12. ..01 noch auf Lager.

a) Geben Sie die Buchungssätze für den Wareneinkauf und den Warenverkauf an. Verwenden Sie Kontenbezeichnungen nach IFRS.
b) Geben Sie die Abschlußbuchungen für das Wareneinkaufskonto und das Warenverkaufskonto an.
c) Wie hoch ist der Gewinn und wie wird er verbucht?

**Aufgabe 5 (Verbuchung von Fertigerzeugnissen nach IFRS)**

Die internationale Produktions-AG erwirbt in 01 Rohstoffe zum Bruttopreis von 33.000 € (inklusive 10% USt) auf Ziel. Hiervon werden in 01 2/3 in der Produktion eingesetzt und zu Fertigerzeugnissen verarbeitet. Der vollständige Absatz der fertigen Produkte führt zu Brutto-Umsatzerlösen von 55.000 € (inklusive 10% USt).

a) Geben Sie die Buchungssätze für den Rohstoffeinkauf und dessen Verbrauch an. Verwenden Sie Kontenbezeichnungen nach IFRS.
b) Verbuchen Sie den Verkauf der Fertigerzeugnisse.
c) Mit welchem Wert und unter welchem Posten erscheint der Endbestand der Rohstoffe in der Bilanz nach IFRS?

**Aufgabe 6 (Verbuchung von Bestandsänderungen nach IFRS)**

Die Z-AG hat in 01 50.000 Stück eines Fertigerzeugnisses hergestellt, wofür ein Produktionsaufwand von 250.000 € angefallen ist. In 01 werden 80% der Gesamtmenge für 440.000 € brutto (inklusive 10% USt) abgesetzt (Verkauf auf Ziel). In 02 werden die restlichen 20% für 110.000 € brutto abgesetzt. Die Nature of Expense Method nach IFRS wird angewendet.

a) Wie werden die Lagerbestandsänderungen bei der internationalen Methode berücksichtigt? Welchem handelsrechtlichen Verfahren entspricht diese Methode?
b) Geben Sie die Buchungssätze für die Bestandsänderung in 01 und für den Verkauf an.
c) Geben Sie die Buchungssätze für die Bestandsänderung in 02 und für den Verkauf an.

**Aufgabe 7 (Verbuchung von Abschreibungen nach IFRS)**

Ein Unternehmen, welches die internationalen Vorschriften von IFRS anwendet, erwirbt am 01.07. ..01 eine Maschine für 50.000 € zzgl. 10% USt. Die Maschine wird linear über eine Nutzungsdauer von zehn Jahren abgeschrieben. Am 31.12.02 ist der Wert der Maschine auf 30.000 € gesunken. Die Originalbezeichnungen von IFRS sind anzuwenden.

a) Geben Sie den Buchungssatz für die Abschreibungen in 01 an. Wie hoch ist der Restwert der Maschine am Jahresende?
b) Geben Sie den Buchungssatz für die Abschreibungen in 02 an. Wie hoch ist der Restwert der Maschine am Jahresende?

**Aufgabe 8 (Bewertung von Finanzanlagen)**

Eine Aktiengesellschaft erwirbt in 01 Available-for-Sale Financial Assets. Der Preis beträgt 50.000 €, wobei zusätzlich eine Bearbeitungsgebühr von einem Prozent anfällt (Bankzahlung). Der Kurswert der ist am 31.12. ..01 auf 58.000 € gestiegen. Am 31.12. ..02 sinkt der Kurswert auf 48.000 €. Bei IFRS werden keine Wahlrechte ausgeübt.

a) Wie sind die Wertpapiere des AV am 31.12. ..01 nach dem HGB zu bewerten?
b) Wie sind die Wertpapiere des AV am 31.12. ..01 nach IFRS zu bewerten?
c) Wie sind die Wertpapiere des AV am 31.12. ..02 nach IFRS zu bewerten?

**Aufgabe 9 (Fair Value Rücklage)**

Es wurden in 01 Wertpapiere der Kategore Available-for-Sale für 10.000 € erworben, deren Kurswert am 31.12.01 auf 11.500 € gestiegen ist. Am 31.12.02 ist der Kurswert gesunken und beträgt nur noch 9.200 €. Die Bewertung erfolgt nach IFRS. Wahlrechte werden nicht ausgeübt.

a) Wie entwickelt sich das passive Eigenkapitalkonto "Fair Value Rücklage" in 02?

b) Wie wird das Konto in der Bilanz zum 31.12.02 ausgewiesen?

**Aufgabe 10 (Diverse Aussagen zu IFRS)**

Welche der folgenden Aussagen zu IFRS sind richtig? Kreuzen Sie entsprechend an.

1) 0 Das Umsatzkostenverfahren darf bei IFRS nicht zur Erfolgsermittlung angewendet werden.

2) 0 Die Nebenkosten bei der Beschaffung von Available-for-Sale Financial Assets werden sofort als Aufwand verbucht.

3) 0 Die Herstellungskosten werden bei IFRS als "Costs of Conversion" bezeichnet.

4) 0 Die Herstellungskosten werden bei IFRS auf Vollkostenbasis ermittelt.

5) 0 Die Nebenkosten bei der Beschaffung von Financial Assets held for Trading werden bei IFRS sofort als Aufwand ("Financial Expenses") verbucht.

6) 0 Bei IFRS werden auch die nicht direkt zurechenbaren Nebenkosten einer Maschine als Teil ihrer Anschaffungskosten aktiviert.

7) 0 Die planmäßigen Abschreibungen müssen bei IFRS immer nach der linearen Methode verrechnet werden.

8) 0 Die außerplanmäßigen Abschreibungen werden bei IFRS als "Impairment Loss" verbucht.

9) 0 Wenn der Grund für eine außerplanmäßige Abschreibung später entfällt, kann bei IFRS eine Zuschreibung erfolgen.

10) 0 Wenn der Grund für eine außerplanmäßige Abschreibung später entfällt, muss bei IFRS eine Zuschreibung erfolgen.

11) 0 Kursänderungen bei Available-for-Sale Wertpapieren können bei IFRS jederzeit auch erfolgswirksam behandelt werden.

# Aufgaben zum 9. Kapitel

## Aufgabe 1 (Grundbuch)

In einem kleinen Handelsbetrieb haben die folgenden Geschäftsvorfälle stattgefunden (fortlaufende Numerierung der Geschäftsvorfälle, beginnend mit Beleg-Nr. 49); USt-Satz: 16% (ausnahmsweise):

1) Es wird am 02.05. ..01 Ware im Wert von 670,- € bar zzgl. 16% USt verkauft. Am selben Tag wird Ware im Wert von 78,- € zzgl. 16% USt auf Ziel veräußert.
2) Der Firmenwagen, dessen Buchwert 5.000 € beträgt, wird am 03.05. ..01 für 6.000 € zzgl. 16% USt bar veräußert.
3) Es wird am 03.05. ..01 Ware im Wert von 600 € zzgl. 16% USt. beim Lieferanten bestellt.
4) Die Rechnung eines Lieferanten wird am 04.05. ..01 durch Banküberweisung bezahlt (11.600 € brutto).
5) Der Kaufmann nimmt am 05.05. ..01 für private Zwecke 80 € aus der Kasse des Betriebs.
6) Der bestellte Firmenwagen wird am 06.05. ..01 geliefert. Rechnungseingang: 07.05. ..01 – Bezahlung: 12.05. ..01 per Banküberweisung (22.000 € zzgl. 16% USt).

Nehmen Sie die Eintragungen in das folgende Grundbuch vor.

| Datum Jahr ..01 | Beleg Nr. | Geschäftsvorfall | Soll | Haben | Konto |
|---|---|---|---|---|---|
| | | | | | |

**Aufgabe 2 (Belegarten)**

Systematisieren Sie Belege nach den Kriterien "Zahl der Geschäftsvorfälle" und "Entstehung", indem Sie die Begriffe in das folgende Schema eintragen.

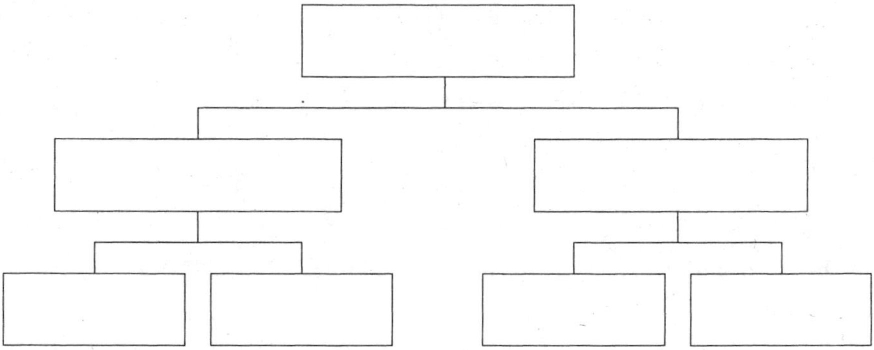

**Aufgabe 3 (Buchung nach Belegen)**

Geben Sie die Buchungssätze an, die gemäß den vorliegenden Belegen vorzunehmen sind. Die Umsatzsteuer ist ausnahmsweise mit dem geltenden Umsatzsteuersatz in Höhe von 16% anzusetzen.

| Sparkasse Lüneburg | | |
|---|---|---|
| Kontoauszug vom 15.06. ..01 | | |
| Konto-Nr.: 40843333 Konto-Inhaber: K. Müller, Einzelhandel | | |
| Datum | Buchungstext | Betrag |
| 13.06. | Rechnung vom 07.06. ..01 | 5.520 € Soll |
| 13.06. | Miete Geschäftsräume | 1.000 € Soll |
| 13.06. | Strom Juni ..01 | 232 € Soll |
| 14.06. | Bar | 2.000 € Soll |
| 15.06. | Gutschrift (Anlage) | 1.265 € Haben |
| (Anlage zur Buchung vom 15.06.: Bezahlung der Ausgangsrechnung vom 08.06.) | | |
| Anfangsbestand: 12.100 € | | |
| Neuer Endbestand: 4.613 € | | |

Karl Müller
2.000,- € am 15.06. ..01 aus der Kasse genommen

*K. Müller*

<u>Eingangsrechnung vom Lieferanten Kühne-Kleidung vom 15.06.</u>

| | | | |
|---|---|---|---|
| 20 Herren-Hemden à | 60 €/Stück | 1.200 € | |
| 40 Herren-Hosen à | 80 €/Stück | 3.200 € | |
| | | 4.400 € | (netto) |
| | zzg. 16% USt | 704 € | |
| | | 5.104 € | (brutto) |

Überweisung innerhalb von 6 Tagen unter Abzug von 3% Skonto oder innerhalb von 20 Tagen unter Zahlung des Gesamtbetrages

<u>Ausgangsrechnung an Kunden Schulze vom 15.06.</u>

| | |
|---|---|
| 10 Stck. Herrenhemden gesamt: | 240,- € |
| 5 Stck. Herrenpullover gesamt: | 360,- € |
| 12 Paar Strümpfe gesamt: | 120,- € |
| Netto: | 720,- € |
| zzg. 16% USt. | 115,20 € |
| Brutto | 835,20 € |

**Aufgabe 4 (Kontenrahmen)**

Nennen Sie Geschäftsvorfälle, die den folgenden Buchungssätzen zugrunde liegen. Legen Sie im Fall a) den Gemeinschaftskontenrahmen der Industrie und im Fall b) den Industriekontenrahmen zugrunde.

a) Geschäftsvorfälle nach dem Gemeinschaftskontenrahmen:

<u>Hinweis</u>: Das Konto "Vorsteuer" ("Berechnete USt") wird im Gemeinschaftskontenrahmen unter der Kontengruppe 15 (18) geführt.

| | |
|---|---|
| 1) 30, 15/12 | 4.000,-, 400,-/4.400,- |
| 2) 20/01 | 1.000,- |
| 3) 12/86 | 500,- |
| 4) 19/10 | 400,- |
| 5) 12/80, 18 | 11.000,-/10.000,-, 1.000,- |

b) Geschäftsvorfälle nach dem Industriekontenrahmen:

| | |
|---|---|
| 1) 200, 260/280 | 5.000,-, 500,-/5.500,- |
| 2) 24/50, 480 | 11.000,-/10.000,-, 1.000,- |
| 3) 280/08, 54, 480 | 16.500,-/10.000,-, 5.000,-, 1.500,- |
| 4) 63, 641/280 | 15.000,-, 3.000,-/18.000,- |
| 5) 522/22 | 3.000,- |

**Aufgabe 5 (Buchungen mit Kontenrahmen)**

Geben Sie die Buchungssätze unter Verwendung von Kontonummern (nach dem Industriekontenrahmen) an:

a) Rohstoffeinkauf bar (10.000 € zzgl. 10% USt) unter Abzug von 3% Rabatt.
b) Überweisung betrieblich bedingter Ertragsteuern (z.B. Körperschaftsteuer einer GmbH) in Höhe von 2.500 € per Bank.
c) Mietzahlung per Bank für eine Lagerhalle: 1.200 €.
d) Kauf eines Lieferwagens (auf Ziel) für 22.000 € zzgl. 10% USt.
e) Verbuchung der außerplanmäßigen Abschreibungen auf Wertpapiere des Umlaufvermögens in Höhe von 1.800 €.
f) Abschreibung auf die Maschinellen Anlagen (20% vom Buchwert 50.000 €).

**Aufgabe 6 (Buchungen mit Kontenrahmen)**

In einem Industriebetrieb sind die folgenden Anfangsbestände der Werkstoffe gegeben:

Rohstoffe: 10.000 kg à 50 €/kg
Hilfsstoffe: 2.000 kg à 28 €/kg
Betriebsstoffe: 1.500 l à 5 €/l

Im Produktionsprozeß werden in einem Fertigungsmonat 2.500 kg (800 kg) des Rohstoffs (Hilfsstoffs) eingesetzt, um unter Einsatz von Betriebsstoffen (600 l), Arbeitskraft (Löhne 12.000 €) und Maschinenleistung (monatliche Mietgebühr 4.000 €) in einem einstufigen Fertigungsprozeß 2.000 Stück eines Fertigfabrikats herzustellen. In der gleichen Periode werden 1.200 Stück zum Preis von 100 €/Stck. veräußert. Die übrigen 800 Stück werden in der nächsten Periode abgesetzt, wobei keine weiteren Aufwendungen anfallen.

Alle Zahlungsvorgänge werden über das betriebliche Bankkonto abgewickelt. Die Erfolgsermittlung wird nach dem Gesamtkostenverfahren vorgenommen. Umsatzsteuer sei aus Vereinfachungsgründen nicht zu berücksichtigen.

a) Nennen Sie die Buchungssätze sowohl zur Verbuchung der eingesetzten Produktionsfaktoren als auch für den Abschluß des GuV-Kontos in der üblichen Form und unter Angabe von Kontonummern. Verwenden Sie dabei zunächst den Gemeinschaftskontenrahmen der Industrie und anschließend den Industriekontenrahmen.

b) Erläutern Sie, weshalb der Gemeinschaftskontenrahmen als Einkreissystem und der Industriekontenrahmen als Zweikreissystem bezeichnet wird. Gehen Sie dabei auch auf den Aufbau des GuV-Kontos ein.

**Aufgabe 7 (EDV-Buchhaltung)**

Welche Aussagen über die konventionell manuelle Buchhaltung und die EDV-gestützte Buchhaltung sind richtig? Kreuzen Sie die richtigen Antworten an.

1) 0 Die EDV-gestützte Buchhaltung verwendet eine grundsätzlich andere Buchungstechnik als die manuelle Buchhaltung.

2) 0 Die Eingabe von Buchhaltungsdaten in ein Buchhaltungsprogramm muß immer manuell unter Verwendung einer Tastatur erfolgen.

3) 0 Die verbuchten Geschäftsvorfälle sind bei der konventionellen Buchhaltung sofort erkennbar; bei der EDV-gestützten Buchhaltung müssen sie dagegen erst sichtbar gemacht werden.

4) 0 Die Erstellung des Jahresabschlusses kann nach Durchführung der notwendigen Umbuchungen bei der EDV-gestützten Buchhaltung quasi "per Knopfdruck" vorgenommen werden, während bei der konventionellen Buchhaltung noch weitere manuelle Arbeiten notwendig sind.

5) 0 Nur bei der konventionellen Buchhaltung sind Belege zu sammeln bzw. zu erstellen und vorzukontieren.

6) 0 Ein wesentlicher Nachteil der konventionellen Übertragungsbuchhaltung besteht in der Gefahr von Fehleintragungen, die durch die EDV-gestützte Buchhaltung weitgehend vermieden werden.

7) 0 Das Buchhaltungsprogramm kann jede Fehleingabe des Buchhalters sofort erkennen und führt deshalb nur ordnungsgemäße Buchungen aus.

**Aufgabe 8 (EDV-Buchhaltung)**

Ein Kaufmann will mit einem PC und einem dazugehörigem Buchhaltungsprogramm die Buchhaltung eines bestimmten Monats durchführen.

a) Tragen Sie die folgenden Arbeitsschritte in der richtigen Reihenfolge in das unten angegebene Schema ein: Sichern der Datei, Einschalten des PC, Belege vorkontieren, Aufruf des Buchhaltungsprogramms, Rückkehr zum Hauptmenü, Belege sammeln, Eingabe der Buchungssätze.

Reihenfolge der Arbeitsschritte:

1) ..........................................................................

2) ..........................................................................

3) ..........................................................................

4) ..........................................................................

5) ..........................................................................

6) ..........................................................................

7) ..........................................................................

b) Der Kaufmann möchte nun die folgenden Buchungssätze in den PC eingeben (nach dem Industriekontenrahmen):

1) 680, 260/288 1.000,-, 100,-/1.000,-

2) 75, 260/280 5.000,-, 500,-/5.500,-

3) 24, 260/30 10.000,-, 1.000,-/11.000,-

Nennen Sie die Buchungssätze in der üblichen Form und erläutern Sie, ob deren Eingabe in das Buchhaltungsprogramm möglich ist. Wie wird das Programm normalerweise reagieren?

**Aufgabe 9 (Buchungen mit EDV)**

Die folgenden beiden Buchungssätze sind unter Verwendung des Industriekontenrahmens in die unten angegebenen Bildschirmmasken einzugeben. Verwenden Sie die folgenden Umsatzsteuerschlüssel:

0 = keine Umsatzsteuer, 1 = Vorsteuer 16%, 2 = Berechnete Umsatzsteuer 16%.

USt-Satz: Ausnahmsweise 16%.

1) Am 03.03. ..01 werden Hilfsstoffe im Wert von 2.000 € zur Herstellung von 200 Stück eines Einheitsproduktes verwendet (Materialentnahmeschein Nr. 01-1901).

| **Sollbuchung** | |
|---|---|
| Konto: | Kontenbezeichnung: |
| Betrag: | |
| Umsatzsteuerschlüssel: | |
| Weitere Buchungen im Soll: ja/nein | |

| |
|---|
| Enter: Nächste Buchung Esc: Zurück zum Hauptmenü ... |

| |
|---|
| **Habenbuchung** |
| Konto: Kontenbezeichnung: |
| Betrag: |
| Umsatzsteuerschlüssel: |
| Weitere Buchungen im Haben: ja/nein |
| Enter: Nächste Buchung Esc: Zurück zum Hauptmenü ... |

| |
|---|
| Buchungstext: |
| Beleg-Nr.: |
| Belegdatum: |
| Enter: Nächste Buchung Esc: Zurück zum Hauptmenü ... |

2) Rücksendung am 31.05. ..01 von Rohstoffen (500 kg; Preis je kg: 5,20 € zzgl. 16% USt) an unseren Lieferanten (Falschlieferung). Die Lieferung erfolgte auf Ziel. Belegnummer: 01-1633.

| |
|---|
| **Sollbuchung** |
| Konto: Kontenbezeichnung: |
| Betrag: |
| Umsatzsteuerschlüssel: |
| Weitere Buchungen im Soll: ja/nein |
| Enter: Nächste Buchung Esc: Zurück zum Hauptmenü ... |

| |
|---|
| **Habenbuchung** |
| Konto: Kontenbezeichnung: |
| Betrag: |
| Umsatzsteuerschlüssel: |
| Weitere Buchungen im Haben: ja/nein |
| Enter: Nächste Buchung Esc: Zurück zum Hauptmenü ... |

| |
|---|
| Buchungstext:<br>Beleg-Nr.:<br>Belegdatum: |
| Enter: Nächste Buchung Esc: Zurück zum Hauptmenü ... |

**Aufgabe 10 (EDV-gestützte Abschreibung)**

a) Welche Daten sollten vom Buchhaltungsprogramm bei Zugängen z.B. auf dem Konto "Maschinen" zweckmäßigerweise abgefragt werden, wenn die Verbuchung der planmäßigen Abschreibungen im Rahmen der vorbereitenden Abschlußbuchungen automatisch vorgenommen werden soll?

b) Erläutern Sie, bei welchen der folgenden Konten die Einrichtung einer automatischen Abschreibungsverrechnung zweckmäßig ist: Konto "Fuhrpark", Konto "Wareneinkauf", Konto "Forderungen", Konto "Betriebs- und Geschäftsausstattung", Konto "Zinsaufwand", Konto "unbebaute Grundstücke".

**Aufgabe 11 (Unterteilung von Warenkonten)**

Ein Bekleidungsgeschäft führt Herren- und Damenbekleidung. Die Herrenbekleidung umfaßt Herrenhosen und Herrenhemden. Zur Damenbekleidung gehören Damenhosen, Damenröcke und Damenblusen. Der Verkaufspreis einer Herrenhose (Herrenhemd) belaufe sich auf 100 €/Stck. (68 €/Stck.). Es werden 12 Herrenhosen und 15 Herrenhemden verkauft. Die Verkaufspreise und Verkaufsmengen der Produktgruppe Damenbekleidung lauten: Damenhose: 100 €/Stck (6 Stck), Damenrock 85 €/Stck (5 Stck) und Damenbluse 54 €/Stck (3 Stck). Die Anfangsbestände sind wie folgt gegeben:

| | | | |
|---|---|---|---|
| Anfangsbestand Herrenhosen: | 25 Stck. | à | 60 €/Stck |
| Anfangsbestand Herrenhemden: | 45 Stck. | à | 32 €/Stck |
| Anfangsbestand Damenhosen: | 22 Stck. | à | 60 €/Stck |
| Anfangsbestand Damenröcke: | 12 Stck. | à | 55 €/Stck |
| Anfangsbestand Damenblusen: | 8 Stck. | à | 26 €/Stck |

a) Geben Sie die Buchungssätze für die Warenverkäufe an, wenn für jede einzelne Warenart ein spezielles Wareneinkaufs- und Warenverkaufskonto eingerichtet wird.

b) Geben Sie die Buchungssätze für den Abschluß der Warenkonten an, wenn deren Saldo jeweils direkt auf das GuV-Konto gebucht wird. Welches Aussehen haben die einzelnen Wareneinkaufs- und Warenverkaufskonten? Wie sieht das zugehörige Gewinn- und Verlustkonto aus?

c) Geben Sie für die Warenkonten "Damenhosen", "Damenröcke" und "Damenblusen" die Buchungssätze für den Kontenabschluß an, wenn diese über das zugehörige Hauptkonto "Damenbekleidung" abgeschlossen werden. Erhalten externe Leser einer GuV-Rechnung, bei der im Soll nur der gesamte Wareneinsatz (für Bekleidung insgesamt) und im Haben nur die gesamten Warenverkäufe aufgeführt werden, bessere Informationen als im Fall b)?

d) Welche betriebswirtschaftlichen Aussagen kann der Unternehmer durch die detaillierte Gegenüberstellung einzelner Wareneinkaufs- und Warenverkaufskonten erzielen?

e) Erläutern Sie, welche Vorteile die EDV-gestützte Buchhaltung im Vergleich zur konventionell manuellen Buchhaltung bei der Durchführung einer Erfolgsanalyse aufweist.

**Aufgabe 12 (Erfolgsanalyse)**

Ein Fahrradhändler verfügt am 10.02. ..01 über 15 Herrenräder und über 10 Damenräder. Die Warenverkäufe im Monat Februar lassen sich der folgenden Abbildung entnehmen.

| Datum | Warenart | Preis | Zahlungsweise |
|---|---|---|---|
| 10.02. | 2 Herrenräder | 780 €/St. | bar |
| 12.02. | 1 Damenrad | 650 €/St. | bar, 2% Rabatt |
| 15.02. | 2 Herrenräder | 780 €/St. | auf Ziel: 20 Tage |
| 16.02. | 2 Damenräder | 650 €/St. | bar |
| 18.02. | 1 Damenrad | 650 €/St. | auf Ziel: 10 Tage |
| 22.02. | 4 Herrenräder | 780 €/St. | Bezahlung per Scheck |
| Einstandspreis Herrenrad: 550 €/St.<br>Einstandspreis Damenrad: 470 €/St. | | | |

Der Anfangsbestand der Kasse beläuft sich am 10.02. ..01 auf 1.580 €; das Bankkonto weist ein Guthaben in Höhe von 640 € auf. **Umsatzsteuer ist ausnahmsweise nicht zu berücksichtigen.**

a) Führen Sie eine Erfolgsanalyse durch, indem Sie jeweils die Salden der einzelnen Wareneinkaufs- und Warenverkaufskonten ermitteln und gegenüberstellen. Welche Warengruppe trägt in besonderer Weise zum unternehmerischen Erfolg bei? In welcher Weise läßt sich die Erfolgsanalyse durch die EDV unterstützen?

b) Gehen Sie davon aus, daß die Kunden des Kaufmanns das ihnen gewährte Zahlungsziel voll ausnutzen und daß neben dem Warenverkauf keine weiteren Zahlungen eingehen. Weiterhin bleibe der Bestand des Bankkontos vom 10.02. ..01 unverändert. Am 17.02. ..01 muß der Kaufmann selbst eine Rechnung in Höhe von 6.000,- € bar bezahlen. Ergeben sich hierbei Probleme hinsichtlich der Liquidität, und wie lassen sich diese eventuell mit Hilfe der EDV leichter erkennen?

**Aufgabe 13 (DATEV-Buchhaltung)**

Welche der folgenden Aussagen über das Buchhaltungssystem der DATEV sind richtig bzw. falsch?

1) 0 Mit dem Programm Kanzlei-REWE können die Finanzbuchführung durchgeführt und der Jahresabschluß erstellt werden.
2) 0 Im Dialogbetrieb wird jeder Buchungssatz sofort geprüft, aber nicht verarbeitet.
3) 0 Im Stapelbetrieb wird jeder Buchungssatz sofort geprüft, aber nicht verarbeitet.
4) 0 Das Buchhaltungssystem der DATEV basiert auf dem Gemeinschaftskontenrahmen der Industrie.
5) 0 Ein Vorteil der DATEV besteht für den Anwender darin, daß die Datenarchivierung ausgelagert werden kann..
6) 0 Zur Überwachung der Debitorenzahlungen kann das DATEV-Programm OPOS eingesetzt werden.

# Abschlußklausuren

## Abschlußklausur 1 (120 Minuten)

Folgende Bilanz eines Einzelunternehmens ist zum Beginn des Geschäftsjahres 01 gültig:

| A | Bilanz zum 01.01. ..01 | | P |
|---|---|---|---|
| Grundst. und Gebäude | 80.000 | Eigenkapital | 82.000 |
| Fuhrpark | 30.000 | Rückstellungen | 3.000 |
| Betr.- u. Gesch.ausst. | 15.000 | Darlehensverb. | 70.000 |
| Waren | 33.000 | Lieferantenverb. | 65.000 |
| Forderungen | 44.000 | Wertber. auf Anlagen | 20.000 |
| Dubiose | 6.600 | PWB auf Forderungen | 1.200 |
| Bank | 28.000 | RAP passiv | 400 |
| Kasse | 5.000 | | |
| | 241.600 | | 241.600 |

Geschäftsvorfälle des Jahres 01:

1) Im Dezember des Vorjahres erhielt das Unternehmen 400 € Miete bar für den Monat Januar 01. Dieser Sachverhalt wurde im Jahresabschluß 01 richtig bilanziert.
2) Mietzahlung bar für Geschäftsräume: 3.000 €.
3) Warenverkauf auf Ziel über 50.000 € zzgl. USt. Der Wareneinsatz wird unter Verwendung des Wareneinsatzkontos verbucht (Wareneinsatz: 26.000 €). Der Kunde erhält 20% Rabatt.
4) Für die Geschäftsausstattung werden neue Regale für netto 5.000 € gekauft. Wir erhalten 10% Rabatt. Für den Transport und die Installation fallen zusätzlich 500 € (netto) an. Der Kaufpreis wird insgesamt durch Banküberweisung beglichen.
5) Auf dem Bankkonto gehen 7.700 € für Forderungen ein.
6) Es wird Büromaterial für 400 € (netto) bar gekauft.
7) Für die Reparatur des Gebäudes werden 2.500 € (netto) gezahlt (per Bank). Der Sachverhalt wurde im Vorjahr durch die Bildung einer Rückstellung über 3.000 € bereits berücksichtigt.
8) Der Buchhalter erhält 500 € Lohnvorschuß (Kasse).
9) Eine Lieferantenverbindlichkeit in Höhe von 15.000 € geht in eine Wechselverbindlichkeit über.
10) Die Forderung aus 3) geht unter Abzug von 2% Skonto (Bruttomethode) bar ein.
11) Einkauf von Waren auf Ziel für 3.300 € (inkl. USt).

12) Beim Wareneinkauf aus 11) müssen Waren im Nettowert von 1.000 € wegen Mängeln zurückgeschickt werden.
13) Der Buchhalter erhält einen Bruttolohn von 4.000 €. Der Arbeitgeberanteil zur Sozialversicherung beträgt 1.200 €, die Lohnsteuer 800 €. Der Nettolohn wird unter Berücksichtigung des Vorschusses (siehe 8) per Bank überwiesen.
14) Der Schuldwechsel wird per Banküberweisung eingelöst.
15) Die Sozialversicherungsbeiträge und die Lohnsteuer werden an die zuständigen Stellen überwiesen.
16) Der Unternehmer überweist seine Einkommensteuer an das Finanzamt: 9.000 €.
17) Eine Forderung über 2.750 €, die im Vorjahr zu 50% direkt abgeschrieben wurde (ohne USt-Korrektur), geht zu 60% auf dem Bankkonto ein.
18) Ein Firmen-PKW wird für 4.400 € (brutto) verkauft. Der Kaufpreis geht auf dem Bankkonto ein. Der PKW wurde für 15.000 € gekauft und inzwischen um 10.000 € wertberichtigt.
19) Eine Einzelüberprüfung der Forderungen ergibt, daß eine Forderung über 3.300 € wahrscheinlich zu 30% ausfällt (direkte Abschreibung).
20) Die Miete für die Geschäftsräume wird von uns im Dezember für die Monate Dezember und Januar per Bank bezahlt. Betrag: 3.000 € pro Monat.
21) Unser Lieferant überweist uns einen Bonus in Höhe von 6.600 €.

Abschlußangaben:

a) Der Warenendbestand laut Inventur beträgt 3.000 €. Der Abschluß der Warenkonten erfolgt brutto.
b) Auf den Forderungsbestand wird eine Pauschalwertberichtigung (indirekt) von 3% vorgenommen (statisches Verfahren).
c) Es werden folgende Abschreibungen auf Anlagen getätigt:
   1) 5.000 € auf den Fuhrpark (indirekt).
   2) 3.000 € auf die Betriebs- und Geschäftsausstattung (direkt).
d) Die Zahllast wird per Banküberweisung beglichen (Drei-Konten-Methode).
e) Die Kfz-Versicherung für den Firmen-LKW wird erst am 01. März 02 nachträglich für die vergangenen zwölf Monate gezahlt (1.200 €).

Geben Sie die Buchungssätze für die Geschäftsvorfälle und die Abschlußangaben an. Führen Sie die Verbuchung auf Konten durch, erstellen Sie das Schlußbilanzkonto sowie das GuV-Konto und ermitteln Sie den Erfolg. **Der USt-Satz beträgt 10%.**

**Abschlußklausur 2 (120 Minuten)**

Das Industrieunternehmen Gerd Eisen beginnt das Geschäftsjahr 01 mit folgender Bilanz:

| A | Bilanz zum 01.01. ..01 | | P |
|---|---|---|---|
| Grundst. und Gebäude | 120.000 | Eigenkapital | 196.700 |
| Maschinen | 100.000 | Darlehensverb. | 180.000 |
| Fuhrpark | 60.000 | Lieferantenverb. | 30.000 |
| Betr.- u. Gesch.ausst. | 20.000 | Sonstige Verbindlichkeiten | 4.000 |
| Rohstoffe | 28.000 | Wertber. auf Anlagen | 70.000 |
| Betriebsstoffe | 9.000 | | |
| Hilfsstoffe | 3.000 | | |
| fertige Erzeugnisse | 45.000 | | |
| unfertige Erzeugnisse | 2.700 | | |
| Forderungen | 33.000 | | |
| Bank | 48.000 | | |
| Kasse | 12.000 | | |
| | 480.700 | | 480.700 |

Bilden Sie die Buchungssätze zu den unten angegebenen Geschäftsvorfällen und Abschlußangaben und erstellen Sie den Jahresabschluß nach dem Gesamtkostenverfahren. Die Endbestände laut Inventur für die Roh-, Hilfs- und Betriebsstoffe entsprechen den rechnerischen Buchwerten. Zu Jahresbeginn beträgt der Bestand an fertigen Erzeugnissen 1500 Stck. à 30 €, an unfertigen Erzeugnissen 100 Stck. à 27 €. Die Umsatzsteuerkonten werden nach der Zwei-Konten-Methode abgeschlossen. USt-Satz: 10%.

Geschäftsvorfälle:

1) Die Miete für Dezember des vergangenen Jahres wird bar bezahlt (500 €).
2) Es werden Betriebsstoffe (1.500 € netto) und Hilfsstoffe (550 € inkl. USt) bar eingekauft. Bei den Hilfsstoffen wird ein Rabatt von 10% gewährt.
3) Die Sozialversicherungsbeiträge und die Lohnsteuer für die Arbeitnehmer aus dem Vorjahr (3.500 €) werden überwiesen.
4) Zieleinkauf von Rohstoffen über netto 15.000 €.
5) In der Produktion werden Rohstoffe (25.000 €), Betriebsstoffe (6.000 €) und Hilfsstoffe (2.500 €) eingesetzt.

6) Die Rechnung aus 4) wird per Banküberweisung gezahlt. Dabei werden zulässigerweise 3% Skonto abgezogen (Bruttomethode).
7) Gerd Eisen bringt seinen privaten PKW (Wert: 8.000 €) in das Unternehmen ein.
8) Verkauf von Fertigerzeugnissen für 88.000 € (brutto). Der Zahlungseingang erfolgt auf dem Bankkonto.
9) Einem Lieferanten wird eine Anzahlung über 6.000 € überwiesen. Da wir noch keine Rechnung über diese Zahlung erhalten haben, kann noch kein Vorsteuerabzug erfolgen.
10) Eine Forderung über 11.000 € brutto fällt sicher aus.
11) Aufgrund eines laufenden Prozesses muß das Unternehmen damit rechnen, im Jahr 02 Prozeßkosten in Höhe von ca. 1.300 € zahlen zu müssen.
12) Der Kunde aus 8) schickt Fertigfabrikate im Nettowert von 12.500 € wegen Mängeln zurück. Der Ausgleichsbetrag wird dem Kunden überwiesen.
13) Einem Kunden wird ein Bonus über 1.500 € (netto) gewährt (Banküberweisung).
14) Das Unternehmen erhält am 1. November Miete für untervermietete Geschäftsräume in Höhe von 1.500 € für 5 Monate im voraus per Banküberweisung.

<u>Abschlußangaben</u>:

a) Der Endbestand an Fertigerzeugnissen beträgt 1.950 Stück. Die Herstellungskosten betragen 30 €/Stück.
b) An unfertigen Erzeugnissen sind am Jahresende noch 40 Stück auf Lager (Herstellungskosten: 27 €/Stück).
c) Es fallen folgende Abschreibungen an:
   1) 5.000 € auf Maschinen (indirekt).
   2) 10.000 € auf den Fuhrpark (direkt).
   3) 5.000 € auf die Betriebs- und Geschäftsausstattung (direkt).
d) Auf den Forderungsbestand ist erstmals eine Pauschalwertberichtigung von 5% zu bilden (indirekt).
e) Ende Februar 02 erhalten wir den Zinsbetrag für ein gewährtes Darlehen. Zinszeitraum: 01.03. ..01 bis 28.02. ..02, Betrag pro Jahr: 1.200 €.

**Abschlußklausur 3 (120 Minuten)**

An der AB-Handels-OHG sind die Gesellschafter A und B je zur Hälfte beteiligt. Die Bilanz zum Beginn des Geschäftsjahres 01 hat folgendes Aussehen:

| A | Bilanz zum 01.01. ..01 | | P |
|---|---|---|---|
| Grundst. und Gebäude | 250.000 | Eigenkapital A | 150.000 |
| Betr.- u. Gesch.ausst. | 125.000 | Eigenkapital B | 250.000 |
| Waren | 99.000 | Rückstellungen | 16.000 |
| Forderungen | 53.020 | Hypothekenverb. | 98.692 |
| Dubiose | 3.300 | Lieferantenverb. | 35.600 |
| Darlehensforderungen | 20.000 | Wertber. auf Anlagen | 80.000 |
| Sonstige Forderungen | 400 | Pauschalwertberichtigung | 1.928 |
| Bank | 51.000 | Erhaltene Anzahlungen | 3.000 |
| Kasse | 31.700 | | |
| RAP aktiv | 1.800 | | |
| | 635.220 | | 635.220 |

Aufgaben:

1. Nennen Sie die Buchungssätze zu den unten angegebenen Geschäftsvorfällen und Abschlußangaben. Der USt-Satz beträgt 10%.
2. Zeigen Sie die kontenmäßige Darstellung.
3. Führen Sie die Gewinnverteilung (nach den gesetzlichen Vorschriften) unter Angabe der Buchungssätze durch.

Geschäftsvorfälle:

1) Am 1. Juli des vorigen Jahres wurden 3.600 € Zinsen auf die Hypothek für 1 Jahr im voraus gezahlt. Dieser Sachverhalt ist in der Bilanz des Vorjahres richtig berücksichtigt worden.
2) Barkauf von Waren im Bruttowert von 22.000 €.
3) Gesellschafter A entnimmt zum Jahresende Waren im Wert von netto 1.400 €.
4) Die Forderung gegen einen Kunden wird am 1.12.01 durch einen Wechsel mit dreimonatiger Laufzeit (Höhe: 6.600 €) ersetzt.
5) Wareneinkauf (Ziel) für netto 13.000 €.
6) Bei 5) fallen noch Versicherungs- und Transportkosten in Höhe von 880 € (inkl. USt) an, die bar beglichen werden.
7) Ein Teil der Geschäftsausstattung wird für 8.000 € zzgl. USt veräußert (Bankgutschrift). Der Buchwert der Geschäftsausstattung beträgt 9.000 €.

8) Ein anderer Teil der Geschäftsausstattung wird für 2.750 € (brutto) verkauft. Dieser Teil der Geschäftsausstattung ist bis auf den Restbetrag von 100 € vollständig abgeschrieben (direkt). Der Käufer zahlt bar.
9) Einem Angestellten wurde im vergangenen Jahr ein Darlehen von 20.000 € gewährt. Der Angestellte überweist am 30. April 2.000 € Tilgung und 1.200 € Zinsen (rückwirkend für 6 Monate).
10) Es wurden Waren für 77.000 € (inkl. USt) auf Ziel verkauft. Hierfür wurde im vergangenen Jahr vom Kunden eine Anzahlung in Höhe von 3.300 € (inkl. USt) geleistet.
11) Gesellschafter B überweist am Jahresende 11.000 € von seinem privaten Bankkonto auf das Geschäftskonto.
12) Ein Kunde gerät in Liquiditätsschwierigkeiten. Eine gegen ihn bestehende Forderung über 2.420 € fällt sicher zu 80% aus.
13) Abschluß eines Kaufvertrags über einen PKW (27.500 €).
14) Der Rechnungsbetrag aus 10) geht auf dem Bankkonto ein.
15) Die Telekom AG bucht 280 € zzgl. USt Telefongebühren vom Bankkonto ab.
16) Aufgrund von Garantieverpflichtungen der Vorperiode müssen in 01 18.000 € gezahlt werden (per Bank). Hierfür wurde bereits im Vorjahr eine Rückstellung von 16.000 € gebildet.
17) Verbindlichkeiten in Höhe von 18.000 € werden per Banküberweisung gezahlt.
18) Eine Forderung gegen einen Kunden wurde im letzten Jahr zu 70% direkt abgeschrieben (wahrscheinlicher Forderungsausfall). Auf diese Forderung von ursprünglich 1.100 € gehen endgültig 220 € auf dem Bankkonto ein.
19) Die Miete für den Monat Dezember wird vom Mieter bar entrichtet. Betrag: 1.000 €.

Abschlußangaben:

a) Der Warenbestand laut Inventur beträgt 110.000 €. Kontenabschluß nach der Bruttomethode.
b) Die USt-Zahllast wird überwiesen. Kontenabschluß nach der Zwei-Konten-Methode.
c) Auf die Betriebs- und Geschäftsausstattung werden 5.000 € indirekt abgeschrieben.
d) Es wird eine Pauschalwertberichtigung in Höhe von 4% auf den Forderungsbestand vorgenommen (statisches Verfahren).

## Abschlußklausur 4 (180 Minuten)

### Teilaufgabe 1: Verbuchung des Warenverkehrs

Bei der Baustoff-Handelsunternehmung haben sich im Geschäftsjahr 03 die folgenden Geschäftsvorfälle ereignet (Umsatzsteuersatz: 10%):

01.03.03: Baustoffe im Wert von 40.000 € zzgl. USt werden auf Ziel gekauft. Das Zahlungsziel beträgt 30 Tage. Bei Zahlung innerhalb von 10 Tagen dürfen 3% Skonto abgezogen werden.

06.03.03: Die Baustoffe werden durch Banküberweisung unter Skontoabzug bezahlt.

18.03.03: Es werden Baustoffe im Bruttowert von 11.000 € an den Kunden Meyer verkauft. Das Zahlungsziel beträgt 30 Tage; bei Zahlung innerhalb von 8 Tagen dürfen 2% Skonto abgezogen werden.

22.03.03: Die Hälfte der am 18.03.03 an den Kunden Meyer gelieferten Ware wird unter Skontoabzug per Bank bezahlt.

29.03.03: Die andere Hälfte der Warenforderung wird vom Kunden Meyer durch Banküberweisung beglichen.

30.03.03: Das Unternehmen kauft Baustoffe im Wert von 33.000 € (brutto) und bekommt 10% Rabatt (Banküberweisung).

20.12.03: Ein Kunde bestellt Waren für 10.000 € zuzüglich USt, die erst im Januar 04 geliefert werden. Am 22.12.03 geht eine Anzahlung in Höhe von 5.500 € auf dem Bankkonto ein.

a) Bilden Sie die Buchungssätze unter Verwendung der Bruttomethode.

b) Geben Sie die Buchungssätze zum Abschluß der Skontokonten an.

### Teilaufgabe 2: Verbuchung von privaten Geschäftsvorfällen

Am Jahresanfang 01 beträgt das Eigenkapital eines Unternehmens 450.000 €. Im Laufe des Jahres kommt es zu folgenden Geschäftsvorfällen:

1) Der Unternehmer legt 5.000 € in die Kasse des Unternehmens ein.
2) Der Spielbankgewinn des Unternehmers in Höhe von 10.000 € wird dem betrieblichen Bankkonto gutgeschrieben.
3) Die Versicherung für den privaten Sportwagen des Unternehmers, der zu 20% auch im Betrieb genutzt wird, wird vom betrieblichen Postscheckkonto abgebucht. Gesamtbetrag: 500 €.
4) Die Grundsteuer für ein Privatgrundstück des Unternehmers in Höhe von 2.000 € wird vom betrieblichen Bankkonto überwiesen.

a) Geben Sie die Buchungssätze für die Geschäftsvorfälle 1) - 4) unter Verwendung eines Privatkontos an!
b) Wie lautet der Buchungssatz für den Abschluß des Privatkontos?
c) Wie hoch ist das Eigenkapital am Jahresende 01, wenn die betrieblichen Aufwendungen 150.000 € und die betrieblichen Erträge 100.000 € betragen? Wie hoch ist der Erfolg, der in der GuV-Rechnung ausgewiesen wird?
d) Wie lautet das Schema der Erfolgsermittlung bei der erweiterten Distanzrechnung?

**Teilaufgabe 3: Ordentlicher und neutraler Erfolg**

Bei einem Büromöbelhersteller sind im Laufe eines Geschäftsjahres die folgenden Aufwendungen und Erträge angefallen:

| | |
|---|---|
| Verkaufserlöse Bürostühle Modell "Lüneburg" | 420.000 € |
| Verkaufserlöse Bürosessel Modell "Chef" | 680.000 € |
| Aufwendungen für Rohstoffe | 350.000 € |
| Aufwendungen für Hilfsstoffe | 230.000 € |
| Aufwendungen für Wartung des Privathubschraubers | 12.000 € |
| Mietaufwand | 2.000 € |
| Reparatur des Firmen-Kfz (Unfallschaden) | 8.000 € |
| Aufwand für Nutzung des Firmen-Kfz | 5.000 € |
| Zinsgutschrift auf dem Privatkonto des Unternehmers | 6.000 € |
| Zahlung von Überziehungszinsen auf dem Firmenkonto, verursacht durch ein Spekulationsgeschäft | 500 € |
| Aufwand durch Wasserrohrbruch im Betriebsgebäude | 12.000 € |
| Gehälter für Verkäufer | 59.000 € |
| Abschreibung auf Geschäftseinrichtung | 13.000 € |
| Wartungsaufwand für die Maschinen | 3.000 € |
| Gewinne aus einem Wertpapiergeschäft mit Firmengeldern | 7.000 € |
| Entnahmen (bar) für privaten Urlaub | 4.000 € |

Der durch den Wasserrohrbruch entstandene Schaden wird in voller Höhe durch die entsprechende Versicherung abgedeckt. Vom gesamten Mietaufwand entfallen 20% auf die Privatwohnung des Unternehmers.

a) Entscheiden Sie, ob es sich bei den oben genannten Geschäftsvorfällen jeweils um Zweckertrag, Zweckaufwand (ordentliches Ergebnis) oder um neutralen Aufwand, neutralen Ertrag (neutrales Ergebnis) oder um sonstiges handelt! Falls nur ein Teilbetrag zu berücksichtigen ist, geben Sie diesen bitte an!

b) Wie wird der Erfolg des Unternehmens ermittelt, wenn ein Bestandsgrößenvergleich bzw. eine Strömungsrechnung verwendet wird?

**<u>Teilaufgabe 4:</u> Abschreibung uneinbringlicher und zweifelhafter Forderungen**

Der gesamte Forderungsbestand eines Großhändlers beläuft sich am Jahresende auf brutto 154.000 €. Er setzt sich zusammen aus:

Forderung A: 80.000 € zzgl. 10% USt.
Forderung B: 50.000 € zzgl. 10% USt.
Forderung C: 10.000 € zzgl. 10% USt.

Bei der Beurteilung der Forderungen kommt der Leiter des Rechnungswesens zu dem Ergebnis, daß Forderung A wahrscheinlich in Höhe von 50% und Forderung B sicher in Höhe von 40% ausfällt.

a) Nennen Sie die Buchungssätze für die direkte Abschreibung der Forderungen A und B am Jahresende!

b) Wie sieht das Konto "Zweifelhafte Forderungen" am Jahresende aus? Aus welchen Bestandteilen setzt sich der Endbestand zusammen?

c) Im nächsten Geschäftsjahr gehen auf die Forderung A endgültig folgende Beträge auf dem Bankkonto ein:
ca) 25.000 € + 10% USt;
cb) 45.000 € + 10% USt;
cc) 40.000 € + 10% USt.
Bilden Sie die Buchungssätze!

**<u>Teilaufgabe 5:</u> Verbuchung von Rechnungsabgrenzungen und Rückstellungen**

Unser Unternehmen muß zum 31.12.02 die Bilanz erstellen.

1) Anfang Januar 03 erwarten wir eine Zinsgutschrift über 1.000 €, die das vierte Quartal 02 betrifft.

2) Ende 02 erhalten wir einen Kostenvoranschlag für eine Flachdachreparatur in Höhe von 60.000 € zuzüglich 10% USt. Aus Witterungsgründen kann die notwendige Reparatur erst im Frühjahr 03 ausgeführt werden.

3) Am 01.12.02 bezahlen wir unsere Kfz-Versicherung für ein Jahr in Höhe von 1.200 € im voraus (per Bank). Die Versicherungsdauer läuft vom 01.12.02 bis 30.11.03.
4) Am 01.10.02 erhalten wir eine Mietzahlung (Banküberweisung) für den Zeitraum 01.10.02 bis 30.04.03 in Höhe von 14.000 €.
5) Anfang Januar 03 müssen wir 4.000 € Gebäudeversicherung für das Jahr 03 bezahlen.
6) Am 1.11.02 zahlt das Unternehmen 9.000 € Miete für den Zeitraum 1.11.02 bis 31.7.03 per Bank.
7) Ein Prozeß gegen unser Unternehmen wird am 15.11.02 weitgehend zu unseren Gunsten entschieden. Hierfür war im Jahr 01 eine Rückstellung in Höhe von 8.000 € gebildet worden. Es müssen jedoch nur 600 € an die Gerichtskasse gezahlt werden (Banküberweisung).
8) Am 20.12.02 bestellen wir einen Lieferwagen zum Preis von 50.000 € zuzüglich USt. Wegen Lieferschwierigkeiten können wir erst im Februar 03 mit der Auslieferung rechnen. Die Bezahlung erfolgt erst nach der Lieferung.
9) Am 30.12.02 erhalten wir eine Zinsgutschrift auf dem Bankkonto in Höhe von 2.000 € für das 1. Quartal 03 im voraus.

Nennen Sie die Buchungssätze für das Jahr 02 mit Angabe des jeweiligen Datums!

**Teilaufgabe 6: Gesamtkosten- und Umsatzkostenverfahren**

In einem Industriebetrieb wurden in der abgelaufenen Periode Sonnenbrillen in einem einstufigen Produktionsprozeß hergestellt.

| | |
|---|---|
| Produzierte Menge $x_p$: | 1.500 Stück |
| Abgesetzte Menge $x_a$: | 1.700 Stück |
| Anfangsbestand fE: | 1.000 € |
| Herstellungskosten: | 4 €/Stück |
| Umsatzerlöse: | 3 €/Stück |

a) Führen Sie auf den relevanten Konten die Verbuchung nach dem Gesamtkostenverfahren und nach dem Umsatzkostenverfahren durch!
b) Wie lauten die für die Bestandsveränderung relevanten Buchungssätze?

**Teilaufgabe 7: Abschluß einer Personengesellschaft**

a) Der Buchhalter Boris Mecker der Wimbledon-OHG bittet Sie, anhand der folgenden Liste die Bilanz der Wimbledon-OHG zum 01.01. ..03 aufzustellen. Die Buchung der Anfangsbestände ist nicht notwendig!

| Anfangsbestände in Euro | |
|---|---|
| - Waren | 200.000 |
| - Fuhrpark | 130.000 |
| - Rückstellungen | 200.000 |
| - Aktive Rechnungsabgrenzung | 2.000 |
| - Forderungen | 40.000 |
| - Bank | 65.000 |
| - Grundstücke und Gebäude | 350.000 |
| - Kasse | 220.000 |
| - Lieferantenverbindlichkeiten | 240.000 |
| - Dubiose | 80.000 |
| - Passive Rechnungsabgrenzung | 7.000 |

Weitere Bilanzposten (außer dem Eigenkapital) existieren nicht. Das Eigenkapital ist zu ermitteln! Am 1.1.03 sind die beiden Gesellschafter A und B zu je 50% am Eigenkapital der Gesellschaft beteiligt. Im Gesellschaftsvertrag der OHG ist eine Aufteilung der Gewinne im Verhältnis der Kapitalkonten vorgesehen.

b) Im Laufe des Geschäftsjahres 03 kommt es zu folgenden buchungsrelevanten Sachverhalten:

1) An einem LKW ist ein Motorschaden im Dezember 02 aufgetreten, der infolge einer Überlastung der Werkstatt erst am 5.1.03 repariert werden kann. Die Kosten der Reparatur wurden auf 3.000 € geschätzt. Am 20.1.03 geht die Reparaturrechnung in Höhe von 3.500 € zzgl. USt ein und wird per Banküberweisung beglichen.

2) Am 31.12.02 wurde bereits die Kfz-Versicherung für das erste Halbjahr 03 in Höhe von 2.000 € im voraus gezahlt. Dies wurde im Jahresabschluß 02 berücksichtigt.

3) Im Dezember 02 ging auf dem Bankkonto eine Mieteinzahlung in Höhe von 7.000 € für den Januar 03 ein. Dies wurde im Jahresabschluß 02 berücksichtigt.

4) Einkauf von 10.000 Tennisschlägern zum Preis von 75 € zzgl. USt auf Ziel.

5) 5.000 Stück der Lieferung aus 4) sind fehlerhaft und werden zurückgesendet. Es erfolgt eine Gutschrift.

6) Es droht ein Prozeß mit einem Konkurrenzunternehmen aus Halle. Die Geschäftsleitung rechnet mit einer zu zahlenden Strafe in Höhe von 20.000 €.

7) In der Eröffnungsbilanz 03 ist eine Position "zweifelhafte Forderungen" enthalten, für die folgendes gilt: Ursprünglicher Bruttobetrag einer Einzelforderung im Posten "Forderungen" war 33.000 €. Im Jahresabschluß 02 erfolgte eine Umbuchung auf das Konto "zweifelhafte Forderungen" und eine Abschreibung bei einem wahrscheinlichen Forderungsausfall von 50%. Im Jahr 03 gehen auf diese Forderung 15.400 € brutto auf der Bank ein.

8) 5.000 Tennisschläger werden zu 180 €/Stück (zzgl. USt) auf Ziel an einen Einzelhändler weiterverkauft.

9) Der Kunde aus 8) begleicht die Rechnung einige Wochen nach Erhalt der Ware durch Banküberweisung.

10) Am 1.12.03 erhält die Wimbledon-OHG eine Mietzahlung in Höhe von 60.000 € per Bank aus der Vermietung einer Werkhalle für die folgenden 12 Monate.

11) Die Umsatzsteuerkonten werden netto abgeschlossen und die Zahllast per Bank am 31.12.03 überwiesen.

12) Der Endbestand der Waren (Tennisschläger) laut Inventur beträgt 200.000 €. Die Verbuchung wird nach der Nettomethode vorgenommen.

aa) Bilden Sie die Buchungssätze für das Jahr 03! USt-Satz: 10%.

bb) Verbuchen Sie die Geschäftsvorfälle auf Konten! Zuvor sind die Anfangsbestände direkt auf die Konten zu übertragen.
Schließen Sie die Konten ab und erstellen Sie die GuV-Rechnung und die Schlußbilanz 03! Abschlußbuchungssätze sind nicht anzugeben.

Hinweise:

Es werden direkte Abschreibungen auf den Fuhrpark in Höhe von 30.000 € vorgenommen.

Beim Posten "Grundstücke und Gebäude" erfolgt eine direkte Abschreibung von 5.000 €.

# Lösungsteil

# Lösungen der Aufgaben zum 1. Kapitel

## Lösung zu Aufgabe 1 (Teilbereiche des Rechnungswesens)

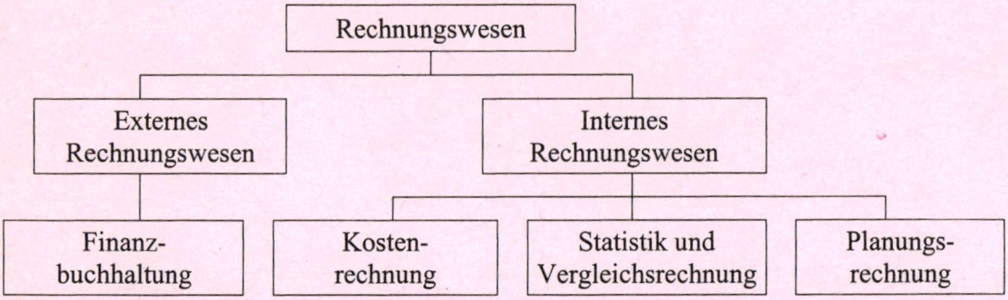


## Lösung zu Aufgabe 2 (Informationsfunktion)

a) Da Maximilian Meier finanziell unabhängig sein möchte, ist er vorrangig am erwirtschafteten Erfolg interessiert. Er möchte wissen, ob er am Jahresende einen Gewinn oder Verlust erzielt hat. Im Fall eines Gewinns erhöht sich tendenziell seine Unabhängigkeit, im Fall eines Verlustes vermindert sie sich, weil er z.B. Kredite aufnehmen muß und somit stärker von der Bank abhängig wird.

b) Die Finanz-Bank ist an der termingerechten Rückzahlung des Kreditbetrages und an termingerechten Zinszahlungen interessiert. Je besser das erwirtschaftete Ergebnis ist, je höher also der Erfolg ist, um so geringer ist tendenziell das Risiko verspäteter Zahlungen bzw. von Zahlungsausfällen für die Bank.

c) Die Finanzbuchhaltung ermittelt in der GuV-Rechnung den Erfolg (Gewinn/Verlust) eines jeden Geschäftsjahres. Somit werden sowohl die Informationsbedürfnisse von Maximilian Meier erfüllt (**Selbstinformation**) als auch die Bedürfnisse der Finanz-Bank gestillt (**Fremdinformation**). Die Finanzbuchhaltung stellt für beide Gruppen die notwendigen Informationen bereit. Die Informationsfunktion kann nur ausgeführt werden, wenn eine ordnungsmäßige Dokumentation der Geschäftsvorfälle erfolgt.

## Lösung zu Aufgabe 3 (Finanzbuchhaltung und Bilanz)

Richtig sind: 1), 3), 5), 7).

Falsch sind: 2), 4), 6), 8) – Zu 8): Es werden Vermögen **und Schulden** abgebildet.

**Lösung zu Aufgabe 4 (Definitionen)**

a) Bilanzstichtag: Das Ende des Geschäftsjahres (meist der 31.12. eines Jahres).

b) Eigenkapital: Die Differenz aus Vermögensgegenständen und Schulden.

c) Vermögenslage: Die in der Bilanz abgebildete Vermögens- und Schuldensituation.

d) Ertragslage: Die in der GuV-Rechnung abgebildete Ertrags- und Aufwandssituation.

e) Dokumentationsfunktion: Die chronologische, systematische und lückenlose Aufzeichnung aller Geschäftsvorfälle.

f) Jahresabschluß: (alle Kaufleute) Die Summe aus Bilanz und Gewinn- und Verlustrechnung.

**Lösung zu Aufgabe 5 (Komponenten des Jahresabschlusses)**

Die Multi-Aktiengesellschaft ist eine Kapitalgesellschaft. Der Jahresabschluß einer Kapitalgesellschaft besteht aus der Bilanz, der GuV-Rechnung und dem Anhang. Hinweis: Bei Kapitalgesellschaften ist außerdem noch ein Lagebericht aufzustellen. Er gehört jedoch **nicht** zum Jahresabschluß.

Der **Anhang** ist ein zusätzliches Rechnungslegungselement von Kapitalgesellschaften. Seine wesentliche Aufgabe besteht in der Erläuterung der einzelnen Posten der Bilanz und GuV-Rechnung. Seine Aufstellung wird von Einzelunternehmen nicht verlangt.

# Lösungen der Aufgaben zum 2. Kapitel

## Lösung zu Aufgabe 1 (Handelsrechtliche Vorschriften)

Die handelsrechtlichen Vorschriften lassen sich wie folgt systematisieren:

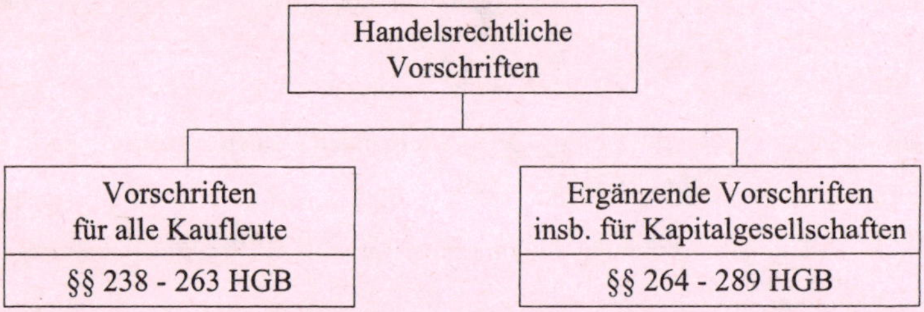


## Lösung zu Aufgabe 2 (Buchführungsvorschriften)

Die grundlegenden handelsrechtlichen Vorschriften, die für alle Kaufleute gelten, sind in § 238 und § 239 HGB verankert. Der Inhalt der beiden Paragraphen läßt sich wie folgt kurz wiedergeben:

### § 238 HGB:

- Jeder Kaufmann muß Bücher führen und darin die Handelsgeschäfte und die Lage des Vermögens nach den GoB ersichtlich machen.
- Die Buchführung muß einen Überblick über die Geschäftsvorfälle und die Lage des Unternehmens innerhalb angemessener Zeit vermitteln; hierbei ist von einem sachverständigen Dritten auszugehen.

### § 239 HGB:

- Bücher sind in lebender Sprache zu führen.
- Die Bedeutung eventuell verwendeter Abkürzungen und Symbole muß eindeutig sein.
- Für die Büchereintragungen gelten die Grundsätze der Vollständigkeit, Richtigkeit sowie der zeitlichen und inhaltlichen Ordnung.
- Es ist verboten, einmal vorgenommene Eintragungen nachträglich unkenntlich zu machen.

**Lösung zu Aufgabe 3 (Inventurverfahren)**

Die Inventurverfahren lassen sich wie folgt systematisieren:

| Inventurverfahren | | |
|---|---|---|
| Stichtagsinventur | Vor- und nachverlegte Inventur | Permanente Inventur |

Bei der **Stichtagsinventur** im strengen Sinne erfolgt die körperliche Bestandsaufnahme am Bilanzstichtag. Nachteil: Kaum zu bewältigender Arbeitsaufwand, so daß diese Methode praktisch nicht anwendbar ist. Die Inventur wird meist innerhalb weniger Tage vor bzw. nach dem Bilanzstichtag durchgeführt (erweiterte Stichtagsinventur). Vorteil: Einfachheit und eindeutiger Nachweis der Vermögensgegenstände.

Bei der **vor- und nachverlegten Inventur** wird die Inventurtätigkeit auf bis zu drei Monate vor bzw. zwei Monate nach dem Bilanzstichtag gestreckt. Die ermittelten Werte werden in einem besonderen Inventar verzeichnet. Anschließend erfolgt eine buchmäßige Vorrechnung bzw. Rückrechnung auf den Bilanzstichtag. Der Vorteil der Ausdehnung des Erfassungszeitraumes ist die Möglichkeit der Arbeitsverteilung: Die Inventur kann bei freien Kapazitäten und/oder niedrigen Lagerbeständen durchgeführt werden. Der Nachteil dieser Vereinfachungsmöglichkeit besteht in der Notwendigkeit eines ordnungsgemäßen Belegwesens, welches oft zu hohen Kosten führt.

Auch bei der **permanenten** Inventur erfolgt eine Streckung der Inventurtätigkeit. Die Erfassung der Vermögensgegenstände und Schulden erfolgt zu einem beliebigen Zeitpunkt innerhalb des Jahres. Anschließend muß eine Vor- bzw. Rückrechnung auf den Bilanzstichtag vorgenommen werden. Die Vor- und Nachteile entsprechen denen der vor- und nachverlegten Inventur.

**Lösung zu Aufgabe 4 (Vor- und nachverlegte Inventur)**

a) Die Vorgehensweise von Herrn Müller ist **nicht** zulässig! In der Zeit vom 15.11.02 und 31.12.02 sind Veränderungen in den Warenbeständen aufgetreten, die sich nicht ausgleichen. Es ist somit eine Anpassung der Inventurwerte an die veränderten Verhältnisse vorzunehmen, indem eine Vorrechnung auf den 31.12.02 erfolgt.

b) Inventarwert 31.12.02:

| | | |
|---|---|---|
| Inventurbestand 15.11.02: | 11.800 € | |
| + Zugang: | 20.000 € | |
| - Abgang: | 15.600 € | |
| = Endbestand: | 16.200 € | (Inventarwert am 31.12.02) |

**Lösung zu Aufgabe 5 (Vor- und nachverlegte Inventur)**

In der Zeit vom 01.01.02 bis zum 28.02.02 sind Waren im Wert von 12.000 € (16.400 € - 4.400 €) veräußert worden. Diese Waren waren am 31.12.01 noch auf Lager, so daß sie in das Inventar zum 31.12.01 aufzunehmen sind. Die Waren im Wert von 10.000 € sind erst nach dem Bilanzstichtag erworben worden, so daß sie am 31.12.01 nicht zu berücksichtigen sind.

Inventurwert 31.12.01: 34.200 - 10.000 + 12.000 = 36.200 €

**Lösung zu Aufgabe 6 (Inventurverfahren)**

a) Das HGB legt nur die Dauer eines Geschäftsjahres fest: Nach § 240 Abs. 2 HGB darf das Geschäftsjahr grundsätzlich nicht mehr als 12 Monate betragen. Das ist bei Herrn Schulze der Fall. Da gesetzlich nicht festgelegt ist, daß Kalender- und Geschäftsjahr deckungsgleich sein müssen, kann Herr Schulze die Finanzbuchhaltung auf die von ihm gewählte Abrechnungsperiode ausrichten.

b) Da das Warenlager von Herrn Schulze am Ende seines Geschäftsjahres den höchsten Warenbestand aufweist, ist die Stichtagsinventur unzweckmäßig. Die vor- und nachverlegte Inventur ist nur bis zu einem Zeitraum von zwei Monaten nach dem Bilanzstichtag (maximal bis 30.11.) möglich, so daß die **permanente Inventur** zur Anwendung gelangen kann - die entsprechenden Voraussetzungen sind erfüllt. Der Bestand zum 31.12. wird in einem besonderen Inventar erfaßt und entsprechend auf den Bilanzstichtag zurückgerechnet.

**Lösung zu Aufgabe 7 (Definitionen)**

a) Definitionen Inventur, Inventar und Bilanz:

Inventur: Körperliche Bestandsaufnahme der Vermögensgegenstände und Schulden durch Zählen, Messen und Wiegen.

Inventar: Verzeichnis der Vermögensgegenstände und Schulden nach Art, Menge und Wert.

Bilanz: Gegenüberstellung von Vermögen und Schulden nach Art und Wert.

b) Unterscheidung Bilanz und Inventar:

| | Bilanz | Inventar |
|---|---|---|
| Form | Kontoform | Staffelform |
| Größen | Nur Wertgrößen | Mengen- und Wertgrößen |
| Umfang | Zusammenfassung von VG und Schulden zu Posten | Ausführliche Darstellung von VG und Schulden |

c) Arbeitsgang:

1) Durch Inventur werden die Bestände sämtlicher Vermögensgegenstände und Schulden ermittelt. Für bestimmte Posten ist hierbei eine Beleginventur vorzunehmen.
2) Die durch Inventur ermittelten Bestände werden ins Inventar übernommen. Zunächst werden die Vermögensgegenstände nach ihrer Liquidierbarkeit (Geldnähe) aufgelistet. Danach werden die Schulden nach ihrer Fristigkeit aufgeführt. Zuletzt wird das Eigenkapital berechnet, das sich aus der Differenz von Vermögen und Schulden ergibt.
3) Das Inventar wird in die Bilanz überführt. Dabei entfallen die Mengenangaben und einzelne Vermögensgegenstände werden zu Bilanzposten zusammengefaßt. Die Darstellung erfolgt in der Bilanz in Kontoform (Inventar: Staffelform).

**Lösung zu Aufgabe 8 (Inventar und Bilanz)**

a) Das **Inventar** hat folgendes Aussehen:

I. Vermögensgegenstände

| | |
|---|---|
| 1 bebautes Grundstück | 500.000,- |
| 1 LKW, Baujahr ..05 | 20.000,- |
| 1 PKW, Baujahr ..08 | 28.000,- |
| 1 Schreibtisch, Anschaffung ..08 | 1.200,- |
| 1 Aktenschrank, Anschaffung ..09 | 1.400,- |
| 10 Aktien der ABC-AG à 250,- | 2.500,- |
| 2 Wohnzimmergarnituren à 7.000,- | 14.000,- |

| | |
|---|---|
| 3 Küchen à 3.000,- | 9.000,- |
| 2 Schlafzimmer à 3.500,- | 7.000,- |
| 10 Schränke à 230,- | 2.300,- |
| 15 Stühle à 50,- | 750,- |
| Forderung Schmidt | 3.300,- |
| Forderung Meier | 1.500,- |
| Forderung Müller | 1.800,- |
| Bankguthaben | 6.000,- |
| Kasse | 1.250,- |
| **Vermögen** | **600.000,-** |

II. Schulden

| | |
|---|---|
| Darlehensverbindlichkeiten | 300.000,- |
| Lieferantenverbindlichkeiten Möbel AG | 20.000,- |
| Lieferantenverbindlichkeiten Wohn GmbH | 11.000,- |
| **Schulden** | **331.000,-** |

III. Reinvermögen

| | |
|---|---|
| Vermögen | 600.000,- |
| Schulden | 331.000,- |
| **Reinvermögen (Eigenkapital)** | **269.000,-** |

b) Die **Bilanz** sieht wie folgt aus:

| Aktiva | Bilanz zum 31.12. ..10 | | Passiva |
|---|---|---|---|
| Grundstücke und Gebäude | 500.000 | Eigenkapital | 269.000 |
| Fuhrpark | 48.000 | Darlehensverbindlichkeiten | 300.000 |
| Betriebs- und Geschäfts-ausstattung | 2.600 | Lieferantenverbindlichkeiten | 31.000 |
| Finanzanlagen | 2.500 | | |
| Waren | 33.050 | | |
| Forderungen | 6.600 | | |
| Bank | 6.000 | | |
| Kasse | 1.250 | | |
| | 600.000 | | 600.000 |

**Lösung zu Aufgabe 9 (Bilanz und Distanzrechnung)**

a) Die Bilanz hat nach § 266 Abs. 2 und 3 HGB folgendes Aussehen:

| Aktiva | Bilanz zum 31.12. ..01 | | Passiva |
|---|---|---|---|
| **Anlagevermögen** | | **Eigenkapital** | 1.800.000 |
| Immaterielles Anlagevermögen | | **Fremdkapital** | |
| (Patentrechte) | 120.000 | - Darlehensverbindlich- | |
| Sachanlagen | | keiten | 250.000 |
| - Unbebaute Grundstücke | 1.000.000 | - Lieferantenverbindlich- | |
| - Bebaute Grundstücke | 450.000 | keiten | 150.000 |
| - Fuhrpark | 74.000 | | |
| - Geschäftseinrichtung | 85.000 | | |
| Finanzanlagen | | | |
| - Beteiligung | 40.000 | | |
| - Wertpapiere | 60.000 | | |
| **Umlaufvermögen** | | | |
| - Waren | 250.000 | | |
| - Forderungen aus Lieferungen und Leistungen | 53.000 | | |
| - Bank | 44.000 | | |
| - Postscheck | 2.000 | | |
| - Kasse | 22.000 | | |
| | 2.200.000 | | 2.200.000 |

b) Bilanzsumme: 2.200.000,- und Eigenkapital: 1.800.000,-

c) Die Finanzierung der Unternehmenstätigkeit erfolgt primär durch Eigenkapital. Weitere Aussagen, insbesondere über die Finanzierung einzelner Vermögensgegenstände, lassen sich mit der Bilanz kaum treffen.

d) Der Erfolg berechnet sich wie folgt:

| | | |
|---|---|---|
| | $Ek_{t1}$ | 1.850.000 € |
| - | $Ek_{t0}$ | 1.800.000 € |
| | Gewinn | 50.000 € |

e) Der wesentliche Nachteil der Distanzrechnung ist darin zu sehen, daß die **Erfolgsquellen nicht sichtbar** werden. Zwar läßt sich feststellen, daß ein Gewinn erwirtschaftet wurde; allerdings kann nicht gesagt werden, durch welche Komponenten dieser Wert zustande kommt.

**Lösung zu Aufgabe 10 (Posten der Bilanz)**

a) Posten "Erhaltene Anzahlungen auf Bestellungen".

b) Posten "Betriebs- und Geschäftsausstattung" (evtl. gesonderter Posten "Fuhrpark").

c) Posten "Betriebs- und Geschäftsausstattung".

d) Es erfolgt kein Ausweis, da grundsätzlich nur solche Vermögensgegenstände zu bilanzieren sind, die dem Kaufmann rechtlich oder wirtschaftlich gehören.

e) Posten "Sonstige Ausleihungen" (Anlagevermögen).

f) Posten "Sonstige Wertpapiere" (Umlaufvermögen).

g) Posten "Wertpapiere des Anlagevermögens" (evtl. Ausweis unter "Finanzanlagen").

**Lösung zu Aufgabe 11 (Bilanzgleichungen)**

| | | |
|---|---|---|
| Aktiva | = | Passiva |
| Mittelverwendung | = | Mittelherkunft |
| Vermögen | = | Kapital |

Eine weitere Aufteilung ist hinsichtlich des Vermögens und des Kapitals gemäß folgenden Gleichungen möglich:

| | | | |
|---|---|---|---|
| a) | Vermögen | = | Anlagevermögen + Umlaufvermögen |
| b) | Kapital | = | Eigenkapital + Fremdkapital |
| c) | Anlagevermögen + Umlaufvermögen | = | Eigenkapital + Fremdkapital |

**Lösung zu Aufgabe 12 (Gliederungsprinzipien)**

Die Aktivseite ist nach der **Liquidierbarkeit** (Geldnähe) gegliedert. Je später ein Vermögensgegenstand liquidiert (in Bargeld umgewandelt) werden soll, desto weiter oben erscheint er in der Bilanz. Die Passivseite ist nach der **Fristigkeit** des Kapitals gegliedert. Je längerfristiger das Kapital dem Unternehmer zur Verfügung gestellt ist, desto weiter oben erscheint es in der Bilanz.

**Lösung zu Aufgabe 13 (Totalerfolg und Periodenerfolg)**

a) Die Erfolgsermittlung durch Distanzrechnung ergibt:

| | | | | | | | | | | | | |
|---|---|---|---|---|---|---|---|---|---|---|---|---|
| Periode | I: | $\Delta$ | EK | = | $EK_1$ | - | $EK_0$ | = | 200 | - | 150 = | 50 |
| Periode | II: | $\Delta$ | EK | = | $EK_2$ | - | $EK_1$ | = | 180 | - | 200 = | - 20 |
| Periode | III: | $\Delta$ | EK | = | $EK_3$ | - | $EK_2$ | = | 210 | - | 180 = | 30 |
| Totalperiode: | | $\Delta$ | EK | = | $EK_3$ | - | $EK_0$ | = | 210 | - | 150 = | 60 |

In der Periode I wurde ein Gewinn von 50 €, in der Periode II ein Verlust von 20 € und in der Periode III ein Gewinn von 30 € erwirtschaftet. In der Totalperiode erzielte das Unternehmen einen Gewinn von 60 €. Diese Größe stimmt mit der Summe der Einzelerfolge überein (50 € - 20 € + 30 € = 60 €).

b) Grundsätzlich gilt: Der Totalerfolg entspricht der Summe der einzelnen Periodenerfolge. Wird der Erfolg jährlich ermittelt, so erhalten die Bilanzleser - der Unternehmer im Zuge der Selbstinformation und ein Gläubiger im Zuge der Fremdinformation - wichtige Informationen über die wirtschaftliche Lage des Unternehmens. Ein Gläubiger kann für eine Kreditvergabeentscheidung die wirtschaftliche Lage eines Unternehmens besser einschätzen, wenn er regelmäßige Informationen erhält. Im Beispiel ist von Bedeutung, daß der Erfolg der Periode II negativ ist. Diese Information geht verloren, wenn nur der Gesamterfolg ausgewiesen wird. Deshalb sieht das HGB die Erfolgsermittlung für jedes abgelaufene Geschäftsjahr vor.

**Lösung zu Aufgabe 14 (Distanzrechnung)**

a) Eigenkapital 31.12. ..01: 50 TEUR - Passivseite der Bilanz.
Eigenkapital 31.12. ..02: -70 TEUR - Aktivseite der Bilanz.
Eigenkapital 31.12. ..03: 150 TEUR - Passivseite der Bilanz.

b) Erfolgsermittlung durch Distanzrechnung:
Periode 01: -70 TEUR - 50 TEUR = - 120 TEUR (= Verlust von 120 TEUR).
Periode 02: 150 TEUR - (-70) TEUR = 220 TEUR (= Gewinn von 220 TEUR).

c) Die Erfolge der GuV-Rechnung entsprechen denen der Distanzrechnung. Das System der doppelten Buchhaltung führt zur Erfolgsgleichheit von Distanzrechnung und GuV-Rechnung.

# Lösungen der Aufgaben zum 3. Kapitel

## Lösung zu Aufgabe 1 (Kontenarten)

Konto in **Reihenform**:

| Datum | Vorgang | Betrag | |
|---|---|---|---|
| | | Einzahlung | Auszahlung |
| 1.5. | Anfangsbestand | 60.000 | |
| 2.5. | Einzahlung vom Kunden Müller | 1.500 | |
| 3.5. | Überweisung Stromrechnung April | | 4.900 |
| 5.5. | Überweisung der Sozialaufwendungen | | 48.000 |
| 6.5. | Auszahlung Reparatur für Firmenwagen | | 2.000 |
| 9.5. | Überweisung der Steuern ans Finanzamt | | 3.500 |
| 10.5. | Überweisung vom Kunden Franke | 80.000 | |
| 12.5. | Zinsgutschrift für das Vorjahr | 4.800 | |
| 13.5. | Überweisung an Firma Bandura | | 12.500 |
| | Saldo | | 75.400 |

Konto in **T-Form** ("T-Konto"):

| S | | Bank | | | H |
|---|---|---|---|---|---|
| 1.5. | Anfangsbestand | 60.000 | 3.5. | Stromrechnung für April | 4.900 |
| 2.5. | Einzahlung vom Kunden Müller | 1.500 | 5.5. | Sozialaufwendungen | 48.000 |
| 10.5. | Überweisung Franke | 80.000 | 6.5. | Reparatur KFZ | 2.000 |
| 12.5. | Zinsgutschrift | 4.800 | 9.5. | Überweisung Steuern | 3.500 |
| | | | 13.5. | Überweisung Bandura | 12.500 |
| | | | | Saldo | 75.400 |
| | | 146.300 | | | 146.300 |

## Lösung zu Aufgabe 2 (Bestandskonten)

In einer Bilanz erscheinen nur Bestandsgrößen (Werte bezogen auf einen Zeitpunkt). Jeder Bilanzposten kann auf einem gesonderten Konto erfaßt werden. Jedes dieser Konten ist ein **Bestandskonto**. Erscheint der Bestand auf der Aktivseite der Bilanz, spricht man von einem aktiven Bestandskonto (Aktivkonto). Umgekehrt existiert zu jedem bilanziellen Passivposten ein passives Bestandskonto (Passivkonto).

| S | Aktivkonto | H |
|---|---|---|
| AB<br>Zugänge | | Abgänge<br>EB |

| S | Passivkonto | H |
|---|---|---|
| Abgänge<br>EB | | AB<br>Zugänge |

**Beispiele:**

Bebaute Grundstücke, Waren, Maschinen.

**Beispiele:**

Eigenkapital, Darlehensverbindlichkeiten, Lieferantenverbindlichkeiten.

**Lösung zu Aufgabe 3 (Kontenabschluß)**

a) Aktives Bestandskonto: Endbestand 3.000,- (Im Haben).
b) Passives Bestandskonto: Endbestand 4.500,- (Im Soll).
c) Aktives Bestandskonto: Endbestand 15.500,- (Im Haben).
d) Aktives Bestandskonto: Endbestand null.
e) Passives Bestandskonto: Endbestand 2.000,- (Im Soll).

**Hinweis zu d):** Da der Endbestand null ist, wird dieses Konto nicht mehr in die Bilanz aufgenommen. Es ist ausgeglichen.

**Hinweis zu e):** Grundsätzlich ist das Konto "Bank" ein aktives Bestandskonto. Im vorliegenden Fall wurde das Konto jedoch überzogen, so daß sich eine Verbindlichkeit ("Verbindlichkeit gegenüber Kreditinstituten") ergibt. Das Konto wandelt seinen Charakter vom aktiven zum passiven Bestandskonto.

**Lösung zu Aufgabe 4 (Buchung von Geschäftsvorfällen)**

Unter einem **Geschäftsvorfall** versteht man einen Vorgang, der zu einer Änderung des Vermögens und/oder der Schulden eines Unternehmens führt. Diese Änderung betrifft entweder die Höhe und/oder die Zusammensetzung des Vermögens bzw. der Schulden. Ausschlaggebend für die Verbuchung eines Geschäftsvorfalls ist der Realisationszeitpunkt. Dieser ist gegeben, wenn der Unternehmer wirtschaftlich über einen Gegenstand verfügen kann (beim Erwerb) bzw. nicht mehr verfügen kann (beim Verkauf). Die rechtlichen Verhältnisse sind hierbei nicht entscheidend.

a) Durch den Abschluß des Kaufvertrags kann das Unternehmen noch nicht über die Ware verfügen. Der Vertrag verpflichtet unseren Lieferanten nur zur Lieferung, die jedoch noch nicht erfolgte. **Keine Buchung.**

b) Mit der Lieferung der Ware erfolgt die Realisation des Geschäftsvorfalls, da wir über die Ware verfügen können. **Buchung (am Liefertag).**

c) Die Teilzahlung der Ware und die Verrechnung gegen eine Forderung führen zu einer anderen Zusammensetzung des Vermögens und der Schulden. Wir können nicht mehr über das Geld bzw. die alte Forderung verfügen. **Buchung (am Zahlungstag).**
Hinweis: Die Restzahlung bleibt als Verbindlichkeit bestehen.

d) Der Eigentumsvorbehalt dient der Absicherung des Lieferanten. Der Kunde erwirbt erst mit der Zahlung der letzten Kaufpreisrate das rechtliche Eigentum an der Sache. Entscheidend ist hier jedoch der wirtschaftliche Aspekt: Mit der Lieferung können wir über die Ware verfügen, sie insbesondere weiterveräußern. Daher ist der Geschäftsvorfall realisiert. **Buchungen (am Liefertag/Zahlungstag).**

e) Die Veräußerung führt zu einer Änderung der Zusammensetzung des Vermögens: Der Warenbestand nimmt ab, die Forderungen nehmen zu. **Buchung (am Liefertag).**

**Lösung zu Aufgabe 5 (Erfolgsneutrale Geschäftsvorfälle)**

a) Erfolgsneutrale Geschäftsvorfälle:

**Aktivtausch:**

1) Eine Forderung wird durch Banküberweisung beglichen.
2) Wir erhalten Waren gegen Barzahlung.

**Passivtausch:**

1) Eine Lieferantenverbindlichkeit wird in ein Darlehen umgewandelt.
2) Eine Bankschuld wird durch ein Hypothekendarlehen gesichert.

**Bilanzverlängerung:**

1) Wir kaufen Ware auf Ziel.
2) Bei der Bank wird ein Darlehen gegen Gutschrift auf unserem Konto aufgenommen.

**Bilanzverkürzung:**

1) Ein Lieferant erhält zur Begleichung einer Rechnung Bargeld.
2) Wir tilgen eine Hypothekenverbindlichkeit vollständig durch Banküberweisung.

b) Es sind keine weiteren erfolgsneutralen Geschäftsvorfälle möglich. Die oben erläuterten vier Grundtypen umfassen aus systematischer Sicht alle denkbaren bilanziellen Vorgänge mit erfolgsneutralem Charakter.

**Lösung zu Aufgabe 6 (Buchungssätze)**

| | | |
|---|---|---|
| 1) | Masch. Anlagen: | Aktivkonto; Mehrung; Sollseite |
| | Bank: | Aktivkonto; Minderung; Habenseite |
| | **Buchungssatz:** | **Masch. Anlagen an Bank 50.000,-** |
| 2) | Waren: | Aktivkonto; Mehrung; Sollseite |
| | Lieferantenverb.: | Passivkonto; Mehrung; Habenseite |
| | **Buchungssatz:** | **Waren an Lieferantenverb. 1.000,-** |
| 3) | Kasse: | Aktivkonto; Minderung; Habenseite |
| | Lieferantenverb.: | Passivkonto; Minderung; Sollseite |
| | **Buchungssatz:** | **Lieferantenverb. an Kasse 1.000,-** |
| 4) | Bank: | Aktivkonto; Minderung; Habenseite |
| | Kasse: | Aktivkonto; Mehrung; Sollseite |
| | **Buchungssatz:** | **Kasse an Bank 500,-** |
| 5) | Kasse: | Aktivkonto; Mehrung; Sollseite |
| | Fuhrpark: | Aktivkonto; Minderung; Habenseite |
| | **Buchungssatz:** | **Kasse an Fuhrpark 5.000,-** |
| 6) | Darlehensverb.: | Passivkonto; Mehrung; Habenseite |
| | Bank: | Aktivkonto; Mehrung; Sollseite |
| | **Buchungssatz:** | **Bank an Darlehensverb. 20.000,-** |
| 7) | Bank: | Aktivkonto; Mehrung; Sollseite |
| | Forderungen: | Aktivkonto; Minderung; Habenseite |
| | **Buchungssatz:** | **Bank an Forderungen 1.500,-** |
| 8) | Lieferantenverb.: | Passivkonto; Minderung; Sollseite |
| | Darlehensverb.: | Passivkonto; Mehrung; Habenseite |
| | **Buchungssatz:** | **Lieferantenverb. an Darlehensverb. 2.000,-** |
| 9) | Waren: | Aktivkonto; Mehrung; Sollseite |
| | Lieferantenverb.: | Passivkonto; Mehrung; Habenseite |
| | Kasse: | Aktivkonto; Minderung; Habenseite |
| | **Buchungssatz:** | **Waren 6.000,- an Lieferantenverb. 4.000,-**<br>**Kasse 2.000,-** |
| 10) | Finanzanlagen: | Aktivkonto; Minderung; Habenseite |
| | Kasse: | Aktivkonto; Mehrung; Sollseite |
| | Bank: | Aktivkonto; Mehrung; Sollseite |
| | **Buchungssatz:** | **Kasse 2.000,- an Finanzanlagen 5.000,-**<br>**Bank 3.000,-** |

**Lösung zu Aufgabe 7 (Buchungssätze und Geschäftsvorfälle)**

1) Einkauf von Waren auf Ziel.
2) Umschuldung des Darlehens A (auf Darlehen B).
3) Verkauf von Betriebs- und Geschäftsausstattung auf Ziel.
4) Bargeld wird auf das Postscheckkonto eingezahlt.
5) Eine Forderung wird mit einer Lieferantenverbindlichkeit verrechnet.
6) Waren werden eingekauft; die Bezahlung erfolgt zum Teil bar und zum Teil durch Banküberweisung.
7) Tilgung einer Hypothekenverbindlichkeit durch Banküberweisung.
8) Erwerb von Finanzanlagen; die Zahlung erfolgt durch Banküberweisung.

**Lösung zu Aufgabe 8 (Bestands- und Erfolgskonten)**

Richtig sind: 2), 4), 5), 6), 9). - Falsch sind: 1), 3), 7), 8), 10).

Hinweis zu 8): Erfolgskonten haben keine Anfangs-/Endbestände.

Hinweis zu 10): Möglich sind Korrekturen auf Ertragskonten, z.B. zuviel erhaltene Miete, die auf der Sollseite des Kontos "Mietertrag" gebucht wird.

**Lösung zu Aufgabe 9 (Doppelte Buchhaltung)**

Richtig sind: 2), 3), 4). - Falsch ist: 1).

**Lösung zu Aufgabe 10 (Abschluß von Erfolgskonten)**

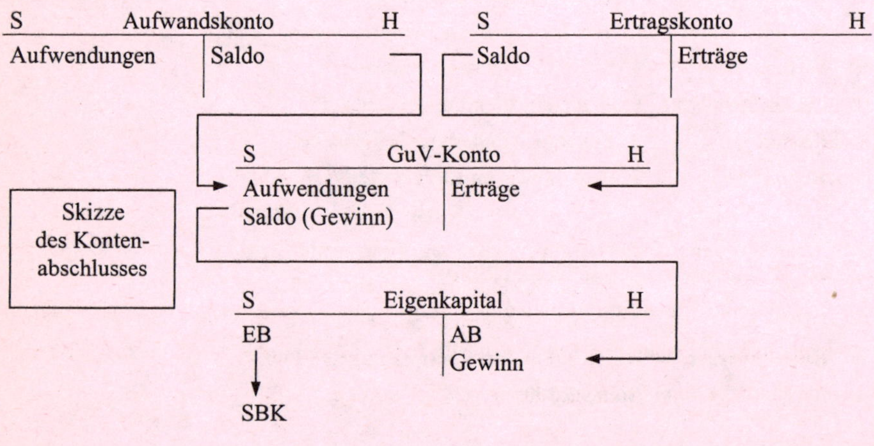

**Beschreibung**: Bei Aufwandskonten erscheint der Saldo meist im Haben, bei Ertragskonten dagegen im Soll. Die Salden werden auf das GuV-Konto übertragen. Sind die Erträge größer als die Aufwendungen, ist ein Gewinn entstanden. Im umgekehrten Fall liegt ein Verlust vor. Der Gewinn (in obiger Skizze) führt zu einer Mehrung des Eigenkapitals, der Verlust zu einer Eigenkapitalminderung. Es findet eine entsprechende Veränderung des Eigenkapitalbestandes statt.

**Lösung zu Aufgabe 11 (Aufbau von Erfolgskonten)**

Aufwendungen stellen eine Eigenkapitalminderung, Erträge dagegen eine Eigenkapitalmehrung dar. Da Aufwands- und Ertragskonten Unterkonten des Eigenkapitalkontos darstellen, folgen sie der Systematik des Hauptkontos. Eine Mehrung des Eigenkapitals wird auf dem Eigenkapitalkonto im Haben, eine Minderung des Eigenkapitals dagegen im Soll gebucht. Somit erfolgt die Verbuchung auf dem Ertragskonto im Haben (Eigenkapitalmehrung), auf dem Aufwandskonto dagegen im Soll (Eigenkapitalminderung).

**Graphisch**:

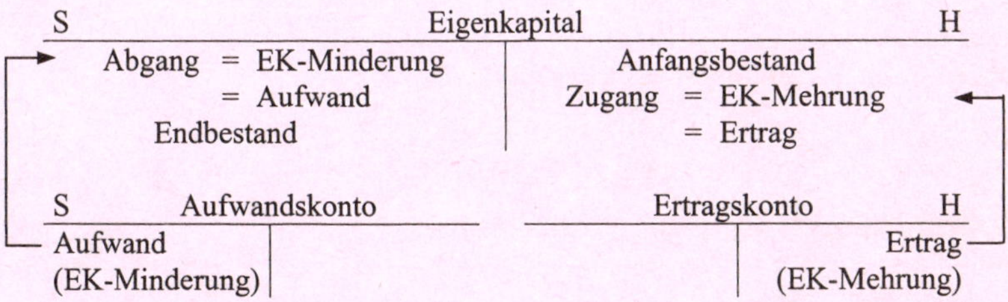


**Lösung zu Aufgabe 12 (Privatkonto)**

Richtig sind: 1), 4).

Falsch sind: 2), 3), 5).

**Lösung zu Aufgabe 13 (Distanzrechnung)**

a) Es fand eine **Eigenkapitalmehrung** von 30 € statt. Die Aussage, daß diese Eigenkapitalmehrung auch den Erfolg darstellt, trifft nur unter der Annahme zu, daß keine Privateinlagen und Privatentnahmen getätigt wurden.

b) Erfolg = $EK_1$ - $EK_0$ + Privatentnahmen - Privateinlagen

= 130 € - 100 € + 10 € - 50 € = -10 €

Diese Form der Erfolgsermittlung heißt **erweiterte Distanzrechnung**.

## Lösung zu Aufgabe 14 (Verbuchung von Privatvorgängen)

**a) Buchungssätze**

| | | | | |
|---|---|---|---|---|
| (1) | Privatkonto | an | Kasse | 5.000,- |
| (2) | Postscheckkonto | an | Privatkonto | 4.200,- |
| (3) | Privatkonto | an | Bank | 1.000,- |
| (4) | Privatkonto | an | Kasse | 2.800,- |
| (5a) | GuV-Konto | an | Aufwandskonten | 280.000,- |
| (5b) | Ertragskonten | an | GuV-Konto | 350.000,- |
| (5c) | GuV-Konto | an | Eigenkapitalkonto | 70.000,- |

Abschluß des Privatkontos:

| | | | | |
|---|---|---|---|---|
| (6) | Eigenkapitalkonto | an | Privatkonto | 4.600,- |

**b) Kontendarstellung:**

S Privatkonto H

| S | | H | |
|---|---|---|---|
| (1) | 5.000 | (2) | 4.200 |
| (3) | 1.000 | (6) | 4.600 |
| (4) | 2.800 | | |
| | 8.800 | | 8.800 |

S Eigenkapitalkonto H

| S | | H | |
|---|---|---|---|
| (6) | 4.600 | AB | 520.000 |
| EB | 585.400 | (5c) | 70.000 |
| | 590.000 | | 590.000 |

S GuV-Konto H

| S | | H | |
|---|---|---|---|
| (5a) Div. Aufwendungen | 280.000 | (5b) Div. Erträge | 350.000 |
| (5c) Gewinn | 70.000 | | |
| | 350.000 | | 350.000 |

**Erfolgsermittlung:**

| | | |
|---|---|---|
| | $EK_1$ | 585.400,- |
| - | $EK_0$ | 520.000,- |
| + | Entnahmen | 8.800,- |
| - | Einlagen | 4.200,- |
| | Gewinn | 70.000,- |

**Hinweis:** Der Erfolg des GuV-Kontos und der Erfolg nach (einfacher oder erweiterter) Distanzrechnung stimmen immer überein (hier: Gewinn: 70.000 €).

**Lösung zu Aufgabe 15 (Ordentlicher und neutraler Aufwand)**

a)

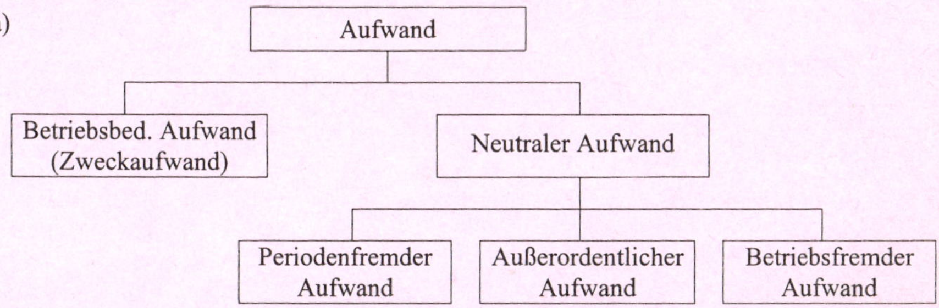


b) Betriebsbedingter Aufwand (Zweckaufwand) ist der Wertverzehr, der im normalen Betriebsprozeß für die Erstellung der betrieblichen Leistungen (das "Kerngeschäft") anfällt. Da sie nachhaltig erzielbar sind, weist der betriebsbedingte Aufwand einen dauerhaften Charakter auf. Dagegen sind die neutralen Aufwendungen eher zufälliger Art. Der periodenfremde Aufwand gehört wirtschaftlich zu einem anderen Geschäftsjahr; der außerordentliche Aufwand ist von der Höhe her zufällig. Der betriebsfremde Aufwand hat mit der Leistungserstellung direkt nichts zu tun. Der neutrale Aufwand beeinträchtigt die **Vergleichbarkeit der Periodenergebnisse**.

**Lösung zu Aufgabe 16 (Buchungssätze und Erfolgswirkungen)**

1) Waren an Lieferantenverbindlichkeiten;
   erfolgsneutral.
2) Lohnaufwand an Kasse;
   erfolgswirksam: Zweckaufwand.

3) Bank an Privatkonto;
erfolgsneutral.

4) Darlehensverbindlichkeit an Bank;
erfolgsneutral.

5) Telefonkosten (Allg. Geschäftsaufwand) an Postscheck;
erfolgswirksam: Zweckaufwand.

6) Privatkonto an Bank;
erfolgsneutral. (Hinweis: Bei der Einkommen- und Kirchensteuer handelt es sich immer um eine private Steuer und somit in diesem Fall um eine Privatentnahme)

7) Kasse an Mietertrag;
erfolgswirksam: neutraler Ertrag.

8) Lieferantenverbindlichkeiten an Bank;
erfolgsneutral.

9) Reparaturaufwand an Bank;
erfolgswirksam: Zu 80% Zweckaufwand und zu 20 % betriebsfremder Aufwand.

10) Privatkonto an Kasse;
erfolgsneutral.

## Lösung zu Aufgabe 17 (Buchungssätze und Erfolgsermittlung)

**Buchungssätze:**

| | | | |
|---|---|---|---|
| (1) Bank | an | Fuhrpark | 10.000,- |
| (2) Betr.- u. Gesch.ausst. | an | Bank | 5.000,- |
| (3) Bank | an | Zinsertrag | 600,- |
| (4) Kasse | an | Forderungen | 2.500,- |

**Kontenmäßige Darstellung:**

| S | Betr.-u. Gesch.ausst. | | H |
|---|---|---|---|
| (2) | 5.000 | SBK | 5.000 |
| | 5.000 | | 5.000 |

| S | Fuhrpark | | H |
|---|---|---|---|
| AB | 50.000 | (1) | 10.000 |
| | | SBK | 40.000 |
| | 50.000 | | 50.000 |

| S | Bank | | H |
|---|---|---|---|
| AB | 20.000 | (2) | 5.000 |
| (1) | 10.000 | SBK | 25.600 |
| (3) | 600 | | |
| | 30.600 | | 30.600 |

| S | Kasse | | H |
|---|---|---|---|
| (4) | 2.500 | SBK | 2.500 |
| | 2.500 | | 2.500 |

| S | Zinsertrag | | H |
|---|---|---|---|
| GuV | 600 | (3) | 600 |
| | 600 | | 600 |

| S | Forderungen | | H |
|---|---|---|---|
| AB | 5.000 | (4) | 2.500 |
| | | SBK | 2.500 |
| | 5.000 | | 5.000 |

| S | Fremdkapital | | H |
|---|---|---|---|
| SBK | 30.000 | AB | 30.000 |
| | 30.000 | | 30.000 |

| S | GuV-Konto | | H |
|---|---|---|---|
| Gewinn | 600 | Zinsertrag | 600 |
| | 600 | | 600 |

| S | SBK | | H |
|---|---|---|---|
| Fuhrpark | 40.000 | Eigenkapital | 45.600 |
| Betr.- u. Geschäftsausstattung | 5.000 | Fremdkapital | 30.000 |
| Forderungen | 2.500 | | |
| Bank | 25.600 | | |
| Kasse | 2.500 | | |
| | 75.600 | | 75.600 |

**Erfolgsermittlungen:**

1) Erfolg lt. GuV-Konto: 600 € (Ertrag: 600 €; Aufwand: 0 €).

2) Erfolg nach Distanzrechnung: 600 € (EK-Vergleich: 45.600 € - 45.000 €).

Hinweis: Das Eigenkapital wird nur durch den erfolgswirksamen Zinsertrag verändert. Es steigt um 600 € an. Das Eigenkapitalkonto erfährt auf der Habenseite einen Zuwachs von 600 € (Endbestand somit 45.600 €: 45.000 € + 600 €).

**Lösung zu Aufgabe 18 (Anfangsbilanz – Buchungen – Schlußbilanz)**

Das Eröffnungsbilanzkonto hat folgendes Aussehen:

| S | EBK | | H |
|---|---|---|---|
| Eigenkapital | 169.000 | Grundstücke und Gebäude | 200.000 |
| Hypothekenverbindlichkeiten | 120.000 | Fuhrpark | 45.000 |
| Darlehensverbindlichkeiten | 60.000 | Betriebs- u. Geschäftsausstattung | 31.000 |
| Lieferantenverbindlichkeiten | 13.000 | Finanzanlagen | 18.000 |
| | | Waren | 32.000 |
| | | Forderungen | 8.000 |
| | | Bank | 26.000 |
| | | Kasse | 2.000 |
| | 362.000 | | 362.000 |

**Buchungssätze**:

| | | | |
|---|---|---|---|
| (1) | Waren | an Lieferantenverbindlichkeiten | 4.500,- |
| (2) | Privatkonto | an Fuhrpark | 11.000,- |
| (3) | Zinsaufwand | an Lieferantenverbindlichkeiten | 100,- |
| (4) | Bank | an Forderungen | 3.300,- |
| (5) | Kasse | an Provisionserträge | 600,- |
| (6) | Hypothekenverb. 16.000,-<br>Darlehensverb. 5.500,- | an Bank | 21.500,- |
| (7) | Kein buchungsrelevanter Tatbestand, da in 01 nur ein Vertragsabschluß vorliegt und noch keine Auszahlung des Geldes erfolgte. Die Buchung erfolgt erst in 02. | | |
| (8) | Bank | an Zinserträge | 800,- |
| (9) | Mietaufwand | an Bank | 1.800,- |
| (10) | Kasse | an Privatkonto | 2.200,- |
| (11) | Spenden | an Kasse | 500,- |
| (12) | Betr.- u. Geschäftsausstattung | an Lieferantenverbindlichkeiten | 2.800,- |
| (13) | Wasserkosten | an Bank | 1.600,- |
| (14) | SBK | an Waren | 36.500,- |

**Kontenmäßige Darstellung:**

| S | Grundst. u. Gebäude | | H |
|---|---|---|---|
| AB | 200.000 | SBK | 200.000 |
| | 200.000 | | 200.000 |

| S | Fuhrpark | | H |
|---|---|---|---|
| AB | 45.000 | (2) | 11.000 |
| | | SBK | 34.000 |
| | 45.000 | | 45.000 |

| S | Betr.- u. Geschäftsausstattung | | H |
|---|---|---|---|
| AB | 31.000 | SBK | 33.800 |
| (12) | 2.800 | | |
| | 33.800 | | 33.800 |

| S | Finanzanlagen | | H |
|---|---|---|---|
| AB | 18.000 | SBK | 18.000 |
| | 18.000 | | 18.000 |

| S | Waren | | H |
|---|---|---|---|
| AB | 32.000 | (14) | 36.500 |
| (1) | 4.500 | | |
| | 36.500 | | 36.500 |

| S | Forderungen | | H |
|---|---|---|---|
| AB | 8.000 | (4) | 3.300 |
| | | SBK | 4.700 |
| | 8.000 | | 8.000 |

| S | Bank | | H |
|---|---|---|---|
| AB | 26.000 | (6) | 21.500 |
| (4) | 3.300 | (9) | 1.800 |
| (8) | 800 | (13) | 1.600 |
| | | SBK | 5.200 |
| | 30.100 | | 30.100 |

| S | Kasse | | H |
|---|---|---|---|
| AB | 2.000 | (11) | 500 |
| (5) | 600 | SBK | 4.300 |
| (10) | 2.200 | | |
| | 4.800 | | 4.800 |

| S | Eigenkapital | | H |
|---|---|---|---|
| Privat | 8.800 | AB | 169.000 |
| GuV | 2.600 | | |
| SBK | 157.600 | | |
| | 169.000 | | 169.000 |

| S | Hypothekenverbindlichkeiten | | H |
|---|---|---|---|
| (6) | 16.000 | AB | 120.000 |
| SBK | 104.000 | | |
| | 120.000 | | 120.000 |

| S | Darlehensverbindlichkeiten | | H |
|---|---|---|---|
| (6) | 5.500 | AB | 60.000 |
| SBK | 54.500 | | |
| | 60.000 | | 60.000 |

| S | Lieferantenverbindlichkeiten | | H |
|---|---|---|---|
| SBK | 20.400 | AB | 13.000 |
| | | (1) | 4.500 |
| | | (3) | 100 |
| | | (12) | 2.800 |
| | 20.400 | | 20.400 |

| S | Privatkonto | | H |
|---|---|---|---|
| (2) | 11.000 | (10) | 2.200 |
| | | EK | 8.800 |
| | 11.000 | | 11.000 |

| S | Zinsaufwand | | H |
|---|---|---|---|
| (3) | 100 | GuV | 100 |
| | 100 | | 100 |

| S | Provisionserträge | | H |
|---|---|---|---|
| GuV | 600 | (5) | 600 |
| | 600 | | 600 |

| S | Zinserträge | | H |
|---|---|---|---|
| GuV | 800 | (8) | 800 |
| | 800 | | 800 |

| S | Mietaufwand | | H |
|---|---|---|---|
| (9) | 1.800 | GuV | 1.800 |
| | 1.800 | | 1.800 |

| S | Spenden | | H |
|---|---|---|---|
| (11) | 500 | GuV | 500 |
| | 500 | | 500 |

| S | Wasserkosten | | H |
|---|---|---|---|
| (13) | 1.600 | GuV | 1.600 |
| | 1.600 | | 1.600 |

| S | GuV-Konto | | H |
|---|---|---|---|
| Zinsaufwand | 100 | Provisionsertrag | 600 |
| Mietaufwand | 1.800 | Zinsertrag | 800 |
| Spenden | 500 | Verlust | 2.600 |
| Wasserkosten | 1.600 | | |
| | 4.000 | | 4.000 |

| S | SBK | | H |
|---|---|---|---|
| Grundstücke und Gebäude | 200.000 | Eigenkapital | 157.600 |
| Fuhrpark | 34.000 | Hypothekenverbindlichkeiten | 104.000 |
| Betriebs- u. Gesch.ausstattung | 33.800 | Darlehensverbindlichkeiten | 54.500 |
| Finanzanlagen | 18.000 | Lieferantenverbindlichkeiten | 20.400 |
| Waren | 36.500 | | |
| Forderungen | 4.700 | | |
| Bank | 5.200 | | |
| Kasse | 4.300 | | |
| | 336.500 | | 336.500 |

**Erfolgsermittlungen:**

Erfolg lt. GuV-Konto: Erträge 1.400 € – Aufwendungen 4.000 € = Verlust 2.600 €.

*Erfolg lt. Distanzrechnung: 157.600 € – 169.000 € = -11.400 €,* zzgl. Entnahmen von 8.800 €: Verlust: 2.600 €. **Beide Erfolge stimmen überein.**

**Lösung zu Aufgabe 19 (Ordentliches und neutrales Ergebnis)**

a) Zweckertrag:

| | | |
|---|---|---|
| Zweckertrag: | Verkaufserlöse Limonade | 250.000,- |
| | Verkaufserlöse Bier | 410.000,- |
| | Verkaufserlöse Spirituosen | 350.000,- |
| | | 1.010.000,- |
| Zweckaufwand: | Aufwendungen für Limonade | 210.000,- |
| | Aufwendungen für Bier | 360.000,- |
| | Aufwendungen für Spirituosen | 300.000,- |
| | Reparaturaufwand LKW (Verschleiß) | 7.200,- |
| | Inspektionsaufwand Firmen-Kfz | 800,- |
| | Sonstiger betrieblicher Geschäftsaufwand | 4.000,- |
| | Personalaufwand | 53.000,- |
| | Mietaufwand (60% von 24.000 €) | 14.400,- |
| | | 949.400,- |
| Neutraler Ertrag: | Zinsgutschrift | 10.000,- |
| | Mieterträge | 60.000,- |
| | Versicherungsentschädigung | 12.000,- |
| | | 82.000,- |
| Neutraler Aufwand: | Verlust aus Wertpapiergeschäften | 4.000,- |
| | Reparaturaufwand (Unfall) | 4.800,- |
| | Brandschaden Lagerhalle | 13.000,- |
| | | 21.800,- |
| Ordentliches Ergebnis: | | 1.010.000,- |
| | | - 949.400,- |
| | | 60.600,- |
| Neutrales Ergebnis: | | 82.000,- |
| | | - 21.800,- |
| | | 60.200,- |

Gesamtergebnis = Ordentliches + Neutrales Ergebnis

Gesamtergebnis = 60.600 + 60.200 = 120.800,-

**Hinweise:**

1. Die private Miete erscheint nicht in der GuV-Rechnung, da sie keinen betrieblichen Wertverzehr darstellt. Es handelt sich um Privatentnahmen, die das Eigenkapital verändern.
2. Die Versicherungsentschädigung und der Aufwand durch Brand der Lagerhalle müssen nach dem **Bruttoprinzip** (§ 246 Abs. 2 HGB) jeweils gesondert in der GuV-Rechnung ausgewiesen werden.

b) Die GuV-Rechnung hat folgendes Aussehen:

| S | GuV-Rechnung | | H |
|---|---|---|---|
| **Zweckaufwand:** | | **Zweckertrag:** | |
| Aufwendungen für: | | Verkaufserlöse: | |
| Limonade | 210.000 | Limonade | 250.000 |
| Bier | 360.000 | Bier | 410.000 |
| Spirituosen | 300.000 | Spirituosen | 350.000 |
| Reparatur LKW | 7.200 | | |
| Inspektionsaufwand | 800 | | |
| sonstiger Geschäftsaufwand | 4.000 | | |
| Personalaufwand | 53.000 | | |
| Mietaufwand | 14.400 | | |
| **Ordentlicher Gewinn:** | 60.600 | | |
| **Neutraler Aufwand:** | | **Neutraler Ertrag:** | |
| Verlust aus Wertpap.geschäft | 4.000 | Zinsgutschrift | 10.000 |
| Reparaturaufwand | 4.800 | Mieterträge | 60.000 |
| Aufwand für Lagerhalle | 1.000 | | |
| **Neutraler Gewinn:** | 60.200 | | |
| | 1.080.000 | | 1.080.000 |

**Hinweise:**

1. In der Praxis werden in der GuV-Rechnung nicht zwei Gewinnbeträge ausgewiesen; die Aufteilung des Gewinns diente hier nur zur Veranschaulichung.
2. Das HGB sieht für die GuV-Rechnung die Staffelform vor (§ 275 Abs. 1 HGB). Hierbei sind die einzelnen Posten untereinander anzuordnen. Aus Anschaulichkeitsgründen erfolgte die Darstellung in Kontenform.

# Lösungen der Aufgaben zum 4. Kapitel

## Lösung zu Aufgabe 1 (Gemischtes Warenkonto)

a) Das gemischte Warenkonto wird wie folgt abgeschlossen:

| S | Gemischtes Warenkonto | | H |
|---|---:|---|---:|
| AB | 31.000 | Abgang 1 | 12.600 |
| Zugang 1 | 11.000 | Abgang 2 | 19.300 |
| Zugang 2 | 6.500 | EB lt. Inventur | 28.500 |
| Zugang 3 | 7.400 | | |
| Saldo | 4.500 | | |
| | 60.400 | | 60.400 |

| | | |
|---|---|---:|
| SBK | an Gemischtes Warenkonto | 28.500,- |
| Gemischtes Warenkonto | an GuV-Konto | 4.500,- |

b) Der Saldo wird als Warenroherfolg bezeichnet. Die positive Komponente heißt Warenrohgewinn, die negative Komponente Warenrohverlust. Der Saldo von 4.500 € stellt einen Warenrohgewinn dar.

c)

| | |
|---|---|
| Anfangsbestand: | Eröffnungsbilanzkonto |
| Zugänge: | Lieferantenverbindlichkeiten (bei Zieleinkauf) oder Zahlungsmittelkonto (z.B. Bank, Kasse) |
| Abgänge: | Forderungen (bei Zielverkauf) oder Zahlungsmittelkonto (z.B. Bank) |
| Endbestand: | Schlußbilanzkonto |
| Saldo (Warenroherfolg): | GuV-Konto |

d)

| | |
|---|---|
| Anfangsbestand: | zu Einkaufspreisen (Einstandspreisen) |
| Zugänge: | zu Einkaufspreisen (Einstandspreisen) |
| Abgänge: | zu Verkaufspreisen |
| Endbestand: | zu Einkaufspreisen (Einstandspreisen) |

e) Keiner. Anschaffungskosten und Einstandspreise sind identische Begriffe. Einstandspreise sind die Anschaffungskosten der Waren. Es gilt § 255 Abs. 1 HGB.

## Lösung zu Aufgabe 2 (Gemischtes Warenkonto)

1. **Unübersichtlichkeit**. Da sowohl Buchungen zu Einkaufswerten als auch Buchungen zu Verkaufswerten vorgenommen werden, wird das Konto unübersichtlich.

2. **Unhandlichkeit**. Das Konto ist gleichzeitig Bestands- und Erfolgskonto. Der Erfolg kann erst nach einer Inventur des Warenendbestandes ermittelt werden. Das gemischte Warenkonto ist somit unhandlich.

## Lösung zu Aufgabe 3 (Getrennte Warenkonten)

**Buchungssätze:**

| | | |
|---|---|---|
| (1) Wareneinkauf | an Bank | 10.000,- |
| (2) Bank | an Forderungen | 3.200,- |
| (3) Forderungen | an Warenverkauf | 5.000,- |
| (4) Darlehensverbindlichkeiten | an Bank | 3.000,- |

**Buchungssätze für Abschluß der Warenkonten und des GuV-Kontos:**

| | | |
|---|---|---|
| (a) SBK | an Wareneinkauf | 35.000,- |
| (b) GuV-Konto | an Wareneinkauf | 15.000,- |
| (c) Warenverkauf | an GuV-Konto | 5.000,- |
| (d) Eigenkapital | an GuV-Konto | 10.000,- |

**Kontenmäßige Darstellung:**

| S | Bank | | H |
|---|---|---|---|
| AB | 12.000 | (1) | 10.000 |
| (2) | 3.200 | (4) | 3.000 |
| | | SBK | 2.200 |
| | 15.200 | | 15.200 |

| S | Forderungen | | H |
|---|---|---|---|
| AB | 15.000 | (2) | 3.200 |
| (3) | 5.000 | SBK | 16.800 |
| | 20.000 | | 20.000 |

| S | Wareneinkauf | | H |
|---|---|---|---|
| AB | 40.000 | (b) | 15.000 |
| (1) | 10.000 | (a) | 35.000 |
| | 50.000 | | 50.000 |

| S | Warenverkauf | | H |
|---|---|---|---|
| (c) | 5.000 | (3) | 5.000 |
| | 5.000 | | 5.000 |

| S | Darlehensverbindlichkeiten | | H |
|---|---|---|---|
| (4) | 3.000 | AB | 27.000 |
| SBK | 24.000 | | |
| | 27.000 | | 27.000 |

| S | Betr.- u. Gesch.ausstat. | | H |
|---|---|---|---|
| AB | 25.000 | SBK | 25.000 |
| | 25.000 | | 25.000 |

| S | GuV-Konto (Bruttomethode) | | H |
|---|---|---|---|
| Wareneinsatz (b) | 15.000 | Warenverkauf (c) | 5.000 |
| | | Verlust (d) | 10.000 |
| | 15.000 | | 15.000 |

| S | SBK | | H |
|---|---|---|---|
| Betr.- u. Gesch.ausst. | 25.000 | Eigenkapital | 55.000 |
| Wareneinkauf (a) | 35.000 | Darlehensverbindlichkeiten | 24.000 |
| Forderungen | 16.800 | | |
| Bank | 2.200 | | |
| | 79.000 | | 79.000 |

**Lösung zu Aufgabe 4 (Rücksendungen)**

a) **Buchungssätze:**

| | | |
|---|---|---|
| (1) Wareneinkauf | an Lieferantenverbindlichkeiten | 6.300,- |
| (2) Lieferantenverbindlichkeiten | an Bank | 5.000,- |
| (3) Kasse | an Warenverkauf | 6.000,- |
| (4) Forderungen | an Warenverkauf | 18.000,- |
| (5) Warenverkauf | an Forderungen | 12.000,- |
| (6) Wareneinkauf | an Kasse | 4.000,- |
| (7) Bank | an Wareneinkauf | 2.000,- |

b) **Kontenmäßige Darstellung:**

| S | Wareneinkauf | | H |
|---|---|---|---|
| AB | 28.000 | (7) | 2.000 |
| (1) | 6.300 | EB | 29.300 |
| (6) | 4.000 | GuV | 7.000 |
| | 38.300 | | 38.300 |

| S | Forderungen | | H |
|---|---|---|---|
| AB | 31.000 | (5) | 12.000 |
| (4) | 18.000 | SBK | 37.000 |
| | 49.000 | | 49.000 |

| S | Bank | | H |
|---|---|---|---|
| AB | 10.000 | (2) | 5.000 |
| (7) | 2.000 | SBK | 7.000 |
| | 12.000 | | 12.000 |

| S | Eigenkapital | | H |
|---|---|---|---|
| SBK | 51.500 | AB | 46.500 |
| | | GuV | 5.000 |
| | 51.500 | | 51.500 |

| S | Lieferantenverbindlichkeiten | | H |
|---|---|---|---|
| (2) | 5.000 | AB | 22.500 |
| SBK | 23.800 | (1) | 6.300 |
| | 28.800 | | 28.800 |

| S | Kasse | | H |
|---|---|---|---|
| (3) | 6.000 | (6) | 4.000 |
| | | SBK | 2.000 |
| | 6.000 | | 6.000 |

| S | Warenverkauf | | H |
|---|---|---|---|
| (5) | 12.000 | (3) | 6.000 |
| GuV | 12.000 | (4) | 18.000 |
| | 24.000 | | 24.000 |

| S | GuV-Konto (Bruttomethode) | | H |
|---|---|---|---|
| Wareneinsatz | 7.000 | Warenverkauf | 12.000 |
| Gewinn | 5.000 | | |
| | 12.000 | | 12.000 |

| S | SBK | | H |
|---|---|---|---|
| Wareneinkauf | 29.300 | Eigenkapital | 51.500 |
| Forderungen | 37.000 | Lieferantenverbindlichkeiten | 23.800 |
| Bank | 7.000 | | |
| Kasse | 2.000 | | |
| | 75.300 | | 75.300 |

c) Die Buchungen 5) und 7) heißen Stornobuchungen, da bereits abgewickelte Geschäftsvorfälle nachträglich korrigiert werden.

d) **Buchungssätze bei Nettomethode:**

| | | |
|---|---|---|
| (a) Warenverkauf | an Wareneinkauf | 7.000,- |
| (b) Warenverkauf | an GuV-Konto | 5.000,- |
| (c) GuV-Konto | an Eigenkapital | 5.000, |

## Lösung zu Aufgabe 5 (Wareneinsatzkonto)

a) Buchungssätze:

| | | | |
|---|---|---|---|
| (1a) | Wareneinsatz | an Wareneinkauf | 900,- |
| (1b) | Forderungen | an Warenverkauf | 1.800,- |
| (2a) | Wareneinsatz | an Wareneinkauf | 4.800,- |
| (2b) | Forderungen | an Warenverkauf | 9.600,- |
| (3a) | Wareneinsatz | an Wareneinkauf | 1.200,- |
| (3b) | Forderungen | an Warenverkauf | 2.400,- |
| (4a) | Wareneinsatz | an Wareneinkauf | 2.100,- |
| (4b) | Forderungen | an Warenverkauf | 4.200,- |

| | | | | |
|---|---|---|---|---|
| (5a) | Wareneinsatz | an | Wareneinkauf | 1.950,- |
| (5b) | Forderungen | an | Warenverkauf | 3.900,- |
| (6a) | Wareneinsatz | an | Wareneinkauf | 1.050,- |
| (6b) | Forderungen | an | Warenverkauf | 2.100,- |
| (7) | GuV-Konto | an | Wareneinsatz | 12.000,- |
| (8) | Warenverkauf | an | GuV-Konto | 24.000,- |
| (9) | SBK | an | Forderungen | 24.000,- |

**b) Kontenmäßige Darstellung:**

S Wareneinkauf H

| S | | H | |
|---|---|---|---|
| AB | 9.000 | (1a) | 900 |
| ZG 1 | 6.750 | (2a) | 4.800 |
| ZG 2 | 5.250 | (3a) | 1.200 |
| | | (4a) | 2.100 |
| | | (5a) | 1.950 |
| | | (6a) | 1.050 |
| | | EB | 9.000 |
| | 21.000 | | 21.000 |

S Wareneinsatz H

| S | | H | |
|---|---|---|---|
| (1a) | 900 | (7) | 12.000 |
| (2a) | 4.800 | | |
| (3a) | 1.200 | | |
| (4a) | 2.100 | | |
| (5a) | 1.950 | | |
| (6a) | 1.050 | | |
| | 12.000 | | 12.000 |

S GuV-Konto H

| S | | H | |
|---|---|---|---|
| (7) | 12.000 | (8) | 24.000 |
| Roh-gewinn | 12.000 | | |
| | 24.000 | | 24.000 |

S Warenverkauf H

| S | | H | |
|---|---|---|---|
| (8) | 24.000 | (1b) | 1.800 |
| | | (2b) | 9.600 |
| | | (3b) | 2.400 |
| | | (4b) | 4.200 |
| | | (5b) | 3.900 |
| | | (6b) | 2.100 |
| | 24.000 | | 24.000 |

S Forderungen H

| S | | H | |
|---|---|---|---|
| (1b) | 1.800 | (9) | 24.000 |
| (2b) | 9.600 | | |
| (3b) | 2.400 | | |
| (4b) | 4.200 | | |
| (5b) | 3.900 | | |
| (6b) | 2.100 | | |
| | 24.000 | | 24.000 |

**Der Rohgewinn beträgt 12.000 €.**

**Lösung zu Aufgabe 6 (Getrennte Warenkonten)**

Richtig sind: 1), 5).

Falsch sind: 2), 3), 4).

**Lösung zu Aufgabe 7 (Umsatzsteuersystem)**

| | Vorsteuer | Berechnete USt | Zahllast |
|---|---|---|---|
| Urerzeugung | 0,- | 100,- | 100,- |
| Industrie | 100,- | 150,- | 50,- |
| Einzelhändler | 150,- | 180,- | 30,- |
| Summe | 250,- | 430,- | 180,- |

Der Endverbraucher zahlt 180 € Umsatzsteuer. Dies entspricht genau 10% von 1.800 €. Dieser Betrag wird im Wirtschaftsverkehr neu geschaffen; er repräsentiert die **Wertschöpfung**. Die Höhe der Steuerlast ist hierbei unabhängig von der Zahl der Stufen, die ein Produkt von der Urerzeugung bis zum Endverbraucher durchläuft.

**Lösung zu Aufgabe 8 (Abschluß von Umsatzsteuerkonten)**

**Drei-Konten-Methode:**

| | | | |
|---|---|---|---|
| (1) USt-Verrechnung | an | Vorsteuer | 13.800,- |
| (2) Berechnete USt | an | USt-Verrechnung | 18.300,- |
| (3) USt-Verrechnung | an | Sonstige Verbindlichkeiten | 4.500,- |
| Im nächsten Jahr: | | | |
| (4) Sonstige Verbindlichkeiten | an | Bank | 4.500,- |

**Zwei-Konten-Methode:**

| | | | |
|---|---|---|---|
| (1) Berechnete USt | an | Vorsteuer | 13.800,- |
| (2) Berechnete USt | an | Sonstige Verbindlichkeiten | 4.500,- |
| Im nächsten Jahr: | | | |
| (3) Sonstige Verbindlichkeiten | an | Bank | 4.500,- |

**Lösung zu Aufgabe 9 (Warenverbuchung mit Umsatzsteuer)**

**Buchungssätze:**

| | | | | | |
|---|---|---|---|---|---|
| (1) | Wareneinkauf I | 6.000,- | an | Lieferantenverbindlichkeiten | 6.600,- |
| | Vorsteuer | 600,- | | | |

| | | | | |
|---|---|---|---|---|
| (2) Wareneinkauf II | 6.000,- | an | Lieferantenverbindlichkeiten | 6.600,- |
| Vorsteuer | 600,- | | | |
| (3) Bank | 11.000,- | an | Warenverkauf I | 10.000,- |
| | | | Berechnete USt | 1.000,- |
| (4) Bank | 8.800,- | an | Warenverkauf II | 8.000,- |
| | | | Berechnete USt | 800,- |

**Abschlußbuchungen:**

| | | | | |
|---|---|---|---|---|
| (a1) | Wareneinkauf | an | Wareneinkauf I | 22.000,- |
| (a2) | Wareneinkauf | an | Wareneinkauf II | 15.600,- |
| (a3) | SBK | an | Wareneinkauf | 37.600,- |
| (b1) | Wareneinsatz | an | Wareneinkauf I | 4.000,- |
| (b2) | Wareneinsatz | an | Wareneinkauf II | 2.400,- |
| (b3) | GuV-Konto | an | Wareneinsatz | 6.400,- |
| (c1) | Berechnete USt | an | Vorsteuer | 1.200,- |
| (c2) | Berechnete USt | an | Bank | 600,- |
| (d1) | Warenverkauf I | an | Warenverkauf | 10.000,- |
| (d2) | Warenverkauf II | an | Warenverkauf | 8.000,- |
| (d3) | Warenverkauf | an | GuV-Konto | 18.000,- |

**Kontenmäßige Darstellung:**

| S | Wareneinkauf I | | H |
|---|---|---|---|
| AB | 20.000 | (b1) | 4.000 |
| (1) | 6.000 | (a1) | 22.000 |
| | 26.000 | | 26.000 |

| S | Wareneinkauf II | | H |
|---|---|---|---|
| AB | 12.000 | (b2) | 2.400 |
| (2) | 6.000 | (a2) | 15.600 |
| | 18.000 | | 18.000 |

| S | Warenverkauf I | | H |
|---|---|---|---|
| (d1) | 10.000 | (3) | 10.000 |
| | 10.000 | | 10.000 |

| S | Warenverkauf II | | H |
|---|---|---|---|
| (d2) | 8.000 | (4) | 8.000 |
| | 8.000 | | 8.000 |

| S | Vorsteuer | | H |
|---|---|---|---|
| (1) | 600 | Ber. USt | 1.200 |
| (2) | 600 | | |
| | 1.200 | | 1.200 |

| S | Berechnete USt | | H |
|---|---|---|---|
| VSt | 1.200 | (3) | 1.000 |
| Bank | 600 | (4) | 800 |
| | 1.800 | | 1.800 |

| S | Bank | | H |
|---|---|---|---|
| AB | 48.000 | Ber. USt. | 600 |
| (3) | 11.000 | SBK | 67.200 |
| (4) | 8.800 | | |
| | 67.800 | | 67.800 |

| S | Lieferantenverbindlichkeiten | | H |
|---|---|---|---|
| SBK | 13.200 | (1) | 6.600 |
| | | (2) | 6.600 |
| | 13.200 | | 13.200 |

| S | Wareneinkauf | | H |
|---|---|---|---|
| (a1) | 22.000 | SBK | 37.600 |
| (a2) | 15.600 | | |
| | 37.600 | | 37.600 |

| S | Wareneinsatz | | H |
|---|---|---|---|
| (b1) | 4.000 | GuV | 6.400 |
| (b2) | 2.400 | | |
| | 6.400 | | 6.400 |

| S | Warenverkauf | | H |
|---|---|---|---|
| GuV | 18.000 | (d1) | 10.000 |
| | | (d2) | 8.000 |
| | 18.000 | | 18.000 |

| S | GuV-Konto | | H |
|---|---|---|---|
| Wareneinsatz | 6.400 | Warenverkauf | 18.000 |
| Rohgewinn | 11.600 | | |
| | 18.000 | | 18.000 |

| S | SBK | | H |
|---|---|---|---|
| Wareneinkauf | 37.600 | Eigenkapital | 91.600 |
| Bank | 67.200 | Lieferantenverbindlichkeiten | 13.200 |
| | 104.800 | | 104.800 |

**Zur Fremdinformation**: Die Informationsbedürfnisse externer Personen wie z.B. von Kreditgebern sind erfüllt, wenn die Veränderung des Unternehmenserfolgs im Zeitablauf hinreichend deutlich wird. Auf eine Detailgenauigkeit wird zugunsten der Übersichtlichkeit verzichtet. Daher genügt es, in der Bilanz einen Posten "Wareneinkauf" und in der GuV-Rechnung die zusammengefaßten Posten "Wareneinsatz" bzw. "Warenverkauf" auszuweisen. **Ergebnis**: Zur Fremdinformation werden keine speziellen Warenkonten benötigt.

**Zur Selbstinformation**: Durch die Einrichtung spezieller Warenkonten kann die Absatzentwicklung einzelner Warenarten genauer überwacht werden und der Kaufmann erhält z.B. Hinweise darauf, welche Produkte "sich besonders gut verkaufen". Es besteht auch die Möglichkeit, die Erfolgsentwicklung einzelner Warenarten genauer zu überwachen, indem eine Saldenbildung (Warenverkauf - Wareneinkauf) für einzelne Warenarten erfolgt. Dies ist insbesondere bei variablen Einkaufs- und Verkaufspreisen wichtig. Hierbei kann der Einsatz der EDV zweckmäßig sein, mit deren Hilfe diese Informationen sehr schnell verfügbar sind. **Ergebnis**: Zur Selbstinformation ist die Einrichtung spezieller Warenkonten zweckmäßig.

**Lösung zu Aufgabe 10 (Diverse Warenverbuchungen)**

| | | | | | |
|---|---|---|---|---|---|
| (1) | Wareneinkauf | 7.000,- | an | Lieferantenverb. | 7.700,- |
| | Vorsteuer | 700,- | | | |
| (2) | Lieferantenverb. | 3.850,- | an | Wareneinkauf | 3.500,- |
| | | | | Vorsteuer | 350,- |
| (3) | Lieferantenverb. | | an | Postscheck | 3.850,- |
| (4) | Forderungen | 1.430,- | an | Wareneinkauf | 1.300,- |
| | (Gutschrift) | | | Vorsteuer | 130,- |
| (5) | Betr.- u. Gesch.ausst. | 8.800,- | an | Lieferantenverb. | 9.680,- |
| | Vorsteuer | 880,- | | | |
| (6) | Forderungen | 4.950,- | an | Warenverkauf | 4.500,- |
| | Schulze | | | Berechnete USt | 450,- |
| (7a) | Warenverkauf | 4.500,- | an | Forderungen Schulze | 4.950,- |
| | Berechnete USt | 450,- | | | |
| (7b) | Forderungen | 4.950,- | an | Warenverkauf | 4.500,- |
| | Müller | | | Berechnete USt | 450,- |

**Lösung zu Aufgabe 11 (Rücksendungen)**

Richtig sind: 2), 3). - Falsch sind: 1).

**Lösung zu Aufgabe 12 (Rücksendungen)**

**Buchungssätze:**

| | | | | | |
|---|---|---|---|---|---|
| (1) | Wareneinkauf | 50.000,- | an | Lieferantenverb. | 55.000,- |
| | Vorsteuer | 5.000,- | | | |
| (2) | Lieferantenverb. | 13.750,- | an | Wareneinkauf | 12.500,- |
| | | | | Vorsteuer | 1.250,- |

| | | | | |
|---|---|---|---|---|
| (3) | Forderungen | 46.200,- | an Warenverkauf | 42.000,- |
| | | | Berechnete USt | 4.200,- |
| (4) | Warenverkauf | 21.000,- | an Forderungen | 23.100,- |
| | Berechnete USt | 2.100,- | | |
| (5) | Bank | | an Forderungen | 23.100,- |
| (6) | Lieferantenverb. | | an Bank | 41.250,- |

**Kontenmäßige Darstellung:**

S Wareneinkauf H

| | | | |
|---|---|---|---|
| AB | 100.000 | (2) | 12.500 |
| (1) | 50.000 | GuV | 10.000 |
| | | SBK | 127.500 |
| | 150.000 | | 150.000 |

S Warenverkauf H

| | | | |
|---|---|---|---|
| (4) | 21.000 | (3) | 42.000 |
| GuV | 21.000 | | |
| | 42.000 | | 42.000 |

S Forderungen H

| | | | |
|---|---|---|---|
| (3) | 46.200 | (4) | 23.100 |
| | | (5) | 23.100 |
| | 46.200 | | 46.200 |

S Bank H

| | | | |
|---|---|---|---|
| AB | 20.000 | (6) | 41.250 |
| (5) | 23.100 | SBK | 1.850 |
| | 43.100 | | 43.100 |

S Vorsteuer H

| | | | |
|---|---|---|---|
| (1) | 5.000 | (2) | 1.250 |
| | | Ber. USt | 3.750 |
| | 5.000 | | 5.000 |

S Berechnete USt H

| | | | |
|---|---|---|---|
| (4) | 2.100 | (3) | 4.200 |
| Vor-steuer | 3.750 | Sonstige Ford. | 1.650 |
| | 5.850 | | 5.850 |

S Eigenkapital H

| | | | |
|---|---|---|---|
| SBK | 116.000 | AB | 105.000 |
| | | GuV | 11.000 |
| | 116.000 | | 116.000 |

S Lieferantenverb. H

| | | | |
|---|---|---|---|
| (2) | 13.750 | AB | 15.000 |
| (6) | 41.250 | (1) | 55.000 |
| SBK | 15.000 | | |
| | 70.000 | | 70.000 |

S GuV-Konto H

| | | | |
|---|---|---|---|
| Wareneinsatz | 10.000 | Warenverkauf | 21.000 |
| Rohgewinn | 11.000 | | |
| | 21.000 | | 21.000 |

| S | SBK | | H |
|---|---|---|---|
| Wareneinkauf | 127.500 | Eigenkapital | 116.000 |
| Bank | 1.850 | Lieferantenverb. | 15.000 |
| Sonstige Ford. | 1.650 | | |
| | 131.000 | | 131.000 |

**Lösung zu Aufgabe 13 (Bezugsaufwand)**

**Fall a):** Bezugsaufwand in voller Höhe

| Periode | I | II | III | Summe |
|---|---|---|---|---|
| Warenverkauf | 600,- | 2.600,- | 1.800,- | 5.000,- |
| Wareneinsatz | 300,- | 1.300,- | 900,- | 2.750,- |
| Bezugsaufwand | 250,- | | | |
| Erfolg | 50,- | 1.300,- | 900,- | 2.250,- |

**Buchungssätze Periode I:**

| | | | | | |
|---|---|---|---|---|---|
| (1) | Wareneinkauf | 2.500,- | an | Lieferantenverbindlichkeiten | 2.750,- |
| | Vorsteuer | 250,- | | | |
| (2) | Bezugsaufwand | 250,- | an | Lieferantenverbindlichkeiten | 275,- |
| | Vorsteuer | 25,- | | | |
| (3) | Forderungen | 660,- | an | Warenverkauf | 600,- |
| | | | | Berechnete USt | 60,- |

**Abschlußbuchungen Periode I:**

| | | | | | |
|---|---|---|---|---|---|
| (4) | SBK | | an | Wareneinkauf | 2.200,- |
| (5) | GuV-Konto | | an | Wareneinkauf | 300,- |
| (6) | GuV-Konto | | an | Bezugsaufwand | 250,- |
| (7) | Warenverkauf | | an | GuV-Konto | 600,- |
| (8) | GuV-Konto | | an | Eigenkapital | 50,- |

**Buchungssätze Periode II:**

| | | | | | |
|---|---|---|---|---|---|
| (1) | Wareneinkauf | | an | EBK | 2.200,- |
| (2) | Forderungen | 2.860,- | an | Warenverkauf | 2.600,- |
| | | | | Berechnete USt | 260,- |

**Abschlußbuchungen Periode II:**

| | | | | |
|---|---|---|---|---|
| (3) | SBK | | an Wareneinkauf | 900,- |
| (4) | GuV-Konto | | an Wareneinkauf | 1.300,- |
| (5) | Warenverkauf | | an GuV-Konto | 2.600,- |
| (6) | GuV-Konto | | an Eigenkapital | 1.300,- |

**Buchungssätze Periode III:**

| | | | | |
|---|---|---|---|---|
| (1) | Wareneinkauf | | an EBK | 900,- |
| (2) | Forderungen | 1.980,- | an Warenverkauf | 1.800,- |
| | | | Berechnete USt | 180,- |

**Abschlußbuchungen Periode III:**

| | | | | |
|---|---|---|---|---|
| (3) | GuV-Konto | | an Wareneinkauf | 900,- |
| (4) | Warenverkauf | | an GuV-Konto | 1.800,- |
| (5) | GuV-Konto | | an Eigenkapital | 900,- |

**Fall b)**: Verteilung des Bezugsaufwands

| Periode | I | II | III | Summe |
|---|---|---|---|---|
| Warenverkauf | 600,- | 2.600,- | 1.800,- | 5.000,- |
| Wareneinsatz | 330,- | 1.430,- | 990,- | 2.750,- |
| Erfolg | 270,- | 1.170,- | 810,- | 2.250,- |

Der Wareneinsatz eines Jahres ergibt sich aus der Summe aus Wareneinsatz netto plus anteiligem Bezugsaufwand. Für Periode I: 300 € + 30 € = 330 €

**Buchungssätze Periode I:**

| | | | | |
|---|---|---|---|---|
| (1) | Wareneinkauf | 2.500,- | an Lieferantenverbindlichkeiten | 2.750,- |
| | Vorsteuer | 250,- | | |
| (2) | Bezugsaufwand | 250,- | an Lieferantenverbindlichkeiten | 275,- |
| | Vorsteuer | 25,- | | |
| (3) | Forderungen | 660,- | an Warenverkauf | 600,- |
| | | | Berechnete USt | 60,- |

**Abschlußbuchungen Periode I:**

| | | | | |
|---|---|---|---|---|
| (4) | Wareneinkauf | | an Bezugsaufwand | 250,- |
| (5) | SBK | | an Wareneinkauf | 2.420,- |

| | | | | |
|---|---|---|---|---|
| (6) | GuV-Konto | | an Wareneinkauf | 330,- |
| (7) | Warenverkauf | | an GuV-Konto | 600,- |
| (8) | GuV-Konto | | an Eigenkapital | 270,- |

**Buchungssätze Periode II:**

| | | | | |
|---|---|---|---|---|
| (1) | Wareneinkauf | | an EBK | 2.420,- |
| (2) | Forderungen | 2.860,- | an Warenverkauf | 2.600,- |
| | | | Berechnete USt | 260,- |

**Abschlußbuchungen Periode II:**

| | | | | |
|---|---|---|---|---|
| (3) | SBK | | an Wareneinkauf | 990,- |
| (4) | GuV-Konto | | an Wareneinkauf | 1.430,- |
| (5) | Warenverkauf | | an GuV-Konto | 2.600,- |
| (6) | GuV-Konto | | an Eigenkapital | 1.170,- |

**Buchungssätze Periode III:**

| | | | | |
|---|---|---|---|---|
| (1) | Wareneinkauf | | an EBK | 990,- |
| (2) | Forderungen | 1.980,- | an Warenverkauf | 1.800,- |
| | | | Berechnete USt | 180,- |

**Abschlußbuchungen Periode III:**

| | | | | |
|---|---|---|---|---|
| (3) | GuV-Konto | | an Wareneinkauf | 990,- |
| (4) | Warenverkauf | | an GuV-Konto | 1.800,- |
| (5) | GuV-Konto | | an Eigenkapital | 810,- |

**Fall a):** Das Konto "Bezugsaufwand" wird über das GuV-Konto abgeschlossen. Der Bezugsaufwand ist in voller Höhe erfolgswirksam. Die Bewertung des Warenendbestandes erfolgt zu Einkaufspreisen (ohne Bezugsaufwand - 10 €/Stück). Dadurch wird der Erfolg der ersten Periode zu niedrig, der der übrigen Perioden zu hoch ausgewiesen.

**Fall b):** Das Konto "Bezugsaufwand" wird über das Konto "Wareneinkauf" abgeschlossen. Damit wird nur ein Teil des Bezugsaufwandes erfolgswirksam, und zwar der auf die abgesetzte Menge entfallende Teil. Der Rest wird aktiviert, indem die Bewertung des Endbestandes zu Einstandspreisen erfolgt (Einkaufspreis zzgl. Bezugsaufwand; hier: 11 €/Stück). Zweckmäßig ist die Vorgehensweise des Falles b), da sie zu einer periodengerechten Gewinnermittlung führt. Dieser Meinung ist auch der Gesetzgeber, der grundsätzlich die Aktivierung von Nebenkosten fordert. Sie gehören zu den Anschaffungskosten, wenn sie direkt verrechnet werden können.

## Lösung zu Aufgabe 14 (Verbuchung von Bezugsaufwand)

**Buchungssätze:**

| | | | | | |
|---|---|---|---|---|---|
| (1) | Wareneinkauf | 15.000,- | an | Lieferantenverbindlichkeiten | 16.500,- |
| | Vorsteuer | 1.500,- | | | |
| (2) | Bezugsaufwand | 1.500,- | an | Lieferantenverbindlichkeiten | 1.650,- |
| | Vorsteuer | 150,- | | | |
| (3a) | Kasse | 99.000,- | an | Warenverkauf | 90.000,- |
| | | | | Berechnete USt | 9.000,- |
| (3b) | Wareneinsatz | | an | Wareneinkauf | 33.000,- |
| (4) | Betriebs- und Geschäftsausstattung | 5.000,- | an | Bank | 5.500,- |
| | Vorsteuer | 500,- | | | |

**Abschlußbuchungen:**

| | | | | |
|---|---|---|---|---|
| (a) | Wareneinkauf | an | Bezugsaufwand | 1.500,- |
| (b1) | Warenverkauf | an | GuV-Konto | 90.000,- |
| (b2) | GuV-Konto | an | Wareneinsatz | 33.000,- |
| (c1) | Berechnete USt | an | Vorsteuer | 2.150,- |
| (c2) | Berechnete USt | an | Bank | 6.850,- |
| (d) | GuV-Konto | an | Eigenkapital | 57.000,- |

**Kontenmäßige Darstellung:**

| S | Betriebs- u. Gesch.ausstat. | | H |
|---|---|---|---|
| (4) | 5.000 | SBK | 5.000 |
| | 5.000 | | 5.000 |

| S | Kasse | | H |
|---|---|---|---|
| AB | 500 | SBK | 99.500 |
| (3a) | 99.000 | | |
| | 99.500 | | 99.500 |

| S | Bank | | H |
|---|---|---|---|
| AB | 40.000 | (4) | 5.500 |
| | | (c2) | 6.850 |
| | | SBK | 27.650 |
| | 40.000 | | 40.000 |

| S | Berechnete USt | | H |
|---|---|---|---|
| (c1) | 2.150 | (3a) | 9.000 |
| (c2) | 6.850 | | |
| | 9.000 | | 9.000 |

| S | Wareneinkauf | | H |
|---|---|---|---|
| AB | 22.000 | (3b) | 33.000 |
| (1) | 15.000 | SBK | 5.500 |
| (a) | 1.500 | | |
| | 38.500 | | 38.500 |

| S | Warenverkauf | | H |
|---|---|---|---|
| (b1) | 90.000 | (3a) | 90.000 |
| | 90.000 | | 90.000 |

| S | Vorsteuer | | H |
|---|---|---|---|
| (1) | 1.500 | (c1) | 2.150 |
| (2) | 150 | | |
| (4) | 500 | | |
| | 2.150 | | 2.150 |

| S | Eigenkapital | | H |
|---|---|---|---|
| SBK | 98.500 | AB | 41.500 |
| | | (d) | 57.000 |
| | 98.500 | | 98.500 |

| S | Darlehensverbindlichkeiten | | H |
|---|---|---|---|
| SBK | 21.000 | AB | 21.000 |
| | 21.000 | | 21.000 |

| S | Lieferantenverbindlichkeiten | | H |
|---|---|---|---|
| SBK | 18.150 | (1) | 16.500 |
| | | (2) | 1.650 |
| | 18.150 | | 18.150 |

| S | Bezugsaufwand | | H |
|---|---|---|---|
| (2) | 1.500 | (a) | 1.500 |
| | 1.500 | | 1.500 |

| S | Wareneinsatz | | H |
|---|---|---|---|
| (3b) | 33.000 | (b2) | 33.000 |
| | 33.000 | | 33.000 |

| S | GuV-Konto | | H |
|---|---|---|---|
| (b2) | 33.000 | (b1) | 90.000 |
| (d) | 57.000 | | |
| | 90.000 | | 90.000 |

| S | SBK | | H |
|---|---|---|---|
| Betr.- und Gesch.ausstat. | 5.000 | Eigenkapital | 98.500 |
| Wareneinkauf | 5.500 | Darlehensverbindlichkeiten | 21.000 |
| Bank | 27.650 | Lieferantenverbindlichkeiten | 18.150 |
| Kasse | 99.500 | | |
| | 137.650 | | 137.650 |

## Lösung zu Aufgabe 15 (Verbuchung von Boni)

**Die Buchungssätze lauten:**

| | | | | | |
|---|---|---|---|---|---|
| (1) | Wareneinkauf | 15.300,- | an | Lieferantenverb. | 16.830,- |
| | Vorsteuer | 1.530,- | | | |
| (2) | Bank | 26.125,- | an | Warenverkauf | 23.750,- |
| | | | | Berechnete USt | 2.375,- |
| (3a) | Bank | 3.300,- | an | Lieferantenboni | 3.000,- |
| | | | | Vorsteuer | 300,- |
| (3b) | Lieferantenboni | | an | Wareneinkauf | 3.000,- |
| (4a) | Kundenboni | 3.100,- | an | Bank | 3.410,- |
| | Berechnete USt | 310,- | | | |
| (4b) | Warenverkauf | | an | Kundenboni | 3.100,- |

## Lösung zu Aufgabe 16 (Verbuchung von Skonto)

**a) Buchungssätze bei der Bruttomethode:**

| | | | | | |
|---|---|---|---|---|---|
| (1) | Wareneinkauf | 20.000,- | an | Lieferantenverb. | 22.000,- |
| | Vorsteuer | 2.000,- | | | |
| (2) | Lieferantenverb. | 22.000,- | an | Bank | 21.340,- |
| | | | | Lieferantenskonto | 600,- |
| | | | | Vorsteuer | 60,- |
| (3) | Bank | 10.670,- | an | Wareneinkauf | 10.000,- |
| | Lieferantenskonto | 300,- | | Vorsteuer | 970,- |
| (4) | Forderungen | 33.000,- | an | Warenverkauf | 30.000,- |
| | | | | Berechnete USt | 3.000,- |
| (5) | Postscheck | 10.780,- | an | Forderungen | 11.000,- |
| | Kundenskonto | 200,- | | | |
| | Berechnete USt | 20,- | | | |
| (6) | Postscheck | | an | Forderungen | 22.000,- |

**Abschluß der Skontokonten:**

| | | | | | |
|---|---|---|---|---|---|
| (7) | Lieferantenskonto | | an | Wareneinkauf | 300,- |
| (8) | Warenverkauf | | an | Kundenskonto | 200,- |

**b) Buchungssätze bei der Nettomethode:**

| | | | | | |
|---|---|---|---|---|---|
| (1) | Wareneinkauf | 19.400,- | an | Lieferantenverb. | 22.000,- |
| | Skontoaufwand | 600,- | | | |
| | Vorsteuer | 2.000,- | | | |
| (2) | Lieferantenverb. | 22.000,- | an | Bank | 21.340,- |
| | | | | Skontoaufwand | 600,- |
| | | | | Vorsteuer | 60,- |
| (3) | Bank | 10.670,- | an | Wareneinkauf | 9.700,- |
| | | | | Vorsteuer | 970,- |
| (4) | Forderungen | 33.000,- | an | Warenverkauf | 29.400,- |
| | | | | Skontoertrag | 600,- |
| | | | | Berechnete USt | 3.000,- |
| (5) | Postscheck | 10.780,- | an | Forderungen | 11.000,- |
| | Skontoertrag | 200,- | | | |
| | Berechnete USt | 20,- | | | |
| (6) | Postscheck | | an | Forderungen | 22.000,- |

**Abschluß der Skontokonten:**

| | | | | | |
|---|---|---|---|---|---|
| (7) | Skontoertrag | | an | GuV-Konto | 400,- |

Hinweis: Die Nettomethode interpretiert den Skonto als Zinsbetrag, so daß die Einkaufs- bzw. Verkaufspreise unabhängig vom Skontoabzug sind. Die Rücksendung (Buchung 3) hat somit keinen Einfluß auf die Skontokonten. Letztere werden über das GuV-Konto abgeschlossen.

**Lösung zu Aufgabe 17 (Aussagen zum Skonto)**

Richtig sind: 1), 2), 6), 7).

Falsch sind: 3), 4), 5).

**Lösung zu Aufgabe 18 (Verbuchung von Skonto)**

**Karl Meier bucht:**

| | | | | | |
|---|---|---|---|---|---|
| (1) | Forderungen | 11.659,16 | an | Warenverkauf | 10.051,- |
| | | | | Berechnete USt | 1.608,16 |
| (2) | Bank | 11.309,38 | an | Forderungen | 11.659,16 |
| | Kundenskonto | 301,53 | | | |
| | Berechnete USt | 48,25 | | | |

**Peter Schmidt bucht:**

| | | | | | |
|---|---|---|---|---|---|
| (1) | Wareneinkauf | 10.051,- | an | Lieferantenverb. | 11.659,16 |
| | Vorsteuer | 1.608,16 | | | |
| (2) | Lieferantenverb. | 11.659,16 | an | Bank | 11.309,38 |
| | | | | Lieferantenskonto | 301,53 |
| | | | | Vorsteuer | 48,25 |

**Abschluß der Skontokonten:**

a) **Kundenskonto:** Es liegt eine Minderung der Erlöse vor (Erlösschmälerung). Daher muß am Jahresende eine Umbuchung auf das Konto "Warenverkauf" erfolgen.

b) **Lieferantenskonto:** Es liegt eine Minderung der Anschaffungskosten vor. Es muß am Jahresende eine Umbuchung auf das Konto "Wareneinkauf" erfolgen.

Beide Umbuchungen werden von den handelsrechtlichen Vorschriften verlangt.

## Lösung zu Aufgabe 19 (Verbuchung von Boni)

Berechnung des Jahresumsatzes (netto):

| | |
|---|---|
| 27.500,- | |
| + 33.100,- | |
| + 10.650,- | |
| + 47.170,- | |
| + 37.400,- | |
| + 25.510,- | |
| - 18.530,- | |
| = 162.800,- | (Bruttoumsatz) |
| - 14.800,- | (anteilige USt) |
| = 148.000,- | (Nettoumsatz) |

Damit fällt ein Bonus in Höhe von 10% an.

**Buchungssätze bei Karl Meier:**

| | | | | | |
|---|---|---|---|---|---|
| (1a) | Kundenboni | 14.800,- | an | Bank | 16.280,- |
| | Berechnete USt | 1.480,- | | | |
| (1b) | Warenverkauf | | an | Kundenboni | 14.800,- |

**Buchungssätze bei Peter Schmidt:**

| | | | | | |
|---|---|---|---|---|---|
| (2a) | Bank | 16.280,- | an | Lieferantenboni | 14.800,- |
| | | | | Vorsteuer | 1.480,- |
| (2b) | Lieferantenboni | | an | Wareneinkauf | 14.800,- |

## Lösung zu Aufgabe 20 (Diverse Warenverbuchungen)

**Die Buchungssätze lauten:**

| | | | | | |
|---|---|---|---|---|---|
| (1) | Forderungen | 4.400,- | an | Warenverkauf | 4.000,- |
| | | | | Berechnete USt | 400,- |
| (2) | Fuhrpark | 82.000,- | an | Lieferantenverb. | 90.200,- |
| | Vorsteuer | 8.200,- | | | |
| (3a) | Bank | 4.268,- | an | Forderungen | 4.400,- |
| | Skontoaufwand | 120,- | | | |
| | Berechnete USt | 12,- | | | |
| (3b) | Warenverkauf | | an | Skontoaufwand | 120,- |
| (4) | Lieferantenverb. | | an | Postscheck | 5.000,- |

| | | | | | |
|---|---|---|---|---|---|
| (5) | Mietaufwand | | an | Bank | 3.000,- |
| (6) | Privatkonto | 1.650,- | an | Warenverkauf | 1.500,- |
| | | | | Berechnete USt | 150,- |
| (7a) | Wareneinkauf | 20.000,- | an | Lieferantenverb. | 22.000,- |
| | Vorsteuer | 2.000,- | | | |
| (7b) | Bezugsaufwand | 800,- | an | Kasse | 880,- |
| | Vorsteuer | 80,- | | | |
| (8) | Nebenk. d. Geldverk. | | an | Bank | 100,- |
| (9) | Lieferantenverb. | 11.000,- | an | Wareneinkauf | 10.000,- |
| | | | | Vorsteuer | 1.000,- |
| (10) | Kein buchungsrelevanter Tatbestand. | | | | |
| (11) | KFZ-Steuern | 500,- | an | Kasse | 800,- |
| | Privatkonto | 300,- | | | |
| (12a) | Lieferantenverb. | 11.000,- | an | Bank | 10.780,- |
| | | | | Skontoertrag | 200,- |
| | | | | Vorsteuer | 20,- |
| (12b) | Skontoertrag | | an | Wareneinkauf | 200,- |
| (13a) | Kasse | 2.750,- | an | Lieferantenboni | 2.500,- |
| | | | | Vorsteuer | 250,- |
| (13b) | Lieferantenboni | | an | Wareneinkauf | 2.500,- |

**Kontenmäßige Darstellung:**

| S | Grundst. u. Gebäude | | H |
|---|---|---|---|
| AB | 100.000 | SBK | 100.000 |
| | 100.000 | | 100.000 |

| S | Fuhrpark | | H |
|---|---|---|---|
| AB | 20.000 | SBK | 102.000 |
| (2) | 82.000 | | |
| | 102.000 | | 102.000 |

| S | Gesch.ausstat. | | H |
|---|---|---|---|
| AB | 30.000 | SBK | 30.000 |
| | 30.000 | | 30.000 |

| S | Wareneinkauf | | H |
|---|---|---|---|
| AB | 38.000 | (9) | 10.000 |
| (7a) | 20.000 | (12b) | 200 |
| (7b) | 800 | (13b) | 2.500 |
| | | SBK | 46.000 |
| | | GuV | 100 |
| | 58.800 | | 58.800 |

| S | Forderungen | | H |
|---|---|---|---|
| AB | 17.000 | (3a) | 4.400 |
| (1) | 4.400 | SBK | 17.000 |
| | 21.400 | | 21.400 |

| S | Bank | | H |
|---|---|---|---|
| AB | 21.000 | (5) | 3.000 |
| (3a) | 4.268 | (8) | 100 |
| | | (12a) | 10.780 |
| | | SBK | 11.388 |
| | 25.268 | | 25.268 |

| S | Postscheck | | H |
|---|---|---|---|
| AB | 11.000 | (4) | 5.000 |
| | | SBK | 6.000 |
| | 11.000 | | 11.000 |

| S | Kasse | | H |
|---|---|---|---|
| AB | 5.000 | (7b) | 880 |
| (13a) | 2.750 | (11) | 800 |
| | | SBK | 6.070 |
| | 7.750 | | 7.750 |

| S | Eigenkapital | | H |
|---|---|---|---|
| Privat | 1.950 | AB | 130.000 |
| SBK | 129.730 | Gewinn | 1.680 |
| | 131.680 | | 131.680 |

| S | Darlehensverb. | | H |
|---|---|---|---|
| SBK | 80.000 | AB | 80.000 |
| | 80.000 | | 80.000 |

| S | Lieferantenverb. | | H |
|---|---|---|---|
| (4) | 5.000 | AB | 32.000 |
| (9) | 11.000 | (2) | 90.200 |
| (12a) | 11.000 | (7a) | 22.000 |
| SBK | 117.200 | | |
| | 144.200 | | 144.200 |

| S | Privatkonto | | H |
|---|---|---|---|
| (6) | 1.650 | EK | 1.950 |
| (11) | 300 | | |
| | 1.950 | | 1.950 |

| S | Warenverkauf | | H |
|---|---|---|---|
| (3b) | 120 | (1) | 4.000 |
| GuV | 5.380 | (6) | 1.500 |
| | 5.500 | | 5.500 |

| S | Berechnete USt | | H |
|---|---|---|---|
| (3a) | 12 | (1) | 400 |
| USt.-Ver. | 538 | (6) | 150 |
| | 550 | | 550 |

| S | Vorsteuer | | H |
|---|---|---|---|
| (2) | 8.200 | (9) | 1.000 |
| (7a) | 2.000 | (12a) | 20 |
| (7b) | 80 | (13a) | 250 |
| | | USt | 9.010 |
| | 10.280 | | 10.280 |

| S | Skontoaufwand | | H |
|---|---|---|---|
| (3a) | 120 | (3b) | 120 |
| | 120 | | 120 |

| S | Mietaufwand | | H |
|---|---|---|---|
| (5) | 3.000 | GuV | 3.000 |
| | 3.000 | | 3.000 |

| S | Bezugsaufwand | | H |
|---|---|---|---|
| (7b) | 800 | Waren | 800 |
| | 800 | | 800 |

| S | Nebenk. d. Geldverk. | | H |
|---|---|---|---|
| (8) | 100 | GuV | 100 |
| | 100 | | 100 |

| S | KFZ-Steuer | | H |
|---|---|---|---|
| (11) | 500 | GuV | 500 |
| | 500 | | 500 |

| S | Skontoertrag | | H |
|---|---|---|---|
| (12b) | 200 | (12a) | 200 |
| | 200 | | 200 |

| S | Lieferantenboni | | H |
|---|---|---|---|
| (13b) | 2.500 | (13a) | 2.500 |
| | 2.500 | | 2.500 |

| S | USt-Verrechnung | | H |
|---|---|---|---|
| Vorsteuer | 9.010 | Berechnete USt | 538 |
| | | Sonstige Ford. | 8.472 |
| | 9.010 | | 9.010 |

| S | Sonstige Ford. | | H |
|---|---|---|---|
| USt-Ver. | 8.472 | SBK | 8.472 |
| | 8.472 | | 8.472 |

| S | GuV-Konto | | H |
|---|---|---|---|
| Wareneinsatz | 100 | Warenverkauf | 5.380 |
| Mietaufwand | 3.000 | | |
| Kfz-Steuer | 500 | | |
| Nebenk. d. Geldverk. | 100 | | |
| Gewinn | 1.680 | | |
| | 5.380 | | 5.380 |

**Gewinn**: 1.680 € - nach Berücksichtigung der Entnahmen (1.950 €) sinkt das Eigenkapital um 270 €.

| S | SBK | | H |
|---|---|---|---|
| Grundst. u. Gebäude | 100.000 | Eigenkapital | 129.730 |
| Fuhrpark | 102.000 | Darlehensverbindlichkeiten | 80.000 |
| Gesch.ausstat. | 30.000 | Lieferantenverbindlichkeiten | 117.200 |
| Wareneinkauf | 46.000 | | |
| Forderungen | 17.000 | | |
| Sonstige Forderungen | 8.472 | | |
| Bank | 11.388 | | |
| Postscheck | 6.000 | | |
| Kasse | 6.070 | | |
| | 326.930 | | 326.930 |

**Lösung zu Aufgabe 21 (Verbuchung von Anzahlungen)**

15.01.: Noch kein buchungsrelevanter Geschäftsvorfall.

| | | | | | |
|---|---|---|---|---|---|
| 28.01.: | Bank | 200.000,- | an | Erhalt. Anzahl. | 181.818,- |
| | | | | Berechnete USt | 18.182,- |

| | | | | | |
|---|---|---|---|---|---|
| 01.03.: | Forderungen | 207.000,- | an | Warenverkauf | 370.000,- |
| | Erhalt. Anzahl | 181.818,- | | Berechnete USt | 18.818,- |
| 10.03.: | Bank | | an | Forderungen | 207.000,- |

**Lösung zu Aufgabe 22 (Verbuchung der Wechselausstellung)**

**Buchungssätze bei Wechselgläubiger F:**

| | | | | | |
|---|---|---|---|---|---|
| (1) | Besitzwechsel | | an | Forderungen | 9.000,- |
| (2) | Nebenk. d. Geldverk. | | an | Kasse | 45,- |
| (3) | Bank | 198,- | an | Diskontertrag | 135,- |
| | | | | Nebenk. d. Geldverk. | 45,- |
| | | | | Berechnete USt | 18,- |

**Buchungssätze bei Wechselschuldner K:**

| | | | | | |
|---|---|---|---|---|---|
| (1) | Lieferantenverb. | | an | Schuldwechsel | 9.000,- |
| (2) | Diskontaufwand | 135,- | an | Bank | 198,- |
| | Nebenk. d. Geldverk. | 45,- | | | |
| | Vorsteuer | 18,- | | | |

**Lösung zu Aufgabe 23 (Verbuchung der Wechselweitergabe)**

**Der alte Wechselgläubiger F bucht:**

| | | | | | |
|---|---|---|---|---|---|
| (1) | Lieferantenverb. | 15.000,- | an | Besitzwechsel | 9.000,- |
| | | | | Bank | 6.000,- |
| (2) | Diskontaufwand | 90,- | an | Lieferantenverb. | 115,50 |
| | Nebenk. d. Geldverk. | 15,- | | | |
| | Vorsteuer | 10,50 | | | |

**Der neue Wechselgläubiger L bucht:**

| | | | | | |
|---|---|---|---|---|---|
| (1) | Besitzwechsel | 9.000,- | an | Forderungen | 15.000,- |
| | Bank | 6.000,- | | | |
| (2) | Sonstige Ford. | 115,50 | an | Diskontertrag | 90,- |
| | | | | Nebenk. d. Geldverk. | 15,- |
| | | | | Berechnete USt | 10,50 |

**Lösung zu Aufgabe 24 (Verbuchung der Wechseleinreichung)**

| | | | | |
|---|---|---|---|---|
| (1) | Bank | 8.905,- | an Besitzwechsel | 9.000,- |
| | Diskontaufwand | 68,18 | | |
| | Ber. USt | 6,82 | | |
| | Nebenk. d. Geldverk. | 20,- | | |

**Hinweis:** Die Diskontierung durch die Bank führt zu einer Minderung des Entgelts bzgl. der Lieferung von L an F, so daß die USt des L sowie die Vorsteuer des F zu korrigieren sind.

**Lösung zu Aufgabe 25 (Verbuchung des Wechselprotests)**

**a) Wechselschuldner K bucht:**

| | | | |
|---|---|---|---|
| (1) Schuldwechsel | | an Bank | 9.000,- |

**Wechselgläubiger L bucht:**

| | | | |
|---|---|---|---|
| (1) Bank | | an Besitzwechsel | 9.000,- |

**b) Wechselschuldner K bucht:**

| | | | |
|---|---|---|---|
| (1) Schuldwechsel | | an Protestwechsel | 9.000,- |

**Wechselgläubiger L bucht:**

| | | | |
|---|---|---|---|
| (1) Protestwechsel | | an Besitzwechsel | 9.000,- |

**c) Wechselgläubiger L bucht:**

| | | | |
|---|---|---|---|
| (1) Bank | | an Protestwechsel | 9.000,- |

**Früherer Wechselgläubiger F bucht:**

| | | | |
|---|---|---|---|
| (1) Protestwechsel | | an Bank | 9.000,- |

**d) Wechselgläubiger F bucht:**

| | | | |
|---|---|---|---|
| (1) Prolongationswechsel | | an Protestwechsel | 9.000,- |
| (2) Forderungen | 148,50 | an Diskontertrag | 90,- |
| | | Nebenk. d. Geldverk. | 45,- |
| | | Berechnete USt | 13,50 |
| (3) Kasse | | an Forderungen | 148,50 |

**Wechselschuldner K bucht:**

| | | | | |
|---|---|---|---|---|
| (1) | Diskontaufwand | 90,- | an Lieferantenverb. | 148,50 |
| | Nebenk. d. Geldv. | 45,- | | |
| | Vorsteuer | 13,50 | | |
| (2) | Lieferantenverb. | | an Kasse | 148,50 |

## Lösung zu Aufgabe 26 (Verbuchung des Personalaufwands)

a) Die Buchungen Ende Juli 01 lauten:

| | | | | |
|---|---|---|---|---|
| (1) | L.u.G. Aufwand | 3.100,- | an Bank | 2.030,- |
| | | | Sonstige Verb. | 1.070,- |
| (2) | Sozialaufwand (AGA) | | an Sonstige Verb. | 420,- |

b) Die Buchung Anfang August 01 lautet (Überweisung der Steuern und der Sozialversicherung in einem Zuge):

| | | | | |
|---|---|---|---|---|
| (1) | Sonstige Verb. | | an Bank | 1.490,- |

## Lösung zu Aufgabe 27 (Verbuchung des Personalaufwands)

| | | | | |
|---|---|---|---|---|
| (1) | Sonstige Ford. | | an Kasse | 800,- |
| (2) | L.u.G. Aufwand | 3.800,- | an Bank | 1.204,- |
| | | | Sonstige Ford. | 800,- |
| | | | Sonstige Verb. | 1.796,- |
| (3) | Sozialaufwand | | an Sonstige Verb. | 960,- |
| (4) | Sonstige Verb. | | an Bank | 2.756,- |

# Lösungen der Aufgaben zum 5. Kapitel

## Lösung zu Aufgabe 1 (Fertigfabrikate)

Bei der Inventur sind die Endbestände mengenmäßig festzustellen und zu bewerten. Bei selbsterstellten Fertigfabrikaten tritt das Problem auf, daß keine Anschaffungskosten existieren. Zur Lösung des Bewertungsproblems sind deshalb die sogenannten Herstellungskosten heranzuziehen. Herstellungskosten sind der Teil des gesamten Periodenaufwands, der für die Erzeugung der Fertigfabrikate angefallen ist. Die Ermittlung der bilanziellen Herstellungskosten ist in § 255 Abs. 2 HGB geregelt.

## Lösung zu Aufgabe 2 (Erfolgswirkungen von Bestandsänderungen)

Im GuV-Konto werden im Soll alle Aufwandsposten ausgewiesen, die durch die Periodenproduktion $x_p$ ausgelöst werden. Auf der Habenseite erscheinen die Umsatzerlöse, die durch den Absatz $x_a$ realisiert werden, als Ertrag. Die Erfolgsermittlung ist unproblematisch, wenn gilt: $x_p = x_a$, wenn also die gesamte Produktionsmenge in der Fertigungsperiode abgesetzt wird.

Ist $\mathbf{x_p > x_a}$, hat der Industriebetrieb auf Lager produziert. Es kommt zu einer mengenmäßigen Bestandszunahme bei den Fertigfabrikaten in Höhe von $(x_p - x_a)$. Die mengenmäßige Bestandszunahme stellt einen Ertrag (= Wertzuwachs) dar. Sie wird zu Herstellungskosten bewertet und als Ertragsbestandteil im GuV-Konto ausgewiesen.

Ist $\mathbf{x_p < x_a}$, hat der Industriebetrieb vom Lager produziert. Die Umsatzerlöse werden zum Teil aus laufender Produktion, zum anderen Teil durch Abbau des Fertigfabrikatelagers bestritten. Demzufolge ist im Soll des GuV-Kontos nicht nur der Aufwand aus laufender Produktion $x_p$, sondern auch der Aufwand aus der Bestandsminderung der Fertigfabrikate $(x_a - x_p)$, bewertet zu Herstellungskosten, auszuweisen.

**Lösung zu Aufgabe 3 (Bestandsänderungen)**

**Bestandsmehrung**

$x_p > x_a$

| S | GuV-Konto H |
|---|---|
| Aufwand aus laufender Produktion ($x_p$) | Umsatzerlöse ($x_a$) |
| Gewinn | Bestandsmehrung ($x_p$ - $x_a$) |

**Bestandsminderung**

$x_p < x_a$

| S | GuV-Konto H |
|---|---|
| Aufwand aus laufender Produktion ($x_p$) | Umsatzerlöse ($x_a$) |
| Bestandsminderung ($x_a$ - $x_p$) | |
| Gewinn | |

**Lösung zu Aufgabe 4 (Inventur – und Skontrationsmethode)**

**a) Einmalige Verbuchung des Rohstoffaufwands (INVENTURMETHODE):**

| | | | | |
|---|---|---|---|---|
| 01.01. | Rohstoffe | | an EBK | 18.000,- |
| 07.05. | Rohstoffe | 20.000,- | an Lieferantenverb. | 22.000,- |
| | Vorsteuer | 2.000,- | | |
| 09.09. | Rohstoffe | 25.000,- | an Lieferantenverb. | 27.500,- |
| | Vorsteuer | 2.500,- | | |
| 31.12. | SBK | | an Rohstoffe | 26.000,- |
| 31.12. | Aufwand Rohstoffe | | an Rohstoffe | 37.000,- |

**b) Verbuchung des Aufwands bei jeder Entnahme (SKONTRATIONSMETHODE):**

| | | | | |
|---|---|---|---|---|
| 01.01. | Rohstoffe | | an EBK | 18.000,- |
| 27.02. | Aufwand Rohstoffe | | an Rohstoffe | 6.000,- |
| 05.04. | Aufwand Rohstoffe | | an Rohstoffe | 9.000,- |
| 07.05. | Rohstoffe | 20.000,- | an Lieferantenverb. | 22.000,- |
| | Vorsteuer | 2.000,- | | |
| 29.06. | Aufwand Rohstoffe | | an Rohstoffe | 15.000,- |
| 09.09. | Rohstoffe | 25.000,- | an Lieferantenverb. | 27.500,- |
| | Vorsteuer | 2.500,- | | |
| 20.11. | Aufwand Rohstoffe | | an Rohstoffe | 7.000,- |
| 31.12. | SBK | | an Rohstoffe | 26.000,- |

In beiden Fällen ergibt sich insgesamt der gleiche Rohstoffaufwand, da rechnerischer und tatsächlicher Endbestand nicht voneinander abweichen. Allerdings ist die zeitnahe Information über die Höhe des aktuellen Rohstoffaufwands und Rohstoffbestands zum Zweck der Verbrauchs- und Bestandskontrolle nur im Fall b) möglich.

**Lösung zu Aufgabe 5 (Verbuchung von Werkstoffen)**

**Buchungssätze:**

| | | | | | |
|---|---|---|---|---|---|
| (1) | Hilfsstoffe | 6.500,- | an | Bank | 7.150,- |
| | Vorsteuer | 650,- | | | |
| (2) | Aufwand Rohstoffe | | an | Rohstoffe | 18.000,- |
| (3) | Aufwand Hilfsstoffe | | an | Hilfsstoffe | 1.500,- |
| (4) | Rohstoffe | 11.000,- | an | Bank | 12.100,- |
| | Vorsteuer | 1.100,- | | | |
| (5) | Aufwand Rohstoffe | | an | Rohstoffe | 32.000,- |
| (6) | Bank | 77.000,- | an | Umsatzerlöse | 70.000,- |
| | | | | Berechnete USt | 7.000,- |

**Kontenmäßige Darstellung:**

| S | Rohstoffe | | H |
|---|---|---|---|
| AB | 40.000 | (2) | 18.000 |
| (4) | 11.000 | (5) | 32.000 |
| | | SBK | 1.000 |
| | 51.000 | | 51.000 |

| S | Bank | | H |
|---|---|---|---|
| AB | 30.000 | (1) | 7.150 |
| (6) | 77.000 | (4) | 12.100 |
| | | SBK | 87.750 |
| | 107.000 | | 107.000 |

| S | Eigenkapital | | H |
|---|---|---|---|
| SBK | 88.500 | AB | 70.000 |
| | | GuV | 18.500 |
| | 88.500 | | 88.500 |

| S | Hilfsstoffe | | H |
|---|---|---|---|
| (1) | 6.500 | (3) | 1.500 |
| | | SBK | 5.000 |
| | 6.500 | | 6.500 |

| S | Vorsteuer | | H |
|---|---|---|---|
| (1) | 650 | USt-Ver. | 1.750 |
| (4) | 1.100 | | |
| | 1.750 | | 1.750 |

| S | Berechnete USt | | H |
|---|---|---|---|
| USt.-Ver. | 7.000 | (6) | 7.000 |
| | 7.000 | | 7.000 |

| S | Aufwand Rohstoffe | | H |
|---|---|---|---|
| (2) | 18.000 | GuV | 50.000 |
| (5) | 32.000 | | |
| | 50.000 | | 50.000 |

| S | Aufwand Hilfsstoffe | | H |
|---|---|---|---|
| (3) | 1.500 | GuV | 1.500 |
| | 1.500 | | 1.500 |

| S | Umsatzerlöse | | H |
|---|---|---|---|
| GuV | 70.000 | (6) | 70.000 |
| | 70.000 | | 70.000 |

| S | USt-Verrechnung | | H |
|---|---|---|---|
| Vorsteuer | 1.750 | Ber. USt | 7.000 |
| Sonstige Verb. | 5.250 | | |
| | 7.000 | | 7.000 |

| S | Sonstige Verbindlichkeiten | | H |
|---|---|---|---|
| SBK | 5.250 | USt-Ver. | 5.250 |
| | 5.250 | | 5.250 |

| S | GuV-Konto | | H |
|---|---|---|---|
| Aufwand Rohstoffe | 50.000 | Umsatzerlöse | 70.000 |
| Aufwand Hilfsstoffe | 1.500 | | |
| Gewinn | 18.500 | | |
| | 70.000 | | 70.000 |

| S | SBK | | H |
|---|---|---|---|
| Rohstoffe | 1.000 | Eigenkapital | 88.500 |
| Hilfsstoffe | 5.000 | Sonstige Verbindlichkeiten | 5.250 |
| Bank | 87.750 | | |
| | 93.750 | | 93.750 |

## Lösung zu Aufgabe 6 (Bestandsänderung fertiger Erzeugnisse)

**Buchungssätze**:

| | | | | | |
|---|---|---|---|---|---|
| (1) | Aufwand Rohstoffe | | an | Rohstoffe | 15.000,- |
| (2a) | L.u.G. Aufwand | 11.000,- | an | Kasse | 7.000,- |
| | | | | Noch abz. Abgaben | 4.000,- |
| (2b) | Sozialaufwand (AGA) | | an | Noch abz. Abgaben | 1.000,- |
| (3) | Noch abz. Abgaben | | an | Kasse | 5.000,- |
| (4) | Rohstoffe | 15.000,- | an | Kasse | 16.500,- |
| | Vorsteuer | 1.500,- | | | |
| (5) | Aufwand Rohstoffe | | an | Rohstoffe | 13.000,- |
| (6) | Kasse | 40.700,- | an | Umsatzerlöse | 37.000,- |
| | | | | Berechnete USt | 3.700,- |
| (7a) | USt-Verrechnung | | an | Vorsteuer | 1.500,- |

| | | | |
|---|---|---|---|
| (7b) | Berechnete USt | an USt-Verrechnung | 3.700,- |
| (7c) | USt-Verrechnung | an Kasse | 2.200,- |
| (8) | fertige Erzeugnisse | an Bestandsänderung fE | 12.000,- |

Nebenrechnung zu Geschäftsvorfall 8: Ermittlung der Herstellungskosten pro Stück bzw. des Wertes der Lagerbestandserhöhung:

| | |
|---|---|
| Aufwand Rohstoffe | 28.000,- |
| Lohn- und Gehaltsaufwand | 11.000,- |
| Sozialaufwand | 1.000,- |
| Gesamtaufwand | 40.000,- |
| Produktionsmenge $x_p$ | 200 Stück |
| Herstellungskosten pro Stück: | 200 € |
| Lagerbestandserhöhung fE: (60 Stück à 200 €) | 12.000,- |

**Darstellung in Kontenform:**

| S | Rohstoffe | | H |
|---|---|---|---|
| AB | 20.000 | (1) | 15.000 |
| (4) | 15.000 | (5) | 13.000 |
| | | SBK | 7.000 |
| | 35.000 | | 35.000 |

| S | Kasse | | H |
|---|---|---|---|
| AB | 30.000 | (2a) | 7.000 |
| (6) | 40.700 | (3) | 5.000 |
| | | (4) | 16.500 |
| | | (7c) | 2.200 |
| | | SBK | 40.000 |
| | 70.700 | | 70.700 |

| S | Eigenkapital | | H |
|---|---|---|---|
| SBK | 59.000 | AB | 50.000 |
| | | GuV | 9.000 |
| | 59.000 | | 59.000 |

| S | Aufwand Rohstoffe | | H |
|---|---|---|---|
| (1) | 15.000 | GuV | 28.000 |
| (5) | 13.000 | | |
| | 28.000 | | 28.000 |

| S | L. u. G. Aufwand | | H |
|---|---|---|---|
| (2a) | 11.000 | GuV | 11.000 |
| | 11.000 | | 11.000 |

| S | Noch abz. Abgaben | | H |
|---|---|---|---|
| (3) | 5.000 | (2a) | 4.000 |
| | | (2b) | 1.000 |
| | 5.000 | | 5.000 |

| S | Sozialaufwand | | H |
|---|---|---|---|
| (2b) | 1.000 | GuV | 1.000 |
| | 1.000 | | 1.000 |

| S | Vorsteuer | | H |
|---|---|---|---|
| (4) | 1.500 | (7a) | 1.500 |
| | 1.500 | | 1.500 |

| S | Berechnete USt | | H |
|---|---|---|---|
| (7b) | 3.700 | (6) | 3.700 |
| | 3.700 | | 3.700 |

| S | USt-Verrechnung | | H |
|---|---|---|---|
| (7a) | 1.500 | (7b) | 3.700 |
| (7c) | 2.200 | | |
| | 3.700 | | 3.700 |

| S | fertige Erzeugnisse | | H |
|---|---|---|---|
| (8) | 12.000 | SBK | 12.000 |
| | 12.000 | | 12.000 |

| S | Bestandsänderung fE | | H |
|---|---|---|---|
| GuV | 12.000 | (8) | 12.000 |
| | 12.000 | | 12.000 |

| S | Umsatzerlöse | | H |
|---|---|---|---|
| GuV | 37.000 | (6) | 37.000 |
| | 37.000 | | 37.000 |

| S | GuV-Konto | | H |
|---|---|---|---|
| Aufwand Rohstoffe | 28.000 | Umsatzerlöse | 37.000 |
| L. u. G. Aufwand | 11.000 | Bestandserhöhung fE | 12.000 |
| Sozialaufwand | 1.000 | | |
| Gewinn | 9.000 | | |
| | 49.000 | | 49.000 |

| S | SBK | | H |
|---|---|---|---|
| Rohstoffe | 7.000 | Eigenkapital | 59.000 |
| fertige Erzeugnisse | 12.000 | | |
| Kasse | 40.000 | | |
| | 59.000 | | 59.000 |

Die Lagerbestandserhöhung (Wertzuwachs) muß als Ertragskomponente berücksichtigt werden, da sonst der Erfolg zu niedrig ausgewiesen wird. Es werden auf der Sollseite des GuV-Kontos die Aufwendungen für die Produktion von 200 Stück ausgewiesen (Produktionsaufwand). Auf der Habenseite erscheint der Ertrag für den Absatz von 140 Stück. Deshalb sind zusätzlich 60 Stück zu Herstellungskosten als Ertrag auszuweisen, damit der Periodenerfolg korrekt ermittelt wird.

**Lösung zu Aufgabe 7 (Aussagen zur Bestandsänderung)**

Richtig sind: 1), 3), 5).

Falsch sind: 2), 4).

**Lösung zu Aufgabe 8 (Bestandsänderung fertiger Erzeugnisse)**

Die zum Endbestand (10 Stück) gehörenden Fertigfabrikate stammen ausnahmslos aus der Produktion der Periode 02.

| | |
|---|---|
| Mietaufwand (Leasing) | 4.000 € |
| Aufwand Rohstoffe | 5.000 € |
| Lohn- und Gehaltsaufwand | 3.500 € |
| Sozialaufwand | 500 € |
| Gesamtaufwand | 13.000 € |
| | |
| Produktionsmenge $x_p$ | 50 Stück |
| Herstellungskosten pro Stück | 260 € |
| Herstellungskosten des Endbestands | 2.600 € |

**Buchungssätze:**

| | | | | | |
|---|---|---|---|---|---|
| (1) | Mietaufwand | 4.000,- | an | Kasse | 4.400,- |
| | Vorsteuer | 400,- | | | |
| (2) | Aufwand Rohstoffe | | an | Rohstoffe | 5.000,- |
| (3) | Sonstige Forderungen | | an | Kasse | 2.000,- |
| (4a) | L.u.G. Aufwand | 3.500,- | an | Sonstige Ford. | 2.000,- |
| | | | | Noch abz. Abgaben | 1.200,- |
| | | | | Kasse | 300,- |
| (4b) | Sozialaufwand | | an | Noch abz. Abgaben | 500,- |
| (5) | Noch abz. Abgaben | | an | Kasse | 1.700,- |
| (6) | Kasse | 33.000,- | an | Umsatzerlöse | 30.000,- |
| | | | | Berechnete USt | 3.000,- |
| (7a) | USt-Verrechnung | | an | Vorsteuer | 400,- |
| (7b) | Berechnete USt | | an | USt-Verrechnung | 3.000,- |
| (7c) | USt-Verrechnung | | an | Sonstige Verb. | 2.600,- |
| (8) | Bestandsänderung fE | | an | fertige Erzeugnisse | 9.400,- |

**Darstellung in Kontenform:**

| S | Rohstoffe | | H |
|---|---|---|---|
| AB | 7.000 | (2) | 5.000 |
| | | SBK | 2.000 |
| | 7.000 | | 7.000 |

| S | Kasse | | H |
|---|---|---|---|
| AB | 40.000 | (1) | 4.400 |
| (6) | 33.000 | (3) | 2.000 |
| | | (4a) | 300 |
| | | (5) | 1.700 |
| | | SBK | 64.600 |
| | 73.000 | | 73.000 |

| S | fertige Erzeugnisse | | H |
|---|---|---|---|
| AB | 12.000 | (8) | 9.400 |
| | | SBK | 2.600 |
| | 12.000 | | 12.000 |

| S | Noch abz. Abgaben | | H |
|---|---|---|---|
| (5) | 1.700 | (4a) | 1.200 |
| | | (4b) | 500 |
| | 1.700 | | 1.700 |

| S | Sonstige Forderungen | | H |
|---|---|---|---|
| (3) | 2.000 | (4a) | 2.000 |
| | 2.000 | | 2.000 |

| S | Eigenkapital | | H |
|---|---|---|---|
| SBK | 66.600 | AB | 59.000 |
| | | GuV | 7.600 |
| | 66.600 | | 66.600 |

| S | Sonstige Verbindlichkeiten | | H |
|---|---|---|---|
| SBK | 2.600 | (7c) | 2.600 |
| | 2.600 | | 2.600 |

| S | L. u. G. Aufwand | | H |
|---|---|---|---|
| (4a) | 3.500 | GuV | 3.500 |
| | 3.500 | | 3.500 |

| S | Sozialaufwand | | H |
|---|---|---|---|
| (4b) | 500 | GuV | 500 |
| | 500 | | 500 |

| S | Vorsteuer | | H |
|---|---|---|---|
| (1) | 400 | (7a) | 400 |
| | 400 | | 400 |

| S | Berechnete USt | | H |
|---|---|---|---|
| (7b) | 3.000 | (6) | 3.000 |
| | 3.000 | | 3.000 |

| S | USt-Verrechnung | | H |
|---|---|---|---|
| (7a) | 400 | (7b) | 3.000 |
| (7c) | 2.600 | | |
| | 3.000 | | 3.000 |

| S | Mietaufwand | | H |
|---|---|---|---|
| (1) | 4.000 | GuV | 4.000 |
| | 4.000 | | 4.000 |

| S | Bestandsänderung fE | | H |
|---|---|---|---|
| (8) | 9.400 | GuV | 9.400 |
| | 9.400 | | 9.400 |

| S | Umsatzerlöse | | H |
|---|---|---|---|
| GuV | 30.000 | (6) | 30.000 |
| | 30.000 | | 30.000 |

| S | Aufwand Rohstoffe | | H |
|---|---|---|---|
| (2) | 5.000 | GuV | 5.000 |
| | 5.000 | | 5.000 |

| S | GuV-Konto | | H |
|---|---|---|---|
| Aufwand Rohstoffe | 5.000 | Umsatzerlöse | 30.000 |
| L. u. G. Aufwand | 3.500 | | |
| Sozialaufwand | 500 | | |
| Mietaufwand | 4.000 | | |
| Bestandsminderung fE | 9.400 | | |
| Gewinn | 7.600 | | |
| | 30.000 | | 30.000 |

| S | SBK | | H |
|---|---|---|---|
| Rohstoffe | 2.000 | Eigenkapital | 66.600 |
| fertige Erzeugnisse | 2.600 | Sonstige Verbindlichkeiten | 2.600 |
| Kasse | 64.600 | | |
| | 69.200 | | 69.200 |

**Lösung zu Aufgabe 9 (Unfertige und fertige Erzeugnisse)**

a) Das GuV-Konto hat folgendes Aussehen, wenn allein die Fertigerzeugnisse abgesetzt werden:

| S | GuV-Konto | | H |
|---|---|---|---|
| Bestandsminderung fE | 10.000 | Umsatzerlöse | 16.000 |
| Gewinn | 6.000 | | |
| | 16.000 | | 16.000 |

b) Das GuV-Konto hat folgendes Aussehen, wenn zusätzlich die unfertigen Erzeugnisse umgearbeitet und sämtliche fertigen Erzeugnisse veräußert werden:

| S | GuV-Konto | | H |
|---|---|---|---|
| Bestandsminderung fE | 10.000 | Umsatzerlöse | 25.600 |
| Bestandsminderung uE | 2.400 | | |
| Div. Aufwendungen | 2.400 | | |
| Gewinn | 10.800 | | |
| | 25.600 | | 25.600 |

c) Das GuV-Konto wird durch den Roh- und Betriebsstoffeinkauf nicht verändert, da es sich hierbei um einen erfolgsneutralen Vorgang handelt. Erst der Einsatz der Stoffe in der Produktion führt zu einem Aufwand und somit zu einer Veränderung des GuV-Kontos.

**Lösung zu Aufgabe 10 (Unfertige und fertige Erzeugnisse)**

a) Die Konten unfertige und fertige Erzeugnisse haben folgendes Aussehen, wenn allein auf Mengengrößen abgestellt wird:

| S | unfertige Erzeugnisse | | H |
|---|---|---|---|
| AB | 2.000 St. | AG | 1.500 St. |
| | | EB | 500 St. |
| | 2.000 St. | | 2.000 St. |

| S | fertige Erzeugnisse | | H |
|---|---|---|---|
| AB | 1.000 St. | AG | 600 St. |
| ZG | 750 St. | EB | 1.150 St. |
| | 1.750 St. | | 1.750 St. |

b) Bei den **unfertigen Erzeugnissen** gab es keine Zugänge. Für die Bewertung des Endbestands gelten folglich dieselben Herstellungskosten wie für den Anfangsbestand:

EB = 500 Stück à 20 € = 10.000 €.

Bei den **fertigen Erzeugnissen** ist zur Ermittlung durchschnittlicher Herstellungskosten folgende Rechnung anzustellen:

| | | | Stück | € |
|---|---|---|---|---|
| | Anfangsbestand | | 1.000 | 86.000,- |
| | Zugang | | 750 | |
| | Einsatz uE 1.500 St. | 30.000,- | | |
| + | Aufwand Stufe II | 34.500,- | | |
| | Herstellungsaufwand | 64.500,- | | 64.500,- |
| | | | 1.750 | 150.500,- |

Die durchschnittlichen Herstellungskosten betragen 86 €/Stück (150.500 €/1.750 Stück). Endbestand: 1.150 Stück à 86 €/Stück = 98.900 €.

c) Berechnung der wertmäßigen Bestandsänderungen:

| unfertige Erzeugnisse | | fertige Erzeugnisse | |
|---|---|---|---|
| Wert EB | 10.000,- | Wert EB | 98.900,- |
| - Wert AB | 40.000,- | - Wert AB | 86.000,- |
| Bestands-minderung | 30.000,- | Bestands-erhöhung | 12.900,- |

d) Darstellung der Abschlußkonten:

| S | GuV-Konto | | H |
|---|---|---|---|
| Div. Aufwendungen | 34.500 | Umsatzerlöse | 60.000 |
| Bestandsminderung uE | 30.000 | Bestandserhöhung fE | 12.900 |
| Gewinn | 8.400 | | |
| | 72.900 | | 72.900 |

| S | SBK | | H |
|---|---|---|---|
| unfertige Erzeugnisse | 10.000 | Eigenkapital | 168.400 |
| fertige Erzeugnisse | 98.900 | | |
| Bank | 59.500 | | |
| | 168.400 | | 168.400 |

**Lösung zu Aufgabe 11 (Unfertige und fertige Erzeugnisse)**

a) Ablauf des Fertigungsprozesses:

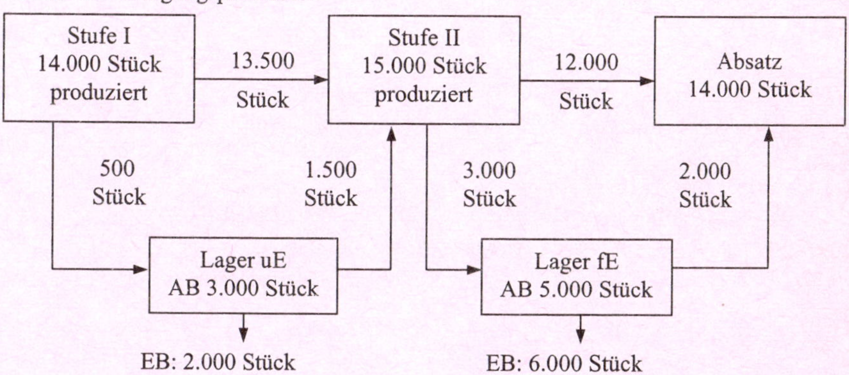


b) Lagerbestand fE: Von den neu hergestellten Fertigfabrikaten gingen 3.000 Stück auf Lager. Vom alten Lagerbestand wurden 2.000 Stück abgesetzt. Somit ergibt sich für den Endbestand der Fertigfabrikate: 6.000 Stück (5.000 + 3.000 - 2.000).

c) Herstellungskosten uE = 350.000 € : 14.000 Stück = 25 €/Stück

Herstellungskosten fE = (13.500 Stück x 25 €/Stück + 1.500 Stück x 30 €/Stück + 817.500 €): 15.000 Stück = 80,- €/Stück

d) Endbestand uE = (500 Stück x 25 €) + (1.500 Stück x 30 €) = 57.500 €

Endbestand fE = (3.000 Stück x 80 €) + (3.000 Stück x 70 €) = 450.000 €

e) Durchschnittliche Herstellungskosten uE

uE = 57.500 € : 2.000 Stück = 28,75 €/Stück

Durchschnittliche Herstellungskosten fE

fE = 450.000 € : 6.000 Stück = 75 €/Stück

f) Bestandsänderungen unfertiger und fertiger Erzeugnisse:

| | | | |
|---|---|---|---|
| uE: | AB (3.000 x 30,-) | : | 90.000,- |
| | EB (2.000 x 28,75 | : | 57.500,- |
| | Bestandsminderung | : | 32.500,- |
| fE: | AB (5.000 x 70,-) | : | 350.000,- |
| | EB (6.000 x 75,-) | : | 450.000,- |
| | Bestandserhöhung | : | 100.000,- |

g) (1) Bestandsänderung uE an unfertige Erzeugnisse 32.500,-

(2) fertige Erzeugnisse an Bestandsänderung fE 100.000,-

**Lösung zu Aufgabe 12 (GuV-Konto und Bestandsänderungen)**

Der Gesamtaufwand der Periode zur Herstellung von $x_p$ errechnet sich wie folgt:

| | | | |
|---|---|---|---|
| Fertigungsaufwand Stufe I | | | 24.000 € |
| Fertigungsaufwand Stufe II | | | |
| | Herstellungskosten für abgesetzte fE | 62.000 | |
| + | Herstellungskosten für Endbestand fE | 38.000 | |
| - | Herstellungskosten für eingesetzte uE | 14.400 | |
| = | Fertigungsaufwand Stufe II | 85.600 | 85.600 € |
| | Aufwand $x_p$ | | 109.600 € |

Das GuV-Konto hat folgendes Aussehen:

| S | GuV-Konto | | H |
|---|---|---|---|
| Aufwand $x_p$ | 109.600 | Umsatzerlöse | 48.000 |
| | | Bestandserhöhung fE | 38.000 |
| | | Bestandserhöhung uE | 9.600 |
| | | Verlust | 14.000 |
| | 109.600 | | 109.600 |

**Lösung zu Aufgabe 13 (Unfertige und fertige Erzeugnisse)**

a) Ermittlung der Herstellungskosten unfertiger Erzeugnisse:

| UNFERTIGE ERZEUGNISSE | | Stück | € |
|---|---|---|---|
| Anfangsbestand | | 1.000 | 60.000,- |
| Zugang | | 800 | |
| Aufwand Rohstoffe | 20.000,- | | |
| +Mietaufwand (Leasing) | 6.000,- | | |
| +Personalaufwand | 22.000,- | | |
| Herstellungsaufwand | 48.000,- | | 48.000,- |
| | | 1.800 | 108.000,- |

Die durchschnittlichen Herstellungskosten uE betragen 60 €/Stück (108.000 € / 1.800 Stück). Endbestand: 1.600 Stück à 60 € = 96.000 €.

Die Herstellungskosten fertiger Erzeugnisse werden wie folgt berechnet:

| FERTIGE ERZEUGNISSE | | Stück | € |
|---|---|---|---|
| Anfangsbestand | | 2.000 | 200.000,- |
| Zugang | | 200 | |
| Einsatz uE 200 St. | 12.000,- | | |
| + Personalaufwand | 7.000,- | | |
| + Sozialaufwand | 1.000,- | | |
| Herstellungsaufwand | 20.000,- | | 20.000,- |
| | | 2.200 | 220.000,- |

Die durchschnittlichen Herstellungskosten fE betragen 100 €/Stück. Endbestand: 1.200 Stück à 100 € = 120.000 €.

b) **Buchungssätze**

| | | | | | |
|---|---|---|---|---|---|
| (1) | Aufwand Rohstoffe | | an | Rohstoffe | 20.000,- |
| (2) | Mietaufwand | 6.000,- | an | Bank | 6.600,- |
| | Vorsteuer | 600,- | | | |
| (3) | Personalaufwand | 22.000,- | an | Bank | 24.200,- |
| | Vorsteuer | 2.200,- | | | |
| (4) | Bank | 132.000,- | an | Umsatzerlöse | 120.000,- |
| | | | | Berechnete USt | 12.000,- |
| (5) | Keine Buchung | | | | |
| (6) | Personalaufwand | 7.000,- | an | Bank | 8.000,- |
| | Sozialaufwand | 1.000,- | | | |
| (7a) | USt-Verrechnung | | an | Vorsteuer | 2.800,- |
| (7b) | Berechnete USt | | an | USt-Verrechnung | 12.000,- |
| (7c) | USt-Verrechnung | | an | Bank | 9.200,- |
| (8) | SBK | | an | Rohstoffe | 80.000,- |
| (9) | Bestandsänderung fE | | an | fertige Erzeugnisse | 80.000,- |
| (10) | unfertige Erzeugnisse | | an | Bestandsänderung uE | 36.000,- |

c) **Kontenmäßige Darstellung**:

| S | Rohstoffe | | H |
|---|---|---|---|
| AB | 100.000 | (1) | 20.000 |
| | | SBK | 80.000 |
| | 100.000 | | 100.000 |

| S | Bank | | H |
|---|---|---|---|
| AB | 140.000 | (2) | 6.600 |
| (4) | 132.000 | (3) | 24.200 |
| | | (6) | 8.000 |
| | | (7c) | 9.200 |
| | | SBK | 224.000 |
| | 272.000 | | 272.000 |

| S | fertige Erzeugnisse | | H |
|---|---|---|---|
| AB | 200.000 | (9) | 80.000 |
| | | SBK | 120.000 |
| | 200.000 | | 200.000 |

| S | unfertige Erzeugnisse | | H |
|---|---|---|---|
| AB | 60.000 | SBK | 96.000 |
| (10) | 36.000 | | |
| | 96.000 | | 96.000 |

**S Aufwand Rohstoffe H**

| S | | H | |
|---|---|---|---|
| (1) | 20.000 | GuV | 20.000 |
| | 20.000 | | 20.000 |

**S Eigenkapital H**

| S | | H | |
|---|---|---|---|
| SBK | 520.000 | AB | 500.000 |
| | | GuV | 20.000 |
| | 520.000 | | 520.000 |

**S Sozialaufwand H**

| S | | H | |
|---|---|---|---|
| (6) | 1.000 | GuV | 1.000 |
| | 1.000 | | 1.000 |

**S Personalaufwand H**

| S | | H | |
|---|---|---|---|
| (3) | 22.000 | GuV | 29.000 |
| (6) | 7.000 | | |
| | 29.000 | | 29.000 |

**S Bestandsänderung fE H**

| S | | H | |
|---|---|---|---|
| (9) | 80.000 | GuV | 80.000 |
| | 80.000 | | 80.000 |

**S Bestandsänderung uE H**

| S | | H | |
|---|---|---|---|
| GuV | 36.000 | (10) | 36.000 |
| | 36.000 | | 36.000 |

**S Berechnete USt H**

| S | | H | |
|---|---|---|---|
| (7b) | 12.000 | (4) | 12.000 |
| | 12.000 | | 12.000 |

**S USt-Verrechnung H**

| S | | H | |
|---|---|---|---|
| (7a) | 2.800 | (7b) | 12.000 |
| (7c) | 9.200 | | |
| | 12.000 | | 12.000 |

**S Mietaufwand H**

| S | | H | |
|---|---|---|---|
| (2) | 6.000 | GuV | 6.000 |
| | 6.000 | | 6.000 |

**S Vorsteuer H**

| S | | H | |
|---|---|---|---|
| (2) | 600 | (7a) | 2.800 |
| (3) | 2.200 | | |
| | 2.800 | | 2.800 |

**S Umsatzerlöse H**

| S | | H | |
|---|---|---|---|
| GuV | 120.000 | (4) | 120.000 |
| | 120.000 | | 120.000 |

**S GuV-Konto H**

| S | | H | |
|---|---|---|---|
| Aufwand Rohstoffe | 20.000 | Umsatzerlöse | 120.000 |
| Mietaufwand | 6.000 | Bestandserhöhung uE | 36.000 |
| Personalaufwand | 29.000 | | |
| Sozialaufwand | 1.000 | | |
| Bestandsminderung fE | 80.000 | | |
| Gewinn | 20.000 | | |
| | 156.000 | | 156.000 |

| S | SBK | | H |
|---|---|---|---|
| Rohstoffe | 80.000 | Eigenkapital | 520.000 |
| unfertige Erzeugnisse | 96.000 | | |
| fertige Erzeugnisse | 120.000 | | |
| Bank | 224.000 | | |
| | 520.000 | | 520.000 |

**Lösung zu Aufgabe 14 (Umsatzkostenverfahren)**

a) Die genannten Konten werden nach dem Umsatzkostenverfahren folgendermaßen abgeschlossen:

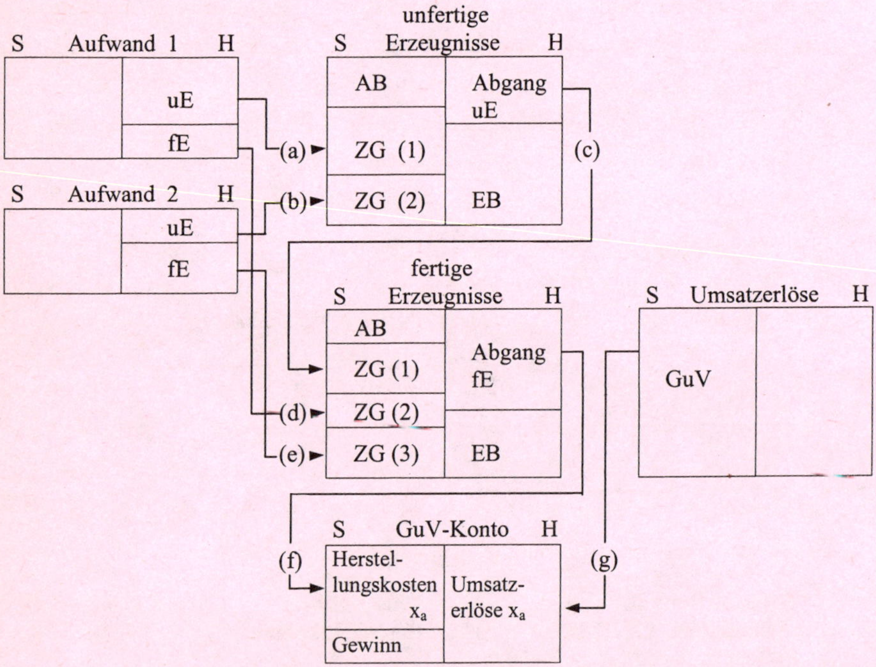


(a) Das Aufwandskonto 1 - z.B. Rohstoffaufwand - gibt seinen Saldo nach Maßgabe des auf Fertigungsstufe I angefallenen Rohstoffverbrauchs an das Bestandskonto "unfertige Erzeugnisse" ab. Die Rohstoffe gehen in die Halbfabrikate ein und werden als Zugang (1) im Bestandskonto "unfertige Erzeugnisse" verbucht.

(b) Das Aufwandskonto 2 - z.B. Personalaufwand - gibt seinen Saldo nach Maßgabe der Löhne (der Fertigungsstufe I) an das Bestandskonto "unfertige Erzeugnisse" ab. Die Arbeitsleistung wird Produktbestandteil und als Zugang (2) verbucht.

(c) Nachdem der Endbestand der unfertigen Erzeugnisse ermittelt und auf dem SBK gebucht ist, entsteht im Haben des Kontos "unfertiger Erzeugnisse" ein Saldo. Dahinter verbirgt sich der Abgang unfertiger Erzeugnisse. Es handelt sich um die Halbfabrikate, die zur Weiterverarbeitung an Fertigungsstufe II gegangen sind. Im Soll des Bestandskontos "fertige Erzeugnisse" erscheinen sie als Zugang (1).

(d,e) Auf der Fertigungsstufe II werden die Halbfabrikate zu Fertigfabrikaten weiterverarbeitet. Dabei werden weitere Rohstoffe bzw. Arbeitsleistungen eingesetzt. Der Rohstoffaufwand (bzw. Personalaufwand) wird im Bestandskonto "fertige Erzeugnisse" als Zugang (2) bzw. (3) verbucht (d) bzw. (e).

(f) Nachdem der Endbestand der Fertigfabrikate auf dem SBK verbucht ist, zeigt sich im Haben des Kontos "fertige Erzeugnisse" ein Saldo. Dieser "Abgang fE" symbolisiert die zu Herstellungskosten bewertete Verkaufsmenge $x_a$ an Fertigfabrikaten. Diese dem Wareneinsatz im Handelsbetrieb vergleichbare Größe wird im GuV-Konto als Aufwand gegengebucht.

(g) Die Umsatzerlöse werden im Haben des GuV-Kontos gegengebucht.

b) Beim Umsatzkostenverfahren werden den Umsatzerlösen nur die Aufwendungen für die hergestellte Menge gegenübergestellt. Eine Bestandserhöhung wird durch eine Aufwandsminderung berücksichtigt. Sie wird nicht offen ausgewiesen. Daher ist die Kontensumme des GuV-Kontos beim UKV niedriger als beim GKV (Bruttoverfahren); sie nimmt nur um den notwendigen **Nettobetrag** zu.

**Lösung zu Aufgabe 15 (Gesamt- und Umsatzkostenverfahren)**

(a) Bestandsveränderungen unfertiger und fertiger Erzeugnisse:

| | unfertige Erzeugnisse | fertige Erzeugnisse |
|---|---|---|
| Endbestand | 115.000 € | 135.000 € |
| - Anfangsbestand | 100.000 € | 240.000 € |
| Bestandsänderung | + 15.000 € | - 105.000 € |

Nach dem Gesamtkostenverfahren hat das GuV-Konto folgendes Aussehen:

| S | GuV-Konto | | H |
|---|---|---|---|
| Aufwand Rohstoffe | 300.000 | Umsatzerlöse $x_a$ | 950.000 |
| Personalaufwand | 400.000 | Bestandserhöhung uE | 15.000 |
| Mietaufwand | 200.000 | Verlust | 40.000 |
| Bestandsminderung fertige Erzeugnisse | 105.000 | | |
| | 1.005.000 | | 1.005.000 |

b) Abschluß nach dem Umsatzkostenverfahren:

| S | Unfertige Erzeugnisse (TEUR) | | H |
|---|---|---|---|
| AB | 100 | Abgang | 615 |
| Rohstoffaufwand | 300 | EB | 115 |
| Personalaufwand | 250 | | |
| Mietaufwand | 80 | | |
| | 730 | | 730 |

| S | Fertige Erzeugnisse (TEUR) | | H |
|---|---|---|---|
| AB | 240 | Abgang | 990 |
| Zugang uE | 615 | EB | 135 |
| Personalaufwand | 150 | | |
| Mietaufwand | 120 | | |
| | 1.125 | | 1.125 |

Der Abgang des Kontos "fertige Erzeugnisse" stellt die Herstellungskosten $x_a$ dar, die im Soll des GuV-Kontos (als Aufwand) verbucht werden:

| S | GuV-Konto | | H |
|---|---|---|---|
| Herstellungskosten $x_a$ | 990.000 | Umsatzerlöse $x_a$ | 950.000 |
| | | Verlust | 40.000 |
| | 990.000 | | 990.000 |

c) **Nein.** In der Bilanz werden sowohl beim Gesamtkostenverfahren als auch beim Umsatzkostenverfahren die gleichen Posten mit den gleichen Werten ausgewiesen. Es handelt sich um die Posten unfertige und fertige Erzeugnisse, die im Umlaufvermögen unter den Vorräten erscheinen. Die Bewertung erfolgt jeweils mit den Herstellungskosten, die bei beiden Verfahren identisch sind. Sie werden nach § 255 Abs. 2 HGB ermittelt. Unterschiede ergeben sich im Buchungsablauf beider Verfahren.

# Lösungen der Aufgaben zum 6. Kapitel

## Lösung zu Aufgabe 1 (Abschreibungsursachen)

Man unterscheidet:

- Verbrauchsbedingte Abschreibungsursachen,
- Wirtschaftlich bedingte Abschreibungsursachen und
- Zeitlich bedingte Abschreibungsursachen.

Merkmal der **verbrauchsbedingten** Abschreibung ist die Abnahme der Nutzungsmenge eines Anlagegegenstandes. Beispiele sind: Einsatz eines LKWs zum Gütertransport, Korrosion einer Förderanlage, Abnutzung einer Maschine im Produktionsprozeß.

Bei der **wirtschaftlich bedingten** Wertminderung nimmt der Wert der Nutzungen ab. Durch den technischen Fortschritt sinkt der Wert einer bisher eingesetzten EDV-Anlage, wenn ein neues, leistungsfähigeres Modell auf den Markt kommt.

Bei der **zeitlich bedingten** Abschreibungsursache können nicht alle Nutzungen aus einer Sache oder einem Recht gezogen werden, da diese im Unternehmen nur eine bestimmte Zeit eingesetzt werden dürfen (Ablauf der Nutzungszeit). Beispiel: Auf zehn Jahre beschränkte Lizenz (= Recht) zur Fertigung eines pharmazeutischen Produkts.

## Lösung zu Aufgabe 2 (Abschreibungsarten)

Die planmäßige Abschreibung zeichnet sich durch folgende Merkmale aus:

- Anwendbarkeit nur beim **abnutzbaren Anlagevermögen**.
- **Verteilungsrechnung** (Verteilung des Ausgangswertes auf die Nutzungsdauer).
- Erfassung des Wertverzehrs nach einem **vorsehbaren Abschreibungsplan**.
- Insbesondere Berücksichtigung von **verbrauchsbedingten Wertminderungsursachen**.

Dagegen ist die außerplanmäßige Abschreibungen durch die folgenden Merkmale charakterisiert:

- Anwendbarkeit beim **abnutzbaren und nicht abnutzbaren Anlagevermögen sowie beim Umlaufvermögen**.

- **Anpassungsrechnung** (Anpassung des Buchwertes an den Marktwert).
- Herabsetzung des Wertes aufgrund **nicht vorhersehbarer Ursachen** (z.B. gesunkener Marktwerte).
- Insbesondere Berücksichtigung von **wirtschaftlichen Wertminderungsursachen**.

**Lösung zu Aufgabe 3 (Abschreibungsbasis)**

Richtig sind: 2), 4), 6).

Falsch sind: 1), 3), 5).

Hinweis zu 3): Bei Lieferung "frei Haus" entstehen keine Kosten.

Hinweis zu 5): Bei vollem Vorsteuerabzug erfolgt die Aktivierung zum **Netto**preis.

**Lösung zu Aufgabe 4 (Erfolgswirkung der Abschreibung)**

a) Erfolgsausweis bei sofortiger Aufwandsverrechnung (volle Anschaffungskosten):

| | Jahr 1 | Jahr 2 | Jahr 3 | Jahr 4 | Jahr 5 |
|---|---|---|---|---|---|
| Ertrag | 240.000 | 220.000 | 240.000 | 300.000 | 250.000 |
| Aufwand | 150.000 | 145.000 | 160.000 | 180.000 | 160.000 |
| Anschaffungskosten | 120.000 | | | | |
| Erfolg | -30.000 | 75.000 | 80.000 | 120.000 | 90.000 |

b) Erfolgsausweis bei periodisierter Aufwandsverrechnung (anteilige Abschreibungen):

| | Jahr 1 | Jahr 2 | Jahr 3 | Jahr 4 | Jahr 5 |
|---|---|---|---|---|---|
| Ertrag | 240.000 | 220.000 | 240.000 | 300.000 | 250.000 |
| Aufwand | 150.000 | 145.000 | 160.000 | 180.000 | 160.000 |
| Abschreibungen | 24.000 | 24.000 | 24.000 | 24.000 | 24.000 |
| Erfolg | 66.000 | 51.000 | 56.000 | 96.000 | 66.000 |

c) Die Summe der Periodengewinne ist im Fall a) und im Fall b) gleich (335.000 €). Allerdings kommt es zu einer unterschiedlichen zeitlichen Verteilung. Im Fall a) wird im ersten Jahr ein Verlust ausgewiesen. In den Folgejahren ist der Gewinn dagegen relativ hoch. Im Fall b), bei planmäßiger Abschreibung, werden nur Gewinne ausgewiesen. Diese sind jedoch niedriger als im Fall a). Unterstellt man eine gleichmäßige Abnutzung der Anlage in den einzelnen Jahren des Einsatzes, ist der Fall b) vorzuziehen. Jeder Periode wird der Aufwand zugeordnet, der in ihr angefallen ist. Damit ergibt sich ein **periodengerechter Gewinnausweis** in den einzelnen Nutzungsjahren.

**Lösung zu Aufgabe 5 (Abschreibungsverfahren)**

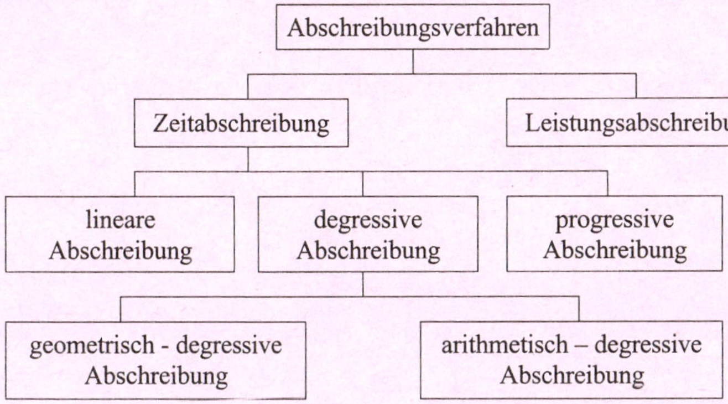


**Lösung zu Aufgabe 6 (Abschreibungsverfahren)**

**Lineare Abschreibung:**

$$\text{Abschreibungsbetrag} = \frac{50.000 + 6.000}{7 \text{ Jahre}} = 8.000 \text{ €/Jahr}$$

**Arithmetisch-degressive Abschreibung:**

$$\text{Degressionsbetrag} = \frac{50.000 + 6.000}{7 + 6 + 5 + 4 + 3 + 2 + 1} = 2.000 \text{ €/Jahresziffer}$$

Im ersten Jahr werden 7 x 2.000 € (= 14.000 €), im zweiten Jahr 6 x 2.000 € (= 12.000 €) als Abschreibungsbeträge verrechnet.

**Geometrisch-degressive Abschreibung:** Im ersten Jahr werden 20% von 56.000 verrechnet (11.200), im zweiten Jahr 20% von 44.800 (56.000 -11.200) verrechnet (8.960), usw.

Hinweis: Die geometrisch-degressive Abschreibung führt nicht zum Wert von null Euro, so daß in 07 der gesamte Restwert (14.680,064 €) abzuschreiben ist. Um diesen hohen Abschreibungsbetrag zu vermeiden, wird meist vorher ein Wechsel auf die lineare Methode vorgenommen. Wird ab 05 linear abgeschrieben, ergibt sich ein Betrag von rund 7.646 €; der für die Folgejahre konstant bleibt. Der Wechsel der Abschreibungsmethoden ist nicht direkt im HGB geregelt, ist aber mit den (nicht kodifizierten) GoB vereinbar.

Die Abschreibungspläne ergeben sich wie folgt:

| Jahr | Linear | | Geometrisch-degressiv | | Arithmetrisch-degressiv | |
|---|---|---|---|---|---|---|
| | Abschreibung | RBW | Abschreibung | RBW | Abschreibung | RBW |
| 01 | 8.000 | 48.000 | 16.800,- | 39.200,- | 14.000 | 42.000 |
| 02 | 8.000 | 40.000 | 11.760,- | 27.440,- | 12.000 | 30.000 |
| 03 | 8.000 | 32.000 | 8.232,- | 19.208,- | 10.000 | 20.000 |
| 04 | 8.000 | 24.000 | 5.762,40 | 13.445,60 | 8.000 | 12.000 |
| 05 | 8.000 | 16.000 | 4.033,68 | 9.411,92 | 6.000 | 6.000 |
| 06 | 8.000 | 8.000 | 2.823,58 | 6.588,34 | 4.000 | 2.000 |
| 07 | 8.000 | 0 | 6.588,34 | 0,- | 2.000 | 0 |
| Gesamt | 56.000 | | 56.000,- | | 56.000 | |

**Lösung zu Aufgabe 7 (Leistungsabschreibung)**

Die Abschreibung pro Leistungseinheit beträgt 0,25 €/Stück (56.000 €/224.000 Stück). Der Abschreibungsbetrag im Jahr 01 beläuft sich auf 8.250 € (33.000 Stück x 0,25 €/Stück).

**Lösung zu Aufgabe 8 (Direkte und indirekte Abschreibung)**

Bei der **direkten Abschreibung** verringert sich der ausgewiesene Wert des Vermögensgegenstandes um den Abschreibungsbetrag. In der Bilanz erscheint nur noch der Restbuchwert. Der Restbuchwert einer Periode ergibt sich, indem von den Anschaffungs- oder Herstellungskosten die Summe der bereits angefallenen Abschreibungsbeträge subtrahiert wird. Aus der Bilanz wird somit nicht ersichtlich, wie hoch die Anschaffungs- bzw. Herstellungskosten des Vermögensgegenstands waren. Ebenso wenig kann festgestellt werden, wie hoch die bisher verrechneten Abschreibungen sind.

Bei der **indirekten Abschreibung** werden die Abschreibungsbeträge auf der Passivseite der Bilanz unter dem Posten "Wertberichtigungen" gesammelt (Ausweis: Unter den Verbindlichkeiten, da keine Zugehörigkeit zum Eigen- oder Fremdkapital). Auf der Aktivseite bleiben die vollen Anschaffungskosten erhalten. Der Restbuchwert ergibt sich als Saldo aus Anschaffungskosten des Postens und zugehöriger Wertberichtigung. Durch diese Methode kann jederzeit die Abschreibungsbasis sowie die Summe der bisher verrechneten Abschreibungen festgestellt werden. Diesem Vorteil steht als Nachteil gegenüber, daß die Bilanzsumme stark zunimmt und die Bilanz "aufgebläht" erscheint.

**<u>Lösung zu Aufgabe 9 (Abschreibungsverbuchung)</u>**

Die Buchungssätze lauten:

**Direkte Abschreibung:**

| | | | | |
|---|---|---|---|---|
| (1) | Abschr. auf Anlagen | an | Masch. Anlagen | 12.000,- |
| (2) | SBK | an | Masch. Anlagen | 68.000,- |
| (3) | GuV-Konto | an | Abschr. auf Anlagen | 12.000,- |

**Indirekte Abschreibung:**

| | | | | |
|---|---|---|---|---|
| (1) | Abschr. auf Anlagen | an | Wertber. auf Anlagen | 12.000,- |
| (2) | SBK | an | Masch. Anlagen | 80.000,- |
| (3) | Wertber. auf Anlagen | an | SBK | 12.000,- |
| (4) | GuV-Konto | an | Abschr. auf Anlagen | 12.000,- |

**<u>Lösung zu Aufgabe 10 (Abschreibungsverbuchung)</u>**

**Die Buchungssätze lauten:**

| | | | | |
|---|---|---|---|---|
| (1) | Abschr. auf Anlagen | an | Masch. Anlagen | 10.000,- |
| (2) | Abschr. auf Anlagen | an | Wertber. auf Anlagen | 15.000,- |
| (3) | GuV-Konto | an | Abschr. auf Anlagen | 25.000,- |
| (4) | Eigenkapital | an | GuV-Konto | 25.000,- |
| (5) | SBK | an | Masch. Anlagen | 50.000,- |
| (6) | SBK | an | Fuhrpark | 30.000,- |
| (7) | Wertber. auf Anlagen | an | SBK | 25.000,- |
| (8) | Eigenkapital | an | SBK | 55.000,- |

**Kontenmäßige Darstellung:**

| S | Masch. Anlagen | | H |
|---|---|---|---|
| AB | 60.000 | (1) | 10.000 |
| | | (5) | 50.000 |
| | 60.000 | | 60.000 |

| S | Fuhrpark | | H |
|---|---|---|---|
| AB | 30.000 | (6) | 30.000 |
| | 30.000 | | 30.000 |

| S | Wertber. auf Anlagen | | H |
|---|---|---|---|
| (7) | 25.000 | AB | 10.000 |
| | | (2) | 15.000 |
| | 25.000 | | 25.000 |

| S | Abschr. auf Anlagen | | H |
|---|---|---|---|
| (1) | 10.000 | (3) | 25.000 |
| (2) | 15.000 | | |
| | 25.000 | | 25.000 |

**S Eigenkapital H**

| | | | |
|---|---|---|---|
| (4) | 25.000 | AB | 80.000 |
| (8) | 55.000 | | |
| | 80.000 | | 80.000 |

**S GuV-Konto H**

| | | | |
|---|---|---|---|
| (3) | 25.000 | (4) | 25.000 |
| | 25.000 | | 25.000 |

**S SBK H**

| | | | |
|---|---|---|---|
| Masch. Anlagen | 50.000 | Eigenkapital | 55.000 |
| Fuhrpark | 30.000 | Wertber. auf Anlagen | 25.000 |
| | 80.000 | | 80.000 |

## Lösung zu Aufgabe 11 (Abschlußerstellung)

**Buchungssätze:**

| | | | | | |
|---|---|---|---|---|---|
| (1) | Forderungen | 22.000,- | an | Warenverkauf | 20.000,- |
| | | | | Berechnete USt | 2.000,- |
| (2) | Fuhrpark | 25.000,- | an | Bank | 27.500,- |
| | Vorsteuer | 2.500,- | | | |
| (3) | Betr.- u. Geschäftsausst. | 5.000,- | an | Bank | 5.500,- |
| | Vorsteuer | 500,- | | | |
| (4) | Darlehensverb. | | an | Bank | 10.000,- |

Abschreibungen:

- Vitrine: 5.000 €/10 Jahre = 500 €/Jahr - davon 50% (250 €), da Zugang in 2. Jahreshälfte.
- Fahrzeug: 25.000 €/5 Jahre = 5.000 €/Jahr - in voller Höhe, da Zugang in 1. Jahreshälfte.

**Kontenmäßige Darstellung:**

**S Betr.- u. Gesch.ausst. H**

| | | | |
|---|---|---|---|
| AB | 100.000 | Abschr. | 20.000 |
| (3) | 5.000 | Abschr. | 250 |
| | | SBK | 84.750 |
| | 105.000 | | 105.000 |

**S Bank H**

| | | | |
|---|---|---|---|
| AB | 25.000 | (2) | 27.500 |
| SBK | 18.000 | (3) | 5.500 |
| | | (4) | 10.000 |
| | 43.000 | | 43.000 |

**S Fuhrpark H**

| | | | |
|---|---|---|---|
| (2) | 25.000 | Abschr. | 5.000 |
| | | SBK | 20.000 |
| | 25.000 | | 25.000 |

**S Wareneinkauf H**

| | | | |
|---|---|---|---|
| AB | 40.000 | Waren-verkauf | 10.000 |
| | | SBK | 30.000 |
| | 40.000 | | 40.000 |

| S | Forderungen | | H |
|---|---|---|---|
| (1) | 22.000 | SBK | 22.000 |
| | 22.000 | | 22.000 |

| S | Sonstige Ford. | | H |
|---|---|---|---|
| USt | 1.000 | SBK | 1.000 |
| | 1.000 | | 1.000 |

| S | Vorsteuer | | H |
|---|---|---|---|
| (2) | 2.500 | Ber. USt | 3.000 |
| (3) | 500 | | |
| | 3.000 | | 3.000 |

| S | Berechnete USt | | H |
|---|---|---|---|
| VSt | 3.000 | (1) | 2.000 |
| | | Sonst. Ford. | 1.000 |
| | 3.000 | | 3.000 |

| S | Warenverkauf | | H |
|---|---|---|---|
| Wareneinkauf | 10.000 | (1) | 20.000 |
| GuV | 10.000 | | |
| | 20.000 | | 20.000 |

| S | Abschr. auf Anl. | | H |
|---|---|---|---|
| BGA | 20.000 | GuV | 25.250 |
| BGA | 250 | | |
| Fuhrpark | 5.000 | | |
| | 25.250 | | 25.250 |

BGA = Betr.- u. Gesch.ausst.

| S | Eigenkapital | | H |
|---|---|---|---|
| GuV | 15.250 | AB | 130.000 |
| SBK | 114.750 | | |
| | 130.000 | | 130.000 |

| S | Darlehensverb. | | H |
|---|---|---|---|
| (4) | 10.000 | AB | 35.000 |
| SBK | 25.000 | | |
| | 35.000 | | 35.000 |

| S | GuV-Konto | | H |
|---|---|---|---|
| Abschr. auf Anl. | 25.250 | Warenverkauf | 10.000 |
| | | Verlust | 15.250 |
| | 25.250 | | 25.250 |

| S | SBK | | H |
|---|---|---|---|
| Betr.- u. Geschäftsausst. | 84.750 | Eigenkapital | 114.750 |
| Fuhrpark | 20.000 | Darlehensverb. | 25.000 |
| Wareneinkauf | 30.000 | Verb. gegenüber Kreditinstituten | 18.000 |
| Forderungen | 22.000 | | |
| Sonst. Ford. | 1.000 | | |
| | 157.750 | | 157.750 |

**Hinweise:** Das Konto "Bank" hat in dieser Aufgabe nicht mehr den Charakter eines aktiven, sondern eines passiven Bestandskontos. Es liegen Verbindlichkeiten gegenüber dem Kreditinstitut vor. Die Abschreibungen auf dem Konto Betriebs- und Geschäftsausstattung hätten auch zusammengefaßt werden können. Die getrennte Darstellung erfolgt allein aus didaktischen Gründen.

**Lösung zu Aufgabe 12 (Anlagenverkauf)**

Die Buchungssätze lauten:

| | | | | | |
|---|---|---|---|---|---|
| (a) | Bank | 22.000,- | an | Masch. Anlagen | 20.000,- |
| | | | | Berechnete USt | 2.000,- |
| (b) | Bank | 27.500,- | an | Masch. Anlagen | 20.000,- |
| | | | | sonst. betr. Ertrag | 5.000,- |
| | | | | Berechnete USt | 2.500,- |
| (c) | Bank | 17.600,- | an | Masch. Anlagen | 20.000,- |
| | sonst. betr. Aufwand | 4.000,- | | Berechnete USt | 1.600,- |

**Lösung zu Aufgabe 13 (Anlagenverkauf)**

1) Das Konto "Maschinelle Anlagen" weist 100.000,- im Soll, das Konto "Wertberichtigungen auf Anlagen" 80.000,- im Haben auf. Dadurch ergibt sich inhaltlich ein Restbuchwert auf dem Konto "Maschinelle Anlagen" in Höhe von 20.000,-.

2) Buchungssätze:

| | | | | | |
|---|---|---|---|---|---|
| (a) | Wertber. auf Anlagen | | an | Masch. Anlagen | 80.000,- |
| | Bank | 22.000,- | an | Masch. Anlagen | 20.000,- |
| | | | | Berechnete USt | 2.000,- |
| (b) | Wertber. auf Anlagen | | an | Masch. Anlagen | 80.000,- |
| | Bank | 27.500,- | an | Masch. Anlagen | 20.000,- |
| | | | | sonst. betr. Ertrag | 5.000,- |
| | | | | Berechnete USt | 2.500,- |
| (c) | Wertber. auf Anlagen | | an | Masch. Anlagen | 80.000,- |
| | Bank | 17.600,- | an | Masch. Anlagen | 20.000,- |
| | sonst. betr. Aufwand | 4.000,- | | Berechnete USt | 1.600,- |

**Lösung zu Aufgabe 14 (Wertberichtigung)**

a) Um die Übersicht nicht zu verlieren, empfiehlt sich die Zerlegung des Gesamtvorgangs in die Bestandteile "Kauf", "Verkauf" und "Bezahlung". Dabei sollte vorab das Konto "Wertberichtigungen auf Anlagen" über das Konto "Fuhrpark" aufgelöst werden.

**Kauf:**

| | | | | | |
|---|---|---|---|---|---|
| (1) | Fuhrpark | 30.000,- | an | Lieferantenverb. | 33.000,- |
| | Vorsteuer | 3.000,- | | | |

**Verkauf:**

| | | | | |
|---|---|---|---|---|
| (2) Wertber. auf Anlagen | | an | Fuhrpark | 15.000,- |
| (3) Forderungen | 13.200,- | an | Fuhrpark | 10.000,- |
| | | | sonst. betr. Ertrag | 2.000,- |
| | | | Berechnete USt | 1.200,- |

**Bezahlung:**

| | | | | |
|---|---|---|---|---|
| (4) Lieferantenverb. | 33.000,- | an | Forderungen | 13.200,- |
| | | | Bank | 19.800,- |

Die Buchungssätze (1) - (4) lassen sich auch zu einem einzigen Buchungssatz (5) zusammenfassen:

| | | | | |
|---|---|---|---|---|
| (5) Fuhrpark | 30.000,- | an | Fuhrpark | 25.000,- |
| Vorsteuer | 3.000,- | | sonst. betr. Ertrag | 2.000,- |
| Wertber. auf Anlagen | 15.000,- | | Berechnete USt | 1.200,- |
| | | | Bank | 19.800,- |

b) Verbuchung der Abschreibungen:

| | | | |
|---|---|---|---|
| (6) Abschr. auf Anlagen | an | Wertber. auf Anlagen | 6.000,- |

c) Verbuchung der Zahllast:

| | | | |
|---|---|---|---|
| (7) USt-Verrechnung | an | Vorsteuer | 3.000,- |
| (8) Berechnete USt | an | USt-Verrechnung | 1.200,- |
| (9) Bank | an | USt-Verrechnung | 1.800,- |

| S | Fuhrpark | | H |
|---|---|---|---|
| AB | 25.000 | (5) | 25.000 |
| (5) | 30.000 | SBK | 30.000 |
| | 55.000 | | 55.000 |

| S | Bank | | H |
|---|---|---|---|
| AB | 30.000 | (5) | 19.800 |
| (9) | 1.800 | SBK | 12.000 |
| | 31.800 | | 31.800 |

| S | Eigenkapital | | H |
|---|---|---|---|
| GuV | 4.000 | AB | 40.000 |
| SBK | 36.000 | | |
| | 40.000 | | 40.000 |

| S | Wertber. auf Anlagen | | H |
|---|---|---|---|
| (5) | 15.000 | AB | 15.000 |
| SBK | 6.000 | (6) | 6.000 |
| | 21.000 | | 21.000 |

| S | Vorsteuer | | H |
|---|---|---|---|
| (5) | 3.000 | (7) | 3.000 |
| | 3.000 | | 3.000 |

| S | Berechnete USt | | H |
|---|---|---|---|
| (8) | 1.200 | (5) | 1.200 |
| | 1.200 | | 1.200 |

| S | sonst. betr. Ertrag | | H |
|---|---|---|---|
| GuV | 2.000 | (5) | 2.000 |
| | 2.000 | | 2.000 |

| S | Abschr. auf Anlagen | | H |
|---|---|---|---|
| (6) | 6.000 | GuV | 6.000 |
| | 6.000 | | 6.000 |

| S | USt-Verrechnung | | H |
|---|---|---|---|
| (7) | 3.000 | (8) | 1.200 |
| | | (9) | 1.800 |
| | 3.000 | | 3.000 |

| S | GuV-Konto | | H |
|---|---|---|---|
| Abschr. | 6.000 | sonst. betr. Ertrag | 2.000 |
| | | Verlust | 4.000 |
| | 6.000 | | 6.000 |

| S | SBK | | H |
|---|---|---|---|
| Fuhrpark | 30.000 | Eigenkapital | 36.000 |
| Bank | 12.000 | Wertber. auf Anlagen | 6.000 |
| | 42.000 | | 42.000 |

**Lösung zu Aufgabe 15 (Abschreibungsverbuchung)**

| | | | | |
|---|---|---|---|---|
| a) Masch. Anlagen | 50.000,- | an | Bank | 55.000,- |
| Vorsteuer | 5.000,- | | | |
| Abschr. auf Anlagen | | an | Masch. Anlagen | 5.000,- |
| b) Abschr. auf Anlagen | 5.000,- | an | Masch. Anlagen | 17.000,- |
| Außerplanmäßige Abschr. | 12.000,- | | | |

c) Durch die außerplanmäßige Abschreibung muß ein neuer Abschreibungsplan erstellt werden. Der Buchwert nach vier Jahren beträgt nur noch 18.000 €, die Restlaufzeit sechs Jahre. Neue Abschreibungsbeträge somit: 3.000 € (bei linearer Abschreibung).

| | | | |
|---|---|---|---|
| Abschr. auf Anlagen | an | Masch. Anlagen | 3.000,- |

**Lösung zu Aufgabe 16 (Außerplanmäßige Abschreibung im Anlagevermögen)**

| | | | |
|---|---|---|---|
| a) Abschr. auf Anlagen | an | Wertber. auf Anlagen | 7.000,- |

b) Durch die Umweltschutzvorschriften tritt eine Verkürzung der Nutzungsdauer ein. Der ursprünglich für die Berechnung der Abschreibungsbeträge zugrunde gelegte **Abschreibungsplan muß geändert** werden. Der Restwert von 35.000 € (56.000 - 3 x 7.000) ist vollständig auf die verbleibenden zwei Jahre abzuschreiben.

Der entsprechende Buchungssatz lautet:

| | | | |
|---|---|---|---|
| Abschr. auf Anlagen | an | Wertber. auf Anlagen | 17.500,- |

c) Im 5. Jahr wird das Rohrleitungssystem letztmals genutzt. Es wird in voller Höhe abgeschrieben und ausgebucht; die Wertberichtigung ist aufzulösen.

| | | | |
|---|---|---|---|
| Abschr. auf Anlagen | an | Wertber. auf Anlagen | 17.500,- |
| Wertber. auf Anlagen | an | Masch. Anlagen | 56.000,- |

**Lösung zu Aufgabe 17 (Außerplanmäßige Abschreibung im Umlaufvermögen)**

a) Die Buchungssätze lauten:

| | | | | | |
|---|---|---|---|---|---|
| (1) | Rohstoffe | 70.000,- | an | Lieferantenverb. | 77.000,- |
| | Vorsteuer | 7.000,- | | | |
| (2) | Aufwand Rohstoffe | | an | Rohstoffe | 42.000,- |
| (3) | Abschr. auf Vorräte | | an | Rohstoffe | 7.800,- |
| (4) | SBK | | an | Rohstoffe | 19.500,- |
| (5) | Inventurdifferenzen | | an | Rohstoffe | 700,- |

b) Das Rohstoffkonto hat folgendes Aussehen:

| S | Rohstoffe | | H |
|---|---|---|---|
| Zugang | 70.000 | Verbrauch | 42.000 |
| | | Abschreibungen | 7.800 |
| | | SBK (EB) | 19.500 |
| | | Inventurdifferenz | 700 |
| | 70.000 | | 70.000 |

c) Beim Konto "Inventurdifferenzen" handelt es sich um ein **Aufwandskonto**. Solange die Ursache der Inventurdifferenz nicht geklärt ist, bleibt die Abweichung auf diesem Konto stehen. Werden die Ursachen für die Differenz aufgeklärt (z.B. Diebstahl, Schwund, Verderb), wird aus Gründen der Klarheit eine Umbuchung vorgenommen. Diese Konten stellen Unterkonten des Kontos "Inventurdifferenzen" dar. Somit verbleiben auf dem Inventurdifferenzenkonto nur solche Werte, deren Ursachen unbestimmbar sind.

**Lösung zu Aufgabe 18 (Forderungsabschreibung)**

Eine **Einzelwertberichtigung** auf Forderungen wird vorgenommen, wenn für eine bestimmte Forderung ein vollständiger oder teilweiser Ausfall sicher oder wahrscheinlich ist.

Die Einzelwertberichtigung berücksichtigt somit das **spezielle Kreditrisiko** einer bestimmten Forderung. Mit der **Pauschalwertberichtigung** wird das **allgemeine Kreditrisiko**, das in jeder Forderung steckt, durch eine Abschreibung berücksichtigt. Eine Pauschalwertberichtigung bezieht sich nicht auf eine spezielle Forderung, sondern auf den Gesamtbestand der Forderungen. Die einzelwertberichtigten Forderungen bleiben unberücksichtigt, da ihr Kreditrisiko bei der Einzelabschreibung insgesamt beachtet wurde.

**Lösung zu Aufgabe 19 (Forderungsabschreibung)**

Richtig sind: 2), 3) - Falsch sind: 1), 4), 5).

**Lösung zu Aufgabe 20 (USt-Korrektur)**

a) Eine Umsatzsteuerkorrektur darf erst erfolgen, wenn der Forderungsausfall sicher feststeht. Ein derartiger sicherer Ausfall ist z.B. bei Abschluß eines Insolvenzverfahrens gegeben. Bei einem nur wahrscheinlichen Forderungsausfall erfolgt dagegen eine Abschreibung ohne Umsatzsteuerkorrektur.

b) Hinweis: An Stelle des Kontos "Dubiose" kann nachfolgend auch das Konto "Zweifelhafte Forderungen" gebucht werden.

**Umbuchung auf Konto "Dubiose"**

| | | | | |
|---|---|---|---|---|
| Dubiose | | an | Forderungen | 1.650,- |
| **Sicherer Ausfall:** | | | | |
| Abschr. auf Ford. | 750,- | an | Dubiose | 825,- |
| Berechnete USt | 75,- | | | |
| **Wahrscheinlicher Ausfall:** | | | | |
| Abschr. auf Ford. | | an | Dubiose | 750,- |

**Lösung zu Aufgabe 21 (Verbuchung der Forderungsabschreibung)**

| | | | | | |
|---|---|---|---|---|---|
| (1) | Dubiose | | an | Forderungen | 16.500,- |
| (2) | Abschr. auf Ford. | | an | Dubiose | 3.000,- |
| (3) | Abschr. auf Ford. | 4.000,- | an | Dubiose | 4.400,- |
| | Berechnete USt | 400,- | | | |

**Lösung zu Aufgabe 22 (Verbuchung der Forderungsabschreibung)**

| | | | | | |
|---|---|---|---|---|---|
| (1) | Dubiose | | an | Forderungen | 16.500,- |
| (2) | Abschr. auf Ford. | | an | Wertber. auf Ford. | 3.000,- |
| (3) | Abschr. auf Ford. | 4.000,- | an | Wertber. auf Ford. | 4.400,- |
| | Berechnete USt | 400,- | | | |

**Lösung zu Aufgabe 23 (Verbuchung des Zahlungseingangs)**

**Forderung A:**

| | | | | | |
|---|---|---|---|---|---|
| (1a) | Bank | 6.600,- | an | Dubiose | 8.000,- |
| | sonst. betr. Aufwand | 1.000,- | | | |
| | Berechnete USt | 400,- | | | |
| (1b) | Bank | 7.700,- | an | Dubiose | 8.000,- |
| | Berechnete USt | 300,- | | | |

**Forderung B:**

| | | | | | |
|---|---|---|---|---|---|
| (2) | Bank | | an | Dubiose | 1.100,- |

**Lösung zu Aufgabe 24 (Verbuchung des Zahlungseingangs)**

**Forderung A:**

| | | | | | |
|---|---|---|---|---|---|
| (1a) | Wertber. auf Ford. | | an | Dubiose | 3.000,- |
| (2a) | Bank | 7.700,- | an | Dubiose | 8.000,- |
| | Berechnete USt | 300,- | | | |
| (1b) | Wertber. auf Ford. | | an | Dubiose | 3.000,- |
| (2b) | Bank | 9.900,- | an | Dubiose | 8.000,- |
| | Berechnete USt | 100,- | | sonst. betr. Ertrag | 2.000,- |

**Forderung B:**

| | | | | | |
|---|---|---|---|---|---|
| (1) | Wertber. auf Ford. | | an | Dubiose | 4.400,- |
| (2) | Bank | | an | Dubiose | 1.100,- |

**Lösung zu Aufgabe 25 (Pauschalwertberichtigung)**

a) Zuerst muß der Forderungsbestand netto berechnet werden:

| | | |
|---|---|---|
| | Forderungsbestand brutto | 440.000,- |
| - | USt-Anteil | 40.000,- |
| = | Forderungsbestand netto | 400.000,- |

Forderungsausfall (pauschal): 20.000 € (5% von 400.000 €)

Der zugehörige Buchungssatz lautet:

| | | | |
|---|---|---|---|
| Abschr. auf Forderungen | an | PWB auf Ford. | 20.000,- |

b) Einzelwertberichtigte Forderungen werden nicht mehr pauschalwertberichtigt. Alle Kreditrisiken, auch das allgemeine Kreditrisiko, wurden bereits bei der Einzelwertberichtigung berücksichtigt. Damit wird keine weitere Buchung mehr notwendig.

**Lösung zu Aufgabe 26 (Statisches Verfahren)**

| | |
|---|---|
| Forderungsbestand brutto: | 418.000,- € |
| Forderungsbestand netto: | 380.000,- € |
| | |
| alter Bestand PWB: | 20.000,- € |
| neuer Bestand PWB: | 19.000,- € |

Buchungssatz (zur teilweisen Auflösung der PWB):

| | | | |
|---|---|---|---|
| PWB auf Ford. | an | sonst. betr. Ertrag | 1.000,- |

**Lösung zu Aufgabe 27 (Forderungsabschreibung)**

Die Buchungssätze lauten:

| | | | | | |
|---|---|---|---|---|---|
| (1) | Dubiose | | an | Forderungen | 3.850,- |
| (2) | Bank | 770,- | an | Dubiose | 3.850,- |
| | Abschr. auf Ford. | 2.800,- | | | |
| | Berechnete USt | 280,- | | | |

**Hinweis:** Das statische Verfahren bezieht sich immer auf den Forderungsbestand zum Jahresende, auf den die PWB berechnet und eventuell angepaßt wird. Fallen einzelne Forderungen im laufenden Jahr aus, werden sie immer einzelwertberichtigt.

**Lösung zu Aufgabe 28 (Forderungsabschreibung)**

Zum Jahresende ist die neue Pauschalwertberichtigung (PWB) auf Forderungen wie folgt zu ermitteln:

| | |
|---|---|
| Forderungsbestand (brutto) | 550.000,- |
| - Zweifelhafte Forderungen (brutto) | 110.000,- |
| = Vermeintlich sichere Forderungen (brutto) | 440.000,- |
| - USt-Anteil | 40.000,- |
| = Vermeintlich sichere Forderungen (netto) | 400.000,- |
| PWB auf Ford. (2,5% von 400.000) | 10.000,- |

Die PWB auf Forderungen muß also durch eine zusätzliche Abschreibungsverrechnung in Höhe von 2.800 € (10.000 €- 7.200 €) aufgestockt werden. Kontenbild:

**S Forderungen H**

| S | | H | |
|---|---|---|---|
| | 550.000 | (1) | 110.000 |
| | | EB | 440.000 |

**S PWB auf Forderungen H**

| S | | H | |
|---|---|---|---|
| EB | 10.000 | AB | 7.200 |
| | | (2) | 2.800 |

**S Dubiose H**

| S | | H | |
|---|---|---|---|
| (1) | 110.000 | EB | 110.000 |

**S Abschr. auf Ford. H**

| S | | H | |
|---|---|---|---|
| (2) | 2.800 | Saldo (ins GuV-Konto) | 2.800 |

a) Handelt es sich beim bilanzierenden Unternehmen um ein **Einzelunternehmen** (oder eine Personengesellschaft), werden die drei Bestandskonten über das SBK abgeschlossen. In der Schlußbilanz erscheinen die folgenden Posten:

**A Schlußbilanz - Einzelunternehmen P**

| A | | P | |
|---|---|---|---|
| Forderungen | 440.000 | PWB auf Forderungen | 10.000 |
| Dubiose | 110.000 | | |

b) Eine **Kapitalgesellschaft** darf nach geltendem Handelsrecht keinen Posten "Wertberichtigung" auf der Passivseite ausweisen. Das Konto "PWB auf Forderungen" wird deshalb nicht über das SBK, sondern über das Konto "Forderungen" abgeschlossen:

**S Forderungen H**

| S | | H | |
|---|---|---|---|
| | 550.000 | Dubiose | 110.000 |
| | | PWB | 10.000 ←→ |
| | | EB (ins SBK) | 430.000 |

**S PWB auf Forderungen H**

| S | | H | |
|---|---|---|---|
| | | AB | 7.200 |
| Saldo | 10.000 | (2) | 2.800 |
| | 10.000 | | 10.000 |

| A | Schlußbilanz - Kapitalgesellschaft | | P |
|---|---|---|---|
| Forderungen | 430.000 | | |
| Dubiose | 110.000 | | |

Bei Kapitalgesellschaften wird die PWB auf vermeintlich sichere Forderungen zunächst indirekt verbucht, in der Schlußbilanz aber aktivisch vom Forderungsbestand abgesetzt. Der Posten "Forderungen" ist also um die PWB gekürzt.

**Lösung zu Aufgabe 29 (Abschlußerstellung)**

**Buchungssätze:**

| | | | | | |
|---|---|---|---|---|---|
| (1) | Bank | | an | Forderungen | 44.000,- |
| (2) | Wareneinkauf | 5.000,- | an | Lieferantenverb. | 5.500,- |
| | Vorsteuer | 500,- | | | |
| (3) | Forderungen | 22.000,- | an | Warenverkauf | 20.000,- |
| | | | | Ber. USt | 2.000,- |
| (4a) | Zweifelh. Ford. | | an | Forderungen | 22.000,- |
| (4b) | Abschreibungen auf Ford. | | an | Zweifelh. Ford. | 8.000,- |

**Kontenmäßige Darstellung:**

| S | Wareneinkauf | | H |
|---|---|---|---|
| AB | 20.000 | SBK | 20.000 |
| (2) | 5.000 | Waren-verkauf | 5.000 |
| | 25.000 | | 25.000 |

| S | Forderungen | | H |
|---|---|---|---|
| AB | 44.000 | (1) | 44.000 |
| (3) | 22.000 | (4a) | 22.000 |
| | 66.000 | | 66.000 |

| S | Bank | | H |
|---|---|---|---|
| AB | 25.000 | USt | 1.500 |
| (1) | 44.000 | SBK | 67.500 |
| | 69.000 | | 69.000 |

| S | Eigenkapital | | H |
|---|---|---|---|
| SBK | 66.000 | AB | 58.200 |
| | | GuV | 7.800 |
| | 66.000 | | 66.000 |

| S | Darlehensverb. | | H |
|---|---|---|---|
| SBK | 30.000 | AB | 30.000 |
| | 30.000 | | 30.000 |

| S | PWB | | H |
|---|---|---|---|
| Sonst. betr. Ertrag | 800 | AB | 800 |
| | 800 | | 800 |

| S | Lieferantenverb. | | H |
|---|---|---|---|
| SBK | 5.500 | (2) | 5.500 |
| | 5.500 | | 5.500 |

| S | Vorsteuer | | H |
|---|---|---|---|
| (2) | 500 | Ber. USt | 500 |
| | 500 | | 500 |

| S | Berechnete USt | | H |
|---|---|---|---|
| VSt | 500 | (3) | 2.000 |
| Bank | 1.500 | | |
| | 2.000 | | 2.000 |

| S | Warenverkauf | | H |
|---|---|---|---|
| Waren-einkauf | 5.000 | (3) | 20.000 |
| GuV | 15.000 | | |
| | 20.000 | | 20.000 |

| S | sonst. betr. Ertrag | | H |
|---|---|---|---|
| GuV | 800 | PWB | 800 |
| | 800 | | 800 |

| S | Abschr. auf Ford. | | H |
|---|---|---|---|
| (4b) | 8.000 | GuV | 8.000 |
| | 8.000 | | 8.000 |

| S | Zweifelh. Ford. | | H |
|---|---|---|---|
| (4a) | 22.000 | (4b) | 8.000 |
| | | SBK | 14.000 |
| | 22.000 | | 22.000 |

| S | GuV-Konto | | H |
|---|---|---|---|
| Abschr. auf Ford. | 8.000 | Warenrohgewinn | 15.000 |
| Gewinn | 7.800 | sonst. betr. Ertrag | 800 |
| | 15.800 | | 15.800 |

| S | SBK | | H |
|---|---|---|---|
| Wareneinkauf | 20.000 | Eigenkapital | 66.000 |
| Zweifelh. Ford. | 14.000 | Darlehensverb. | 30.000 |
| Bank | 67.500 | Lieferantenverb. | 5.500 |
| | 101.500 | | 101.500 |

**Lösung zu Aufgabe 30 (Zuschreibungen)**

a) Lösung nach HGB (begrenzte Zuschreibung – maximal auf die Anschaffungskosten):

| | | | | |
|---|---|---|---|---|
| (1) | Bank | an | Zinsertrag | 60,- |
| (2) | Wertpapiere des UV | an | Zuschreibungsertrag | 50,- |

| A | Bilanz zum 31.12.02 | | P |
|---|---|---|---|
| Wertpapiere des UV | 800 | Eigenkapital | 860 |
| Bank | 60 | | |
| | 860 | | 860 |

b) Lösung nach IFRS (unbegrenzte Zuschreibung auf den Kurswert):

| | | | | |
|---|---|---|---|---|
| (1) | Bank | an | Zinsertrag | 60,- |
| (2) | Wertpapiere des UV | an | Zuschreibungsertrag | 70,- |

| A | Bilanz zum 31.12.02 | | P |
|---|---|---|---|
| Wertpapiere des UV | 820 | Eigenkapital | 880 |
| Bank | 60 | | |
| | 880 | | 880 |

**Lösung zu Aufgabe 31 (Rechnungsabgrenzungsposten)**

Richtig sind: 1), 3), 4), 5), 8) - Falsch sind: 2), 6), 7).

Hinweis zu 2): Der Zahlungsvorgang geht nicht über den Bilanzstichtag hinaus.

**Lösung zu Aufgabe 32 (Systematisierung von RAP)**

Das ausgefüllte Schema lautet:

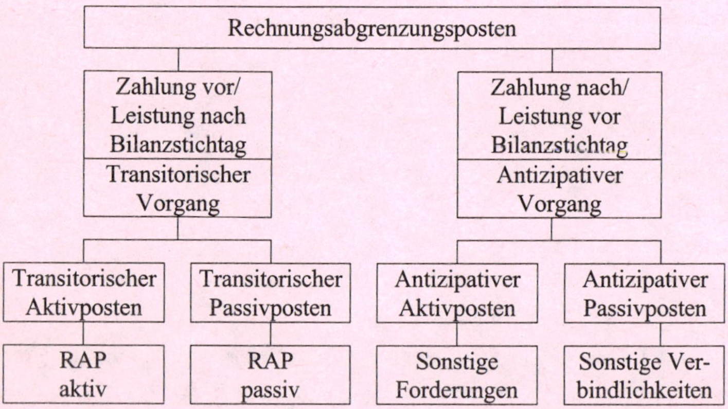


**Lösung zu Aufgabe 33 (Bildung von RAP)**

Die Buchungssätze lauten:

| | | | | |
|---|---|---|---|---|
| (1a) | Zinsaufwand | an | Bank | 600,- |
| (1b) | RAP aktiv | an | Zinsaufwand | 300,- |

**(Transitorischer Aktivposten)**

| | | | | | |
|---|---|---|---|---|---|
| (2a) | Bank | | an | Mietertrag | 6.000,- |
| (2b) | Mietertrag | | an | RAP passiv | 4.000,- |

**(Transitorischer Passivposten)**

| | | | | | |
|---|---|---|---|---|---|
| (3) | Versicherungsaufwand | | an | Sonstige Verb. | 1.200,- |

**(Antizipativer Passivposten)**

| | | | | | |
|---|---|---|---|---|---|
| (4) | Sonstige Ford. | | an | Zinserträge | 900,- |

**(Antizipativer Aktivposten)**

**Lösung zu Aufgabe 34 (Auflösung von RAP)**

Die Buchungssätze lauten:

| | | | | | |
|---|---|---|---|---|---|
| (1) | Zinsaufwand | | an | RAP aktiv | 300,- |
| (2) | RAP passiv | | an | Mietertrag | 4.000,- |
| (3) | Versicherungsaufwand | 1.200,- | an | Bank | 2.400,- |
| | Sonstige Verb. | 1.200,- | | | |
| (4) | Bank | 1.200,- | an | Zinserträge | 300,- |
| | | | | Sonstige Ford. | 900,- |

**Lösung zu Aufgabe 35 (Bildung von RAP)**

**Buchungssätze:**

| | | | | |
|---|---|---|---|---|
| (1) | Sonstige Ford. | an | Mieterträge | 3.000,- |
| (2a) | KFZ-Steuer | an | Bank | 2.400,- |
| (2b) | RAP aktiv | an | KFZ-Steuer | 800,- |
| (3a) | Bank | an | Zinserträge | 400,- |
| (3b) | Zinserträge | an | RAP passiv | 300,- |
| (4) | Beiträge | an | Sonstige Verb. | 1.600,- |

**Kontenmäßige Darstellung:**

| S | Bank | | H |
|---|---|---|---|
| AB | 30.000 | (2a) | 2.400 |
| (3a) | 400 | SBK | 28.000 |
| | 30.400 | | 30.400 |

| S | Eigenkapital | | H |
|---|---|---|---|
| GuV | 100 | AB | 30.000 |
| SBK | 29.900 | | |
| | 30.000 | | 30.000 |

| S | Sonstige Ford. | | H |
|---|---|---|---|
| (1) | 3.000 | SBK | 3.000 |
| | 3.000 | | 3.000 |

| S | Sonstige Verb. | | H |
|---|---|---|---|
| SBK | 1.600 | (4) | 1.600 |
| | 1.600 | | 1.600 |

| S | RAP aktiv | | H |
|---|---|---|---|
| (2b) | 800 | SBK | 800 |
| | 800 | | 800 |

| S | RAP passiv | | H |
|---|---|---|---|
| SBK | 300 | (3b) | 300 |
| | 300 | | 300 |

| S | Mieterträge | | H |
|---|---|---|---|
| GuV | 3.000 | (1) | 3.000 |
| | 3.000 | | 3.000 |

| S | Zinserträge | | H |
|---|---|---|---|
| (3b) | 300 | (3a) | 400 |
| GuV | 100 | | |
| | 400 | | 400 |

| S | KFZ-Steuer | | H |
|---|---|---|---|
| (2a) | 2.400 | (2b) | 800 |
| | | GuV | 1.600 |
| | 2.400 | | 2.400 |

| S | Beiträge | | H |
|---|---|---|---|
| (4) | 1.600 | GuV | 1.600 |
| | 1.600 | | 1.600 |

| S | GuV-Konto | | H |
|---|---|---|---|
| KFZ-Steuer | 1.600 | Mieterträge | 3.000 |
| Beiträge | 1.600 | Zinserträge | 100 |
| | | Verlust | 100 |
| | 3.200 | | 3.200 |

| S | SBK | | H |
|---|---|---|---|
| Bank | 28.000 | Eigenkapital | 29.900 |
| Sonstige Ford. | 3.000 | Sonstige Verb. | 1.600 |
| RAP aktiv | 800 | RAP passiv | 300 |
| | 31.800 | | 31.800 |

**Lösung zu Aufgabe 36 (Auflösung von RAP)**

a) Das Eröffnungsbilanzkonto hat folgendes Aussehen:

| S | EBK | | H |
|---|---|---|---|
| Eigenkapital | 29.900 | Bank | 28.000 |
| Sonstige Verb. | 1.600 | Sonstige Forderungen | 3.000 |
| RAP passiv | 300 | RAP aktiv | 800 |
| | 31.800 | | 31.800 |

Eröffnungsbuchungen zu Jahresbeginn:

| | | | | |
|---|---|---|---|---|
| (1) EBK | | an | Eigenkapital | 29.900,- |
| (2) EBK | | an | Sonstige Verb. | 1.600,- |
| (3) EBK | | an | RAP passiv | 300,- |
| (4) Bank | | an | EBK | 28.000,- |
| (5) Sonstige Ford. | | an | EBK | 3.000,- |
| (6) RAP aktiv | | an | EBK | 800,- |

b) Auflösung von periodenbezogenen Abgrenzungsposten:

| | | | | | |
|---|---|---|---|---|---|
| (7) | Bank | 3.600,- | an | Mieterträge | 600,- |
| | | | | Sonstige Ford. | 3.000,- |
| (8) | KFZ-Steuern | | an | RAP aktiv | 800,- |
| (9) | RAP passiv | | an | Zinserträge | 300,- |
| (10) | Beiträge | 3.200,- | an | Bank | 4.800,- |
| | Sonstige Verb. | 1.600,- | | | |

c) Kontenmäßige Darstellung:

**S Bank H**

| S | | | H |
|---|---|---|---|
| (4) | 28.000 | (10) | 4.800 |
| (7) | 3.600 | SBK | 26.800 |
| | 31.600 | | 31.600 |

**S Sonstige Ford. H**

| S | | | H |
|---|---|---|---|
| (5) | 3.000 | (7) | 3.000 |
| | 3.000 | | 3.000 |

**S RAP aktiv H**

| S | | | H |
|---|---|---|---|
| (6) | 800 | (8) | 800 |
| | 800 | | 800 |

**S Eigenkapital H**

| S | | | H |
|---|---|---|---|
| GuV | 3.100 | (1) | 29.900 |
| SBK | 26.800 | | |
| | 29.900 | | 29.900 |

**S Sonstige Verb. H**

| S | | | H |
|---|---|---|---|
| (10) | 1.600 | (2) | 1.600 |
| | 1.600 | | 1.600 |

**S RAP passiv H**

| S | | | H |
|---|---|---|---|
| (9) | 300 | (3) | 300 |
| | 300 | | 300 |

**S Mieterträge H**

| S | | | H |
|---|---|---|---|
| GuV | 600 | (7) | 600 |
| | 600 | | 600 |

**S KFZ-Steuern H**

| S | | | H |
|---|---|---|---|
| (8) | 800 | GuV | 800 |
| | 800 | | 800 |

| S | Zinserträge | | H |
|---|---|---|---|
| GuV | 300 | (9) | 300 |
| | 300 | | 300 |

| S | Beiträge | | H |
|---|---|---|---|
| (10) | 3.200 | GuV | 3.200 |
| | 3.200 | | 3.200 |

| S | GuV-Konto | | H |
|---|---|---|---|
| KFZ-Steuern | 800 | Mieterträge | 600 |
| Beiträge | 3.200 | Zinserträge | 300 |
| | | Verlust | 3.100 |
| | 4.000 | | 4.000 |

**Erfolg**: Verlust von 3.100 € - das Eigenkapital nimmt in dieser Höhe ab.

| S | SBK | | H |
|---|---|---|---|
| Bank | 26.800 | Eigenkapital | 26.800 |
| | 26.800 | | 26.800 |

**Lösung zu Aufgabe 37 (Rückstellungen)**

a) Der Jahresabschluß soll den Erfolg (in der GuV-Rechnung) und das Vermögen (in der Bilanz) ausweisen. Beide Größen sollen nach dem Prinzip kaufmännischer Vorsicht eher zu niedrig als zu hoch ausgewiesen werden. Hierdurch soll der Schutz der Gläubiger sichergestellt werden. Daher sind Aufwendungen früher als Erträge zu berücksichtigen. Auch solche Aufwendungen sind zu erfassen, von denen ungewiß ist, wann und in welcher Höhe sie zu Auszahlungen führen werden. Dieser Aufwand wird durch die Bildung von Rückstellungen berücksichtigt.

b) Sonstige Verbindlichkeiten umfassen alle Verpflichtungen eines Unternehmens, die eindeutig festgelegt sind. Sowohl die Höhe als auch der Zeitpunkt der Verpflichtung sind klar bestimmt. Bei Rückstellungen ist das nicht der Fall. Insbesondere die Höhe der Verpflichtung ist nicht eindeutig bestimmbar. Rückstellungen weisen somit eine höhere Unsicherheit als die sonstigen Verbindlichkeiten auf.

c) Beispiele für Rückstellungen:

- Rückstellung für Prozeßkosten. Ein Unternehmen ist verklagt worden und muß damit rechnen, zur Leistung von Schadensersatz verurteilt zu werden.
- Rückstellungen für zukünftige Pensionen, soweit sie im abgelaufenen Geschäftsjahr entstanden sind. Einem Arbeitnehmer wird vertraglich zugesichert, daß er bei Erreichen seines Rentenalters eine monatliche Pension vom Unternehmen erhält.

Das Unternehmen muß Rückstellungen bilden, um die Aufwendungen den einzelnen Geschäftsjahren richtig zuordnen zu können.

- Rückstellung für (betriebliche) Steuern. Für die Gewerbesteuer ist eine Rückstellung zu bilden. Sie wird durch den Betrieb veranlaßt. Bis zum Erhalt des Steuerbescheids ist die Verpflichtung nicht endgültig festgelegt. Hinweis: Für private Steuern, wie z.B. die Einkommensteuer des Unternehmers, darf keine Rückstellung gebildet werden.

**Lösung zu Aufgabe 38 (Rückstellungen)**

Richtig sind : (1) ein Aufwand; (2) aufgelöst; (3) periodenfremder Ertrag.

**Lösung zu Aufgabe 39 (Bildung von Rückstellungen)**

| | | | | |
|---|---|---|---|---|
| (1) | L.u.G. Aufwand | an | Rückstellungen | 30.000,- |
| (2) | Aufwand aus Garantieverpflichtungen | an | Rückstellungen | 11.000,- |
| (3) | Mietaufwand | an | Sonstige Verb. | 1.800,- |
| (4) | Reparaturaufwand | an | Rückstellungen | 3.800,- |
| (5) | Reparaturaufwand | an | Rückstellungen | 55.000,- |

**Hinweis zu (3)**: Da der Mietaufwand eindeutig festgelegt ist, muß eine Verbindlichkeit passiviert werden (antizipativer Vorgang).

**Lösung zu Aufgabe 40 (Auflösung von Rückstellungen)**

| | | | | | | |
|---|---|---|---|---|---|---|
| a) | (1) | Aufwand für Schadenersatz | | an | Rückstellungen | 33.000,- |
| | (2) | GuV-Konto | | an | Aufwand für Schadenersatz | 33.000,- |
| | (3) | Rückstellungen | | an | SBK | 33.000,- |
| b) | | EBK | | an | Rückstellungen | 33.000,- |
| | (1) | Rückstellungen | | an | Bank | 33.000,- |
| | (2) | Rückstellungen | 33.000,- | an | Bank | 20.000,- |
| | | | | | sonst. betr. Ertrag | 13.000,- |
| | (3) | Rückstellungen | 33.000,- | an | Bank | 38.000,- |
| | | sonst. betr. Aufwand | 5.000,- | | | |
| c) | 02: | Rückstellungen | 33.000,- | an | Bank | 28.000,- |
| | | sonst. betr. Aufwand | 1.000,- | | Sonstige Verb. | 6.000,- |
| | 03: | Sonstige Verb. | | an | Bank | 6.000,- |

**Lösung zu Aufgabe 41 (Hauptabschlußübersicht)**

1) **Fehlererkennung:** Durch die übersichtliche Auflistung der Jahresbuchungen (insb. in den Spalten Umsatzbilanz, Summenbilanz und Saldenbilanz I) sollen Fehler bei der Verbuchung von Geschäftsvorfällen aufgedeckt werden. Ziel ist die Aufklärung von Soll- und Habendifferenzen in den einzelnen Konten. Sachlich falsche Buchungen unter Beibehaltung der Kontensystematik werden hierbei allerdings nicht aufgedeckt.
2) **Durchführung von Bilanzpolitik:** Durch Integration verschiedener bilanzpolitischer Maßnahmen insbesondere im Bereich der Umbuchungen bzw. Saldenbilanz II können unterschiedliche Erfolgswirkungen getestet werden. Der Unternehmer kann feststellen, ob der Jahresabschluß seinen Zielvorstellungen entspricht oder nicht.

**Lösung zu Aufgabe 42 (Hauptabschlußübersicht)**

a) Die Buchungssätze lauten:

| | | | | | |
|---|---|---|---|---|---|
| (1) | Kasse | | an | Sonstige Ford. | 2.000,- |
| (2) | RAP passiv | | an | Zinserträge | 1.500,- |
| (3) | Wareneinkauf | 7.000,- | an | Lieferantenverb. | 7.700,- |
| | Vorsteuer | 700,- | | | |
| (4) | Privatkonto | | an | Bank | 3.700,- |
| (5) | Steuerberatungsaufwand | | an | Kasse | 800,- |
| (6) | Forderungen | 22.000,- | an | Warenverkauf | 20.000,- |
| | | | | Berechnete USt | 2.000,- |
| (7) | Rückstellungen | 11.000,- | an | Bank | 9.900,- |
| | Vorsteuer | 900,- | | sonst. betr. Ertrag | 2.000,- |
| (8) | Stromaufwand | | an | Kasse | 2.100,- |
| (9) | Hypothekenverb. | | an | Bank | 5.000,- |
| (10a) | Mietaufwand | | an | Bank | 4.500,- |
| (10b) | RAP aktiv | | an | Mietaufwand | 3.000,- |
| (11a) | Dubiose | | an | Forderungen | 1.100,- |
| (11b) | Abschr. auf Ford. | 500,- | an | Dubiose | 550,- |
| | Berechnete USt | 50,- | | | |
| (12) | Zinsaufwand | | an | Sonstige Verb. | 1.000,- |
| (13a) | Abschr. auf Anlagen | | an | Fuhrpark | 2.000,- |
| (13b) | Abschr. auf Anlagen | | an | Betr.- u. Gesch.ausst. | 2.200,- |

| | | | | |
|---|---|---|---|---|
| (14) | Abschr. auf Ford. | an | PWB auf Ford. | 900,- |
| (15) | SBK | an | Wareneinkauf | 27.000,- |
| (16a) | USt-Verrechnung | an | Vorsteuer | 1.600,- |
| (16b) | Berechnete USt | an | USt-Verrechnung | 1.950,- |
| (16c) | USt-Verrechnung | an | Sonstige Verb. | 350,- |

**Hinweise**: Bei den Geschäftsvorfällen 5) und 8) kann regelmäßig die USt als Vorsteuer abgezogen werden. Voraussetzung ist hierbei jedoch, daß eine Rechnung vorliegt, die den Anforderungen des UStG genügt. Nach der Aufgabenstellung war diese Voraussetzung nicht erfüllt, so daß kein Vorsteuerabzug möglich ist.

b) Die Hauptabschlußübersicht findet sich aus technischen Gründen auf den Folgeseiten. Hinweise zu einzelnen Posten :

1) Der Wareneinsatz wird brutto verbucht: Ein neues Konto "Wareneinsatz" erscheint.

2) Obwohl Abschreibungen im allgemeinen zu den Umbuchungen gehören, werden die Einzelabschreibungen auf Forderungen im Laufe des Geschäftsjahres verbucht. Sie gehören somit zu den Geschäftsvorfällen und erscheinen in der Umsatzbilanz. Die Buchung erfolgt, wenn Informationen über einen wahrscheinlichen oder sicheren Forderungsausfall zugehen. Die Pauschalwertberichtigung wird dagegen am Jahresende gebildet und gehört somit zu den Umbuchungen.

3) Transitorische Rechnungsabgrenzungsposten (hier Nr. 10) enthalten einen normalen Geschäftsvorfall (Zahlung) und eine Abschlußbuchung (Bildung des RAP aktiv/RAP passiv). Obwohl hier beide Buchungssätze unter den Geschäftsvorfällen erscheinen (wie in der Praxis auch üblich), muß der Vorgang in der Hauptabschlußübersicht auf die Umsatzbilanz (Zahlung: Buchungssatz 10a) und die Umbuchungen (Rechnungsabgrenzung: Buchungssatz 10b) aufgeteilt werden.

4) Wird die Zahllast der USt als "Sonstige Forderung" oder "Sonstige Verbindlichkeit" bilanziert, erfolgt dies unter den Abschlußbuchungen. Wird sie dagegen am Jahresende noch an das Finanzamt überwiesen (in Ausnahmefällen: vom Finanzamt überwiesen), ist dieser Vorgang ein laufender Geschäftsvorfall.

| Konten | Anfangsbilanz | | Umsatzbilanz | | Summenbilanz | | Saldenbilanz I | |
|---|---|---|---|---|---|---|---|---|
| | Aktiva | Passiva | Soll | Haben | Soll | Haben | Soll | Haben |
| Grundstücke und Gebäude | 80.000 | | | | 80.000 | | 80.000 | |
| Fuhrpark | 20.000 | | | | 20.000 | | 20.000 | |
| Betr.- u. Gesch.ausst. | 15.000 | | | | 15.000 | | 15.000 | |
| Wareneinkauf | 30.000 | | 7.000 | | 37.000 | | 37.000 | |
| Forderungen | 28.600 | | 22.000 | 1.100 | 50.600 | 1.100 | 49.500 | |
| Dubiose | | | 1.100 | 550 | 1.100 | 550 | 550 | |
| Sonstige Ford. | 2.000 | | | 2.000 | 2.000 | 2.000 | | |
| Bank | 23.000 | | | 23.100 | 23.000 | 23.100 | | 100 |
| Kasse | 3.500 | | 2.000 | 2.900 | 5.500 | 2.900 | 2.600 | |
| RAP aktiv | | | | | | | | |
| Eigenkapital | | 88.600 | | | | 88.600 | | 88.600 |
| Rückstellung | | 11.000 | 11.000 | | 11.000 | 11.000 | | |
| Hypothekenverb. | | 60.000 | 5.000 | | 5.000 | 60.000 | | 55.000 |
| Lieferantenverb. | | 41.000 | | 7.700 | | 48.700 | | 48.700 |
| PWB auf Forderungen | | | | | | | | |
| Sonstige Verb. | | | | | | | | |
| RAP passiv | | 1.500 | 1.500 | | 1.500 | 1.500 | | |
| Privatkonto | | | 3.700 | | 3.700 | | 3.700 | |
| Warenverkauf | | | | 20.000 | | 20.000 | | 20.000 |
| Vorsteuer | | | 1.600 | | 1.600 | | 1.600 | |
| Berechnete USt | | | 50 | 2.000 | 50 | 2.000 | | 1.950 |
| USt-Verrechnung | | | | | | | | |
| Wareneinsatz | | | | | | | | |
| Steuerberatungsaufwand | | | 800 | | 800 | | 800 | |
| Stromaufwand | | | 2.100 | | 2.100 | | 2.100 | |
| Zinsaufwand | | | | | | | | |
| Mietaufwand | | | 4.500 | | 4.500 | | 4.500 | |
| Abschr. auf Anlagen | | | | | | | | |
| Abschr. auf Forderungen | | | 500 | | 500 | | 500 | |
| Zinserträge | | | | 1.500 | | 1.500 | | 1.500 |
| Sonst. betr. Ertrag | | | | 2.000 | | 2.000 | | 2.000 |
| Summe | 202.100 | 202.100 | 62.850 | 62.850 | 264.950 | 264.950 | 217.850 | 217.850 |

| Umbuchungen | | Saldenbilanz II | | Schlußbilanz | | GuV-Rechnung | |
|---|---|---|---|---|---|---|---|
| Soll | Haben | Soll | Haben | Aktiva | Passiva | Aufwendungen | Erträge |
| | | 80.000 | | 80.000 | | | |
| | | | | | | | |
| | 2.000 | 18.000 | | 18.000 | | | |
| | 2.200 | 12.800 | | 12.800 | | | |
| | | | | | | | |
| | 10.000 | 27.000 | | 27.000 | | | |
| | | 49.500 | | 49.500 | | | |
| | | 550 | | 550 | | | |
| | | | | | | | |
| | | | 100 | | 100 | | |
| | | 2.600 | | 2.600 | | | |
| 3.000 | | 3.000 | | 3.000 | | | |
| 3.700 | | | 84.900 | | 84.900 | | |
| | | | | | | | |
| | | | 55.000 | | 55.000 | | |
| | | | 48.700 | | 48.700 | | |
| | 900 | | 900 | | 900 | | |
| | | | | | | | |
| | 1.350 | | 1.350 | | 1.350 | | |
| | | | | | | | |
| | 3.700 | | | | | | |
| | | | 20.000 | | | | 20.000 |
| | 1.600 | | | | | | |
| 1.950 | | | | | | | |
| 1.950 | 1.950 | | | | | | |
| 10.000 | | 10.000 | | | | 10.000 | |
| | | 800 | | | | 800 | |
| | | | | | | | |
| | | 2.100 | | | | 2.100 | |
| 1.000 | | 1.000 | | | | 1.000 | |
| | 3.000 | 1.500 | | | | 1.500 | |
| 4.200 | | 4.200 | | | | 4.200 | |
| | | | | | | | |
| 900 | | 1.400 | | | | 1.400 | |
| | | | | | | | |
| | | | 1.500 | | | | 1.500 |
| | | | 2.000 | | | | 2.000 |
| 26.700 | 26.700 | 214.450 | 214.450 | 193.450 | 190.950 | 21.000 | 23.500 |
| | | | | | 2.500 | 2.500 | |
| | | | | 193.450 | 193.450 | 23.500 | 23.500 |

# Lösungen der Aufgaben zum 7. Kapitel

## Lösung zu Aufgabe 1 (Erfolgsverbuchung der OHG)

a) **Bewertung:** Grundsätzlich mit Anschaffungskosten (Anschaffungspreis zzgl. Nebenkosten); bei veränderten Wiederbeschaffungskosten: Mit Wiederbeschaffungskosten. Es wird eine Lieferung der OHG an ihre Gesellschafter unterstellt.

b) Für die **Kapitalverzinsung** gilt: Das Kapital von A beträgt zum Jahresbeginn nur noch 590.000 €, da er sofort Entnahmen von 90.000 € tätigt. Für B ergibt sich ein Wert von 735.000 €. Nur diese Beträge stehen der OHG zur Verfügung und sind mit 4% zu verzinsen. Für A ergibt sich: 4% von 590.000 = 23.600. Der **Zeitpunkt** der Entnahmen ist für die Verzinsung von Bedeutung. Da die Einlagen von B und C erst zum Jahresende erfolgen, haben sie keinen Einfluß auf die Zinsen. Bei der Kapitalentwicklung als solches spielt der Zeitpunkt der Privatvorgänge keine Rolle. Die **Gewinnverteilung** lautet:

| Gesellschafter | Kapital (01.01.) | Gewinnverteilung: 4% auf Kapital, Rest pro Kopf | | Summe | Entnahmen | Einlagen | Kapital (31.12.) |
|---|---|---|---|---|---|---|---|
| A | 680.000 | 23.600 | 55.000 | 78.600 | 90.000 | - | 668.600 |
| B | 750.000 | 29.400 | 55.000 | 84.400 | 15.000 | 22.000 | 841.400 |
| C | 300.000 | 12.000 | 55.000 | 67.000 | - | 6.000 | 373.000 |
| Summe | 1.730.000 | 65.000 | 165.000 | 230.000 | 105.000 | 28.000 | 1.883.000 |

c) **Buchungssätze:**

| | | | | | |
|---|---|---|---|---|---|
| (1) | GuV-Konto | 230.000,- | an | Privatkonto A | 78.600,- |
| | | | | Privatkonto B | 84.400,- |
| | | | | Privatkonto C | 67.000,- |
| (2) | Kapital A | | an | Privatkonto A | 11.400,- |
| (3) | Privatkonto B | | an | Kapital B | 91.400,- |
| (4) | Privatkonto C | | an | Kapital C | 73.000,- |
| (5) | Kapital A | | an | SBK | 668.600,- |
| (6) | Kapital B | | an | SBK | 841.400,- |
| (7) | Kapital C | | an | SBK | 373.000,- |

**d) Kontenmäßige Darstellung:**

| S | GuV-Konto | | H |
|---|---|---|---|
| (1) | 230.000 | Erträge | 230.000 |

| S | Privatkonto A | | H |
|---|---|---|---|
| Entn. | 90.000 | (1) | 78.600 |
| | | (2) | 11.400 |
| | 90.000 | | 90.000 |

| S | Privatkonto B | | H |
|---|---|---|---|
| Entn. | 15.000 | Einl. | 22.000 |
| (3) | 91.400 | (1) | 84.400 |
| | 106.400 | | 106.400 |

| S | Privatkonto C | | H |
|---|---|---|---|
| (4) | 73.000 | Einl. | 6.000 |
| | | (1) | 67.000 |
| | 73.000 | | 73.000 |

| S | Kapital A | | H |
|---|---|---|---|
| (2) | 11.400 | AB | 680.000 |
| (5) | 668.600 | | |
| | 680.000 | | 680.000 |

| S | Kapital B | | H |
|---|---|---|---|
| (6) | 841.400 | AB | 750.000 |
| | | (3) | 91.400 |
| | 841.400 | | 841.400 |

| S | Kapital C | | H |
|---|---|---|---|
| (7) | 373.000 | AB | 300.000 |
| | | (4) | 73.000 |
| | 373.000 | | 373.000 |

| S | SBK | | H |
|---|---|---|---|
| | | Kapital A | 668.600 |
| | | Kapital B | 841.400 |
| | | Kapital C | 373.000 |

**<u>Lösung zu Aufgabe 2 (Erfolgsverbuchung der KG)</u>**

a) **Gewinnverteilungsübersicht:**

| Gesell-schafter | Kapital/ Gewinnanteil (01.01.) | Verlust-verteilung 3:1 | Privat-einlage | Kapital/ Gewinnanteil (31.12.) |
|---|---|---|---|---|
| Groß | 280.000 | ./. 45.000 | 20.000 | 255.000 |
| Klein | 9.000 | ./. 15.000 | - | ./. 6.000 |
| Summe | 289.000 | ./. 60.000 | 20.000 | 249.000 |

b) **Buchungssätze:**

| | | | | | |
|---|---|---|---|---|---|
| (1) | Privatkonto Groß | 45.000,- | an | GuV-Konto | 60.000,- |
| | Gewinnanteil Klein | 15.000,- | | | |
| (2) | Kapital Groß | | an | Privatkonto Groß | 25.000,- |
| (3) | Kapital Groß | | an | SBK | 255.000,- |
| (4) | Kapital Klein | | an | SBK | 80.000,- |
| (5) | SBK | | an | Gewinnanteil Klein | 6.000,- |

c) **Kontenmäßige Darstellung:**

S GuV-Konto H

| | | | |
|---|---|---|---|
| | | (1) | 60.000 |

S Kapital Groß H

| | | | |
|---|---|---|---|
| (2) | 25.000 | AB | 280.000 |
| (3) | 255.000 | | |
| | 280.000 | | 280.000 |

S Kapital Klein H

| | | | |
|---|---|---|---|
| (4) | 80.000 | AB | 80.000 |
| | 80.000 | | 80.000 |

S Gewinnanteil Klein H

| | | | |
|---|---|---|---|
| (1) | 15.000 | AB | 9.000 |
| | | (5) | 6.000 |
| | 15.000 | | 15.000 |

S Privatkonto Groß H

| | | | |
|---|---|---|---|
| (1) | 45.000 | Einl. | 20.000 |
| | | (2) | 25.000 |
| | 45.000 | | 45.000 |

A SBK P

| | | | |
|---|---|---|---|
| Gewinnanteil Klein | 6.000 | Kapital Groß | 255.000 |
| | | Kapital Klein | 80.000 |

## Lösung zu Aufgabe 3 (Erfolgsverbuchung der AG)

a) Die drei Posten stellen das Eigenkapital der M-AG dar.

**Grundkapital:** Der Teil des Eigenkapitals, der satzungsmäßig festgeschrieben und deshalb in seiner Größe grundsätzlich nicht variabel ist. Der bilanzielle Ausweis erfolgt nach dem AktG unter dem Posten "Gezeichnetes Kapital".

**Gewinnrücklagen:** Gehören zum variablen Teil des Eigenkapitals; sie ergeben sich aus Gewinnen der Vorjahre, die nicht ausgeschüttet wurden.

**Jahresüberschuß:** Gehört ebenfalls zum variablen Teil des Eigenkapitals. Der Posten wird gebildet, wenn im Vorjahr (hier: 01) ein Gewinn in der GuV-Rechnung entstanden ist (hier: 80.000 €). Der Gewinnverwendungsbeschluß erfolgt erst im Folgejahr (hier: 02) durch Beschluß der Hauptversammlung. Zunächst wird der Gewinn auf dem Konto "Jahresüberschuß" geführt und zu Beginn des Folgejahres auf das Konto "Gewinnverwendung" umgebucht, auf dem er bis zum Gewinnverwendungsbeschluß verbleibt.

b) Buchungen am Ende des Geschäftsjahres 01:

| | | | | |
|---|---|---|---|---|
| GuV-Konto | | an | Jahresüberschuß | 80.000,- |
| Jahresüberschuß | | an | SBK | 80.000,- |

c) Buchung zu Beginn des Geschäftsjahres 02:

| | | | | |
|---|---|---|---|---|
| Jahresüberschuß | 80.000,- | an | Gewinnverwendung | 80.000,- |

Buchung bei Gewinnausschüttung nach Gewinnverwendungsbeschluß:

| | | | | |
|---|---|---|---|---|
| Gewinnverwendung | 80.000,- | an | Bank | 32.000,- |
| | | an | Gewinnrücklagen | 48.000,- |

| S | Schlußbilanz zum 31.12. ..02 | | H |
|---|---|---|---|
| Anlagevermögen | 2.130.000 | Gezeichnetes Kapital | 2.100.000 |
| Umlaufvermögen | 2.518.000 | Gewinnrücklagen | 848.000 |
| | | Verbindlichkeiten | 1.700.000 |
| | 4.648.000 | | 4.648.000 |

Der Jahresüberschuß wird teilweise zur Dividendenzahlung (Banküberweisung 32.000 €) und teilweise zur Aufstockung der Gewinnrücklagen (48.000 €) verwendet. Soweit der Jahresüberschuß zur Rücklagenbildung verwendet wird (Passivtausch), spricht man von **Gewinnthesaurierung**. Die Gewinnausschüttung ist dagegen mit einer Bilanzverkürzung verbunden. Der Verringerung der liquiden Mittel (Kasse, Bank) auf der Aktivseite entspricht eine Abnahme des Eigenkapitals auf der Passivseite.

## Lösungen der Aufgaben zum 8. Kapitel

### Lösung zu Aufgabe 1 (Bilanz nach IFRS)

Die Bilanz (Balance Sheet) nach IFRS hat das folgende Aussehen:

| Assets | Balance Sheet 31.12. ..01 | | Equity and Liabilities |
|---|---|---|---|
| A. Non Current Assets | | A. Equity | |
| I. Intangible Assets | 30.000 | I. Issued Capital | 400.000 |
| II. Property, Plant and Equipment | 600.000 | II. Reserves | 398.000 |
| III. Non Current Financial Assets | 120.000 | B. Liabilities | |
| | | I. Non Current Liabilities | 130.000 |
| | | II. Current Liabilities | 22.000 |
| B. Current Assets | | | |
| I. Inventories | 50.000 | | |
| II. Trade and Other Receivables | 79.000 | | |
| III. Current Financial Assets | 40.000 | | |
| IV. Cash | 31.000 | | |
| | 950.000 | | 950.000 |

**Hinweise**:

1. Die Sachanlagen (Property, Plant and Equipment) umfassen die Gebäude (340.000 €), die Maschinen (200.000 €) und die Betriebs- und Geschäftsausstattung (60.000 €). Zur verbesserten Informationsvermittlung ist auch ein gesonderter Ausweis möglich.
2. Die Roh-, Hilfs- und Betriebsstoffe gehören als Werkstoffe (ingesamt 50.000 €) zu den Vorräten (Inventories).
3. Das Grundkapital erscheint in der Bilanz als gezeichnetes Kapital (Issued Capital).
4. Die Rücklagen stellen das variable Eigenkapital der Aktiengesellschaft dar. Sie bilden den Saldo zwischen den Aktiva (950.000 €) und übrigen Passiva (552.000 €).

### Lösung zu Aufgabe 2 (GuV-Rechnung nach IFRS)

Die Umsatzerlöse betragen 1.200.000 € (30.000 Stück x 40 €/Stück). Die Umsatzsteuer stellt keinen Ertrag dar, sondern muss an das Finanzamt abgeführt werden. Die Bestandserhöhung (10.000 Stück) ist mit den Herstellungskosten zu bewerten, die pro Stück 13,5 €

(540.000 €/40.000 Stück) betragen. Insgesamt: 135.000 €. Der Gewinn aus den Wertpapierverkäufen zählt zum neutralen Ergebnis (Finanzergebnis) und nicht zum Betriebsergebnis. Dieser Ertrag hat einen einmaligen Charakter.

| Income Statement 01 | |
|---|---|
| 1. Revenues<br>2. Changes in Inventories of Finished goods<br>3. Raw Material and Consumables used<br>4. Staff Costs<br>5. Depreciation Expenses | 1.200.000 €<br>+ 135.000 €<br>- 120.000 €<br>- 280.000 €<br>- 140.000 € |
| Operating Profit | 795.000 € |
| 6. Financial Income | 15.000 € |
| Net Profit | 810.000 € |

**Lösung zu Aufgabe 3 (Aussagen zur IFRS-Bilanz)**

Richtig sind: 3), 4), 6). – Falsch sind: 1), 2), 5), 7).

**Hinweise**:

Zu 1): Das Grundkapital der Aktiengesellschaft muss **mindestens** 50.000 € betragen.

Zu 2): Die Sachanlagen werden bei IFRS als Property, Plant and Equipment bezeichnet. Die Betriebs- und Geschäftsausstattung heißt Office Equipment (Nr. 7).

Zu 5): Die Forderungen aus Lieferungen und Leistungen werden als Trade Receivables ausgewiesen. Die Other Receivables stellen sonstige Forderungen dar.

**Lösung zu Aufgabe 4 (Verbuchung des Warenverkehrs nach IFRS)**

a) Wareneinkauf: "Merchandises 50.000, Other Receivables 5.000/Trade payables 55.000" (gelesen: "Merchandises 50.000 and Other Receivables debited, Trade payables credited 55.000"). Warenverkauf: "Trade Receivables 44.000/Revenues 40.000, Other payables 4.000".

b) Abschlußbuchung Wareneinkauf: "Income Summary/Merchandises 25.000" (Wareneinsatz) und "Balance Sheet Account/Merchandises 25.000" (Endbestand).
Abschlußbuchung Warenverkauf: "Revenues/Income Summary 40.000".

c) Gewinn: 15.000 € (40.000 € - 25.000 €). Der Gewinn wird bei der Aktiengesellschaft in die Rücklagen (Reserves) gebucht: "Income Summary/Reserves 15.000".

**Lösung zu Aufgabe 5 (Verbuchung von Fertigerzeugnissen nach IFRS)**

a) Buchung Rohstoffeinkauf: "Raw Materials 30.000, Other Receivables 3.000/Trade payables 33.000".
Buchung Rohstoffverbrauch: "Raw Materials used/Raw Materials 20.000".

b) Zielverkauf: "Trade Receivables 55.000/Revenues 50.000, Other payables 5.000".

c) Der Endbestand der Rohstoffe beträgt 10.000 €. Die Rohstoffe werden grundsätzlich mit den Anschaffungskosten bewertet. Der bilanzielle Ausweis erfolgt im Umlaufvermögen unter dem Posten "Inventories".

**Lösung zu Aufgabe 6 (Verbuchung von Bestandsänderungen nach IFRS)**

a) Eine Bestandserhöhung wird als Ertrag behandelt und direkt in der GuV-Rechnung ausgewiesen. Eine Bestandsminderung stellt einen zusätzlichen Aufwand dar, der den Erfolg vermindert. Die Nature of Expense Method entspricht dem handelsrechtlichen Gesamtkostenverfahren.

b) Buchung der Bestandserhöhung 01: "Finished goods/Changes in Inventories of Finished goods 50.000" (20% von 250.000 €). Buchung des Verkaufs: "Trade Receivables 440.000/Revenues 400.000, Other payables 40.000".

c) Buchung der Bestandsminderung 02: "Changes in Inventories of Finished goods/Finished goods 50.000". Buchung des Verkaufs: "Trade Receivables 110.000/Revenues 100.000, Other payables 10.000".

**Lösung zu Aufgabe 7 (Verbuchung von Abschreibungen nach IFRS)**

a) In 01 sind planmäßige Abschreibungen von 2.500 € zu verbuchen (50.000 €/10 Jahre = 5.000 €, davon die Hälfte, weil die Maschine erst in der Mitte des Jahres beschafft wird). Der Buchungssatz lautet: "Depreciation Expenses/Machinery 2.500". Der Restwert beträgt Ende 01 47.500 €.

b) In 02 sind planmäßige Abschreibungen von 5.000 € zu verbuchen, so daß der vorläufige Restwert 42.500 € beträgt. Da der Wert jedoch auf 30.000 € gesunken ist, wird ein zusätzliche außerplanmäßige Abschreibung (Impairment Loss) von 12.500 € verbucht: "Depreciation Expenses 5.000, Impairment Loss 12.500/Machinery 17.500".

**Lösung zu Aufgabe 8 (Bewertung von Finanzanlagen)**

a) Im HGB bilden die Anschaffungskosten die Obergrenze der Bewertung. Die Finanzanlagen sind mit 50.500 € (inklusive der Nebenkosten) zu aktivieren.

b) Bei IFRS werden die Aktien beim Erwerb zum Fair Value zuzüglich Nebenkosten bewertet (50.500 €). Ende 01 ist der Fair Value von 58.000 € maßgeblich. Die Differenz von 7.500 € wird erfolgsneutral in die Fair Value Rücklage eingestellt.

c) Ende 02 muss der gesunkene Kurswert von 48.000 € berücksichtigt werden. Die Abwertung wird erfolgsneutral vorgenommen, so daß die GuV-Rechnung nicht berührt wird. Ein Aufwand wird nicht verrechnet. Die positive Rücklage wird vollständig aufgelöst und zusätzlich eine negative Fair Value Rücklage von -2.500 € gebildet.

**Lösung zu Aufgabe 9 (Fair Value Rücklage)**

Der Anfangsbestand beträgt 1.500 €, da die Wertpapiere Ende 01 mit 11.500 € bewertet werden. In 02 sinkt der Kurs auf 9.200 €, so daß die Rücklage um 2.300 € aufzulösen ist (Abgang im Soll). Damit ergibt sich ein Endbestand auf dem passiven Bestandskonto, der auf der Habenseite steht. Das Konto müßte auf der Aktivseite der Bilanz erscheinen. Das Konto wechselt jedoch die Bilanzseite und erscheint mit **-800 € auf der Passivseite**.

| S | Fair Value-Rücklage 02 | | H |
|---|---|---|---|
| Abgang | 2.300 | Anfangsbestand | 1.500 |
| | | **Endbestand** | **800** |
| | 2.300 | | 2.300 |

**Lösung zu Aufgabe 10 (Diverse Aussagen zu IFRS)**

Richtig sind: 3), 4), 5), 8), 10). – Falsch sind: 1), 2), 6), 7), 9), 11).

**Hinweise**: Bei Financial Assets held for Trading werden Nebenkosten der Beschaffung sofort als Aufwand verbucht. – Bei Available-for-Sale Financial Assets ist das Wahlrecht zur erfolgswirksamen Behandlung von Kursänderungen nur beim Erwerb ausübbar.

# Lösungen der Aufgaben zum 9. Kapitel

## Lösung zu Aufgabe 1 (Grundbuch)

Das Grundbuch hat folgendes Aussehen:

| Datum Jahr ..01 | Beleg-Nr. | Geschäftsvorfall | Soll | Haben | Konto |
|---|---|---|---|---|---|
| 02.05. | 49 | Warenverkauf bar | 777,20 | | Kasse |
| | | | | 670,-- | Warenverkauf |
| | | | | 107,20 | Berechnete USt |
| 02.05. | 50 | Warenverkauf auf Ziel | 90,48 | | Forderungen |
| | | | | 78,-- | Warenverkauf |
| | | | | 12,48 | Berechnete USt |
| 03.05. | 51 | Verkauf Firmenwagen | 6.960,-- | | Kasse |
| | | | | 5.000,-- | Betr.- u. Gesch.ausst. |
| | | | | 1.000,-- | sonst. betr. Ertrag |
| | | | | 960,-- | Berechnete USt |
| 04.05. | 52 | Bezahlung von Lieferantenverbindlichkeiten | 11.600,-- | | Lieferantenverb. |
| | | | | 11.600,-- | Bank |
| 05.05. | 53 | Privatentnahme bar | 80,-- | | Privatkonto |
| | | | | 80,-- | Kasse |
| 06.05. | 54 | Lieferung des Firmen-KFZ | 22.000,-- | | Betr.- u. Gesch.ausst. |
| | | | 3.520,-- | | Vorsteuer |
| | | | | 25.520,-- | Lieferantenverb. |
| 12.05. | 55 | Bezahlung Firmen-KFZ | 25.520,-- | | Lieferantenverb. |
| | | | | 25.520,-- | Bank |

## Lösung zu Aufgabe 2 (Belegarten)

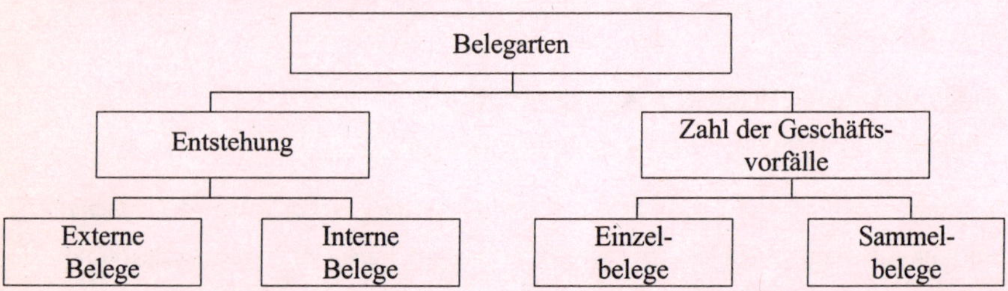

**Lösung zu Aufgabe 3 (Buchung nach Belegen)**

Buchungen gemäß Kontoauszug:

| | | | | |
|---|---|---|---|---|
| (1) Lieferantenverb. | | an | Bank | 5.520,- |
| (2) Mietaufwand | | an | Bank | 1.000,- |
| (3) Allg. Gesch.aufwand | | an | Bank | 232,- |
| (4) Kasse | | an | Bank | 2.000,- |
| (5) Bank | | an | Forderungen | 1.265,- |

Buchung gemäß Eigenbeleg Karl Müller über Kassenentnahme:

| | | | | |
|---|---|---|---|---|
| Privatkonto | | an | Kasse | 2.000,- |

Buchung gemäß Eingangsrechnung von Lieferanten Kühne:

| | | | | |
|---|---|---|---|---|
| Wareneinkauf | 4.400,- | an | Lieferantenverb. | 5.104,- |
| Vorsteuer | 704,- | | | |

**Hinweis**: Die Skontoverbuchung erfolgt nach der Bruttomethode, so daß zunächst die vollen Rechnungsbeträge gebucht werden.

Buchung gemäß Ausgangsrechnung an Kunden Schulze:

| | | | | |
|---|---|---|---|---|
| Forderungen | 835,20 | an | Warenverkauf | 720,- |
| | | | Berechnete USt | 115,20 |

**Lösung zu Aufgabe 4 (Kontenrahmen)**

a) Geschäftsvorfälle nach GKR:

1) Erwerb von Rohstoffen/Waren gegen Banküberweisung (4.000 € zzgl. 10% USt)

2) Bilanzielle Abschreibung der Maschinellen Anlagen: 1.000,- €

3) Sonstige Erlöse werden in Höhe von 500 € dem Bankkonto gutgeschrieben. Es handelt sich hierbei um Erlöse, die keine unmittelbare Beziehung zur normalen betrieblichen Tätigkeit aufweisen.

4) Privatentnahme bar in Höhe von 400,- €.

5) Verkauf von Fertigerzeugnissen im Wert von 11.000 € brutto; Zahlungseingang auf dem betrieblichen Bankkonto.

b) Geschäftsvorfälle nach IKR:

1) Einkauf von Rohstoffen und Bezahlung durch Banküberweisung (5.500 € brutto)

2) Verkauf von Fertigerzeugnissen im Wert von 10.000 € zzgl. 10% USt auf Ziel.

3) Verkauf von Geschäftsausstattung zum Preis von 15.000 € netto; der Buchwert beträgt 10.000 €; damit wird ein periodenfremder Ertrag in Höhe von 5.000,- € erzielt, der als sonstiger betrieblicher Ertrag gebucht wird. Umsatzsteuer: 1.500 €.
4) Banküberweisung von Personalaufwand (18.000 €): 15.000 € für Gehälter und 3.000 € Arbeitgeberanteil zur Sozialversicherung.
5) Verbuchung der Lagerbestandsminderung an Fertigerzeugnissen: 3.000 €.

**Lösung zu Aufgabe 5 (Buchungen mit Kontenrahmen)**

| | |
|---|---|
| a) 200, 260/ 288 | 9.700,-, 970/10.670,- |
| b) 77/280 | 2.500,- |
| c) 67/280 | 1.200,- |
| d) 08, 260/ 44 | 22.000,-, 2.200,-/ 24.200,- |
| e) 74/27 | 1.800,- |
| f) 65/07 | 10.000,- |

**Lösung zu Aufgabe 6 (Buchungen mit Kontenrahmen)**

Für die Verbuchung der Lagerbestandsveränderung wird zunächst in einer Nebenrechnung der Wert der Lagerbestandserhöhung ermittelt:

| | | |
|---|---|---|
| Rohstoffkosten: | 125.000 € | (2.500 kg à 50 €/kg) |
| Hilfsstoffe: | 22.400 € | (800 kg à 28 €/kg) |
| Betriebsstoffe: | 3.000 € | (600 l à 5 €/l) |
| Löhne: | 12.000 € | |
| Maschinenkosten: | 4.000 € | |
| Gesamtkosten: | 166.400 € | $x_p$ = 2.000 Stck. |

Herstellungskosten pro Stück: 83,20 € (166.400/2.000)

Bestandserhöhung Fertigerzeugnisse: 66.560 €
(800 Stck. à 83,20 €/Stck.)

a) Buchungssätze nach dem Gemeinschaftskontenrahmen:

| | | | | |
|---|---|---|---|---|
| (1) | Rohstoffkosten | an | Rohstoffe | 125.000,- |
| | 400/30 | | | 125.000,- |
| (2) | Hilfsstoffkosten | an | Hilfsstoffe | 22.400,- |
| | 401/350 | | | 22.400,- |
| (3) | Betriebsstoffkosten | an | Betriebsstoffe | 3.000,- |
| | 402/351 | | | 3.000,- |

| | | | | |
|---|---|---|---|---|
| (4) Löhne und Gehälter | | an | Bank | 12.000,- |
| 41/12 | | | | 12.000,- |
| (5) Mietkosten | | an | Bank | 4.000,- |
| 42/12 | | | | 4.000,- |
| (6) Bank | | an | Umsatzerlöse | 120.000,- |
| 12/80 | | | | 120.000,- |
| (7) fertige Erzeugnisse | | an | Bestandsänderung fE | 66.560,- |
| 71/89 | | | | 66.560,- |
| (8) GuV-Konto | 166.400,- | an | Rohstoffkosten | 125.000,- |
| | | an | Hilfsstoffkosten | 22.400,- |
| | | an | Betriebsstoffkosten | 3.000,- |
| | | an | Löhne u. Gehälter | 12.000,- |
| | | an | Mietkosten | 4.000,- |
| 919/400, 401, | | | | 166.400,-/125.000,-, 22.400,- |
| 402, 41, 42 | | | | 3.000,-, 12.000,-, 4.000,- |
| (9) Umsatzerlöse | 120.000,- | | | |
| Bestandsänderung fE | 66.560,- | an | GuV-Konto | 186.560,- |
| 80, 89/919 | | | | 120.000,-,66.560,-/ 186.560,- |

Buchungssätze nach dem Industriekontenrahmen:

| | | | |
|---|---|---|---|
| (1) Aufwand Rohstoffe | an | Rohstoffe | 125.000,- |
| 600/200 | | | 125.000,- |
| (2) Aufwand Hilfsstoffe | an | Hilfsstoffe | 22.400,- |
| 602/202 | | | 22.400,- |
| (3) Aufwand Betriebsstoffe | an | Betriebsstoffe | 3.000,- |
| 603/203 | | | 3.000,- |
| (4) Löhne | an | Bank | 12.000,- |
| 62/280 | | | 12.000,- |
| (5) Mietaufwand | an | Bank | 4.000,- |
| 67/280 | | | 4.000,- |
| (6) Bank | an | Umsatzerlöse | 120.000,- |
| 280/50 | | | 120.000,- |
| (7) fertige Erzeugnisse | an | Bestandsänderung fE | 66.560,- |
| 22/522 | | | 66.560,- |

| | | | | | |
|---|---|---|---|---|---|
| (8) | GuV-Konto | 166.400,- | an | Aufwand Rohstoffe | 125.000,- |
| | | | an | Aufwand Hilfsstoffe | 22.400,- |
| | | | an | Aufwand Betriebsstoffe | 3.000,- |
| | | | an | Löhne | 12.000,- |
| | | | an | Mietaufwand | 4.000,- |
| | 802/600, 602, 603, | | | | 166.400,-/125.000,-, 22.400,- |
| | 62, 67 | | | | 3.000,-,12.000,-, 4.000,- |
| (9) | Umsatzerlöse | 120.000,- | an | GuV-Konto | 186.560,- |
| | Bestandsänderung fE | 66.560,- | | | |
| | 50, 522/802 | | | | 120.000,-, 66.560,-/186.560,- |

b) Der Unterschied zwischen Ein- und Zweikreissystem besteht in der **unterschiedlichen Behandlung der Kostenrechnung**. Im Einkreissystem wird die Kostenrechnung mit in den Buchungsablauf der Finanzbuchhaltung integriert; im Zweikreissystem erhält sie einen gesonderten Rechnungskreis, der von der Finanzbuchhaltung vollkommen getrennt ist. Es gilt hierbei:

- Gemeinschaftskontenrahmen: Einkreissystem,
- Industriekontenrahmen: Zweikreissystem.

Hinsichtlich des GuV-Kontos zeigt sich der Unterschied der beiden Systeme bei der unterschiedlichen Bezeichnung der Wertverzehre für die eingesetzten Produktionsfaktoren. Es gilt:

- Gemeinschaftskontenrahmen: Bezeichnung des Rohstoffverbrauchs als "Rohstoffkosten";
- Industriekontenrahmen: Bezeichnung des Rohstoffverbrauchs als "Aufwand Rohstoffe".

Der Begriff "Kosten" zeigt die direkte Integration der Kostenrechnung in den Kontenrahmen.

Die Unterschiede zwischen den Kontenrahmen zeigen sich auch beim Aufbau des GuV-Kontos. Das Einkreissystem ermittelt (im vollständigen Buchungsablauf) zunächst den kostenrechnerischen Erfolg auf dem Konto "Betriebsergebnis". Nur dessen Saldo wird danach auf das GuV-Konto gebucht. Durch die Berücksichtigung des neutralen Ergebnisses gelangt man anschließend zum Gesamtergebnis des Geschäftsjahrs.

**Lösung zu Aufgabe 7 (EDV-Buchhaltung)**

Richtig sind: 3), 4), 6).

Falsch sind: 1), 2), 5), 7).

**Lösung zu Aufgabe 8 (EDV-Buchhaltung)**

a) Die richtige Reihenfolge der Arbeitsschritte lautet:

1) Belege sammeln;
2) Belege vorkontieren;
3) Einschalten des PC;
4) Aufruf des Buchhaltungsprogramms;
5) Eingabe der Buchungssätze;
6) Sichern der Datei;
7) Rückkehr zum Hauptmenü.

b) Buchungssatz 1 lautet:

| | | | | |
|---|---|---|---|---|
| Aufw. für Kommunikation | 1.000,- | an | Kasse | 1.000,- |
| Vorsteuer | 100,- | | | |

Buchungssatz 2 lautet:

| | | | | |
|---|---|---|---|---|
| Zinsaufwand | 5.000,- | an | Bank | 5.500,- |
| Vorsteuer | 500,- | | | |

Buchungssatz 3 lautet:

| | | | | |
|---|---|---|---|---|
| Forderungen | 10.000,- | an | Eigenkapital | 11.000,- |
| Vorsteuer | 1.000,- | | | |

**Buchungssatz 1** ist offensichtlich falsch, da die im Soll und Haben gebuchten Beträge nicht übereinstimmen. Derartige Eingaben werden vom Buchhaltungsprogramm im allgemeinen nicht akzeptiert. Es wird nur die Eingabe von solchen Buchungssätzen zugelassen, bei denen die im Soll und Haben gebuchten Beträge übereinstimmen. Dagegen sind die Buchungssätze 2 und 3 formal richtig. Allerdings sind sie inhaltlich falsch. Auf Umsätze im Geld- und Kapitalverkehr ist im Regelfall keine Umsatzsteuer zu berechnen. Der Buchungssatz 3 ist offensichtlich unsinnig. Die gleichzeitige Buchung auf Forderungs- und Eigenkapitalkonto ist inhaltlich nicht interpretierbar.

Die **Buchungssätze 2 und 3** sind formal korrekt. Es ist derzeit nicht möglich, daß der Computer wie ein Bilanzbuchhalter eine selbständige inhaltliche Prüfung der zu verbuchenden Sachverhalte vornimmt, um sachlich falsche Buchungen zu erkennen. Allerdings können bei der Programmierung von Buchhaltungsprogrammen noch weitere Prüfungsabfragen erfolgen. Da die Verbindung der Konten "Zinsaufwand" und "Vorsteuer" im gleichen Buchungssatz nur selten vorkommt, kann das Programm für ungewöhnliche Kontenkombinationen eine Zusatzabfrage vorsehen. Dann muß der Bediener die Buchung speziell bestätigen.

**Lösung zu Aufgabe 9 (Buchungen mit EDV)**

1) Die Bildschirmmasken haben folgendes Aussehen:

| | |
|---|---|
| **Sollbuchung** | |
| Konto: 602 | Kontenbezeichnung: Aufw. für Hilfsstoffe |
| Betrag: 2.000 | |
| Umsatzsteuerschlüssel: 0 | |
| Weitere Buchungen im Soll: ja/**nein** | |
| Enter: Nächste Buchung | Esc: Zurück zum Hauptmenü . . . |

| | |
|---|---|
| **Habenbuchung** | |
| Konto: 202 | Kontenbezeichnung: Hilfsstoffe |
| Betrag: 2.000 | |
| Umsatzsteuerschlüssel: 0 | |
| Weitere Buchungen im Haben: ja/**nein** | |
| Enter: Nächste Buchung | Esc: Zurück zum Hauptmenü . . . |

| | |
|---|---|
| Buchungstext: | Einsatz von Hilfsstoffen in der Produktion |
| Beleg-Nr.: | 01-1901 |
| Belegdatum: | 03.03. ..01 |
| Enter: Nächste Buchung | Esc: Zurück zum Hauptmenü . . . |

2) Die Bildschirmmasken haben folgendes Aussehen:

| | |
|---|---|
| **Sollbuchung** | |
| Konto: 44 | Kontenbezeichnung: Lieferantenverb. |
| Betrag: 3.016 | |
| Umsatzsteuerschlüssel: 0 | |
| Weitere Buchungen im Soll: ja/**nein** | |
| Enter: Nächste Buchung | Esc: Zurück zum Hauptmenü ... |

| | |
|---|---|
| **Habenbuchung** | |
| Konto: 200 | Kontenbezeichnung: Rohstoffe |
| Betrag: 3.016 | |
| Umsatzsteuerschlüssel: 1 | |
| Weitere Buchungen im Haben: ja/**nein** | |
| Enter: Nächste Buchung | Esc: Zurück zum Hauptmenü ... |

| | |
|---|---|
| Buchungstext: Rücksendung von Rohstoffen | |
| Beleg-Nr.: 01-1633 | |
| Belegdatum: 31.05. ..01 | |
| Enter: Nächste Buchung | Esc: Zurück zum Hauptmenü ... |

**Lösung zu Aufgabe 10 (EDV-gestützte Abschreibung)**

a) Abzufragen sind:

- Nutzungsdauer,
- Restbuchwert,
- Abschreibungsmethode.

b) Die automatische Abschreibungsverrechnung ist nur zweckmäßig bei Vermögensgegenständen, die planmäßig abzuschreiben sind. Nur in diesem Fall kann nämlich bereits heute festgelegt werden, wie hoch die Abschreibungen in den nächsten Jahren sind - sofern keine Gründe für eine außerplanmäßige Abschreibung eintreten. Damit ist die automatische Abschreibungsverrechnung für die Konten "Fuhrpark" und "Betriebs-

und Geschäftsausstattung" zweckmäßig. Die auf den Konten "Wareneinkauf", "Forderungen" und "unbebaute Grundstücke" geführten Vermögensgegenstände unterliegen dagegen keiner planmäßigen Abschreibung. Hier sind eventuell nur außerplanmäßige Abschreibungen zu verrechnen, die aber nicht voraussehbar sind. Für das Konto "Zinsaufwand" sind überhaupt keine Abschreibungen zu verrechnen, da auf diesem Konto kein Vermögensgegenstand geführt wird.

**<u>Lösung zu Aufgabe 11 (Unterteilung von Warenkonten)</u>**

a) Die Buchungssätze lauten:

Verbuchung der Warenverkäufe:

| | | | | |
|---|---|---|---|---|
| (1) Kasse | 1.320,- | an | Warenverkauf Herrenhosen | 1.200,- |
| | | | Berechnete USt | 120,- |
| (2) Kasse | 1.122,- | an | Warenverkauf Herrenhemden | 1.020,- |
| | | | Berechnete USt | 102,- |
| (3) Kasse | 660,- | an | Warenverkauf Damenhosen | 600,- |
| | | | Berechnete USt | 60,- |
| (4) Kasse | 467,50 | an | Warenverkauf Damenröcke | 425,- |
| | | | Berechnete USt | 42,50 |
| (5) Kasse | 178,20 | an | Warenverkauf Damenblusen | 162,- |
| | | | Berechnete USt | 16,20 |

b) Verbuchung der Wareneinsätze:

| | | | |
|---|---|---|---|
| (6) GuV-Konto | an | Wareneinkauf Herrenhosen | 720,- |
| (7) GuV-Konto | an | Wareneinkauf Herrenhemden | 480,- |
| (8) GuV-Konto | an | Wareneinkauf Damenhosen | 360,- |
| (9) GuV-Konto | an | Wareneinkauf Damenröcke | 275,- |
| (10) GuV-Konto | an | Wareneinkauf Damenblusen | 78,- |

Verbuchung der Salden der Warenverkaufskonten:

| | | | |
|---|---|---|---|
| (11) Warenverkauf Herrenhosen | an | GuV-Konto | 1.200,- |
| (12) Warenverkauf Herrenhemden | an | GuV-Konto | 1.020,- |

| | | | |
|---|---|---|---|
| (13) Warenverkauf Damenhosen | an | GuV-Konto | 600,- |
| (14) Warenverkauf Damenröcke | an | GuV-Konto | 425,- |
| (15) Warenverkauf Damenblusen | an | GuV-Konto | 162,- |

**Kontenmäßige Darstellung:**

| S | Wareneinkauf Herrenhosen | | H |
|---|---|---|---|
| AB | 1.500 | (6) | 720 |
| | | SBK | 780 |
| | 1.500 | | 1.500 |

| S | Warenverkauf Herrenhosen | | H |
|---|---|---|---|
| (11) | 1.200 | (1) | 1.200 |
| | 1.200 | | 1.200 |

| S | Wareneinkauf Herrenhemden | | H |
|---|---|---|---|
| AB | 1.440 | (7) | 480 |
| | | SBK | 960 |
| | 1.440 | | 1.440 |

| S | Warenverkauf Herrenhemden | | H |
|---|---|---|---|
| (12) | 1.020 | (2) | 1.020 |
| | 1.020 | | 1.020 |

| S | Wareneinkauf Damenhosen | | H |
|---|---|---|---|
| AB | 1.320 | (8) | 360 |
| | | SBK | 960 |
| | 1.320 | | 1.320 |

| S | Warenverkauf Damenhosen | | H |
|---|---|---|---|
| (13) | 600 | (3) | 600 |
| | 600 | | 600 |

| S | Wareneinkauf Damenröcke | | H |
|---|---|---|---|
| AB | 660 | (9) | 275 |
| | | SBK | 385 |
| | 660 | | 660 |

| S | Warenverkauf Damenröcke | | H |
|---|---|---|---|
| (14) | 425 | (4) | 425 |
| | 425 | | 425 |

| S | Wareneinkauf Damenblusen | | H |
|---|---|---|---|
| AB | 208 | (10) | 78 |
| | | SBK | 130 |
| | 208 | | 208 |

| S | Warenverkauf Damenblusen | | H |
|---|---|---|---|
| (15) | 162 | (5) | 162 |
| | 162 | | 162 |

| S | GuV-Konto | | H |
|---|---|---|---|
| Wareneinsatz Herrenhosen | 720 | Warenverkauf Herrenhosen | 1.200 |
| Wareneinsatz Herrenhemden | 480 | Warenverkauf Herrenhemden | 1.020 |
| Wareneinsatz Damenhosen | 360 | Warenverkauf Damenhosen | 600 |
| Wareneinsatz Damenröcke | 275 | Warenverkauf Damenröcke | 425 |
| Wareneinsatz Damenblusen | 78 | Warenverkauf Damenblusen | 162 |
| Rohgewinn | 1.494 | | |
| | 3.407 | | 3.407 |

c) Schließt man die Konten "Damenhosen", "Damenröcke" und "Damenblusen" über das Konto "Damenbekleidung" ab, dann wird wie folgt vorgegangen: Auf das Konto "Damenbekleidung" sind die Endbestände der Konten "Damenhosen", "Damenröcke" und "Damenblusen" zu buchen. Die Wareneinsätze werden auf ein spezielles Konto "Wareneinsatz Damenbekleidung" gebucht.

Verbuchung der Endbestände der Warenkonten Damenbekleidung:

| | | | | |
|---|---|---|---|---|
| (1) | Damenbekleidung | an | Wareneinkauf Damenhosen | 960,- |
| (2) | Damenbekleidung | an | Wareneinkauf Damenröcke | 385,- |
| (3) | Damenbekleidung | an | Wareneinkauf Damenblusen | 130,- |
| (4) | SBK | an | Damenbekleidung | 1.475,- |

Verbuchung der Wareneinsätze der Damenbekleidung:

| | | | | |
|---|---|---|---|---|
| (5) | Wareneinsatz Damenbekleidung | an | Wareneinkauf Damenhosen | 360,- |
| (6) | Wareneinsatz Damenbekleidung | an | Wareneinkauf Damenröcke | 275,- |
| (7) | Wareneinsatz Damenbekleidung | an | Wareneinkauf Damenblusen | 78,- |
| (8) | GuV-Konto | an | Wareneinsatz Damenbekleidung | 713,- |

Im Soll des GuV-Kontos erscheint dann ein Saldo in Höhe von 713 €. Faßt man den Wareneinsatz der Warengruppe Herrenbekleidung in gleicher Weise zusammen, dann könnte schließlich ein gesamter Wareneinsatz ermittelt und im GuV-Konto ausgewiesen werden. Üblicherweise wird der Wareneinsatz in der Praxis in der GuV-Rechnung in einer derartigen zusammengefaßten Weise dargestellt.

Je stärker die Wareneinsätze bzw. die Warenverkäufe zusammengefaßt werden, um so niedriger wird der Informationsgehalt der GuV-Rechnung. Es wird nicht mehr deutlich, welche Produkte in welcher Weise zum unternehmerischen Erfolg beigetragen haben. Externe Bilanzleser erhalten also im Fall b) bessere Informationen als im Fall c), bei dem der Wareneinsatz der Damenbekleidung zusammengefaßt wurde.

d) Die detaillierte Aufgliederung des gesamten Rohgewinns in Höhe von 1.494 € läßt erkennen, daß allein 1.020 € Rohgewinn (2.220 - 1.200) durch die Warengruppe

Herrenbekleidung zustande kommt. Die restlichen 474 € Rohgewinn werden durch die Warengruppe Damenbekleidung realisiert (1.187 - 713). Es ist betriebwirtschaftlich sinnvoll, den Absatz der Waren zu erhöhen, bei deren Verkauf der höchste gesamte Rohgewinn entsteht. Die notwendigen Informationen lassen sich mit Hilfe der differenzierten Verbuchung des Warenverkehrs auf speziellen Warenkonten leicht ermitteln.

e) Der Vorteil der EDV-gestützten Buchhaltung besteht hinsichtlich der Erfolgsanalyse darin, daß mit relativ niedrigem zeitlichen Aufwand die Erstellung von Zwischenabschlüssen möglich ist. Hierbei interessiert insbesondere das Zustandekommen des Erfolges durch die eigentliche betriebliche Tätigkeit (z.B. die Wareneinkäufe und Warenverkäufe im Handelsbetrieb). Die Ergebnisse können auf dem Bildschirm ausgewiesen oder ausgedruckt werden. Dagegen müßten bei der konventionell manuellen Buchhaltung zunächst die Konten im Hauptbuch gesucht und anschließend der Zwischenabschluß mühsam per Hand erstellt werden. Da dieses Verfahren eher umständlich ist, dürfte der Kaufmann kaum einen Anreiz verspüren, die auch in der konventionellen Buchhaltung enthaltenen Daten auszuwerten.

**Lösung zu Aufgabe 12 (Erfolgsanalyse)**

a) Durchführung der Erfolgsanalyse:

S Wareneinkauf Herrenräder H

| | | | |
|---|---|---|---|
| AB | 8.250 | | |
| | | 10.02. | 1.100 |
| | | 15.02. | 1.100 |
| | | 22.02. | 2.200 |
| | | EB | 3.850 |
| | 8.250 | | 8.250 |

S Warenverkauf Herrenräder H

| | | | |
|---|---|---|---|
| | | 10.02. | 1.560 |
| Saldo Warenumsatz: | 6.240 | 15.02. | 1.560 |
| | | 22.02. | 3.120 |
| | 6.240 | | 6.240 |

Rohgewinn Herrenräder: 1.840 €

| S | Wareneinkauf Damenräder | | H |
|---|---|---|---|
| AB | 4.700 | 12.02. | 470 |
| | | 16.02. | 940 |
| | | 18.02. | 470 |
| | | EB | 2.820 |
| | 4.700 | | 4.700 |

| S | Warenverkauf Damenräder | | H |
|---|---|---|---|
| Saldo Warenumsatz: | 2.587 | 12.02. | 637 |
| | | 16.02. | 1.300 |
| | | 18.02. | 650 |
| | 2.587 | | 2.587 |

Rohgewinn Damenräder: 707 €

Es ist festzustellen, daß die Warengruppe Herrenräder in einem höheren Maße zum unternehmerischen Erfolg des Unternehmens beiträgt. Die Ursache ist zum einen im höheren Rohgewinn pro Stück (Herrenrad: 230 €/Stck., Damenrad: 180 €/Stck.) zu sehen; zum anderen wird eine höhere Menge Herrenräder abgesetzt.

Die beschriebene Erfolgsanalyse läßt sich mit dem Computer sehr leicht durchführen, da der Computer auf Grund seiner hohen Arbeitsgeschwindigkeit die benötigten Salden sehr schnell berechnen kann. Das ist auch der Fall, wenn viele verschiedene Waren im Sortiment oder ein gesamter Zwischenabschluß ermittelt werden sollen.

b) Liquiditätskontrolle:

| | |
|---|---|
| Kassenbestand per 10.02. ..01: | 1.580,- |
| 1. Zugang Kasse: 10.02. ..01: | 1.560,- |
| 2. Zugang Kasse: 12.02. ..01: | 637,- |
| 3. Zugang Kasse: 16.02. ..01: | 1.300,- |
| Bestand per 17.02. ..01: | 5.077,- |
| Bankbestand per 10.02. ..01: | 640,- |
| Gesamtbestand liquider Mittel: | 5.717,- |

Da der Kaufmann selbst am 17.02. ..01 eine Rechnung in Höhe von 6.000,- bar begleichen muß, ergibt sich hieraus ein Liquiditätsengpaß. Die gesamten liquiden Mittel reichen nicht aus, um den Bedarf zu decken. Hierbei ist auch die Forderung aus dem Warenverkauf vom 15.02. ..01 ohne Bedeutung, da diese nicht kurzfristig in Bargeld umgewandelt werden kann.

Mit Hilfe der EDV lassen sich Liquiditätsengpässe zumindest ansatzweise aufdecken. Zu diesem Zweck werden bei den erhaltenen bzw. abgesendeten Rechnungen die vorhandenen Zahlungsziele in das Buchhaltungsprogramm mit eingegeben. Im Rahmen der Funktion "betriebswirtschaftliche Auswertungen" können dann taggenau die entsprechenden Zahlungen zur Liquiditätskontrolle gegenübergestellt werden, wobei davon ausgegangen wird, daß die Zahlungsziele auch eingehalten werden.

Nicht genau zu planen sind allerdings die Kassen- und Bankbestände, weil diese von zu vielen Unwägbarkeiten abhängen. Es kann nicht genau gesagt werden, zu welchem Zeitpunkt wie viele Waren abgesetzt werden und welche Zahlungseingänge hiermit verbunden sind. Die Liquiditätskontrolle unter Verwendung der Finanzbuchhaltungsdaten gibt somit nur erste Hinweise auf mögliche Liquiditätsprobleme.

**Lösung zu Aufgabe 13 (DATEV-Buchhaltung)**

Richtig sind: 1), 3), 5), 6).

Falsch sind: 2), 4).

Hinweise:

Zu 4): Die DATEV verwendet eigene Kontenrahmen, die von dem Gemeinschaftskontenrahmen oder Industriekontenrahmen abweichen.

Zu 5): Die Datenarchivierung sollte bei der DATEV erfolgen, da moderne PCs zwar eine hohe Speicherkapazität aufweisen, aber die Geräte sehr schnell veralten und die Datenmenge immer weiter zunehmen.

# Lösungen der Abschlußklausuren

## Lösung zur Abschlußlausur 1

**Die Buchungssätze lauten**:

| | | | | | |
|---|---|---|---|---|---|
| 1) | RAP passiv | | an | Mietertrag | 400,- |
| 2) | Mietaufwand | | an | Kasse | 3.000,- |
| 3a) | Forderungen | 44.000,- | an | Warenverkauf | 40.000,- |
| | | | | Berechnete USt | 4.000,- |
| 3b) | Wareneinsatz | | an | Wareneinkauf | 26.000,- |
| 4) | Betr.- u. Geschäfts-ausstattung | 5.000,- | an | Bank | 5.500,- |
| | Vorsteuer | 500,- | | | |
| 5) | Bank | | an | Forderungen | 7.700,- |
| 6) | Allg. Gesch.aufwand | 400,- | an | Kasse | 440,- |
| | Vorsteuer | 40,- | | | |
| 7) | Rückstellungen | 3.000,- | an | Bank | 2.750,- |
| | Vorsteuer | 250,- | | sonst. betr. Ertrag | 500,- |
| 8) | Sonstige Forderungen | | an | Kasse | 500,- |
| 9) | Lieferantenverb. | | an | Schuldwechsel | 15.000,- |
| 10a) | Kasse | 43.120,- | an | Forderungen | 44.000,- |
| | Kundenskonto | 800,- | | | |
| | Berechnete USt | 80,- | | | |
| 10b) | Warenverkauf | | an | Kundenskonto | 800,- |
| 11) | Wareneinkauf | 3.000,- | an | Lieferantenverb. | 3.300,- |
| | Vorsteuer | 300,- | | | |
| 12) | Lieferantenverb. | 1.100,- | an | Wareneinkauf | 1.000,- |
| | | | | Vorsteuer | 100,- |
| 13a) | L.u.G. Aufwand | 4.000,- | an | Bank | 1.500,- |
| | | | | Sonstige Forderungen | 500,- |
| | | | | Noch abz. Abgaben | 2.000,- |
| 13b) | Sozialaufwand | | an | Noch abz. Abgaben | 1.200,- |

| | | | | | | |
|---|---|---|---|---|---|---|
| 14) | Schuldwechsel | | an | Bank | 15.000,- |
| 15) | Noch abz. Abgaben | | an | Bank | 3.200,- |
| 16) | Privatkonto | | an | Bank | 9.000,- |
| 17) | Bank | 1.650,- | an | Dubiose | 1.500,- |
| | Berechnete USt | 100,- | | sonst. betr. Ertrag | 250,- |
| 18a) | Wertber. auf Anlagen | | an | Fuhrpark | 10.000,- |
| 18b) | Bank | 4.400,- | an | Fuhrpark | 5.000,- |
| | sonst. betr. Aufwand | 1.000,- | | Berechnete USt | 400,- |
| 19a) | Dubiose | | an | Forderungen | 3.300,- |
| 19b) | Abschr. auf Forderungen | | an | Dubiose | 900,- |
| 20a) | Mietaufwand | | an | Bank | 6.000,- |
| 20b) | RAP aktiv | | an | Mietaufwand | 3.000,- |
| 21a) | Bank | 6.600,- | an | Lieferantenboni | 6.000,- |
| | | | | Vorsteuer | 600,- |
| 21b) | Lieferantenboni | | an | Wareneinkauf | 6.000,- |

**Die Abschlußbuchungen lauten:**

| | | | | |
|---|---|---|---|---|
| a) | Schlußbilanzkonto | an | Wareneinkauf | 3.000,- |
| b) | Pauschalwertber. auf Ford. | an | sonst. betr. Ertrag | 300,- |

<u>Hinweis</u>: Endbestand Forderungen: 33.000 € (30.000 € zzgl. 3.000 € USt)

PWB neu: 900 € (3% von 30.000 €)

PWB alt: 1.200 € - somit Auflösung 300 € (Statisches Verfahren).

| | | | | |
|---|---|---|---|---|
| c1) | Abschr. auf Anlagen | an | Wertber. auf Anlagen | 5.000,- |
| c2) | Abschr. auf Anlagen | an | Betr.- u. Gesch.ausst. | 3.000,- |
| d1) | USt-Verrechnung | an | Vorsteuer | 390,- |
| d2) | Berechnete USt | an | USt-Verrechnung | 4.220,- |
| d3) | USt-Verrechnung | an | Bank | 3.830,- |
| e) | Versicherungsaufwand | an | Sonstige Verb. | 1.000,- |

**Kontenmäßige Darstellung:**

| S | Grundst. u. Gebäude | | H |
|---|---|---|---|
| AB | 80.000 | SBK | 80.000 |
| | 80.000 | | 80.000 |

| S | Fuhrpark | | H |
|---|---|---|---|
| AB | 30.000 | 18a) | 10.000 |
| | | 18b) | 5.000 |
| | | SBK | 15.000 |
| | 30.000 | | 30.000 |

| S | Wareneinkauf | | H |
|---|---|---|---|
| AB | 33.000 | 3b) | 26.000 |
| 11) | 3.000 | 12) | 1.000 |
| | | 21b) | 6.000 |
| | | a) | 3.000 |
| | 36.000 | | 36.000 |

| S | Betr.- u. Gesch.ausst. | | H |
|---|---|---|---|
| AB | 15.000 | c2) | 3.000 |
| 4) | 5.000 | SBK | 17.000 |
| | 20.000 | | 20.000 |

| S | Forderungen | | H |
|---|---|---|---|
| AB | 44.000 | 5) | 7.700 |
| 3a) | 44.000 | 10a) | 44.000 |
| | | 19a) | 3.300 |
| | | SBK | 33.000 |
| | 88.000 | | 88.000 |

| S | Dubiose | | H |
|---|---|---|---|
| AB | 6.600 | 17) | 1.500 |
| 19a) | 3.300 | 19b) | 900 |
| | | SBK | 7.500 |
| | 9.900 | | 9.900 |

| S | Bank | | H |
|---|---|---|---|
| AB | 28.000 | 4) | 5.500 |
| 5) | 7.700 | 7) | 2.750 |
| 17) | 1.650 | 13a) | 1.500 |
| 18b) | 4.400 | 14) | 15.000 |
| 21a) | 6.600 | 15) | 3.200 |
| | | 16) | 9.000 |
| | | 20a) | 6.000 |
| | | d3) | 3.830 |
| | | SBK | 1.570 |
| | 48.350 | | 48.350 |

| S | Kasse | | H |
|---|---|---|---|
| AB | 5.000 | 2) | 3.000 |
| 10a) | 43.120 | 6) | 440 |
| | | 8) | 500 |
| | | SBK | 44.180 |
| | 48.120 | | 48.120 |

| S | RAP aktiv | | H |
|---|---|---|---|
| 20b) | 3.000 | SBK | 3.000 |
| | 3.000 | | 3.000 |

| S | Sonstige Ford. | | H |
|---|---|---|---|
| 8) | 500 | 13a) | 500 |
| | 500 | | 500 |

| S | Eigenkapital | | H |
|---|---|---|---|
| Privat | 9.000 | AB | 82.000 |
| GuV | 7.850 | | |
| SBK | 65.150 | | |
| | 82.000 | | 82.000 |

| S | Darlehensverb. | | H |
|---|---|---|---|
| SBK | 70.000 | AB | 70.000 |
| | 70.000 | | 70.000 |

| S | Lieferantenverb. | | H |
|---|---|---|---|
| 9) | 15.000 | AB | 65.000 |
| 12) | 1.100 | 11) | 3.300 |
| SBK | 52.200 | | |
| | 68.300 | | 68.300 |

| S | Rückstellungen | | H |
|---|---|---|---|
| 7) | 3.000 | AB | 3.000 |
| | 3.000 | | 3.000 |

| S | Wertber. auf Anlagen | | H |
|---|---|---|---|
| 18a) | 10.000 | AB | 20.000 |
| SBK | 15.000 | c1) | 5.000 |
| | 25.000 | | 25.000 |

| S | Pauschalwertberichtigung | | H |
|---|---|---|---|
| b) | 300 | AB | 1.200 |
| SBK | 900 | | |
| | 1.200 | | 1.200 |

| S | RAP passiv | | H |
|---|---|---|---|
| AB | 400 | 9) | 400 |
| | 400 | | 400 |

| S | Sonstige Verb. | | H |
|---|---|---|---|
| SBK | 1.000 | e) | 1.000 |
| | 1.000 | | 1.000 |

| S | Schuldwechsel | | H |
|---|---|---|---|
| 14) | 15.000 | 9) | 15.000 |
| | 15.000 | | 15.000 |

| S | Privatkonto | | H |
|---|---|---|---|
| 16) | 9.000 | EK | 9.000 |
| | 9.000 | | 9.000 |

| S | Noch abz. Abgaben | | H |
|---|---|---|---|
| 15) | 3.200 | 13a) | 2.000 |
| | | 13b) | 1.200 |
| | 3.200 | | 3.200 |

| S | Vorsteuer | | H |
|---|---|---|---|
| 4) | 500 | 12) | 100 |
| 6) | 40 | 21a) | 600 |
| 7) | 250 | d1) | 390 |
| 11) | 300 | | |
| | 1.090 | | 1.090 |

| S | Berechnete USt | | H |
|---|---|---|---|
| 10a) | 80 | 3a) | 4.000 |
| 17) | 100 | 18b) | 400 |
| d2) | 4.220 | | |
| | 4.400 | | 4.400 |

| S | USt-Verrechnung | | H |
|---|---|---|---|
| d1) | 390 | d2) | 4.220 |
| d3) | 3.830 | | |
| | 4.220 | | 4.220 |

| S | Mietertrag | | H |
|---|---|---|---|
| GuV | 400 | 1) | 400 |
| | 400 | | 400 |

| S | Mietaufwand | | H |
|---|---|---|---|
| 2) | 3.000 | 20b) | 3.000 |
| 20a) | 6.000 | GuV | 6.000 |
| | 9.000 | | 9.000 |

| S | Warenverkauf | | H |
|---|---|---|---|
| 10b) | 800 | 3a) | 40.000 |
| GuV | 39.200 | | |
| | 40.000 | | 40.000 |

| S | Wareneinsatz | | H |
|---|---|---|---|
| 3b) | 26.000 | GuV | 26.000 |
| | 26.000 | | 26.000 |

| S | Allg. Gesch.aufwand | | H |
|---|---|---|---|
| 6) | 400 | GuV | 400 |
| | 400 | | 400 |

| S | sonst. betr. Ertrag | | H |
|---|---|---|---|
| GuV | 1.050 | 7) | 500 |
| | | 17) | 250 |
| | | b) | 300 |
| | 1.050 | | 1.050 |

| S | Kundenskonto | | H |
|---|---|---|---|
| 10a) | 800 | 10b) | 800 |
| | 800 | | 800 |

| S | L.u.G. Aufwand | | H |
|---|---|---|---|
| 13a) | 4.000 | GuV | 4.000 |
| | 4.000 | | 4.000 |

| S | Sozialaufwand | | H |
|---|---|---|---|
| 13b) | 1.200 | GuV | 1.200 |
| | 1.200 | | 1.200 |

| S | sonst. betr. Aufwand | | H |
|---|---|---|---|
| 18b) | 1.000 | GuV | 1.000 |
| | 1.000 | | 1.000 |

| S | Lieferantenboni | | H |
|---|---|---|---|
| 21b) | 6.000 | 21a) | 6.000 |
| | 6.000 | | 6.000 |

| S | Versicherungsaufwand | | H |
|---|---|---|---|
| e) | 1.000 | GuV | 1.000 |
| | 1.000 | | 1.000 |

| S | Abschr. auf Forderungen | | H |
|---|---|---|---|
| 19b) | 900 | GuV | 900 |
| | 900 | | 900 |

| S | Abschr. auf Anlagen | | H |
|---|---|---|---|
| c1) | 5.000 | GuV | 8.000 |
| c2) | 3.000 | | |
| | 8.000 | | 8.000 |

| S | GuV-Konto | | H |
|---|---|---|---|
| Mietaufwand | 6.000 | Mietertrag | 400 |
| Wareneinsatz | 26.000 | Warenverkauf | 39.200 |
| Allg. Gesch.aufwand | 400 | sonst. betr. Ertrag | 1.050 |
| L.u.G. Aufwand | 4.000 | Verlust | 7.850 |
| Sozialaufwand | 1.200 | | |
| sonst. betr. Aufwand | 1.000 | | |
| Abschr. auf Forderungen | 900 | | |
| Abschr. auf Anlagen | 8.000 | | |
| Versicherungsaufwand | 1.000 | | |
| | 48.500 | | 48.500 |

**Erfolgsermittlung:** Per Saldo ergibt sich ein Verlust von 7.850 €. Er berechnet sich als Differenz aus Erträgen und Aufwendungen.

**Folge**: Minderung des Eigenkapitalbestandes im Schlußbilanzkonto. Darüber hinaus nimmt das EK durch die Privatentnahme (Zahlung der Einkommensteuer) ab. Diese Zahlung hat jedoch keinen Einfluß auf die Höhe des Erfolges. Bei der erweiterten Distanzrechnung werden private Vorgänge für die Erfolgsermittlung neutralisiert.

| S | SBK | | H |
|---|---|---|---|
| Grundst. u. Gebäude | 80.000 | Eigenkapital | 65.150 |
| Fuhrpark | 15.000 | Darlehensverbindlichkeiten | 70.000 |
| Betr. u. Gesch.ausst. | 17.000 | Lieferantenverbindlichkeiten | 52.200 |
| Wareneinkauf | 3.000 | Sonstige Verbindlichkeiten | 1.000 |
| Forderungen | 33.000 | Wertber. auf Anlagen | 15.000 |
| Dubiose | 7.500 | PWB auf Forderungen | 900 |
| Bank | 1.570 | | |
| Kasse | 44.180 | | |
| RAP aktiv | 3.000 | | |
| | 204.250 | | 204.250 |

**Lösung zur Abschlußklausur 2**

**Die Buchungssätze lauten:**

| | | | | | |
|---|---|---|---|---|---|
| 1) | Sonstige Verb. | | an | Kasse | 500,- |
| 2) | Betriebsstoffe | 1.500,- | an | Kasse | 2.145,- |
| | Hilfsstoffe | 450,- | | | |
| | Vorsteuer | 195,- | | | |
| 3) | Sonstige Verbindlichkeiten | | an | Bank | 3.500,- |
| 4) | Rohstoffe | 15.000,- | an | Lieferantenverb. | 16.500,- |
| | Vorsteuer | 1.500,- | | | |
| 5a) | Aufwand Rohstoffe | | an | Rohstoffe | 25.000,- |
| 5b) | Aufwand Betriebsstoffe | | an | Betriebsstoffe | 6.000,- |
| 5c) | Aufwand Hilfsstoffe | | an | Hilfsstoffe | 2.500,- |
| 6a) | Lieferantenverb. | 16.500,- | an | Bank | 16.005,- |
| | | | | Lieferantenskonto | 450,- |
| | | | | Vorsteuer | 45,- |
| 6b) | Lieferantenskonto | | an | Rohstoffe | 450,- |
| 7) | Fuhrpark | | an | Privatkonto | 8.000,- |
| 8) | Bank | 88.000,- | an | Umsatzerlöse | 80.000,- |
| | | | | Berechnete USt | 8.000,- |
| 9) | Gel. Anzahl. | | an | Bank | 6.000,- |
| 10a) | Dubiose | | an | Forderungen | 11.000,- |
| 10b) | Abschr. auf Ford. | 10.000,- | an | Dubiose | 11.000,- |
| | Berechnete USt | 1.000,- | | | |
| 11) | Prozeßkosten | | an | Rückstellungen | 1.300,- |
| 12) | Umsatzerlöse | 12.500,- | an | Bank | 13.750,- |
| | Berechnete USt | 1.250,- | | | |
| 13a) | Kundenboni | 1.500,- | an | Bank | 1.650,- |
| | Berechnete USt | 150,- | | | |
| 13b) | Umsatzerlöse | | an | Kundenboni | 1.500,- |
| 14a) | Bank | | an | Mieterträge | 1.500,- |
| 14b) | Mieterträge | | an | RAP passiv | 900,- |

**Die Abschlußbuchungen lauten:**

| | | | | |
|---|---|---|---|---|
| a1) | SBK | an | fertige Erzeugnisse | 58.500,- |
| a2) | fertige Erzeugnisse | an | Bestandsänderung fE | 13.500,- |
| b1) | SBK | an | unfertige Erzeugnisse | 1.080,- |
| b2) | Bestandsänderung uE | an | unfertige Erzeugnisse | 1.620,- |
| c1) | Abschr. auf Anlagen | an | Wertber. auf Anlagen | 5.000,- |
| c2) | Abschr. auf Anlagen | an | Fuhrpark | 10.000,- |
| c3) | Abschr. auf Anlagen | an | Betriebsausstattung | 5.000,- |
| d) | Abschr. auf Forderungen | an | PWB | 1.000,- |
| e) | Sonstige Forderungen | an | Zinserträge | 1.200,- |

**Kontenmäßige Darstellung:**

## AKTIVKONTEN

| S | Grundstücke und Gebäude | | H |
|---|---|---|---|
| AB | 120.000 | SBK | 120.000 |
| | 120.000 | | 120.000 |

| S | Maschinen | | H |
|---|---|---|---|
| AB | 100.000 | SBK | 100.000 |
| | 100.000 | | 100.000 |

| S | Fuhrpark | | H |
|---|---|---|---|
| AB | 60.000 | c2) | 10.000 |
| 7) | 8.000 | SBK | 58.000 |
| | 68.000 | | 68.000 |

| S | Betriebsausstattung | | H |
|---|---|---|---|
| AB | 20.000 | c3) | 5.000 |
| | | SBK | 15.000 |
| | 20.000 | | 20.000 |

| S | Rohstoffe | | H |
|---|---|---|---|
| AB | 28.000 | 5a) | 25.000 |
| 4) | 15.000 | 6b) | 450 |
| | | SBK | 17.550 |
| | 43.000 | | 43.000 |

| S | Betriebsstoffe | | H |
|---|---|---|---|
| AB | 9.000 | 5b) | 6.000 |
| 2) | 1.500 | SBK | 4.500 |
| | 10.500 | | 10.500 |

| S | Hilfsstoffe | | H |
|---|---|---|---|
| AB | 3.000 | 5c) | 2.500 |
| 2) | 450 | SBK | 950 |
| | 3.450 | | 3.450 |

| S | fertige Erzeugnisse | | H |
|---|---|---|---|
| AB | 45.000 | SBK | 58.500 |
| a2) | 13.500 | | |
| | 58.500 | | 58.500 |

| S | unfertige Erzeugnisse | | H |
|---|---|---|---|
| AB | 2.700 | b2) | 1.620 |
| | | SBK | 1.080 |
| | 2.700 | | 2.700 |

| S | Forderungen | | H |
|---|---|---|---|
| AB | 33.000 | 10a) | 11.000 |
| | | SBK | 22.000 |
| | 33.000 | | 33.000 |

| S | Bank | | H |
|---|---|---|---|
| AB | 48.000 | 3) | 3.500 |
| 8) | 88.000 | 6a) | 16.005 |
| 14a) | 1.500 | 9) | 6.000 |
| | | 12) | 13.750 |
| | | 13a) | 1.650 |
| | | SBK | 96.595 |
| | 137.500 | | 137.500 |

| S | Kasse | | H |
|---|---|---|---|
| AB | 12.000 | 1) | 500 |
| | | 2) | 2.145 |
| | | SBK | 9.355 |
| | 12.000 | | 12.000 |

| S | Gel. Anzahl. | | H |
|---|---|---|---|
| 9) | 6.000 | SBK | 6.000 |
| | 6.000 | | 6.000 |

| S | Dubiose | | H |
|---|---|---|---|
| 10a) | 11.000 | 10b) | 11.000 |
| | 11.000 | | 11.000 |

| S | Sonstige Ford. | | H |
|---|---|---|---|
| e) | 1.200 | SBK | 1.200 |
| | 1.200 | | 1.200 |

## PASSIVKONTEN

| S | Eigenkapital | | H |
|---|---|---|---|
| SBK | 218.580 | AB | 196.700 |
| | | Privat | 8.000 |
| | | GuV | 13.880 |
| | 218.580 | | 218.580 |

| S | Darlehensverb. | | H |
|---|---|---|---|
| SBK | 180.000 | AB | 180.000 |
| | 180.000 | | 180.000 |

| S | Lieferantenverb. | | H |
|---|---|---|---|
| 6a) | 16.500 | AB | 30.000 |
| SBK | 30.000 | 4) | 16.500 |
| | 46.500 | | 46.500 |

| S | Sonstige Verb. | | H |
|---|---|---|---|
| 1) | 500 | AB | 4.000 |
| 3) | 3.500 | Ber. USt | 3.950 |
| SBK | 3.950 | | |
| | 7.950 | | 7.950 |

| S | Wertber. auf Anlagen | | H |
|---|---|---|---|
| SBK | 75.000 | AB | 70.000 |
| | | c1) | 5.000 |
| | 75.000 | | 75.000 |

| S | Rückstellungen | | H |
|---|---|---|---|
| SBK | 1.300 | 11) | 1.300 |
| | 1.300 | | 1.300 |

| S | RAP passiv | | H |
|---|---|---|---|
| SBK | 900 | 14b) | 900 |
| | 900 | | 900 |

| S | Pauschalwertberichtigung | | H |
|---|---|---|---|
| SBK | 1.000 | d) | 1.000 |
| | 1.000 | | 1.000 |

| S | Privatkonto | | H |
|---|---|---|---|
| EK | 8.000 | 7) | 8.000 |
| | 8.000 | | 8.000 |

## UST-KONTEN

| S | Vorsteuer | | H |
|---|---|---|---|
| 2) | 195 | 6a) | 45 |
| 4) | 1.500 | Ber. USt | 1.650 |
| | 1.695 | | 1.695 |

| S | Berechnete USt | | H |
|---|---|---|---|
| 10b) | 1.000 | 8) | 8.000 |
| 12) | 1.250 | | |
| 13a) | 150 | | |
| VSt | 1.650 | | |
| Sonstige Verb. | 3.950 | | |
| | 8.000 | | 8.000 |

## ERFOLGSKONTEN

| S | Aufwand Rohstoffe | | H |
|---|---|---|---|
| 5a) | 25.000 | GuV | 25.000 |
| | 25.000 | | 25.000 |

| S | Aufwand Betriebsstoffe | | H |
|---|---|---|---|
| 5b) | 6.000 | GuV | 6.000 |
| | 6.000 | | 6.000 |

| S | Aufwand Hilfsstoffe | | H |
|---|---|---|---|
| 5c) | 2.500 | GuV | 2.500 |
| | 2.500 | | 2.500 |

| S | Lieferantenskonto | | H |
|---|---|---|---|
| 6b) | 450 | 6a) | 450 |
| | 450 | | 450 |

| S | Umsatzerlöse | | H |
| --- | --- | --- | --- |
| 12) | 12.500 | 8) | 80.000 |
| 13b) | 1.500 | | |
| GuV | 66.000 | | |
| | 80.000 | | 80.000 |

| S | Abschr. auf Forderungen | | H |
| --- | --- | --- | --- |
| 10b) | 10.000 | GuV | 11.000 |
| d) | 1.000 | | |
| | 11.000 | | 11.000 |

| S | Prozeßkosten | | H |
| --- | --- | --- | --- |
| 11) | 1.300 | GuV | 1.300 |
| | 1.300 | | 1.300 |

| S | Kundenboni | | H |
| --- | --- | --- | --- |
| 13a) | 1.500 | 13b) | 1.500 |
| | 1.500 | | 1.500 |

| S | Mieterträge | | H |
| --- | --- | --- | --- |
| 14b) | 900 | 14a) | 1.500 |
| GuV | 600 | | |
| | 1.500 | | 1.500 |

| S | Bestandsänderung fE | | H |
| --- | --- | --- | --- |
| GuV | 13.500 | a2) | 13.500 |
| | 13.500 | | 13.500 |

| S | Bestandsänderung uE | | H |
| --- | --- | --- | --- |
| b2) | 1.620 | GuV | 1.620 |
| | 1.620 | | 1.620 |

| S | Abschr. auf Anlagen | | H |
| --- | --- | --- | --- |
| c1) | 5.000 | GuV | 20.000 |
| c2) | 10.000 | | |
| c3) | 5.000 | | |
| | 20.000 | | 20.000 |

| S | Zinserträge | | H |
| --- | --- | --- | --- |
| GuV | 1.200 | e) | 1.200 |
| | 1.200 | | 1.200 |

## ABSCHLUSS-KONTEN

| S | GuV-Konto | | H |
| --- | --- | --- | --- |
| Aufwand Rohstoffe | 25.000 | Umsatzerlöse | 66.000 |
| Aufwand Betriebsstoffe | 6.000 | Bestandsänderung fE | 13.500 |
| Aufwand Hilfsstoffe | 2.500 | Mieterträge | 600 |
| Abschr. auf Ford. | 11.000 | Zinserträge | 1.200 |
| Prozeßkosten | 1.300 | | |
| Bestandsänderung uE | 1.620 | | |
| Abschr. auf Anlagen | 20.000 | | |
| Gewinn | 13.880 | | |
| | 81.300 | | 81.300 |

**Erfolgsermittlung:** Gewinn: 13.880 € (Saldo aus Erträgen und Aufwendungen).

**Folge**: Zunahme des Eigenkapitals um 21.880 € (13.880 + 8.000), da eine Einlage von 8.000 € erfolgte. Bei der Erfolgsermittlung mittels Distanzrechnung sind die Einlagen abzuziehen.

| S | SBK | | H |
|---|---|---|---|
| Grundst. u. Gebäude | 120.000 | Eigenkapital | 218.580 |
| Maschinen | 100.000 | Rückstellungen | 1.300 |
| Fuhrpark | 58.000 | Darlehensverbindlichkeiten | 180.000 |
| Betriebsausstattung | 15.000 | Lieferantenverbindlichkeiten | 30.000 |
| Rohstoffe | 17.550 | Sonstige Verbindlichkeiten | 3.950 |
| Betriebsstoffe | 4.500 | Wertber. auf Anlagen | 75.000 |
| Hilfsstoffe | 950 | Pauschalwertberichtigung | 1.000 |
| fertige Erzeugnisse | 58.500 | RAP passiv | 900 |
| unfertige Erzeugnisse | 1.080 | | |
| Forderungen | 22.000 | | |
| Sonstige Forderungen | 1.200 | | |
| Geleistete Anzahlungen | 6.000 | | |
| Bank | 96.595 | | |
| Kasse | 9.355 | | |
| | 510.730 | | 510.730 |

**Hinweis:** Bei dieser Klausur wird deutlich, daß die aus dem Handelsbetrieb bekannten Buchungssätze bei der Verbuchung von Boni und Skonti grundsätzlich auch für den Industriebetrieb gelten. Hinsichtlich des Kontenabschlusses muß allerdings im einzelnen überprüft werden, für welchen Werkstoff (Roh-, Hilfs- oder Betriebsstoff) wir z.B. einen Skontoabzug erhalten haben, da dessen Anschaffungskosten entsprechend zu vermindern sind.

## Lösung zur Abschlußklausur 3

**Die Buchungssätze lauten:**

| | | | | | |
|---|---|---|---|---|---|
| 1) | Zinsaufwand | | an | RAP aktiv | 1.800,- |
| 2) | Wareneinkauf | 20.000,- | an | Kasse | 22.000,- |
| | Vorsteuer | 2.000,- | | | |
| 3) | Privatkonto A | 1.540,- | an | Warenverkauf | 1.400,- |
| | | | | Berechnete USt | 140,- |
| 4) | Besitzwechsel | | an | Forderungen | 6.600,- |
| 5) | Wareneinkauf | 13.000,- | an | Lieferantenverb. | 14.300,- |
| | Vorsteuer | 1.300,- | | | |
| 6) | Bezugsaufwand | 800,- | an | Kasse | 880,- |
| | Vorsteuer | 80,- | | | |
| 7) | Bank | 8.800,- | an | Betr.- u. Gesch.ausst. | 9.000,- |
| | sonst. betr. Aufwand | 1.000,- | | Berechnete USt | 800,- |
| 8) | Kasse | 2.750,- | an | Betr.- u. Gesch.ausst. | 100,- |
| | | | | sonst. betr. Ertrag | 2.400,- |
| | | | | Berechnete USt | 250,- |
| 9) | Bank | 3.200,- | an | Darlehensforderungen | 2.000,- |
| | | | | Zinserträge | 800,- |
| | | | | Sonstige Ford. | 400,- |
| 10) | Forderungen | 73.700,- | an | Warenverkauf | 70.000,- |
| | Erhalt. Anzahl. | 3.000,- | | Berechnete USt | 6.700,- |

Hinweis: Die USt auf die Anzahlung ist bereits in der Vorperiode entstanden und wurde ordnungsgemäß verbucht, so daß nur noch die USt in Höhe von 6.700 € (7.000 € - 300 €) geschuldet wird.

| | | | | | |
|---|---|---|---|---|---|
| 11) | Bank | | an | Privatkonto B | 11.000,- |
| 12a) | Dubiose | | an | Forderungen | 2.420,- |
| 12b) | Abschr. auf Ford. | 1.760,- | an | Dubiose | 1.936,- |
| | Berechnete USt | 176,- | | | |

13) Keine Buchung. Der PKW wurde noch nicht geliefert!

| | | | | | |
|---|---|---|---|---|---|
| 14) | Bank | | an | Forderungen | 73.700,- |

| | | | | | |
|---|---|---|---|---|---|
| 15) | Allg. Gesch.aufwand | 280,- | an | Bank | 308,- |
| | Vorsteuer | 28,- | | | |
| 16) | Rückstellungen | 16.000,- | an | Bank | 18.000,- |
| | sonst. betr. Aufwand | 2.000,- | | | |
| 17) | Lieferantenverb. | | an | Bank | 18.000,- |
| 18) | Bank | 220,- | an | Dubiose | 400,- |
| | sonst. betr. Aufwand | 100,- | | | |
| | Berechnete USt | 80,- | | | |
| 19) | Kasse | | an | Mieterträge | 1.000,- |

**Die Abschlußbuchungen lauten:**

| | | | | |
|---|---|---|---|---|
| a) | SBK | an | Wareneinkauf | 110.000,- |
| b1) | USt-Verrechnung | an | Vorsteuer | 3.408,- |
| b2) | Berechnete USt | an | USt-Verrechnung | 7.634,- |
| b3) | USt-Verrechnung | an | Bank | 4.226,- |
| c) | Abschr. auf Anlagen | an | Wertber. auf Anlagen | 5.000,- |
| d) | PWB | an | sonst. betr. Ertrag | 328,- |

**Darstellung in Kontenform:**

S Grundstücke und Gebäude H

| S | | | H |
|---|---|---|---|
| AB | 250.000 | SBK | 250.000 |
| | 250.000 | | 250.000 |

S Betr.- u. Gesch.ausst. H

| S | | | H |
|---|---|---|---|
| AB | 125.000 | 8) | 100 |
| | | 7) | 9.000 |
| | | SBK | 115.900 |
| | 125.000 | | 125.000 |

S Wareneinkauf H

| S | | | H |
|---|---|---|---|
| AB | 99.000 | a) | 110.000 |
| 2) | 20.000 | Waren-verkauf | 22.800 |
| 5) | 13.000 | | |
| Bezugs-aufw. | 800 | | |
| | 132.800 | | 132.800 |

S Forderungen H

| S | | | H |
|---|---|---|---|
| AB | 53.020 | 4) | 6.600 |
| 10) | 73.700 | 14) | 73.700 |
| | | 12a) | 2.420 |
| | | SBK | 44.000 |
| | 126.720 | | 126.720 |

**Dubiose**

| S | | | H |
|---|---|---|---|
| AB | 3.300 | 12b) | 1.936 |
| 12a) | 2.420 | 18) | 400 |
| | | SBK | 3.384 |
| | 5.720 | | 5.720 |

**Darlehensforderungen**

| S | | | H |
|---|---|---|---|
| AB | 20.000 | 9) | 2.000 |
| | | SBK | 18.000 |
| | 20.000 | | 20.000 |

**Sonstige Ford.**

| S | | | H |
|---|---|---|---|
| AB | 400 | 9) | 400 |
| | 400 | | 400 |

**Bank**

| S | | | H |
|---|---|---|---|
| AB | 51.000 | 15) | 308 |
| 7) | 8.800 | 16) | 18.000 |
| 9) | 3.200 | 17) | 18.000 |
| 11) | 11.000 | b3) | 4.226 |
| 14) | 73.700 | SBK | 107.386 |
| 18) | 220 | | |
| | 147.920 | | 147.920 |

**Kasse**

| S | | | H |
|---|---|---|---|
| AB | 31.700 | 2) | 22.000 |
| 8) | 2.750 | 6) | 880 |
| 19) | 1.000 | SBK | 12.570 |
| | 35.450 | | 35.450 |

**RAP aktiv**

| S | | | H |
|---|---|---|---|
| AB | 1.800 | 1) | 1.800 |
| | 1.800 | | 1.800 |

**Besitzwechsel**

| S | | | H |
|---|---|---|---|
| 4) | 6.600 | SBK | 6.600 |
| | 6.600 | | 6.600 |

**Bezugsaufwand**

| S | | | H |
|---|---|---|---|
| 6) | 800 | Wareneink. | 800 |
| | 800 | | 800 |

**Eigenkapital A**

| S | | | H |
|---|---|---|---|
| SBK | 167.054 | AB | 150.000 |
| | | Privat A | 17.054 |
| | 167.054 | | 167.054 |

**Eigenkapital B**

| S | | | H |
|---|---|---|---|
| SBK | 283.594 | AB | 250.000 |
| | | Privat B | 33.594 |
| | 283.594 | | 283.594 |

**Privatkonto A**

| S | | | H |
|---|---|---|---|
| 3) | 1.540 | GuV | 18.594 |
| EK A | 17.054 | | |
| | 18.594 | | 18.594 |

**Privatkonto B**

| S | | | H |
|---|---|---|---|
| EK B | 33.594 | 11) | 11.000 |
| | | GuV | 22.594 |
| | 33.594 | | 33.594 |

**Rückstellungen**

| S | | | H |
|---|---|---|---|
| 16) | 16.000 | AB | 16.000 |
| | 16.000 | | 16.000 |

**Hypothekenverb.**

| S | | | H |
|---|---|---|---|
| SBK | 98.692 | AB | 98.692 |
| | 98.692 | | 98.692 |

**Lieferantenverb.**

| S | | | H |
|---|---|---|---|
| 17) | 18.000 | AB | 35.600 |
| SBK | 31.900 | 5) | 14.300 |
| | 49.900 | | 49.900 |

**Wertber. auf Anlagen**

| S | | | H |
|---|---|---|---|
| SBK | 85.000 | AB | 80.000 |
| | | c) | 5.000 |
| | 85.000 | | 85.000 |

**PWB**

| S | | | H |
|---|---|---|---|
| SBK | 1.600 | AB | 1.928 |
| d) | 328 | | |
| | 1.928 | | 1.928 |

**Erhalt. Anzahl.**

| S | | | H |
|---|---|---|---|
| 10) | 3.000 | AB | 3.000 |
| | 3.000 | | 3.000 |

**Vorsteuer**

| S | | | H |
|---|---|---|---|
| 2) | 2.000 | b1) | 3.408 |
| 5) | 1.300 | | |
| 6) | 80 | | |
| 15) | 28 | | |
| | 3.408 | | 3.408 |

**Berechnete USt**

| S | | | H |
|---|---|---|---|
| 12b) | 176 | 3) | 140 |
| 18) | 80 | 7) | 800 |
| b2) | 7.634 | 8) | 250 |
| | | 10) | 6.700 |
| | 7.890 | | 7.890 |

**USt-Verrechnung**

| S | | | H |
|---|---|---|---|
| b1) | 3.408 | b2) | 7.634 |
| b3) | 4.226 | | |
| | 7.634 | | 7.634 |

**Zinsaufwand**

| S | | | H |
|---|---|---|---|
| 1) | 1.800 | GuV | 1.800 |
| | 1.800 | | 1.800 |

**Warenverkauf**

| S | | | H |
|---|---|---|---|
| Waren | 22.800 | 3) | 1.400 |
| GuV | 48.600 | 10) | 70.000 |
| | 71.400 | | 71.400 |

**Mieterträge**

| S | | | H |
|---|---|---|---|
| GuV | 1.000 | 19) | 1.000 |
| | 1.000 | | 1.000 |

**Abschr. auf Anlagen**

| S | | | H |
|---|---|---|---|
| c) | 5.000 | GuV | 5.000 |
| | 5.000 | | 5.000 |

**sonst. betr. Ertrag**

| S | | | H |
|---|---|---|---|
| GuV | 2.728 | 8) | 2.400 |
| | | d) | 328 |
| | 2.728 | | 2.728 |

**Zinserträge**

| S | | | H |
|---|---|---|---|
| GuV | 800 | 9) | 800 |
| | 800 | | 800 |

**Abschr. auf Ford.**

| S | | | H |
|---|---|---|---|
| 12b) | 1.760 | GuV | 1.760 |
| | 1.760 | | 1.760 |

**Allg. Gesch.aufwand**

| S | | | H |
|---|---|---|---|
| 15) | 280 | GuV | 280 |
| | 280 | | 280 |

| S | sonst. betr. Aufwand | | H |
|---|---|---|---|
| 7) | 1.000 | GuV | 3.100 |
| 16) | 2.000 | | |
| 18) | 100 | | |
| | 3.100 | | 3.100 |

| S | GuV-Konto | | H |
|---|---|---|---|
| Zinsaufwand | 1.800 | Warenrohgewinn | 48.600 |
| Abschr. auf Ford. | 1.760 | Mieterträge | 1.000 |
| Allg. Gesch.aufwand | 280 | Zinserträge | 800 |
| sonst. betr. Aufwand | 3.100 | sonst. betr. Ertrag | 2.728 |
| Abschr. auf Anlagen | 5.000 | | |
| Gewinn | 41.188 | | |
| | 53.128 | | 53.128 |

| S | SBK | | H |
|---|---|---|---|
| Grundst. u. Gebäude | 250.000 | Eigenkapital A | 167.054 |
| Betriebs- und Geschäftsausstattung | 115.900 | Eigenkapital B | 283.594 |
| | | Hypothekenverb. | 98.692 |
| Wareneinkauf | 110.000 | Lieferantenverb. | 31.900 |
| Forderungen | 44.000 | Wertber. auf Anlagen | 85.000 |
| Dubiose | 3.384 | PWB auf Forderungen | 1.600 |
| Darlehensforderungen | 18.000 | | |
| Besitzwechsel | 6.600 | | |
| Bank | 107.386 | | |
| Kasse | 12.570 | | |
| | 667.840 | | 667.840 |

Hinweis zur Gewinnverteilung: Jeder Gesellschafter erhält zuerst 4% vom Eigenkapital (Stand: Jahresbeginn); der Restbetrag wird zu gleichen Teilen auf beide Gesellschafter verteilt:

Gesellschafter A: 4% von 150.000,- = 6.000,-
Gesellschafter B: 4% von 250.000,- = 10.000,-
0,5 x (41.188 - 6.000 - 10.000) = 12.594,-

**Buchungssätze**:

| | | | | |
|---|---|---|---|---|
| GuV-Konto | 41.188,- | an | Privatkonto A | 18.594,- |
| | | an | Privatkonto B | 22.594,- |
| Privatkonto A | | an | Eigenkapital A | 17.054,- |
| Privatkonto B | | an | Eigenkapital B | 33.594,- |

## Lösung zur Abschlußklausur 4

### Lösung zu Teilaufgabe 1: Verbuchung des Warenverkehrs

a) Buchungssätze für laufende Geschäftsvorfälle:

| | | | | | |
|---|---|---|---|---|---|
| 01.03. | Wareneinkauf | 40.000,- | an | Lieferantenverb. | 44.000,- |
| | Vorsteuer | 4.000,- | | | |
| 06.03. | Lieferantenverb. | 44.000,- | an | Bank | 42.680,- |
| | | | | Vorsteuer | 120,- |
| | | | | Lieferantenskonto | 1.200,- |
| 18.03. | Forderungen | 11.000,- | an | Warenverkauf | 10.000,- |
| | | | | Berechnete USt | 1.000,- |
| 22.03. | Bank | 5.390,- | an | Forderungen | 5.500,- |
| | Kundenskonto | 100,- | | | |
| | Berechnete USt | 10,- | | | |
| 29.03. | Bank | 5.500,- | an | Forderungen | 5.500,- |
| 30.03. | Wareneinkauf | 27.000,- | an | Bank | 29.700,- |
| | Vorsteuer | 2.700,- | | | |
| 20.12. | Bank | 5.500,- | an | Erhalt. Anzahl. | 5.000,- |
| | | | | Berechnete USt | 500,- |

b) Buchungssätze zum Abschluß der Skontokonten:

| | | | | |
|---|---|---|---|---|
| 31.12. | Lieferantenskonto | an | Wareneinkauf | 1.200,- |
| 31.12. | Warenverkauf | an | Kundenskonto | 100,- |

### Lösung zu Teilaufgabe 2: Verbuchung von privaten Geschäftsvorfällen

a) Buchungssätze für laufende Geschäftsvorfälle:

| | | | | |
|---|---|---|---|---|
| 1) Kasse | 5.000,- | an | Privatkonto | 5.000,- |
| 2) Bank | 10.000,- | an | Privatkonto | 10.000,- |
| 3) Privatkonto | 400,- | an | Postscheck | 500,- |
| KFZ-Aufwand | 100,- | | | |
| 4) Privatkonto | 2.000,- | an | Bank | 2.000,- |

b) Buchungssatz zum Abschluß des Privatkontos:

| | | | | |
|---|---|---|---|---|
| Privatkonto | 12.600,- | an | Eigenkapital | 12.600,- |

c) Eigenkapital am Jahresende:

| | |
|---|---|
| EK zum Jahresbeginn: | 450.000 € |
| zzgl. Einlagen: | 12.600 € |
| abzgl. Verlust: | 50.000 € |
| | 412.600 € |

Erfolg lt. GuV-Rechnung:

| | |
|---|---|
| Erträge: | 100.000 € |
| abzgl. Aufwendungen: | 150.000 € |
| Verlust | 50.000 € |

d) Erweiterte Distanzrechnung:

| | |
|---|---|
| | Eigenkapital Ende 01 |
| ./. | Eigenkapital Anfang 01 |
| + | Entnahmen 01 |
| ./. | Einlagen 01 |
| | Erfolg |

**Lösung zu Teilaufgabe 3: Ordentlicher und neutraler Erfolg**

a) Siehe hierzu die Tabelle auf der nächsten Seite. Die unter "Sonstiges" ausgewiesenen Größen weisen einen **privaten** Charakter auf und haben mit der betrieblichen Tätigkeit nichts zu tun.

b) Bestandsgrößenvergleich: Vergleich der Eigenkapitalbestände zu zwei verschiedenen Zeitpunkten (eventuell korrigiert um Entnahmen bzw. Einlagen). Die einfache bzw. erweiterte Distanzrechnung ist ein Bestandsgrößenvergleich.

Strömungsrechnung: Vergleich der Strömungsgrößen Ertrag und Aufwand. Der Saldo stellt einen Gewinn bzw. Verlust dar, je nachdem ob der Saldo größer oder kleiner null ist.

| | Betrag | Zweck-ertrag | Zweck-aufwand | Neutraler Ertrag | Neutraler Aufwand | Sonstiges |
|---|---|---|---|---|---|---|
| Verkaufserlöse Bürostuhl „Lüneburg“ | 420.000 | X | | | | |
| Verkaufserlöse Bürosessel „Chef“ | 680.000 | X | | | | |
| Aufwendungen für Rohstoffe | 350.000 | | X | | | |
| Aufwendungen für Hilfsstoffe | 230.000 | | X | | | |
| Aufwendungen für Privathubschrauber | 12.000 | | | | | X |
| Mietaufwand | 2.000 | | 1.600 | | | 400 |
| Kfz-Reparatur | 8.000 | | | | X | |
| Nutzung des Firmen-Kfz | 5.000 | | X | | | |
| Zinsgutschrift auf dem Privatkonto des Unternehmers | 6.000 | | | | | X |
| Zahlung von Überziehungszinsen für Spekulationsgeschäft | 500 | | | | X | |
| Wasserrohrbruch/Erstattung | 12.000 | | | X | X | |
| Gehälter | 59.000 | | X | | | |
| Abschreibungen auf Geschäftseinrichtung | 13.000 | | X | | | |
| Wartungsaufwand für Maschinen | 3.000 | | X | | | |
| Gewinne aus einem Wertpapiergeschäft mit Firmengeldern | 7.000 | | | X | | |
| Entnahmen für Privaturlaub | 4.000 | | | | | X |

**Lösung zu Teilaufgabe 4: Abschreibung uneinbringlicher und zweifelhafter Forderungen**

a) Forderungsabschreibung:

| | | | | | |
|---|---|---|---|---|---|
| | Dubiose | 143.000,- | an | Forderungen | 143.000,- |
| A: | Abschr. auf Ford. | 40.000,- | an | Dubiose | 40.000,- |
| B: | Abschr. auf Ford. | 20.000,- | an | Dubiose | 22.000,- |
| | Berechnete USt | 2.000,- | | | |

b) Kontendarstellung:

| S | Zweifelhafte Forderungen | | H |
|---|---|---|---|
| Zugang | 143.000 | Abschreibung auf Forderung A | 40.000 |
| | | Abschreibung auf Forderung B | 22.000 |
| | | Endbestand | 81.000 |
| | 143.000 | | 143.000 |

| | | | | | |
|---|---|---|---|---|---|
| Zusammensetzung: | Forderung A: | 40.000 | + | 8.000 | (USt) |
| | Forderung B: | 30.000 | + | 3.000 | (USt) |
| | Gesamt: | 70.000 | + | 11.000 | (= 81.000) |

c) Buchung der Zahlungseingänge:

| | | | | | |
|---|---|---|---|---|---|
| ca) | Bank | 27.500,- | an | Dubiose | 48.000,- |
| | sonst. betr. Aufwand | 15.000,- | | | |
| | Berechnete USt | 5.500,- | | | |
| cb) | Bank | 49.500,- | an | sonst. betr. Ertrag | 5.000,- |
| | Berechnete USt | 3.500,- | | Dubiose | 48.000,- |
| cc) | Bank | 44.000,- | an | Dubiose | 48.000,- |
| | Berechnete USt | 4.000,- | | | |

**<u>Lösung zu Teilaufgabe 5:</u> Verbuchung von Rechnungsabgrenzungen und Rückstellungen**

| | | | | | |
|---|---|---|---|---|---|
| 1) 31.12.02: | Sonst. Ford. | | an | Zinsertrag | 1.000,- |
| 2) 31.12.02: | Reparaturaufwand | | an | Rückstellungen | 60.000,- |
| 3) 01.12.02: | Versicherungs-aufwand | | an | Bank | 1.200,- |
| 31.12.02: | RAP aktiv | | an | Versicherungsaufwand | 1.100,- |
| 4) 01.10.02: | Bank | | an | Mietertrag | 14.000,- |
| 31.12.02: | Mietertrag | | an | RAP passiv | 8.000,- |

5) Keine Buchung in 02, da der Geschäftsvorfall zum Jahr 03 gehört.

| | | | | | |
|---|---|---|---|---|---|
| 6) 01.11.02: | Mietaufwand | | an | Bank | 9.000,- |
| 31.12.02: | RAP aktiv | | an | Mietaufwand | 7.000,- |
| 7) 15.11.02: | Rückstellungen | 8.000,- | an | Bank | 600,- |
| | | | | sonst. betr. Ertrag | 7.400,- |

8) Keine Buchung in 02, da wir erst in 03 über den Lieferwagen verfügen können (mit seiner Auslieferung).

| | | | |
|---|---|---|---|
| 9) 30.12.02: Bank | an | Zinsertrag | 2.000,- |
| 31.12.02: Zinsertrag | an | RAP passiv | 2.000,- |

**<u>Lösung zu Teilaufgabe 6:</u> Gesamtkosten- und Umsatzkostenverfahren**

a) <u>Gesamtkostenverfahren - Kontenmäßige Darstellung</u>

| S | Fertige Erzeugnisse | | H |
|---|---|---|---|
| AB | 1.000 | AG | 800 |
| | | EB | 200 |
| | 1.000 | | 1.000 |

| S | Bestandsänderung | | H |
|---|---|---|---|
| Abnahme fE | 800 | GuV | 800 |
| | 800 | | 800 |

| S | Div. Aufwendungen | | H |
|---|---|---|---|
| | 6.000 | GuV | 6.000 |
| | 6.000 | | 6.000 |

| S | Umsatzerlöse | | H |
|---|---|---|---|
| GuV | 5.100 | | 5.100 |
| | 5.100 | | 5.100 |

| S | SBK | | H |
|---|---|---|---|
| fE | 200 | Kapital | 200 |
| | 200 | | 200 |

| S | GuV-Konto | | H |
|---|---|---|---|
| Div. Aufwendungen | 6.000 | Umsatzerlöse | 5.100 |
| Bestandsminderung fE | 800 | Verlust | 1.700 |
| | 6.800 | | 6.800 |

Umsatzkostenverfahren – Kontenmäßige Darstellung

| S | Fertige Erzeugnisse | | H |
|---|---|---|---|
| AB | 1.000 | Absatz | 6.800 |
| Div. Aufwendungen | 6.000 | EB | 200 |
| | 7.000 | | 7.000 |

| S | Div. Aufwendungen | | H |
|---|---|---|---|
| | 6.000 | fE | 6.000 |
| | 6.000 | | 6.000 |

| S | SBK | | H |
|---|---|---|---|
| fE | 200 | Kapital | 200 |
| | 200 | | 200 |

| S | Umsatzerlöse | | H |
|---|---|---|---|
| GuV | 5.100 | | 5.100 |
| | 5.100 | | 5.100 |

| S | GuV-Konto | | H |
|---|---|---|---|
| Aufwendungen für abgesetzte Menge | 6.800 | Umsatzerlöse | 5.100 |
| | | Verlust | 1.700 |
| | 6.800 | | 6.800 |

b) Buchungssätze für Bestandsveränderungen

Buchungssatz (GKV):

| | | | |
|---|---|---|---|
| Bestandsänderung fE | an | Fertige Erzeugnisse | 800,- |

Buchungssätze (UKV):

| | | | |
|---|---|---|---|
| 1) Fertige Erzeugnisse | an | Div. Aufwendungen | 6.000,- |
| 2) GuV-Konto | an | Fertige Erzeugnisse | 6.800,- |

**<u>Lösung zu Teilaufgabe 7</u>: Abschluß einer Personengesellschaft**

**a) Bilanz zum Beginn des Geschäftsjahres:**

| A | Bilanz 01.01.03 | | P |
|---|---|---|---|
| Grundstücke/Gebäude | 350.000 | Kapital A | 320.000 |
| Fuhrpark | 130.000 | Kapital B | 320.000 |
| Waren | 200.000 | Rückstellungen | 200.000 |
| Forderungen | 40.000 | Lieferantenverb. | 240.000 |
| Dubiose | 80.000 | RAP passiv | 7.000 |
| Kasse | 220.000 | | |
| Bank | 65.000 | | |
| RAP aktiv | 2.000 | | |
| | 1.087.000 | | 1.087.000 |

b) Buchungssätze:

| | | | | | |
|---|---|---|---|---|---|
| 1) | Rückstellungen | 3.000,- | an | Bank | 3.850,- |
| | sonst. betr. Aufwand | 500,- | | | |
| | Vorsteuer | 350,- | | | |
| 2) | Versicherungsaufwand | 2.000,- | an | RAP aktiv | 2.000,- |
| 3) | RAP passiv | 7.000,- | an | Mietertrag | 7.000,- |
| 4) | Warenbestand | 750.000,- | an | Verbindlichkeiten | 825.000,- |
| | Vorsteuer | 75.000,- | | | |
| 5) | Verbindlichkeiten | 412.500,- | an | Warenbestand | 375.000,- |
| | | | | Vorsteuer | 37.500,- |
| 6) | Prozeßkosten | 20.000,- | an | Rückstellungen | 20.000,- |
| 7) | Bank | 15.400,- | an | Dubiose | 18.000,- |
| | Berechnete USt | 1.600,- | | | |
| | sonst. betr. Aufwand | 1.000,- | | | |
| 8) | Forderungen | 990.000,- | an | Warenverkauf | 900.000,- |
| | | | | Berechnete USt | 90.000,- |
| 9) | Bank | 990.000,- | an | Forderungen | 990.000,- |
| 10a) | Bank | 60.000,- | an | Mietertrag | 60.000,- |
| 10b) | Mietertrag | 55.000,- | an | RAP passiv | 55.000,- |

| | | | | | |
|---|---|---|---|---|---|
| 11a) | Berechnete USt | 37.850,- | an | Vorsteuer | 37.850,- |
| 11b) | Berechnete USt | 50.550,- | an | Bank | 50.550,- |
| 12a) | Warenverkauf | 375.000,- | an | Warenbestand | 375.000,- |
| 12b) | Warenverkauf | 525.000,- | an | GuV-Konto | 525.000,- |
| 12c) | SBK | 200.000,- | an | Warenbestand | 200.000,- |

**Darstellung in Kontenform:**

## AKTIVKONTEN

S Grundst. und Gebäude H

| S | | H | |
|---|---|---|---|
| AB | 350.000 | Abschr. | 5.000 |
| | | SBK | 345.000 |
| | 350.000 | | 350.000 |

S Fuhrpark H

| S | | H | |
|---|---|---|---|
| AB | 130.000 | Abschr. | 30.000 |
| | | SBK | 100.000 |
| | 130.000 | | 130.000 |

S Warenbestand H

| S | | H | |
|---|---|---|---|
| AB | 200.000 | 5) | 375.000 |
| 4) | 750.000 | 12a) | 375.000 |
| | | 12c) | 200.000 |
| | 950.000 | | 950.000 |

S Forderungen H

| S | | H | |
|---|---|---|---|
| AB | 40.000 | 9) | 990.000 |
| 8) | 990.000 | SBK | 40.000 |
| | 1.030.000 | | 1.030.000 |

S Dubiose H

| S | | H | |
|---|---|---|---|
| AB | 80.000 | 7) | 18.000 |
| | | SBK | 62.000 |
| | 80.000 | | 80.000 |

S Kasse H

| S | | H | |
|---|---|---|---|
| AB | 220.000 | SBK | 220.000 |
| | 220.000 | | 220.000 |

S Bank H

| S | | H | |
|---|---|---|---|
| AB | 65.000 | (1) | 3.850 |
| 7) | 15.400 | 11b) | 50.550 |
| 9) | 990.000 | SBK | 1.076.000 |
| 10a) | 60.000 | | |
| | 1.130.400 | | 1.130.400 |

S RAP aktiv H

| S | | H | |
|---|---|---|---|
| AB | 2.000 | 2) | 2.000 |
| | 2.000 | | 2.000 |

## PASSIVKONTEN

| S | Eigenkapital A | | H |
|---|---|---|---|
| SBK | 559.250 | AB | 320.000 |
| | | Privat | 239.250 |
| | 559.250 | | 559.250 |

| S | Eigenkapital B | | H |
|---|---|---|---|
| SBK | 559.250 | AB | 320.000 |
| | | Privat | 239.250 |
| | 559.250 | | 559.250 |

| S | Privat A | | H |
|---|---|---|---|
| Kapital | 239.250 | GuV | 239.250 |
| | 239.250 | | 239.250 |

| S | Privat B | | H |
|---|---|---|---|
| Kapital | 239.250 | GuV | 239.250 |
| | 239.250 | | 239.250 |

| S | Lieferantenverb. | | H |
|---|---|---|---|
| 5) | 412.500 | AB | 240.000 |
| SBK | 652.500 | 4) | 825.000 |
| | 1.065.000 | | 1.065.000 |

| S | Rückstellungen | | H |
|---|---|---|---|
| 1) | 3.000 | AB | 200.000 |
| SBK | 217.000 | 6) | 20.000 |
| | 220.000 | | 220.000 |

| S | RAP passiv | | H |
|---|---|---|---|
| 3) | 7.000 | AB | 7.000 |
| SBK | 55.000 | 10b) | 55.000 |
| | 62.000 | | 62.000 |

## ERFOLGSKONTEN

| S | Abschreibungen | | H |
|---|---|---|---|
| Fuhrp. | 30.000 | GuV | 35.000 |
| Grundst./ Gebäude | 5.000 | | |
| | 35.000 | | 35.000 |

| S | Prozeßkosten | | H |
|---|---|---|---|
| 6) | 20.000 | GuV | 20.000 |
| | 20.000 | | 20.000 |

| S | sonst. betr. Aufwand | | H |
|---|---|---|---|
| 1) | 500 | GuV | 1.500 |
| 7) | 1.000 | | |
| | 1.500 | | 1.500 |

| S | KFZ-Versicherung | | H |
|---|---|---|---|
| 2) | 2.000 | GuV | 2.000 |
| | 2.000 | | 2.000 |

| S | Mietertrag | | H |
|---|---|---|---|
| 10b) | 55.000 | 3) | 7.000 |
| GuV | 12.000 | 10a) | 60.000 |
| | 67.000 | | 67.000 |

| S | Warenverkauf | | H |
|---|---|---|---|
| 12a) | 375.000 | 8) | 900.000 |
| 12b) | 525.000 | | |
| | 900.000 | | 900.000 |

## UST-KONTEN

| S | Berechnete USt | | H |
|---|---|---|---|
| 7) | 1.600 | 8) | 90.000 |
| 11a) | 37.850 | | |
| 11b) | 50.550 | | |
| | 90.000 | | 90.000 |

| S | Vorsteuer | | H |
|---|---|---|---|
| 1) | 350 | 5) | 37.500 |
| 4) | 75.000 | 11a) | 37.850 |
| | 75.350 | | 75.350 |

## ABSCHLUSSKONTEN

| S | GuV-Konto | | H |
|---|---|---|---|
| Abschreibungen | 35.000 | Warenverkauf | 525.000 |
| Prozeßkosten | 20.000 | Mietertrag | 12.000 |
| sonst. betr. Aufwand | 1.500 | | |
| KFZ-Versicherung | 2.000 | | |
| Gewinn | 478.500 | | |
| | 537.000 | | 537.000 |

| S | SBK | | H |
|---|---|---|---|
| Grundst. u. Gebäude | 345.000 | Kapital A | 559.250 |
| Fuhrpark | 100.000 | Kapital B | 559.250 |
| Warenbestand | 200.000 | Rückstellungen | 217.000 |
| Forderungen | 40.000 | Lieferantenverb. | 652.500 |
| Dubiose | 62.000 | RAP passiv | 55.000 |
| Kasse | 220.000 | | |
| Bank | 1.076.000 | | |
| | 2.043.000 | | 2.043.000 |

**Hinweis**: Der Erfolg (Gewinn) des Jahres beträgt 478.500 €. Hiervon erhält jeder Gesellschafter nach dem Gesellschaftsvertrag die Hälfte, mithin 239.250 €. Dieser Betrag wird zunächst auf die Privatkonten gebucht und anschließend auf die Eigenkapitalkonten übertragen.

# Literaturverzeichnis

## Teil A: Ausgewählte Literatur zur Buchhaltung


**Bähr, G./Fischer-Winkelmann, W.F.**: Buchführung und Jahresabschluß, 8. Aufl., Wiesbaden 2003.

**Bechtel, W.**: Einführung in die moderne Finanzbuchführung, 7. Aufl., München, Wien 2001.

**Bieg, H.**: Buchführung, 2. Aufl., Herne, Berlin 2004.

**Buchner, R.**: Buchführung und Jahresabschluß, 6. Aufl., München 2002.

**Bussiek, J./Ehrmann, H.**: Buchführung, 7. Aufl., Ludwigshafen 2002.

**Dey, G.**: Einführung in das betriebliche Rechnungswesen - Finanzbuchhaltung mit EDV-Unterstützung, 5. Aufl., München, Wien 1997.

**Eisele, W.**: Technik des betrieblichen Rechnungswesens: Buchführung-Kostenrechnung-Sonderbilanzen, 7. Aufl., München 2002.

**Engelhardt, W./Raffée, H./Wischermann, B.**: Grundzüge der doppelten Buchhaltung, 6. Aufl., Wiesbaden 2004.

**Falterbaum, H./Bolk, W./Reiß, W.**: Buchführung und Bilanz, 19. Aufl., Achim 2003.

**Gabele, E./Mayer, H.**: Buchführung. Übungsaufgaben mit Lösungen, 5. Aufl., München, Wien 2003.

**Goldstein, E.**: Kontieren und buchen, 3. Aufl, Freiburg 2002.

**Hahn, H./Wilkens, K.**: Buchhaltung und Bilanz. Teil A: Grundlagen der Buchhaltung, 6. Aufl., München, Wien 2002.

**Heinhold, M.**: Buchführung in Fallbeispielen, 9. Aufl., Stuttgart 2003.

**Horschitz, H./Groß, W./Weidner, W.**: Bilanzsteuerrecht und Buchführung, 9. Aufl., Stuttgart 2002.

**Schöttler, J./Spulak, R.**: Technik des betrieblichen Rechnungswesens, 9. Aufl., München, Wien 2003.

**Schöttler, J./Spulak, R./Baur, W.**: Übungsbuch mit ausführlichen Lösungen zu Technik des betrieblichen Rechnungswesens, 9. Aufl., München, Wien 2003.

**Wedell, H.**: Grundlagen des betriebswirtschaftlichen Rechnungswesens, Band 1: Buchführung und Jahresabschluß, 10. Aufl., Herne, Berlin 2003.

**Wöhe, G./Kußmaul, H.**: Grundzüge der Buchführung und Bilanztechnik, 4. Aufl., München 2002.

## Teil B: Ausgewählte Literatur zur Bilanzierung

**Adler, H./Düring, W./Schmaltz, K.**: Rechnungslegung und Prüfung der Unternehmen, 6. Aufl., Stuttgart 1994 (mit späteren Ergänzungslieferungen).

**Baetge, J./Kirsch, H.-J./Thiele, S.**: Bilanzen, 7. Aufl., Düsseldorf 2003.

**Bieg, H./Kußmaul, H.:** Externes Rechnungswesen, 3. Aufl., München, Wien 2003.

**Bitz, M./Schneeloch, D./Wittstock, W.**: Der Jahresabschluß, 4. Aufl., München 2003.

**Buchholz, R.**: Grundzüge des Jahresabschlusses nach HGB und IFRS, mit über 250 Aufgaben und Lösungen, 2. Aufl., München 2004.

**Coenenberg, A.G.**: Jahresabschluss und Jahresabschlussanalyse, 19. Aufl., Stuttgart 2003.

**Ditges, J./Arndt, U.**: Bilanzen, 10. Auflage, Ludwigshafen 2002.

**Federmann, R.**: Bilanzierung nach Handelsrecht und Steuerrecht, 11. Aufl., Berlin 2000.

**Heinhold, M.**: Der Jahresabschluß, 4. Aufl., München, Wien 1996.

**Hahn, H./Wilkens, K.**: Buchhaltung und Bilanz. Teil B: Bilanzierung, 2. Aufl., München, Wien 2000.

**Heno, R.**: Jahresabschluss nach Handelsrecht, Steuerrecht und internationalen Standards, 4. Aufl., Heidelberg 2004.

**Krag, J./Mölls, S.**: Rechnungslegung, handels- und steuerrechtliche Grundlagen, München 2001.

**Küting, K./Weber, C.P.**: Handbuch der Rechnungslegung, 5. Aufl., Stuttgart 2003.

**Meyer, C.**: Bilanzierung nach Handels- und Steuerrecht, 14. Aufl., Herne, Berlin 2003.

**Schildbach, T.**: Der handelsrechtliche Jahresabschluß, 6. Aufl., Herne, Berlin 2000.

**Weber, H.K./Rogler, S.**: Betriebswirtschaftliches Rechnungswesen, Bd. 1: Bilanz sowie Gewinn- und Verlustrechnung, 5. Aufl., München 2004.

**Wöhe, G.**: Bilanzierung und Bilanzpolitik, 9. Aufl., München 1997.

## Teil C: Ausgewählte Literatur zur internationalen Rechnungslegung

**Achleitner, A.-K./Behr**: International Accounting Standards, 3. Aufl., München 2003.

**Buchholz, R.**: Internationale Rechnungslegung. Die Vorschriften nach IFRS, HGB und US-GAAP im Vergleich, mit über 150 Aufgaben und Lösungen, 4. Aufl., Bielefeld 2004.

**Hayn, S./Waldersee, G.G.**: IFRS/US-GAAP/HGB im Vergleich, 4. Aufl., Stuttgart 2003.

**Kirsch, H.**: Einführung in die internationale Rechnungslegung nach IAS/IFRS, Herne, Berlin 2003.

**KPMG**: International Financial Reporting Standards, 2. Aufl., Stuttgart 2003.

**Pellens, B.**: Internationale Rechnungslegung, 4. Aufl., Stuttgart 2001.

**Selchert, F.W./Erhardt, M.**: Internationale Rechnungslegung. Der Jahresabschluss nach HGB, IAS und US-GAAP, 3. Aufl., München, Wien 2003.

**Wagenhofer, A.**: Internationale Rechnungslegungsstandards – IAS/IFRS, 4. Aufl., Frankfurt, Wien 2003.

# Stichwortverzeichnis

O



P



R



S



T

# Anhang

1. Gemeinschaftskontenrahmen
2. Industriekontenrahmen
3. Wörterbuch (Deutsch – Englisch/IFRS)

| Klasse 0 | Klasse 1 | Klasse 2 | Klasse 3 | Klasse 4 | Klasse 5/6 | Klasse 7 | Klasse 8 | Klasse 9 |
|---|---|---|---|---|---|---|---|---|
| Anlagevermögen und langfristiges Kapital | Umlaufvermögen und kurzfristige Verbindlichkeiten | Neutrale Aufwendungen und Erträge | Material- und Warenbestände | Kostenarten | Freigehalten für Kostenstellenrechnung | Bestände an fertigen/unfertigen Erzeugnissen | Erlöse und andere betriebliche Erträge | Abschlußkonten |
| 00 Grundstücke und Gebäude<br>01 Technische Anlagen und Maschinen<br>02 Kraftfahrzeuge und Transportmittel<br>03 Betriebs- und Geschäftsausstattung<br>04 Im Bau befindliche Anlagen<br>05 Immaterielle Vermögensgegenstände<br>06 Finanzanlagen<br>07 Langfristige Verbindlichkeiten, langfristig erhaltene Anzahlungen<br>08 Eigenkapital<br>09 Sonderposten mit Rücklageanteil, Rückstellungen, Rechnungsabgrenzungsposten | 10 Kasse<br>11 Postgiro<br>12 Bank/Sparkasse<br>13 Wertpapiere des Umlaufvermögens (einschl. Besitzwechsel)<br>14 Forderungen<br>15 Andere kurzfristige Forderungen, Sonstige Vermögensgegenstände<br>16 Verbindlichkeiten aus Lieferungen und Leistungen<br>17 Schuldwechsel<br>18 Sonstige kurzfristige Verbindlichkeiten<br>19 Privatkonten | 20 Bilanzmäßige Abschreibungen<br>21 Haus- und Grundstücksaufwendungen<br>22 Zinsaufwendungen und Zinserträge<br>23 Steuern<br>24 Erträge und Aufwendungen aus Verlustübernahme, Gewinngemeinschaften und Gewinnabführungsverträgen<br>25 Sonstige betriebliche Aufwendungen<br>26 Außerordentliche Aufwendungen und Erträge<br>27 Außerplanmäßige Ab- und Zuschreibungen<br>28 Betriebsfremde Aufwendungen und Erträge<br>29 Verrechnete kalkulatorische Kosten | 30 Einkauf Waren/ Rohstoffe<br>35 Hilfs- und Betriebsstoffe<br>350 Hilfsstoffe<br>351 Betriebsstoffe<br>36 Lieferantennachlässe<br>37 Bezogene Leistungen<br>38 Geleistete Anzahlungen auf Vorräte<br>39 Bestände | 40 Stoffkosten<br>400 Rohstoffkosten<br>401 Hilfsstoffkosten<br>402 Betriebsstoffkosten<br>41 Löhne und Gehälter<br>42 Raumkosten, Kosten der Betriebs- und Geschäftsausstattung<br>43 Steuern, Beiträge, öff. Abgaben, Versicherungsprämien<br>44 Fahrzeugkosten<br>45 Werbekosten<br>46 Reise- und Vertreterkosten<br>47 Allgemeine Verwaltungskosten<br>48 Sonstige Kosten<br>49 Kalkulatorische Kosten | | 70 Unfertige Erzeugnisse<br>71 Fertige Erzeugnisse | 80-84 Erlöse<br>85 Erlösschmälerungen, sonstige Umsatzerlöse<br>86 Sonstige Erlöse<br>87 Eigenverbrauch<br>88 Aktivierte Eigenleistungen<br>89 Bestandsänderungen an Erzeugnissen | 90 Bilanzkonto<br>91 Ergebniskonten<br>919 Gewinn- und Verlustkonto<br>92 Gewinnvortrag<br>93 Einstellung in Rücklagen<br>94 Entnahmen aus Rücklagen<br>95 Verwendung des Bilanzergebnisses |

**Gemeinschaftskontenrahmen der Industrie** (Die eingerückten Kontonummern beziehen sich auf im Text verwendete Kontenbezeichnungen, die über die zweistellige Gliederung hinausgehen)

| Klasse 0 | Klasse 1 | Klasse 2 | Klasse 3 | Klasse 4 | Klasse 5 | Klasse 6 | Klasse 7 | Klasse 8 | |
|---|---|---|---|---|---|---|---|---|---|
| Immaterielle Vermögensgegenstände und Sachanlagen | Finanzanlagen | Umlaufvermögen und aktive Rechnungsabgrenzung | Eigenkapital und Rückstellungen | Verbindlichkeiten und passive Rechnungsabgrenzung | Erträge | Betriebliche Aufwendungen | Weitere Aufwendungen | Ergebnisrechnung | |
| 00 Ausstehende Einlagen<br>01 Frei<br>02 Konzessionen, gewerbliche Schutzrechte und ähnliche Rechte<br>03 Geschäfts- oder Firmenwert<br>04 Frei<br>05 Grundstücke und grundstücksgleiche Rechte<br>06 Frei<br>07 Technische Anlagen und Maschinen<br>08 Andere Anlagen, Betriebs- und Geschäftsausstattung<br>09 Geleistete Anzahlungen und Anlagen im Bau | 10 Frei<br>11 Frei<br>12 Frei<br>13 Beteiligungen<br>14 Frei<br>15 Wertpapiere des Anlagevermögens (einschließlich Besitzwechsel)<br>16 Sonstige Finanzanlagen<br>17 Frei<br>18 Frei<br>19 Frei | 20 Roh-, Hilfs- und Betriebsstoffe<br>200 Rohstoffe<br>202 Hilfsstoffe<br>203 Betriebsstoffe<br>21 Unfertige Erzeugnisse, unfertige Leistungen<br>22 Fertige Erzeugnisse und Waren<br>23 Geleistete Anzahlungen auf Vorräte<br>24 Forderungen aus Lieferungen und Leistungen<br>25 Frei<br>26 Sonstige Vermögensgegenstände<br>260 Vorsteuer<br>27 Wertpapiere des Umlaufvermögens<br>28 Flüssige Mittel<br>280 Bank<br>288 Kasse<br>29 Aktive Rechnungsabgrenzung | 30 Eigenkapital / Gezeichnetes Kapital<br>31 Kapitalrücklagen<br>32 Gewinnrücklagen<br>33 Ergebnisverwendung<br>34 Jahresüberschuß/ Jahresfehlbetrag<br>35 Sonderposten mit Rücklageanteil<br>36 Wertberichtigungen<br>361 Auf Sachanlagen<br>368 Pauschalwertberichtigung zu Forderungen<br>37 Rückstellungen für Pensionen<br>38 Steuerrückstellungen<br>39 Sonstige Rückstellungen<br>393 Für ungewisse Verbindlichkeiten | 40 Frei<br>41 Anleihen<br>42 Verbindlichkeiten gegenüber Kreditinstituten<br>420 Kurzfristige Bankverbindlichkeiten<br>425 Langfristige Bankverbindlichkeiten<br>43 Erhaltene Anzahlungen auf Bestellungen<br>44 Verbindlichkeiten aus Lieferungen und Leistungen<br>45 Wechselverbindlichkeiten<br>46 Frei<br>47 Frei<br>48 Sonstige Verb.<br>480 Umsatzsteuer<br>484 Verbindlichkeiten gegenüber Sozialversicherungsträgern<br>489 Übrige sonstige Verbindlichkeiten | 50 Umsatzerlöse für eigene Erzeugnisse und andere eigene Leistungen<br>51 Umsatzerlöse für Waren und sonstige Umsatzerlöse<br>52 Erhöhung oder Verminderung des Bestandes an unfertigen und fertigen Erzeugnissen<br>521 Bestandsveränderungen unfertiger Erzeugnisse<br>522 Bestandsveränderung fertiger Erzeugnisse<br>53 Andere aktivierte Eigenleistungen<br>54 Sonstige betriebliche Erträge<br>55 Erträge aus Beteiligungen<br>56 Erträge aus anderen Wertpapieren und Ausleihungen des Finanzanlagevermögens<br>57 Sonstige Zinsen und ähnliche Erträge<br>58 Außerordentliche Erträge<br>59 Frei | 60 Aufwendungen für Roh-, Hilfs- und Betriebsstoffe<br>600 Aufwendungen für Rohstoffe<br>602 Aufwendungen für Hilfsstoffe<br>603 Aufwendungen für Betriebsstoffe<br>61 Aufwendungen für bezogene Leistungen<br>62 Löhne<br>63 Gehälter<br>64 Soziale Abgaben und Aufwendungen für die Altersversorgung<br>640 AG-Anteil zur Sozialvers. (Lohnbereich)<br>641 AG-Anteil zur Sozialvers. (Gehaltsbereich)<br>65 Abschreibungen<br>66 Sonstige Personalaufwendungen<br>67 Aufwendungen für Rechtsnutzungen<br>68 Aufwendungen für Kommunikation<br>69 Aufwendungen für Beiträge | 70 Betriebliche Steuern<br>71 Frei<br>72 Frei<br>73 Frei<br>74 Abschreibungen auf Finanzanlagen und Wertpapiere des Umlaufvermögens<br>75 Zinsen und ähnliche Aufwendungen<br>76 Außerordentliche Aufwendungen<br>77 Steuern vom Einkommen und Ertrag<br>78 Frei<br>79 Frei | 80 Eröffnung/ Abschluß<br>800 Eröffnungsbilanzkonto<br>801 Schlußbilanzkonto<br>802 GuV-Konto nach Gesamtkostenverfahren<br>803 GuV-Konto nach Umsatzkostenverfahren<br>88 Kurzfristige Erfolgsrechnung | Klasse 9 – Frei für Kostenrechung |

**Industriekontenrahmen** - Gekürzte Fassung für Aus- und Weiterbildung

# Wörterbuch (Deutsch – Englisch/IFRS)

| | |
|---|---|
| **Abgang** | Decrease |
| Abschreibung | Depreciation |
| Abschreibungsmethode | Depreciation method |
| Aktivkonto | Asset Account |
| Aktivseite | Asset side |
| Aktiver Rechnungsabgrenzungsposten | Prepaid Expenses |
| Anlagevermögen | Non Current Assets |
| Ansatz (von Vermögenswerten) | Recognition (of Assets) |
| Anschaffungskosten | Purchase Costs |
| Aufstellung (der Bilanz) | Preparation (of a Balance Sheet) |
| Aufwand | Expense |
| Aufwand für Hilfs- und Betriebsstoffe | Consumables used |
| Aufwandskonto | Expense Account |
| Außerplanmäßige Abschreibungen | Impairment Loss |
| **Bank** (Bargeld) | Cash |
| Beizulegender Zeitwert | Fair Value |
| Bestandsänderung | Changes in Inventories |
| Bestandsänderung fertiger Erzeugnisse | Changes in Inventories of Finished goods |
| Bestandsänderung unfertiger Erzeugnisse | Changes in Inventories of Unfinished goods |
| Betriebsergebnis | Operating Profit |
| Betriebs- und Geschäftsausstattung | Office Equipment |
| Bewertung | Measurement |
| Bilanz | Balance Sheet |
| Bilanzgliederung | Classification of the Balance Sheet |
| Bilanzstichtag | Balance Sheet Date |
| Bilanzsumme | Balance Sheet Total |
| Buchung (von Geschäftsvorfällen) | Posting (of Transactions) |
| Buchführung | Accounting |
| **Eigenkapital** | Equity |
| Eröffnungsbilanz | Opening balance |
| Erträge | Revenues |
| Ertragskonto | Revenue Account |

| | |
|---|---|
| **Fair Value Rücklage** | Fair Value-Surplus |
| Fertigerzeugnisse | Finished goods |
| Finanzanlagen | Non Current Financial Assets |
| Finanzaufwendungen | Financial Expenses |
| Finanzergebnis | Financial Result |
| Finanzerträge | Financial Income |
| Finanzielle Vermögenswerte | Financial Assets |
| Forderungen aus LuL | Trade Receivables |
| **Geometrisch-degressive Abschreibungsmethode** | Diminishing balance Method |
| Gesamtkostenverfahren | Nature of Expense Method |
| Geschäftsvorfall | Transaction |
| Geschäftsjahr | Accounting period |
| Gewinn | Profit |
| Gewinn- und Verlustkonto | Income Summary |
| Gewinn- und Verlustrechnung | Income Statement |
| Gewinnrücklage | Revenue Reserve |
| Gezeichnetes Kapital | Issued Capital |
| Gläubiger | Creditor |
| Grundbuch | Journal |
| Grundstück | Land and buildings |
| **Habenseite** | Credit side |
| Hauptbuch | Ledger |
| Herstellungskosten | Cost of Conversion |
| **Immaterielle** Vermögenswerte | Intangible Assets |
| Im Haben buchen | To credit |
| Im Soll buchen | To debit |
| **Konto** | Account |
| Kontoform | Account form |
| Kurzfristig | Current |
| Kurzfristige finanzielle Vermögenswerte | Current Financial Assets |
| Kurzfristige Schulden | Current Liabilities |
| **Langfristig** | Non Current |
| Langfristige Schulden | Non Current Liabilities |

| | |
|---|---|
| Lineare Abschreibungsmethode | Straight-line method |
| Liquide Mittel | Cash |
| **Maschinen** | Machinery |
| Materialaufwand | Raw Materials used |
| **Nutzungsdauer** | Useful life |
| **Passivkonto** | Liability Account |
| Passiver Rechnungsabgrenzungsposten | Deferred income |
| Passivseite | Equity and Liabilities side |
| Personalaufwand | Staff Costs |
| Planmäßige Abschreibungen | Depreciation Expenses |
| Posten | Item |
| **Roh-**, Hilfs- und Betriebsstoffe | Raw Materials and Supplies |
| Rohstoffe | Raw Materials |
| Rücklagen | Reserves |
| Rückstellungen | Provisions |
| **Sachanlagen** | Property, Plant and Equipment |
| Schlußbilanzkonto | Balance Sheet Account |
| Schulden | Liabilities |
| Schuldner | Debitor |
| Sollseite | Debit side |
| Sonstige betriebliche Aufwendungen | Other Operating Expenses |
| Sonstige betriebliche Erträge | Other Operating Revenues |
| Sonstige Forderungen | Other Receivables |
| Sonstige Verbindlichkeiten | Other payables |
| Staffelform | Report form |
| Steuern | Taxes |
| **T-Konto** | T-Account |
| **Umlaufvermögen** | Current Assets |
| Umsatzerlöse | Revenues |
| Umsatzkostenverfahren | Cost of Sales Method |
| Unfertige Erzeugnisse | Unfinished goods |
| **Verbindlichkeiten** aus LuL | Trade payables |
| Verlust | Loss |

| | |
|---|---|
| Vermögenswert | Asset |
| Vorräte | Inventories |
| **Waren** | Merchandises |
| Wareneinsatz | Merchandises used |
| Wertpapiere | Securities |
| Wertpapiere des Umlaufvermögens | Current Financial Assets |
| **Zugang** | Increase |
| Zu Handelszwecken gehaltene finanzielle Vermögenswerte | Financial Assets held for Trading |
| Zur Veräußerung verfügbare finanzielle Vermögenswerte | Available-for-Sale Financial Assets |
| Zuschreibung | Write-up |